普通高等教育一流本科专业建设系列教材

工业机器人技术与应用

主 编 曾 勇

副主编 赵雪雅 王 茜

科学出版社

北 京

内 容 简 介

本书理论结合实践，论述严谨、图文并茂，是一部比较全面和系统的工业机器人技术基础与编程实操教材。全书共 10 章，内容包括工业机器人的基础知识和基本概念，工业机器人的机械系统、运动学和动力学基础，工业机器人的传感器、控制系统、轨迹规划、语言与编程，以及工业机器人在典型应用场景中的编程与操作。每章均有习题。

本书可作为普通工科院校的机械工程、机械设计制造及其自动化、机械电子工程等机械类专业，以及机器人工程、智能制造工程等新工科专业的教材，也可作为专科或研究生相关专业的教学参考用书，对从事机器人技术研究和工业自动化等应用研发工作的工程技术人员有学习参考价值。

图书在版编目（CIP）数据

工业机器人技术与应用/曾勇主编. —北京：科学出版社，2024.3
ISBN 978-7-03-077150-6

Ⅰ.①工… Ⅱ.①曾… Ⅲ.①工业机器人-高等学校-教材 Ⅳ.①TP242.2

中国国家版本馆 CIP 数据核字（2023）第 232914 号

责任编辑：孙露露　王会明 / 责任校对：马英菊
责任印制：吕春珉 / 封面设计：东方人华平面设计部

科 学 出 版 社 出版
北京东黄城根北街 16 号
邮政编码：100717
http://www.sciencep.com

三河市中晟雅豪印务有限公司 印刷
科学出版社发行　各地新华书店经销
*
2024 年 3 月第 一 版　开本：787×1092　1/16
2024 年 3 月第一次印刷　印张：16
字数：376 000

定价：58.00 元

（如有印装质量问题，我社负责调换〈中晟雅豪〉）
销售部电话 010-62136230　编辑部电话 010-62138978-2010

序

国家“十四五”规划明确提出将大力推动工业企业进行智能化、数字化发展，以数字化技术创新为驱动，促进新一代信息技术与先进制造业融合发展，全面提升企业在设计、生产、管理和服务等各环节的智能化水平。通过实施“智改数转”，能为企业降低生产成本、减少能源资源消耗、缩短产品开发周期，有效提高生产效率和产品质量。因此，智能制造已成为制造强国建设的主攻方向，其发展程度直接关乎我国制造业质量水平。机器人替代人工生产是未来制造业重要的发展趋势，是实现智能制造的基础，也是未来实现工业自动化、数字化、智能化的保障，工业机器人将会成为智能制造中智能装备的代表。工业机器人在智能制造中应用，可以提高安全生产和产品质量，建设柔性生产线，实现产品制造的智能化、高效化发展，从而可践行党的二十大报告中对安全与高质量发展的要求。机器人技术的发展离不开专业人才的培养，作为高科技产物的工业机器人，其专业人才较为稀缺，为保障工业机器人技术的深入研发，需加强高校机器人技术相关人才的培养，以及机器人教材的建设。

《工业机器人技术与应用》一书以培养高层次应用型人才为目标，除了介绍机器人的技术参数、机械系统、运动学、动力学、传感器、控制系统、轨迹规划等基础理论和涉及的关键技术外，更着重强调工业机器人在搬运、码垛和焊接等典型制造工艺中的离线编程应用。通过对该书的学习，学生不但能对工业机器人相关的理论知识和关键技术有所了解，还能掌握常见工业机器人工作站的编程和操作步骤，最终满足应用型人才培养的要求。

该书内容丰富，原理叙述清楚，表达清晰，图表规范，充分展现出作者掌握了机器人技术领域坚实的理论基础和系统深入的专业知识。当然，该书也略有不足，如在机器人机械系统设计中，只是简要介绍了机器人机械系统各组成部分及各自的特点，没有涉及更深层次的设计原理与方法；但从工业机器人应用的层面出发，这并不影响该书的完整性与可读性。该书可作为高等院校教师、硕士研究生、本科生、大专生以及工程技术人员的重点阅读书籍。

周临震

2023 年 11 月

前言

机器人融合了机械、电子、传感器、无线通信、声音识别、图像处理和人工智能等领域的先进技术，涉及多个学科，是一个国家科技发展水平和国民经济现代化、信息化的重要标志。机器人技术是当代科学技术发展最活跃的领域之一，也是世界公认的核心竞争力之一。世界各国产、学、研相关机构均投入大量资源进行机器人技术和产业的研究开发，向人们展示其科技实力。

在诸如汽车、工程机械、家电等传统制造领域，工业机器人在经历过诞生、成长和成熟期后，已经成为生产线中不可或缺的核心自动化装备，截止到2022年年底，世界上正在工厂运营的工业机器人总量达到320万台，并呈现逐年增长的趋势。除了制造领域，在诸如深海考察、太空探险、医疗服务等非制造领域，机器人技术也得到了飞速的拓展应用。党的二十大报告强调，必须坚持科技是第一生产力、人才是第一资源、创新是第一动力。因此，为适应创新型社会发展对机器人技术人才的需求，在大学期间学习机器人技术课程并开展与机器人相关的创新实践项目，培养学生在机器人技术领域的创新精神和实践能力刻不容缓。为此，工业机器人技术课程已成为机械类专业学生的必修课程，工业机器人技术也成为广大工程技术人员迫切需要掌握的一门技术。根据高等院校应用型本科人才培养定位的要求，我们编写了这本既突出工业机器人应用又兼顾理论分析的教材，旨在为读者提供一本通俗易懂、深入浅出、更偏向于工程应用的机器人技术读本。

虽然机器人技术涉及多学科，但有些基础知识在其他课程中已经学过，因此，本书的编写思路是从简单的机器人理论分析入手，逐步突出机器人技术的应用，以满足机械类应用型高级人才的培养要求。

本书内容全面，重点突出，层次清晰，既注重基础理论，又强调工程应用，注重反映工业机器人技术在典型制造工艺中的应用，力求体现先进性和实用性。

本书以学生的实践能力驱动为导向，使学生在掌握工业机器人基础知识的同时，进一步强化工业机器人仿真应用的训练，理论联系实际，培养学生的动手实践能力。本书的第8～10章以工业界和高校院所广泛使用的ABB机器人为教学案例，对机器人在各种制造工艺中的编程和操作进行系统的讲解，使学生充分理解工业机器人在工业现场如何应用，以提高教学效果。

本书共分10章。首先从人们身边的机器人谈起，然后分别介绍了工业机器人的基本概念和基础知识，同时对工业机器人技术所涵盖的各个知识领域（包括机械系统设计、运动学和动力学分析、传感器技术、控制系统、轨迹规划、机器人编程）以及各种典型工艺的机器人仿真应用等内容做了较为深入的阐述。

本书由盐城工学院曾勇担任主编，盐城工学院赵雪雅、王茜担任副主编。具体编写分工如下：第1～4章由曾勇负责编写，第5～7章由王茜负责编写，第8～10章由赵雪雅负责编写。全书由曾勇统稿。

编者在编写本书过程中，参阅了同行专家、学者的教材和文献，在此向这些教材和文献的作者致以诚挚的谢意。

由于编者水平有限，书中难免存在不足之处，敬请广大读者批评指正。

目　录

第1章　初识工业机器人

进入21世纪以来，伴随着电子技术与信息技术的高度发展，工业自动化技术得到高速发展，工业机器人作为工业自动化中重要的先进装备，已被广泛应用于各行各业，给人们的生活带来了巨大变化，推动着生产力的提高和整个社会的进步。机器人技术作为当今科学技术的前沿学科，将成为未来社会生产和生活中不可或缺的一门技术。工业机器人技术的发展水平是衡量一个国家制造业水平和科技水平的重要标志，被全球各个国家所重视。

机器人是集机械、电子、控制、计算机、传感器、人工智能等多学科先进技术于一体的现代制造业重要的自动化装备，代表了机电一体化的最高成就，是当代科技发展最活跃的科研领域之一。工业机器人作为制造领域中的核心自动化装备，目前被广泛应用于各种生产现场中，在世界范围内规模已达到数百万台。在非制造领域，如太空作业、深海作业、医疗康复、特种救援、日常生活等领域都已应用到机器人，机器人的应用已拓展到社会经济发展的各行各业。

近年来，在全球经济一体化发展和我国人口老龄化趋势加剧的背景下，我国经济转型升级压力加大、人口红利减少等问题已然凸显，同时对稳定品质、高附加值制造加工的需求与日俱增，因此从2012年开始，我国对机器人的需求呈现井喷式的发展态势。国际机器人联合会（International Federation of Robotics，IFR）的统计显示，2018年至2021年，我国工业机器人年均销量增长率达到16.7%，2021年多达24.8万台，较2020年的15.57万台增长近60%，占到全球工业机器人销量（约43.5万台）的57%，成为全球工业机器人第一需求大国。

从工业机器人存量及使用密度来看，在近10年制造业转型压力的推动下，我国对工业机器人的采购量与日俱增，根据IFR数据显示，其存量已由2014年的57.1万台增长到2021年的154万台，截止到2022年年底，中国工业机器人密度达到153台/万名工人，超过全球平均水平的141台。虽然这个数量在世界平均线以上，但与韩国（766台）、新加坡（556台）、日本（507台）、德国（364台）等自动化水平发达国家相比仍有不小差距。

随着人口红利的逐渐消失，国内“机器代人”的趋势势不可挡，其规模已辐射到各行各业中，诸如以富士康、艾美特、华为等为代表的大厂已经完成了机器换人的推进计划，其他中小型企业也在积极推进机器换人的自动化改造，由此可见，我国已经成为全球最大的工业机器人市场。

本章从人们已经认识的机器人出发，介绍工业机器人的定义、发展历史、分类、应用、组成和技术参数。

1.1　工业机器人的基础知识

机器人经常在影视剧或卡通片中出现，典型的有终结者T800、变形金刚、阿童木等人形机器人，以及机器狗、机器恐龙等非人形机器人。那么工厂中应用的工业机器人你见过吗？工业机器人与影视剧或卡通片中的机器人相比有什么特殊性？它们又是被谁发明出来的呢？

1.1.1 工业机器人的定义及特点

20 世纪 60 年代，《美国金属市场报》首次提出“工业机器人”一词，美国机器人工业协会（Robotic Industries Association，RIA）将其定义为，用来进行搬运机械部件或工件的、可编程序的多功能操作器，或通过改变程序可以完成各种工作的特殊机械装置。目前，这一定义已被国际标准化组织以及各国机器人协会所采纳。工业机器人主要有以下 4 个特点。

1. 可编程

柔性自动化是自动化生产发展的方向。工业机器人为适应环境变化的需要可再编程，因此，它在多品种小批量制造模式下的柔性制造过程中能发挥很好的作用，是柔性制造系统（flexible manufacturing system，FMS）中的一个重要组成部分。

2. 拟人化

为了充分发挥人类手臂功能的优势，工业机器人在机械结构上集成了类人的大臂、小臂、手腕、手爪等部分，并通过类似于人类大脑的微机来控制其运动。此外，智能工业机器人通过安装一些“生物传感器”，如仿生皮肤传感器、力觉传感器、嗅觉传感器、视觉传感器、声觉传感器等，可提高工业机器人对周围环境的自适应能力。

3. 通用性

除专用工业机器人之外，一般的工业机器人具有较好的通用性，根据执行的不同作业任务，只需更换其末端执行器（手爪、工具等）即可。

4. 涉及学科广泛

工业机器人技术实质上集中了机械、电子、计算机、自动控制及人工智能等多学科的最新研究成果，属于机电一体化技术的最高成就。

当前，智能机器人在各种识别外部环境信息传感器的加持下，还具有记忆、语言理解、图像识别、推理判断等智能功能，这些都是电子技术与计算机技术在机器人技术中应用的产物。因此，机器人技术的发展必将影响并带动其他技术的发展，机器人技术的发展和应用水平在一定程度上也代表着一个国家科学技术和工业技术的发展水平。

1.1.2 工业机器人的历史与发展趋势

1. 工业机器人的历史

工业机器人的历史可以分为以下几个阶段。

1）萌芽阶段（20 世纪 40—50 年代）

1954 年，美国发明家乔治·德沃尔（George Devol）发明了世界上第一台可编程的机械手，并申请了专利。该专利的贡献是利用伺服技术来控制机器人的各个关节，同时可以利用手把手示教的方式完成对机器人动作的编程，实现机器人动作的记录和再现。

1959 年，德沃尔与被称为“机器人之父”的美国机器人专家约瑟夫·恩格尔伯格（Joseph Engelberger）联手制造出世界上第一台工业机器人——Unimate（图 1-1），使工业机器人的历史真正拉开了帷幕。

2）初级阶段（20 世纪 60—70 年代）

1961 年，德沃尔的 Unimation 公司为通用汽车生产线安装了第一台用于生产的工业机器人，它主要用于生产门窗把手、换挡旋钮、灯具和其他汽车内饰用五金件。

20 世纪 60—70 年代，欧洲和日本劳动力短缺问题逐步凸显，此时 Unimation 公司生产的 Unimate 工业机器人迎来了发展机遇。1967 年，Unimate 机器人被引入欧洲。1969 年，Unimation 公司与日本川崎重工签署了一项许可协议，同意川崎重工为亚洲市场生产和销售 Unimate 机器人。

1978 年，日本山梨大学的牧野洋发明了选择顺应性装配机器手臂（selective compliance assembly robot arm，SCARA）机器人（图 1-2），该机器人具有 4 个轴和 4 个运动自由度，特别适用于装配工作，因此被广泛应用于汽车工业、电子产品工业、药品工业和食品工业等领域。

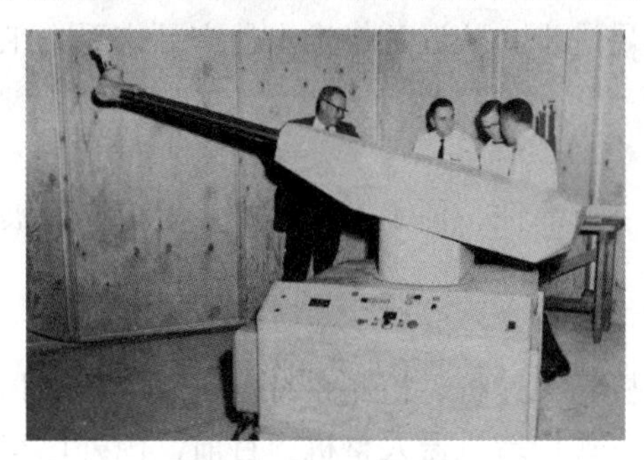

图 1-1　Unimate 机器人

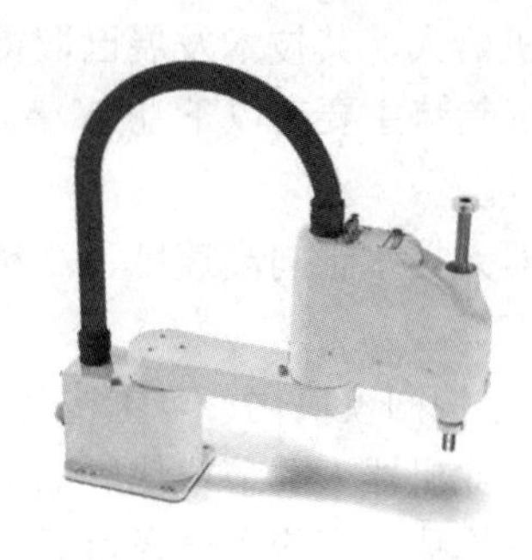

图 1-2　SCARA 机器人

3）迅速发展阶段（20 世纪 80—90 年代）

在电子技术、传感器技术和计算机技术高速发展的带动下，工业机器人已经具备感知、反馈能力，并逐渐在工业生产中得到应用。与此同时，工业机器人控制系统的发展也有了质的飞跃。

1981 年，通用汽车公司在一个复杂的制造环境中首次将 CONSIGHT 机器视觉系统与 3 台工业机器人系统相结合，成功实现了以 1400 个/h 的速度分拣出 6 种不同的铸件。

1992 年，瑞士 ABB 公司为了改善人-机界面和机器人技术性能，开发出了开放式控制系统——S4，这两方面对机器人用户而言至关重要。

1994 年，Motoman（即现在的安川电机）公司成功推出可以同步控制两台机器人的机器人控制系统机器可读代码（machine readable code，MRC）。MRC 可以利用普通个人计算机（personal computer，PC）编辑工业机器人作业，且具有控制多达 21 个轴的能力。

4）智能化阶段（21 世纪初至今）

进入 21 世纪后，随着大数据与人工智能技术的迅猛发展，全球范围内的机器人制造商开始着手研制新的具有逻辑思维、决策能力及自主学习能力的智能工业机器人。

2011 年，日本发那科（FANUC）公司开发了基于学习振动控制（learning vibration control，LVC）的机器人运动轨迹优化方法，研制出 R-1000iA 机器人，该机器人具有运动振动小、动作周期短的优点，从而可适应更高速的动作。

2015 年，瑞士 ABB 公司推出 YuMi 系列小型人-机协作机器人，该系列机器人采用了七轴冗余设计，并增加了 ContactL 的接触力控制函数，使得机器人能够感知到与其进行接触的物体的力量，从而可以根据需要调整自身的力量和压力。

2018 年，日本川崎重工发布了双臂 SCARA 机器人 duAro2，该机器人采用了柔软的表面材料，当机器人在工作过程中与人发生碰撞时，在停止设备动作的同时可以缓和碰撞。此外，该机器人支持数字示教和专用的平板软件，使那些即使没有使用过机器人的人也能够直接进行机器人操作和示教，降低了操作难度，提高了机器人的可操作性和易用性。

2021 年，欧姆龙公司同时发布了两款全新的工业机器人——TM 系列协作机器人和 i4 系列 SCARA 机器人，这两个系列的工业机器人均集成了人工智能和自主学习技术，能够根据环境变化和工作进程进行自适应调整。

2. 工业机器人的发展趋势

工业机器人作为 20 世纪人类最伟大的发明之一，自问世以来，从简单的工业机器人到智能的工业机器人，其技术发展已取得了长足进步。从近几年推出的产品来看，工业机器人技术的发展趋势主要有以下几点。

1）高性能

工业机器人技术正向高速度、高精度、高可靠性、便于操作和维修等方向发展，且单机价格不断下降。

2）机械结构向模块化、可重构化发展

目前，工业机器人关节模块中的伺服电机、减速机、检测系统已实现三位一体化。关节模块、连杆模块根据应用要求可通过重组方式构造机器人整机。目前，国外已有模块化装配的工业机器人产品问世。

3）本体结构更新加快

随着机器人技术的进步，近 10 年来工业机器人本体结构的发展变化很快。以安川 MOTOMAN 机器人产品为例，早期 L 系列机器人的产品生命周期为 10 年，随后的 K 系列机器人生命周期为 5 年，到了 SK 系列机器人生命周期则只有 3 年。

4）控制技术的开放化、PC 化和网络化

控制系统向基于 PC 的开放型控制器方向发展，便于标准化、网络化，提高了器件集成度，并可缩小控制柜体积。

5）多传感器融合技术的实用化

工业机器人传感器的作用日益重要，除了安装传统的位置、速度、加速度传感器以外，装配、焊接机器人还应用了视觉、力觉等传感器，而遥控机器人则采用视觉、声觉、力觉、触觉等多传感器的融合技术来进行环境建模及决策控制。多传感器融合配置技术在产品化系统中已有成熟的应用。

6）多智能体协调控制技术

多智能体协调控制技术是目前工业机器人研究的一个崭新领域。它主要针对多机器人协作与通信、多智能体的群体体系结构、相互间的通信与磋商机理、感知与学习方法、建模和规划、群体行为控制等方面进行研究。

1.1.3　工业机器人的分类

工业机器人的分类方式有很多，可以按机械结构、操作机坐标形式和控制方式等进行分类，具体如下。

1. 按机械结构分类

工业机器人按机械结构的不同，可分为串联机器人和并联机器人。串联机器人的特点是一个轴的运动会改变另一个轴的坐标原点，其外形如图 1-3 所示。并联机器人采用并联机构，其一个轴的运动不会改变另一个轴的坐标原点，其外形如图 1-4 所示。

图 1-3　串联机器人

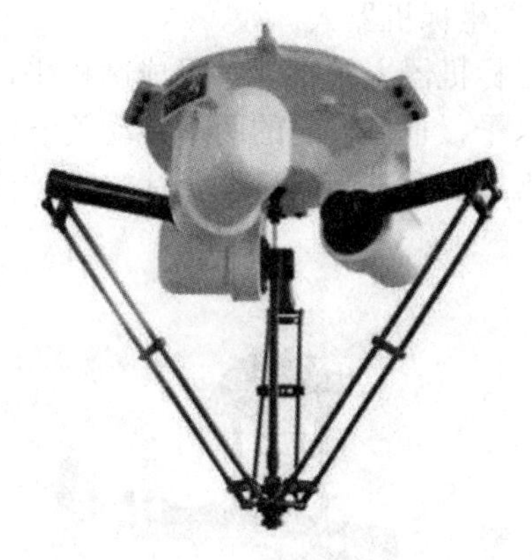

图 1-4　并联机器人

1）串联机器人

串联机器人的杆件和关节是通过串联的方式连接的，属于开链式机构，其自由度比并联机器人多，通过计算机控制系统可完成复杂的空间作业。串联机器人结构简单、易于控制、成本低、运动空间大，是当前采用最多的工业机器人结构形式，也是本书主要介绍的机器人形式。

2）并联机器人

并联机器人通过至少两个独立的运动链将动平台和定平台相连接，属于闭环机构，其具有刚度大、精度高、结构稳定、运动负荷小等特点。在位姿求解上，串联结构正解容易，但反解困难；而并联结构正解困难，反解却容易。并联机器人非常适合高速度、高精度或高负荷的场合。

2. 按操作机坐标形式分类

工业机器人按操作机坐标形式的不同，可分为直角坐标机器人、圆柱坐标机器人、球坐标机器人和多关节机器人等。

1）直角坐标机器人

直角坐标机器人是指在空间上具有相互垂直关系的 3 个独立自由度的多用途机器人，其外形及运动空间如图 1-5 所示。

直角坐标机器人控制简单，空间轨迹易于求解，但是其灵活性较差，自身占据空间较大。目前，直角坐标机器人普遍用于各种自动化生产线中，可以完成诸如搬运、上下料、包装、码垛、分类、装配、焊接、喷涂等一系列工作。

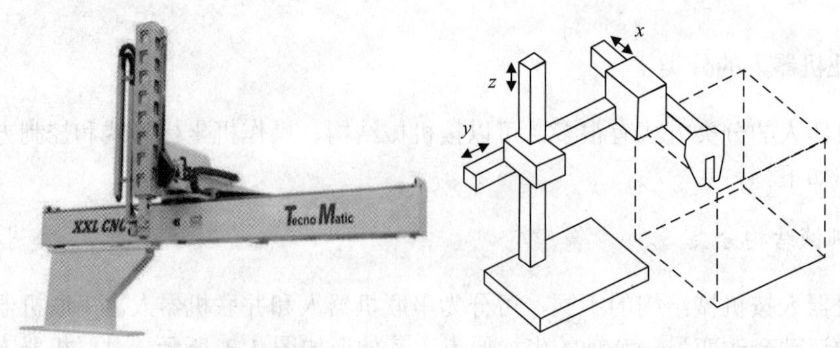

图 1-5　直角坐标机器人的外形及运动空间

2）圆柱坐标机器人

圆柱坐标机器人是指能够形成圆柱坐标系的机器人，它主要由一个旋转机座形成的转动关节和水平、垂直移动的两个移动关节构成，其外形及运动空间如图 1-6 所示，其中 z 为沿手臂支撑底座轴向的移动坐标，r 为沿径向 R 的移动坐标，θ 为绕手臂支撑底座垂直轴的转动角。

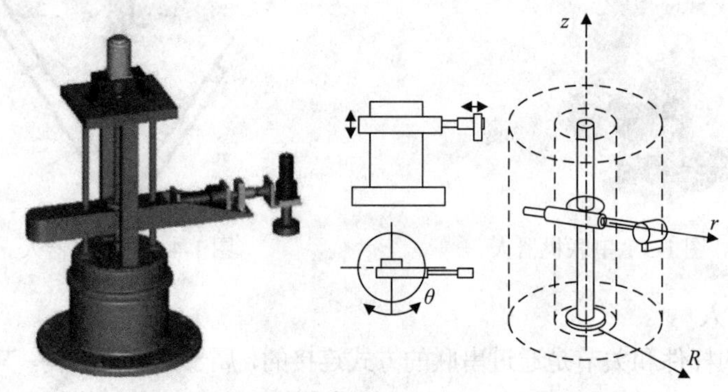

图 1-6　圆柱坐标机器人的外形及运动空间

圆柱坐标机器人具有占地面积小，工作范围大，末端执行器速度快、控制简单、运动灵活等优点。缺点是工作时必须有沿径向前后方向的移动空间，空间利用率低。圆柱坐标机器人主要用于重物的装卸、搬运等工作。

3）球坐标机器人

球坐标机器人一般由两个回转关节和一个移动关节构成，其轴线按极坐标配置，如图 1-7 所示，R 为移动坐标，β 为手臂在铅垂面内的摆动角，θ 为绕手臂支撑底座垂直轴的转动角。球坐标机器人的工作空间为空心球体。

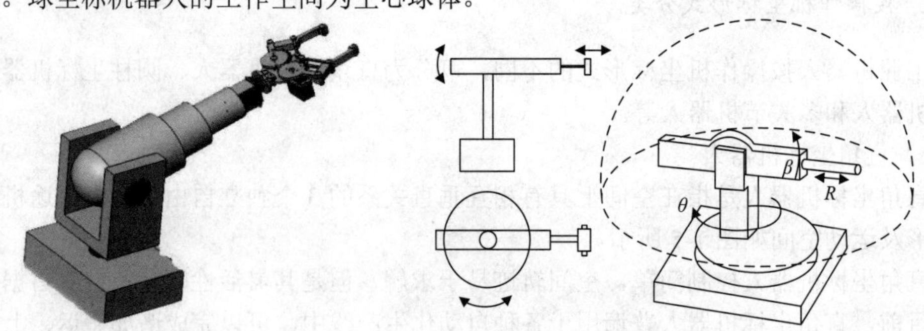

图 1-7　球坐标机器人的外形及运动空间

球坐标机器人占用空间小、操作灵活、工作范围大，但是其运动学模型较复杂，难以控制。

4）多关节机器人

多关节机器人又称关节手臂机器人或关节机械手臂，由立柱、大臂和小臂（其中大臂和小臂也可看作是机器人的第一臂和第二臂）组成，其具有拟人的机械结构，如图 1-8 所示，其工作空间为空心球体，是当今工业领域中最常见的工业机器人类型，适合诸多工业领域的机械自动化作业。图中的 θ 为立柱绕机器人腰关节轴线的转动角，φ 为大臂绕机器人肩关节轴线的转动角，α 为小臂绕机器人肘关节轴线的转动角。

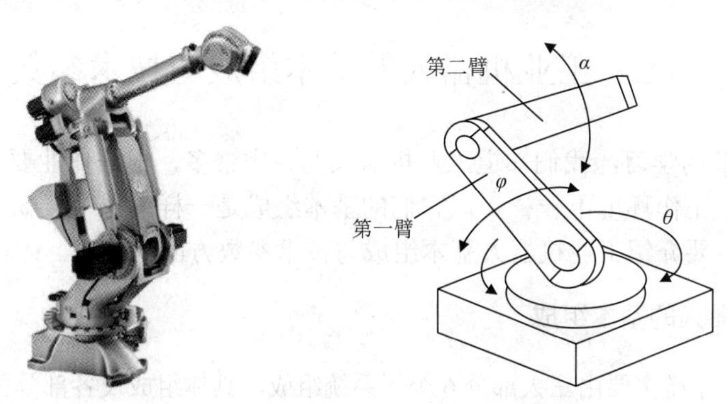

图 1-8　多关节机器人的外形及运动空间

多关节机器人结构紧凑、工作范围大，其动作最接近人的动作，对喷漆、装配、焊接等作业具有良好的适应性，应用范围十分广泛。

3. 按控制方式分类

工业机器人根据控制方式的不同，可分为伺服控制机器人和非伺服控制机器人两种。

1）伺服控制机器人

伺服控制机器人有两种控制方式：连续控制和点位（点对点）控制。这两种控制方式都要对位置、速度和加速度的信息进行连续监测，并反馈到与机器人所有关节有关的控制系统中，因此机器人各个关节都是闭环控制。闭环控制的应用，使机器人的构件能按照指令要求，移动到各个关节轴运动范围内的任何位置处。

伺服控制机器人具有以下几个特点。

（1）记忆存储容量较大。

（2）价格贵，可靠性稍差。

（3）机械手端部可按 3 个不同类型的运动方式移动，即点到点移动、直线移动和连续轨迹移动。

（4）在机械允许的极限范围内，位置精度可通过调节伺服回路中相应放大器的增益加以变动。

（5）一般以示教模式进行编程。

（6）机器人几个轴之间的“协同运动”一般可在微型计算机控制下自动进行。

2）非伺服控制机器人

从控制的角度来看，非伺服控制是最简单的控制形式，这类机器人又称为端点机器人或开关式机器人。非伺服控制机器人的每个关节轴只有两个位置，即起始位置与终止位置。关节轴开始运动后会一直保持运动，只有当碰到限位挡块时才停止运动，运动过程中没有监测，因此，这类机器人处于开环控制状态。

非伺服控制机器人具有以下几个特点。

（1）机械臂的尺寸小且关节轴驱动器施加的是满动力，速度相对较大。

（2）价格低廉，工作稳定，易于操作和维修。

（3）重复定位精度约为±0.254mm。

（4）在定位和编程方面的灵活性有限。

1.2 工业机器人的基本组成与技术参数

通过 1.1 节的学习，我们知道工业机器人的种类繁多，根据作业要求，虽然工业机器人的工作方式、工作环境不一样，但它们的基本组成是一样的，需要研究的技术参数也是一样的。下面主要介绍工业机器人基本组成与技术参数方面的知识。

1.2.1 工业机器人的基本组成

工业机器人系统主要由三大部分 6 个子系统组成，具体组成及各部分关系如图 1-9 所示。

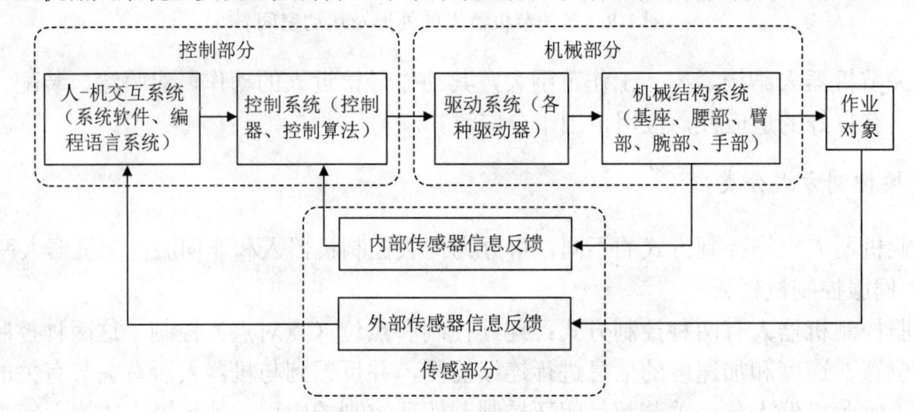

图 1-9 工业机器人系统组成及各部分关系

（1）机械部分：用于实现各种动作，包括机械结构系统和驱动系统。

（2）传感部分：用于感知内部和外部信息，包括感知系统和机器人-环境交互系统。

（3）控制部分：用于控制机器人完成各种动作，包括人-机交互系统和控制系统。

1. 机械部分

1）机械结构系统

工业机器人的机械结构系统按功能分由基座（机座）、腰部（机身）、臂部、腕部、手部（末端执行器）五大件组成，每个大件也都是由 1～3 个自由度构成的单个或多个自由度的机械系统。手部是直接安装在腕部上的重要执行部件，它可以是二指、三指或多指的手爪，也可以是从事某种工艺的特定工具。

2）驱动系统

工业机器人的驱动系统由驱动器和传动机构组成，它们通常安装在机器人的关节部位，与机械结构系统共同组成工业机器人的机械部分本体，如图1-10所示。

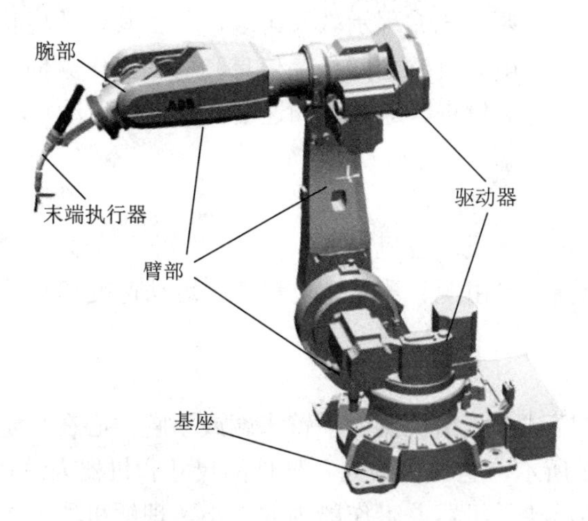

图1-10　工业机器人机械部分

驱动器的驱动方式通常有电气驱动、液压驱动和气动驱动3种，也可以把它们相互结合起来组成综合驱动。传动机构可以由驱动器直接驱动，也可以通过连杆机构、滚珠丝杠、齿轮系、链条、同步带、谐波减速器和旋转矢量（rotary vector，RV）减速器等机械传动机构进行间接驱动。

2. 传感部分

1）感知系统

感知系统包括内部检测系统与外部检测系统两部分。内部检测系统的作用是通过安装在机器人内部的各种传感器，检测执行机构的运动境况（位置、速度等），根据需要反馈给控制系统，与设定值进行比较后，对执行机构进行调整，以保证其动作符合设计要求。外部检测系统则是通过安装在机器人外部的各类传感器，检测机器人所处的环境、外部物体的状态或机器人与外部物体的关系（距离、接近程度、接触情况等）。

2）机器人-环境交互系统

机器人-环境交互系统是实现工业机器人与外部环境中的设备相互联系和协调的系统。工业机器人与外部设备集成为一个功能单元，如装配单元、焊接单元、喷涂单元等。当然，也可以将多台机器人、多台外围设备、多个零件存储装置等集成为一个复杂任务的功能单元。

3. 控制部分

1）人-机交互系统

人-机交互系统的作用是提供一个操作人员与机器人进行联系的平台，如计算机的标准终端、信息显示板、指令控制台、危险信号报警器等。该系统归纳起来可分为指令输入装置和信息显示装置两大类。

2）控制系统

通过对工业机器人驱动系统进行控制，使执行机构按照任务要求进行工作。工业机器人的控制系统一般由控制计算机和伺服控制器组成，控制计算机不仅发出指令，协调各关节驱动器之间的运动，同时要完成编程示教及再现，并在其他环境状态（传感器信息）工艺要求、外部相关设备（如电焊机）之间传递信息和协调工作。伺服控制器控制各个关节的驱动器，使各杆件按一定的位置、速度和加速度要求进行运动。

1.2.2 工业机器人的技术参数

工业机器人的技术参数是反映各机器人厂商所产工业机器人主要性能的技术数据，主要包括机器人的作业范围、自由度、重复定位精度、运动速度和有效负载等。

1. 作业范围

作业范围又称工作区域，是指机器人手臂末端或手腕中心在一定条件下所能到达的所有点的集合，如图 1-11 所示，它与机器人各杆件的尺寸和机器人总体结构形式密切相关。作业范围的形状和大小反映了机器人工作能力的大小。理解机器人的工作范围时，要注意以下几点。

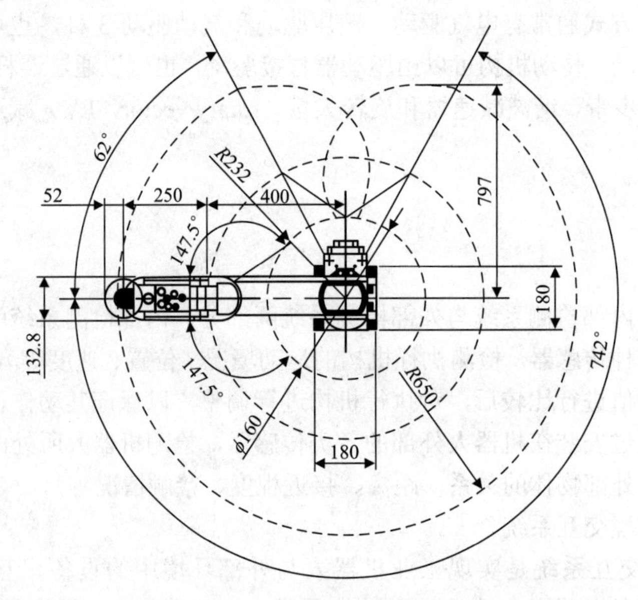

图 1-11 工业机器人的作业范围

（1）工业机器人说明书中表示的作业范围，通常指的是末端操作器上机械接口坐标系的原点在空间能到达的范围，即末端操作器端部法兰的中心点在空间所能到达的范围。

（2）说明书上提供的作业范围往往要小于运动学意义上的最大空间。这是因为在可达空间中，当手臂位姿不同时，其有效负载、允许的最大速度和最大加速度都不一样，由于机器人是悬臂结构，杆件最大位置允许的极限值通常要比其他位置小一些。此外，在机器人的最大可达空间边界上，若经过奇异点，可能存在自由度退化的问题，这部分工作范围在机器人工作时是不能被利用的。

（3）在实际应用中，工业机器人还可能由于受到机械结构的限制，在作业范围的内部也存在着臂端不能到达的区域，这类区域称为空洞或空腔，如机器人的底座附近。

2. 自由度

自由度是指机器人操作机所具有的独立坐标轴运动的数目，不包括末端操作机的开合自由度，它是用以表示机器人运动灵活度的参数，一般是以沿轴线移动和绕轴线转动的独立运动的数目来表示。

描述一个物体在三维空间内的位姿需要 6 个自由度（3 个转动自由度和 3 个移动自由度），但是，工业机器人一般为开式连杆系，每个关节运动副只有 1 个自由度，因此一般机器人的自由度数目就等于其关节数。机器人的自由度越多，功能就越强，目前工业机器人通常具有 4～6 个自由度。当机器人的关节数（自由度）增加到对末端执行器的定向和定位不再起作用时，如六关节以上的工业机器人，便出现了冗余自由度。冗余自由度的出现虽然增加了机器人工作的灵活性，但也使控制变得更加复杂。

3. 重复定位精度

定位精度是指工业机器人末端执行器的实际到达位置与目标位置之间的差异，它主要是由机械误差、控制算法误差和系统分辨率误差引起的，如图 1-12 所示。重复定位精度是指工业机器人重复定位其末端执行器于同一目标位置的能力，可以用标准偏差这个统计量来表示，它用于衡量误差值的密集度（即重复度），如图 1-13 所示。

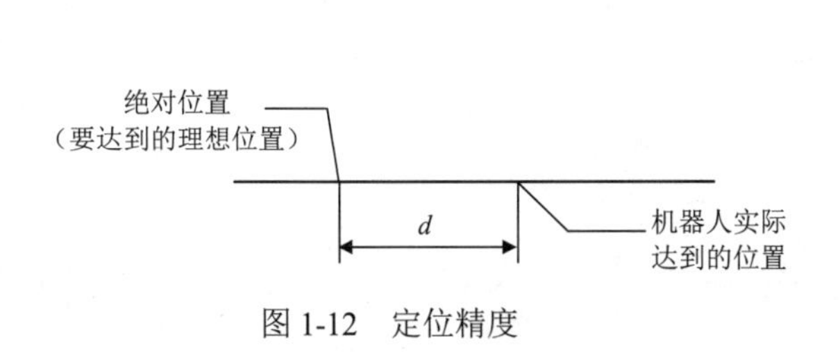

图 1-12　定位精度

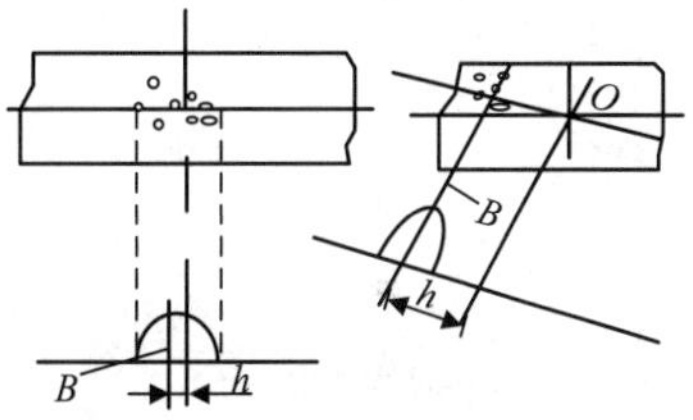

图 1-13　重复定位精度

4. 运动速度

运动速度影响工业机器人的工作效率和运动周期，它可以是机器人主要自由度上的最大稳定速度，或者是手臂末端最大的合成速度。运动速度越快，工业机器人所承受的动载荷就越大，在加减速时，所承受的惯性力也会越大，这会影响工业机器人工作的平稳性和位置精度。以目前的技术水平而言，一般工业机器人的最大直线运动速度大多控制在 1000mm/s 以下，最大回转速度一般控制在 120° /s。

一般情况下，机器人生产商会在技术参数中标明出厂机器人的最大运动速度。

5. 有效负载

有效负载是指工业机器人操作机在工作时臂端可能搬运物体的最大重量或所能承受的最大力或力矩，用以表示操作机的负荷能力。若机器人将目标工件从一个工位搬运到另一个工位，则其工作负荷为工件的重量与机器人末端执行器的重量之和。目前，工业机器人的负载范围为0.5～800kg。

习 题

1-1 简述工业机器人的定义及其特点。

1-2 工业机器人与数控机床有什么区别？

1-3 简述工业机器人的主要应用场合及其特点。

1-4 简述工业机器人的基本组成。

1-5 简述工业机器人的主要技术参数。

1-6 工业机器人按坐标形式可以分为哪几类？查阅资料简述每类各有什么特点。

第2章 工业机器人机械系统

工业机器人机械系统是机器人的支撑基础和执行机构，机器人编程的最终目的就是通过控制其机械系统完成特定任务。工业机器人机械系统通常由杆件和关节组成，各杆件通过关节进行连接并形成运动副，形成运动副的机构有直线传动机构和旋转传动机构两种，其驱动力矩（或力）由驱动器提供。工业机器人各杆件由基座、腰部、臂部、腕部和手部组成，它们与驱动器一起构成了工业机器人的机械系统。

本章从工业机器人结构组成开始对工业机器人机械系统进行总体介绍，再从驱动方式、传动机构和执行机构等方面介绍各结构的工作方式和特点，包括机器人基座的形式、臂部的组成、腕部机构的转动方式和驱动方式、手部机构的特点与夹持方式、传动机构和移动机构的特点等。

2.1 工业机器人驱动方式

工业机器人常用的驱动装置有液压驱动装置、气压驱动装置和电气驱动装置3种基本类型。工业机器人出现的早期，因其执行机构大多采用导杆、曲柄、滑块等机构形式，所以较多使用液压（气压）活塞缸（或回转缸）驱动方式来实现直线和旋转运动。但随着对机器人各部分动作要求越来越高，以及机器人功能的日益复杂化，目前，除个别运动精度不高、重负荷或有防爆要求的机器人采用液压、气压驱动外，采用电气驱动的机器人所占比例越来越大，而其中属交流伺服电机应用最广，且驱动器布置大多采用一个关节一个驱动器。

2.1.1 液压驱动

液压驱动装置由液压源、驱动器、伺服阀、传感器和控制器等组成。采用液压驱动的工业机器人，具有点位控制和连续轨迹控制功能，其特点是防爆、功率大、结构简单，可省去减速装置，能直接与被驱动的杆件连接，响应快，伺服驱动时具有较高的精度，但由于集成液压源，因此易产生液体泄漏，故目前多用于特大负载的机器人系统。

液压驱动与其他两种驱动方式相比具有以下优点。

（1）功率重量比大，即以较小的驱动器输出较大的驱动力矩（或力）。

（2）液压缸可直接作为关节的一部分，故结构紧凑，刚性好。

（3）由于油液的可压缩性小，系统工作平稳可靠，可得到较高的定位精度。

（4）液压系统易于实现过载保护，且由于采用油液作为工作介质，因此具有自润滑和防锈蚀能力。

液压驱动系统的主要缺点如下。

（1）油液的泄漏难以克服，一旦发生泄漏，不仅影响工作的稳定性与定位精度，而且会污染环境。

（2）油液中易混入水分、气泡，使系统的刚度降低，快速响应特性及定位精度将变坏。

（3）油液的黏度随温度而变化，影响系统的工作性能，故在高温和低温条件下很难应用。

2.1.2 气压驱动

气压驱动装置与液压驱动装置相似，只是传动介质不同，是利用气体的抗挤压力来实现力的传递。气压驱动装置主要由气源装置、执行元件、控制元件及辅助元件四部分组成。气压驱动装置多用于两位式或有限点位控制的工业机器人，如冲压机器人、装配机器人的气动夹具、点焊等较大型通用机器人的气动平衡，以及机器人末端执行器的气压驱动装置。气压驱动主要在中、小负载的机器人中使用，另外，由于气压驱动难以实现伺服控制，因此多用于程序控制的机器人，如上、下料和冲压机器人。气压驱动系统的工作压力一般为4～6kg/cm^2，最高可达10kg/cm^2。

气压驱动与其他两种驱动方式相比具有以下优点。

（1）速度迅猛，这是因为压缩空气的黏性小，流速大。

（2）系统结构简单，维修方便，成本低。

（3）无环境污染问题，废气可直接排出，工作场地清洁。

（4）由于气体的可压缩性，因此气动系统具有一定的缓冲作用。

（5）通过调节气量可实现无级调速。

（6）气缸可作为关节的一部分，故结构简单，刚性好。

气动驱动的主要缺点如下。

（1）功率重量比小，驱动装置体积较大。

（2）由于气体的可压缩性，气压驱动的定位精度相对较差。

（3）虽然使用后的压缩空气直接排出，但会引起噪声污染。

（4）若压缩空气中含有水分，则气动系统的元件易锈蚀，此外若低温时水分结冰，则会引起起动困难。

2.1.3 电气驱动

电气驱动是利用各种电机产生的力和力矩，直接或经过减速机构驱动机器人的关节,以获得所要求的位置、速度和加速度的驱动方法。电气驱动装置包括驱动器和电机两部分。由于电气驱动不需要能量转换，因此效率比液压和气动驱动高，且具有使用方便、噪声低、定位精度高和控制灵活等特点，在机器人中得到广泛应用。

根据选用电机及配套的驱动器不同，电气驱动大致分为步进电机驱动、直流伺服电机驱动和交流伺服电机驱动等。步进电机由于缺乏反馈装置，因此多为开环控制，多用于对位置和速度精度要求不高的机器人系统；直流伺服电机虽易于控制，但其电刷易磨损且易产生火花，多应用于对可靠性和防爆不苛刻的机器人系统；交流伺服电机相较于直流伺服电机，因没有电刷等易损件，具有结构简单，运行可靠，外形尺寸小，能在重载下高速运行，可频繁起动、制动，能实现动态控制和平滑运动的特点，但控制系统较复杂。因交流伺服电机具有以上特点，已成为目前负荷1000N以下工业机器人主流的驱动方式。

电气驱动与其他两种驱动方式相比具有以下优点。

（1）快速性。电机从获得指令信号到完成指令所要求工作状态的时间较短。响应指令信号的时间越短，电气驱动系统的灵敏性越高，快速响应性能越好。一般以伺服电机的机电时间常数大小来说明伺服电机快速响应的性能。

（2）起动转矩惯量比大。在驱动负荷的情况下，电机的起动转矩大，转动惯量小。

（3）控制特性的连续性和直线性。随着控制信号的变化，电机的转速能连续变化，且转速与控制信号成正比或近似成正比。

（4）调速范围宽。电机能实现（1∶1000）～（1∶10000）的调速范围。

（5）体积小，质量小，轴向尺寸短。

（6）可频繁地正反向和加减速运行，并能在短时间内承受过载。

电气驱动系统的主要缺点如下。

（1）不能长时间承受过载，特别是由于某种原因电机卡住时，会引起烧毁事故。

（2）电机转速较高，必须采用减速装置将其转速降低，从而增加了机器人关节结构的复杂性。

（3）电机性能易受到外部环境（高温、强磁场）的影响。

2.2　工业机器人传动机构

工业机器人关节的移动或转动是通过安装在关节处的传动装置实现的。工业机器人对传动机构的要求是结构要紧凑、质量要轻、转动惯量和体积要小、无传动间隙、有较好的运动和位置精度。工业机器人传动机构可分为直线传动机构和旋转传动机构两大类。

2.2.1　直线传动机构

直线传动方式可用于直角坐标机器人的 X、Y、Z 向驱动，圆柱坐标机器人的径向驱动和垂直升降驱动，以及球坐标机器人的径向伸缩驱动。直线运动可以通过齿轮齿条、丝杠螺母等传动元件由旋转运动转换而成，也可以由直线驱动电机或液（气）压缸和活塞产生。

1. 齿轮齿条装置

齿条通常固定不动，齿轮在齿条上滚动。如图 2-1 所示，当齿轮传动时，齿轮轴连同拖板沿齿条方向做直线运动，这样，齿轮的旋转运动就转换成为拖板的直线运动。拖板是由导杆或导轨支撑的，该结构简单紧凑、传递效率高，但回差较大。

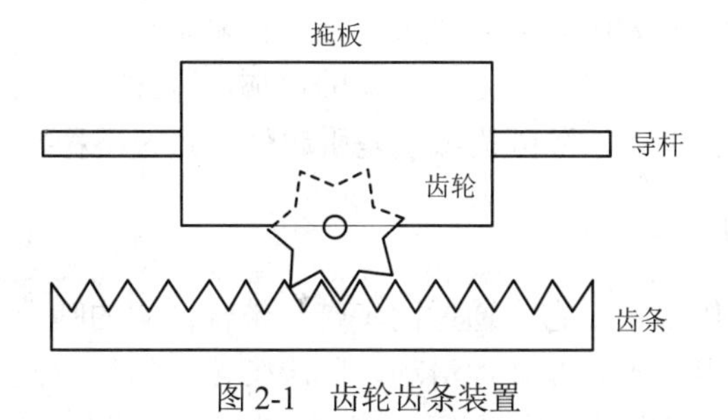

图 2-1　齿轮齿条装置

2. 普通丝杠

普通丝杠驱动是由一个旋转的精密丝杠驱动一个螺母沿丝杠轴向移动。由于普通丝杠的摩擦力较大，效率低，惯性大，在低速时容易产生爬行现象，而且精度低、回差大，因此它在工业机器人上很少采用。

3. 滚珠丝杠

滚珠丝杠具有摩擦力小且运动响应速度快的特点，因此在工业机器人中经常被采用。由于滚珠丝杠的螺旋副里放置了许多滚珠，将普通丝杠中的滑动摩擦转变成摩擦力更小的滚动摩擦，因此传动效率提高了，且消除了低速运动时的爬行现象。滚珠丝杠的传动效率在 90%以上，只需极小的驱动力矩（或力）并采用较小的驱动连接件就能传递运动。

4. 液（气）压缸

液（气）压缸是能将液压泵（空压机）输出的压力转换成机械能并做直线往复运动的执行元件。压力油（压缩空气）从液（气）压缸的一端进入，把活塞推向液压缸的另一端，从而实现直线运动。通过调节进入液（气）压缸压力油（压缩空气）的流向和流量可以控制液（气）压缸活塞的运动方向和速度。液（气）压缸功率大，结构紧凑，不需要将旋转运动转换成直线运动，可以节省转换装置的费用。液压传动通过伺服阀实现伺服控制。

2.2.2 旋转传动机构

旋转传动机构包括齿轮传动机构、同步带传动机构、谐波齿轮传动机构和 RV 减速器等。

1. 齿轮传动机构

齿轮传动机构是由两个或两个以上的齿轮组成的传动机构。它不但可以传递运动角位移和角速度，而且可以传递力和力矩。通常，齿轮传动机构有圆柱齿轮传动机构、斜齿轮传动机构、锥齿轮传动机构、蜗轮蜗杆传动机构、行星轮系传动机构 5 种类型。其中，圆柱齿轮传动机构的传动效率约为 90%，因为结构简单，传动效率高，圆柱齿轮传动机构在机器人设计中最常见；斜齿轮传动机构的传动效率约为 80%，斜齿轮传动机构可以改变输出轴方向；锥齿轮传动机构的传动效率约为 70%，锥齿轮传动机构可以使输入轴与输出轴不在同一个平面，传动效率低；蜗轮蜗杆传动机构的传动效率约为 70%，蜗轮蜗杆传动机构的传动比大，传动平稳，可实现自锁，但传动效率低，制造成本高，需要润滑；行星轮系传动机构的传动效率约为 80%，传动比大，但结构复杂。

由于齿轮间隙误差将导致机器人定位误差的增加，因此，工业机器人在采用齿轮传动时应采取适当的补偿措施，以消除因齿隙误差引起伺服系统不稳定的问题。

2. 同步带传动机构

同步带也叫啮合型传动带，它是通过同步带与带轮之间的啮合力传递功率的。相较于其他摩擦型的带传动，由于不存在弹性滑动，同步带传动的传动比和形成的机器人定位精度更加准确。此外，由于同步带是由氯丁橡胶等材料复合而成的，其本身具有一定的柔性，因此可以在一定程度上消除机器人关节传动过程中的振动，使传动更加平稳。

3. 谐波齿轮传动机构

实际应用中，驱动电机的转速非常高，可以达到每分钟几千转，而机器人本体的动作一般较慢，减速后转速一般要求为每分钟几十转到每分钟几百转，因此减速器在机器人驱动中是不可或缺的。由于机器人的特殊结构，对减速器的减速比、重量、结构尺寸、传动精度等方面提出较高的要求。目前，在工业机器人中常用的减速器为谐波减速器和 RV 减速器两种。

与一般齿轮传动和蜗轮蜗杆传动不同，谐波减速器的齿轮传动机构是基于一种变形原理设计的，由柔轮、谐波发生器和刚轮构成，如图 2-2 所示。谐波发生器为主动件，与输入轴相连；柔轮为从动件，与输出轴相连。刚轮是内齿圈，柔轮是外齿圈，齿形均为渐开线形或三角形，周节相同而齿数不同，刚轮的齿数一般比柔轮的齿数多几个。柔轮是可发生变形的薄圆筒形，由于谐波发生器椭圆形的长轴比柔轮的内径略大，故两者装配时会将柔轮撑成椭圆形。

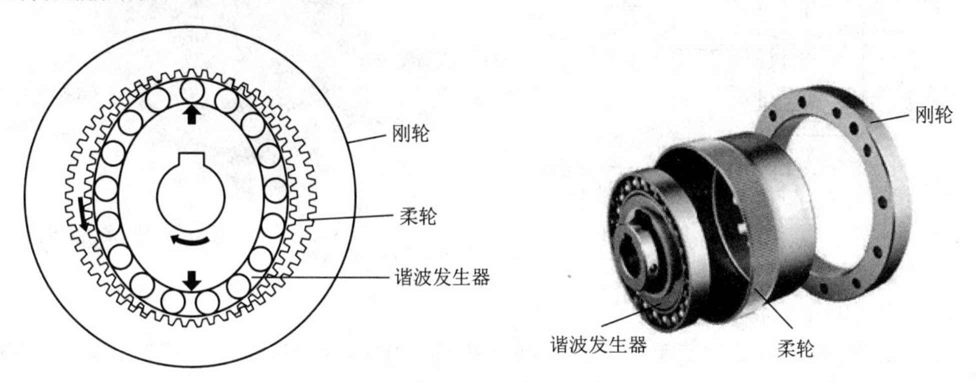

图 2-2 谐波减速器结构

谐波发生器有两个触头，在椭圆长轴方向柔轮与刚轮的轮齿相啮合，在椭圆短轴方向柔轮和刚轮轮齿完全分离。当谐波发生器逆时针转一圈时，两轮的相对位移为两个齿距。当刚轮固定时，则柔轮的回转方向与谐波发生器的回转方向相反。

谐波齿轮传动的传动比计算公式为

$$i = \frac{z_2 - z_1}{z_2}$$

式中，z_1 为柔轮齿数；z_2 为刚轮齿数。若刚轮有 200 个齿，柔轮比它少 2 个齿，则会形成 1∶100 的减速比，即当谐波发生器旋转 100 圈时，柔轮齿轮转 1 圈，这样，谐波减速器只占用很小的空间就可以得到较大的减速比。由于柔轮轮齿与刚轮轮齿在两极处同时有多对轮齿进入啮合，谐波发生器的力矩传递能力强，且传动平稳，两轮间的齿隙几乎为零，因此传动精度高、回差小。目前，工业机器人的旋转关节中有 60%～70%都使用谐波齿轮传动机构。

谐波齿轮传动的特点如下。

（1）结构简单，体积小，重量轻。

（2）减速比范围大，单级谐波减速器减速比可为 50～300。

（3）运动精度高，承载能力大。

（4）运动平稳，无冲击，噪声小。

4. RV 减速器

RV 减速器由第一级渐开线圆柱齿轮行星减速机构与第二级摆线针轮行星减速机构组成，是一个封闭的差动轮系，如图 2-3 所示。RV 减速器具有结构紧凑、传动比大、振动小、噪声低、能耗低等特点，已受到国内外的高度关注。与谐波齿轮减速器相比，RV 减速器具有更高的疲劳强度、刚度和寿命，而且随着服役时间的增长其回差精度更稳定，因此 RV 减速器在高负载、高精度机器人传动中得到了广泛的应用。

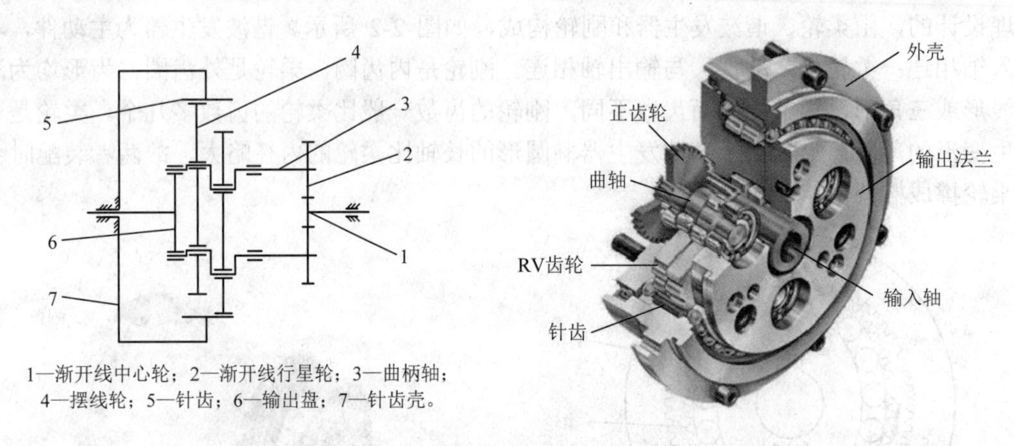

图 2-3 RV 减速器传动简图与内部结构

RV 减速器的主要特点如下。

（1）传动比大，通过改变第一级行星减速机构中中心轮和行星轮的齿数，可以方便地获得范围较大的传动比，其常用的传动比范围为 i=57～192。

（2）承载能力大，由于结构中采用了多个均匀分布的行星轮和曲柄轴，可以使载荷分布较为均匀，因此承载能力大。

（3）刚度大，结构中采用圆盘支撑装置，改善了曲柄轴的支撑情况，使得传动轴的扭转刚度增大。

（4）运动精度高，由于系统的回转误差小，故可获得较高的运动精度。

（5）传动效率高，系统中的构件多采用滚动轴承支撑，传动效率在 90%以上。

2.3 工业机器人执行机构

机器人的执行机构由基座、腰部、臂部、腕部、手部组成。机器人为了完成特定任务，必须配置操作执行机构，这个操作执行机构相当于人的手部，有时也称为手爪或末端执行器。连接手部和臂部的部分相当于人的手腕，叫作腕部，其主要作用是改变末端执行器的空间方向和将载荷传递到臂部。臂部连接腰部和腕部，其主要作用是改变手部的空间位置和将各种载荷传递到腰部。基座是机器人的基础部分，起支撑作用。若为固定式机器人，基座直接固定在地面基础上；若为行走式机器人，基座则安装在行走机构上。

2.3.1　基座

机器人可以分为固定式和行走式两种。一般的工业机器人大多是固定式的，还有一部分可以沿固定轨道移动。随着机器人技术在海洋开发、核能工业及宇宙开发等领域的拓展应用，可以预见的是，具有一定智能的行走式机器人将是今后机器人发展的方向之一。

行走机构是行走式机器人的重要执行部件，它由行走驱动装置、传动机构、位置检测元件、传感器、电缆及管路等组成。一方面，行走机构支撑机器人的机身、臂部、手部以及由作业对象传递过来的力，因此必须具有足够的刚度和稳定性；另一方面，行走机构还根据作业任务的要求，实现机器人在更广阔的空间内的灵活运动。

行走机构按其运动轨迹可分为固定轨迹式和无固定轨迹式两类。固定轨迹式行走机构主要用于工业机器人，如横梁式机器人、轨道式机器人等，如图 2-4 所示。无固定轨迹式行走机构根据其结构特点分为车轮式行走机构、履带式行走机构和关节式行走机构等，如图 2-5 所示。在行走过程中，前两种行走机构与地面连续接触，其形态为运行车式，应用

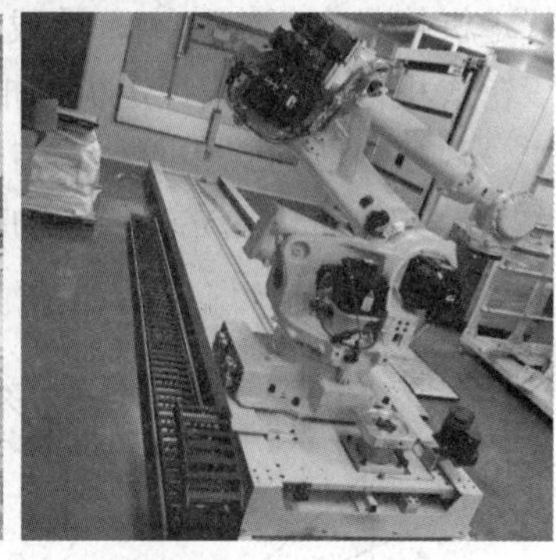

图 2-4　固定轨迹式机器人

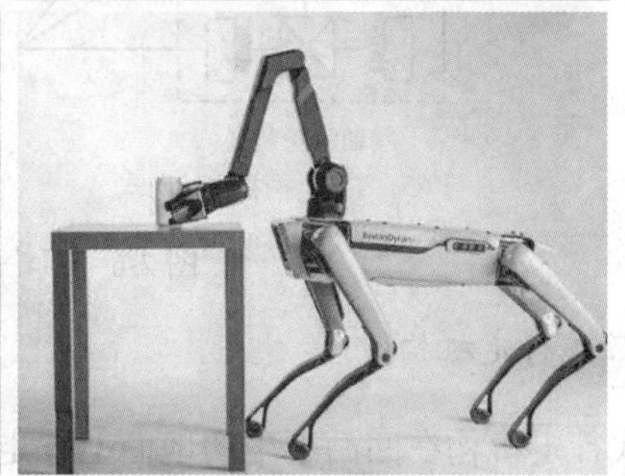

图 2-5　无固定轨迹行走机器人

较多，一般用于野外较大型作业场合，相对比较成熟；后一种行走机构与地面为间断接触，为仿生腿脚式，该类机构正在发展和完善中。

以下简要论述车轮式、履带式和关节式行走机构的特点。

1. 车轮式行走机构

车轮式行走机构具有移动平稳、能耗小，以及容易控制移动速度和方向等优点，因此在智能工厂物料运输、施工现场安全巡检等工况中得到了普遍的应用，车轮式行走机构的优点只有在较为平坦的地面上才能发挥出来。目前应用的车轮式行走机构主要为三轮式或四轮式。

三轮式具有最基本的稳定性，其主要问题是如何实现移动方向的控制。典型车轮的配置方法是一个前轮、两个后轮，前轮作为操纵舵，用来改变方向，后轮用来驱动；另一种是用后两轮独立驱动，另一个轮仅起支撑作用，并靠两轮的转速差或转向来改变移动方向，从而实现整体灵活的、小范围的移动。不过，要做较长距离的直线移动时，两驱动轮的直径差会影响前进的方向。

四轮式行走机构具有行走稳定、承载能力强的优势，是应用最为广泛的行走机构，其基本原理与三轮式相似。四轮式行走机构根据转向方式的不同，主要分为两驱动-两自位式、两同时转向式、两独立转向式和四独立转向式，分别如图 2-6 所示。转向的方式不同影响转弯半径的大小，其中四轮独立转向式的转弯半径较小。

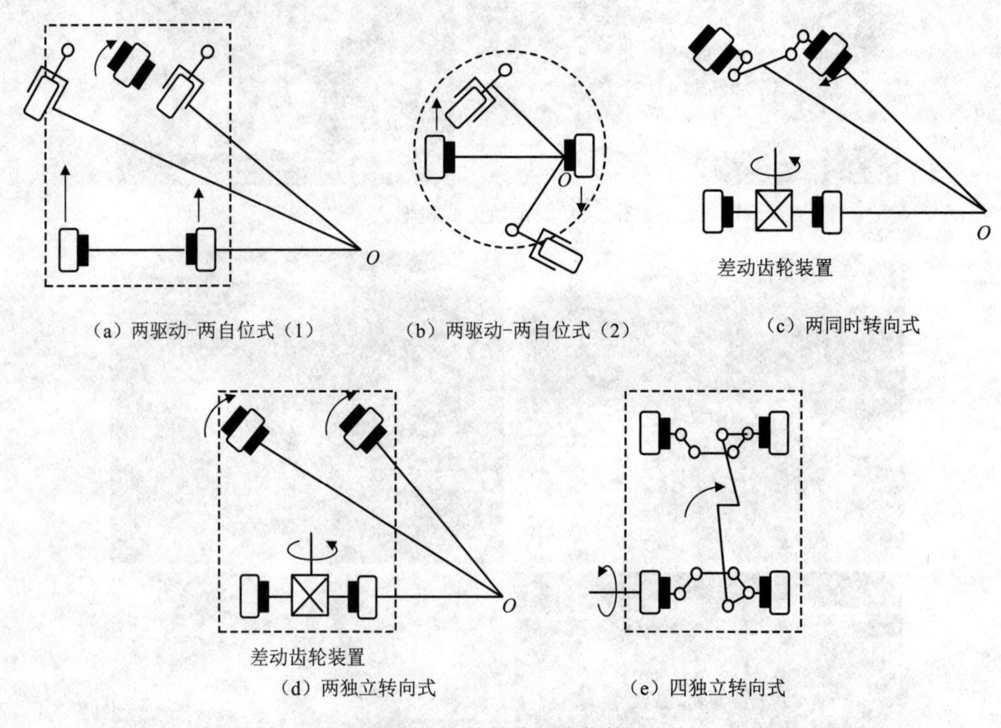

(a) 两驱动-两自位式（1）　(b) 两驱动-两自位式（2）　(c) 两同时转向式

(d) 两独立转向式　(e) 四独立转向式

图 2-6　四轮式行走机构

2. 履带式行走机构

履带式行走机构在凹凸不平的地面上行走、跨越障碍物、爬不太高的台阶时具有显著的优势。但由于履带式没有转向机构，转弯时只能依靠左右两侧履带的速度差，因此在前进方向和横向上会产生滑动，转弯阻力大，不能准确控制回转半径。

3. 关节式行走机构

关节式行走机构是一种用步行方式实现移动的机构，这种机构能在凹凸不平的地面上行走、跨越沟壑、上下一些较高的台阶，因此具有广泛的适应性。但关节的控制难度较大，目前能完全实现行动自如行走的实例还比较少，著名的波士顿双足机器人 Atlas 当前尚处在实验阶段，离产业化应用还有很大的距离。关节行走机构有两足、三足、四足、六足、八足等形式，其中两足步行机构的适应性最好。

2.3.2 腰部

腰部是连接基座和臂部的中间体，腰部可以绕其轴线回转，以改变整个机器人的作业面方向。腰部是机器人的关键部件，其结构刚性、回转范围、定位精度等都直接决定了机器人的技术性能。

1. 关节型机身的典型结构

关节型机器人的机身一般只有一个旋转自由度，即腰部的回转运动。腰部是支撑整个机身和负载绕基座进行旋转的部件，其在机器人的 6 个关节中受力最大，也最复杂，既承受很大的轴向力、径向力，又承受倾覆力矩。按照电机旋转轴线与关节旋转轴线是否共线，腰部关节一般有同轴式和偏置式两种布置方案，如图 2-7 所示。其中，同轴式布置方案多用于小型机器人，偏置式布置方案多用于中大型机器人。

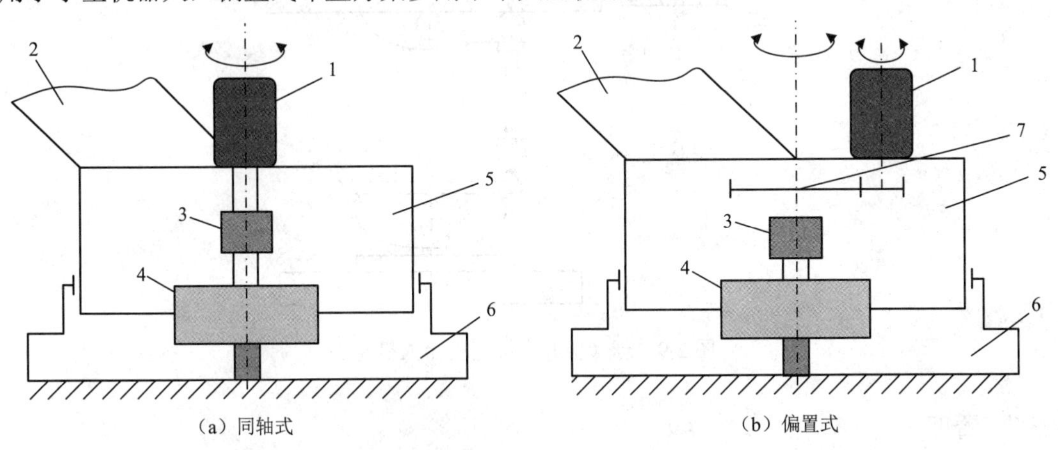

（a）同轴式　（b）偏置式

1—电机；2—大臂；3—联轴器；4—减速器；5—腰部；6—基座；7—齿轮。

图 2-7　腰部关节电机布置方案

在腰部传动链中，减速器一般采用高刚度和高精度的 RV 减速器，RV 减速器中有一对径向止推球轴承可承受机器人的倾覆力矩，当基座无轴承时，能够满足抗倾覆力矩的要求。此外，对于中大型机器人而言，为方便走线，常采用中空型的 RV 减速器。

2. 液压（气压）驱动的机身典型结构

圆柱坐标机器人机身具有旋转与回转两个自由度，其中升降运动一般采用油缸来实现，而回转运动可采用摆动油缸、链条链轮传动机构两种方式来实现，如图 2-8 所示。

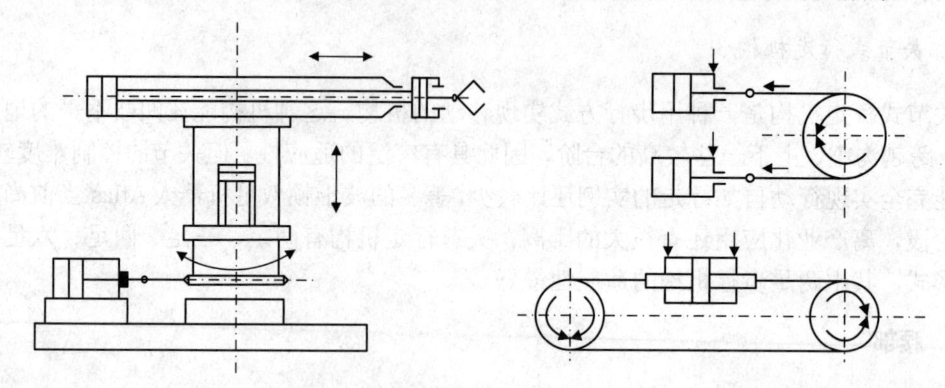

(a) 单杆活塞气缸驱动链条链轮传动机构　　(b) 双杆活塞气缸驱动链条链轮传动机构

图 2-8　利用链条链轮传动机构实现机身回转运动

球（极）坐标型机器人机身具有回转与俯仰两个自由度，回转运动的方式与圆柱坐标机器人机身相同，而俯仰运动一般采用液（气）压缸与连杆机构来实现。用于实现俯仰运动的液（气）压缸设计在机器人手臂下方，液（气）压缸活塞杆末端与手臂用铰链连接，缸体采用尾部耳环等方式与机身相连，如图 2-9 所示。

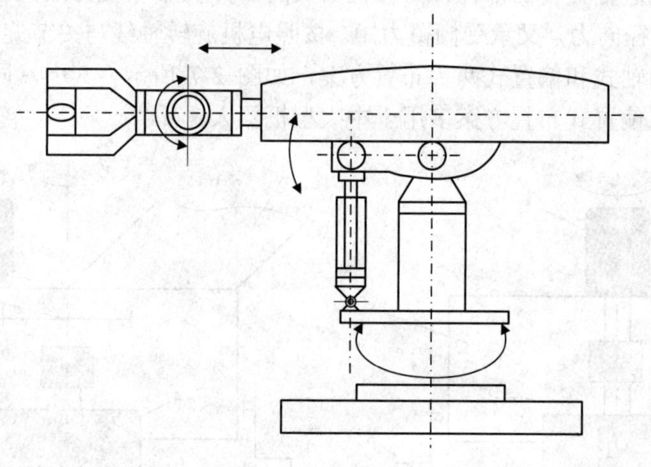

图 2-9　球（极）坐标型机器人机身

2.3.3　臂部

臂部是机器人的主要执行部件，其作用是支撑手腕和手部，并带动它们到达空间中的指定位置。臂部的各种运动由驱动器和各种传动机构来实现。此外，它既要承受被执行工件传递的负载，又要承受末端执行器、手腕和手臂自身的重量。手臂的结构、工作范围、灵活性、臂力大小和定位精度都直接影响机器人的工作性能，因此臂部的结构形式必须根据机器人的运动形式、负载重量、自由度和运动精度等因素来确定。

1. 臂部结构的基本要求

（1）刚度要求高。臂部在大负载或高速运动过程中会产生过大的变形，因此要选择刚度大的手臂结构。一般工字形截面的手臂弯曲强度比圆截面的大；空心管手臂的弯曲刚度和扭转刚度比实心的大，因此常用钢管做工业机器人的手臂。

（2）重量要轻。为减小整个臂部对回转轴的转动惯量，提高机器人的运动性能，要尽量减轻臂部运动部分的重量，可采用碳纤维等轻质材料制作机器人手臂，以大幅减轻机器人手臂的重量。

（3）运动要平稳，定位精度要高。机器人臂部运动速度越高，其惯性力引起的冲击就越大，严重影响手臂运动的平稳性和定位精度。因此，除了要求手臂重量轻之外，同时还要采取一定形式的缓冲措施。

（4）布局要合理。由于中空臂部要布置电机驱动线、传感器线、气管等各种管线，因此除了要求采用空心轴电机外，还要保证关节轴旋转不与管线发生缠绕，也就是说臂部整体布局必须要合理。

2. 手臂的分类

手臂的结构主要可以分为直线运动型结构、回转运动型结构和摆动运动型结构。

（1）直线运动型结构。直线运动型结构手臂的伸缩、横向移动均属于直线运动，可以用活塞油（气）缸、齿轮齿条、丝杠螺母和连杆机构等方式来实现机器人手臂的往复直线运动。由于活塞油（气）缸的体积小、重量轻，因此在机器人的手臂结构中应用比较多。

（2）回转运动型结构。实现机器人手臂回转运动的机构是多样的，如叶片式回转缸、齿轮传动机构、链轮传动机构、连杆机构等。

（3）摆动运动型结构。摆动运动型结构的手臂是由平面四杆机构演变产生的，如曲柄摇杆机构、曲柄滑块机构、双曲柄机构等手臂，不仅要满足回转运动的要求，而且要满足受力和结构上的要求。图2-10所示为一种常用的可实现仰俯运动的机器人手臂结构，仰俯运动也是摆动运动的一种形式，图中的仰俯运动是采用活塞缸与连杆机构实现的。其中，活塞缸被设计在手臂的下方，其活塞杆与手臂以铰接方式连接，缸体用其尾部耳环与立柱连接。

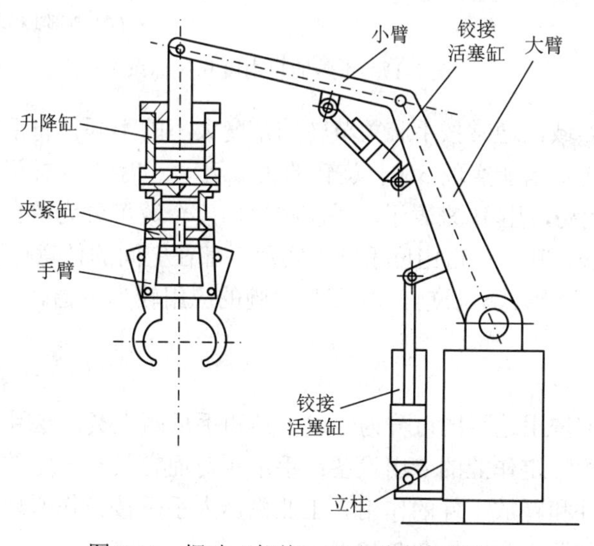

图2-10　摆动（仰俯）运动型结构手臂

2.3.4 腕部

机器人腕部是连接手臂和手部的重要结构部件，其作用是改变机器人手部在空间中的方向并将作业载荷传递到手臂上，因此它必须要有独立的自由度才能满足机器人手部完成复杂姿态的需要。

从驱动方式上看，手腕主要有直接驱动和远程驱动两种形式。直接驱动是指驱动器安装在手腕运动关节附近，可不通过较长的传动链直接驱动关节运动，因此传动路线短、传动刚度高，但手腕尺寸和质量较大、转动惯量也较大。远程驱动是指驱动器安装在机器人手臂或基座等远端位置，通过连杆机构、同步带机构、齿轮传动机构等传动机构间接驱动腕部关节运动，因此手腕结构紧凑，尺寸和质量较小，能够提高机器人的整体动态性能，但传动链设计复杂，传动刚度也相对较低。

为了使手部能在空间中处于任意方向，一般要求机器人手腕能实现对空间 3 个坐标轴 X、Y、Z 的转动，即实现翻转、俯仰和偏转 3 个自由度，如图 2-11 所示。

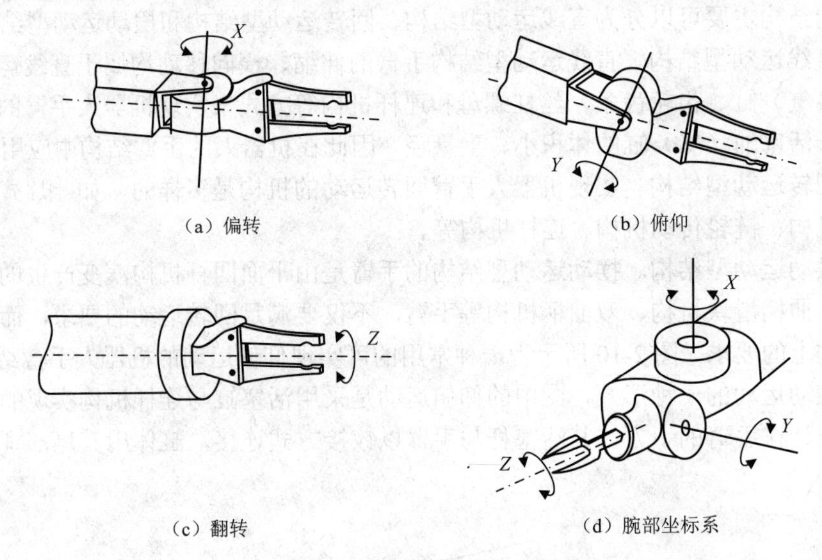

图 2-11 手腕的自由度和坐标系

在工业机器人领域，通常按手腕关节转动角度大小的不同，将手腕关节转动细分为滚转和弯转，其中滚转是指能实现 360° 旋转的关节运动，用 R 来标记；弯转是指转动角度小于 360° 的关节运动，用 B 来表示。手腕按自由度个数可分为单自由度手腕、二自由度手腕和三自由度手腕，其中三自由度手腕能实现手部在空间的任意位姿。图 2-12 所示为三自由度手腕的 6 种结构形式。目前，RRR 型手腕的应用较为普遍。

2.3.5 手部

工业机器人手部按用途不同可分为专用工具和手爪两大类。专用工具（如喷枪、焊枪、焊钳等）是进行某种特定作业的专用设备；手爪相对而言具有一定的通用性，它主要起到抓住工件、握持工件和释放工件的作用。工业机器人手爪按工作原理可以分为机械手爪、磁力吸盘和真空式吸盘 3 类，如图 2-13 所示。

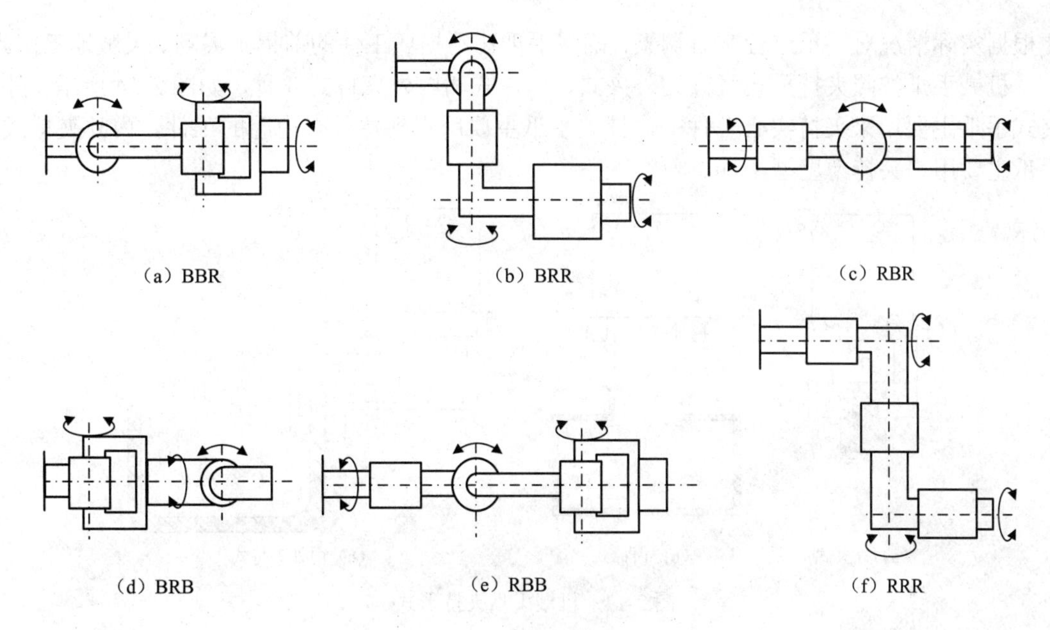

图2-12　三自由度手腕的6种结构形式

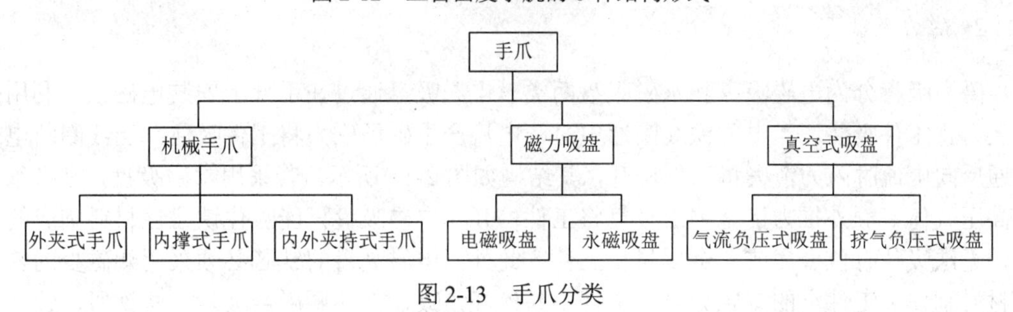

图2-13　手爪分类

1. 机械手爪

由于手部直接关系到夹持工件时的位置精度、夹持力大小等技术要求，对整个机器人完成任务的好坏起到关键作用，因此手爪在设计时必须考虑工件的几何参数，主要影响因素如下。

（1）工件尺寸大小及夹持表面之间的距离决定手爪尺寸的大小。

（2）手爪抓握表面的数目决定机械手爪的指数。

（3）根据夹持表面的几何形状，从工作稳定、可靠、方便的角度，考虑手爪抓握工件的位置和方向，从而决定机械手爪的形状。

机械手爪在设计时还必须考虑工件材质的影响，主要内容如下。

（1）工件的材质决定手爪的机械强度。

（2）工件的稳定性决定手爪的抓握力。

（3）工件表面的光滑程度决定手爪抓口的摩擦力。

（4）工件的温度决定手爪是否需要特殊考虑。

在某些特定工况下，需要给手爪安装一种或多种传感器，如力觉传感器、触觉传感器等，用来感知手爪接触工件时的接触状态、夹持力大小、工件表面形状和光滑程度等，以便根据实际情况对手爪进行实时调整，确保手爪在不损坏工件的前提下灵巧、灵敏地工作。

机械手爪按照夹持形式可分为外夹式、内撑式和内外夹持式 3 种，如图 2-14 所示。外夹式手爪主要用来夹持实心工件，内撑式手爪主要用来夹持具有内腔的工件，内外夹持式手爪主要用来夹持薄壁型工件。

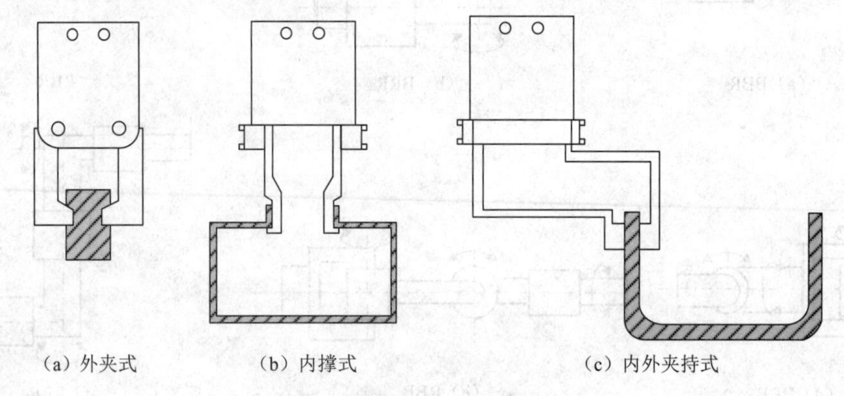

（a）外夹式　（b）内撑式　（c）内外夹持式

图 2-14　机械手爪夹持形式

2. *磁力吸盘*

磁力吸盘分为电磁吸盘和永磁吸盘两类。电磁吸盘通过在手部上安装电磁铁，利用磁场吸力将工件吸住。当电磁铁线圈通电时，电流产生磁场磁力将工件吸住；当线圈断电或导通反向电流时磁力消失将工件松开，其结构如图 2-15 所示。若采用永磁吸盘，则必须采用高压气体等额外推力措施强迫吸盘将工件松开。电磁吸盘只能吸住铁磁性材料制成的工件，无法吸住有色金属或非金属材料工件。此外，电磁吸盘的铁芯必须采用剩磁少的软磁性材料制作，工件上的剩磁会导致工件不易松开，吸盘上的剩磁会吸附一些铁屑，致使下次不能可靠地吸住工件，因此磁力吸盘大多只适用于对工件吸力要求不高或有剩磁不影响使用的场合。值得注意的是，由于铁磁性材料的磁性对高温比较敏感，当温度超过 723℃时，磁力就会消失，因此高温环境下不宜使用磁力吸盘。

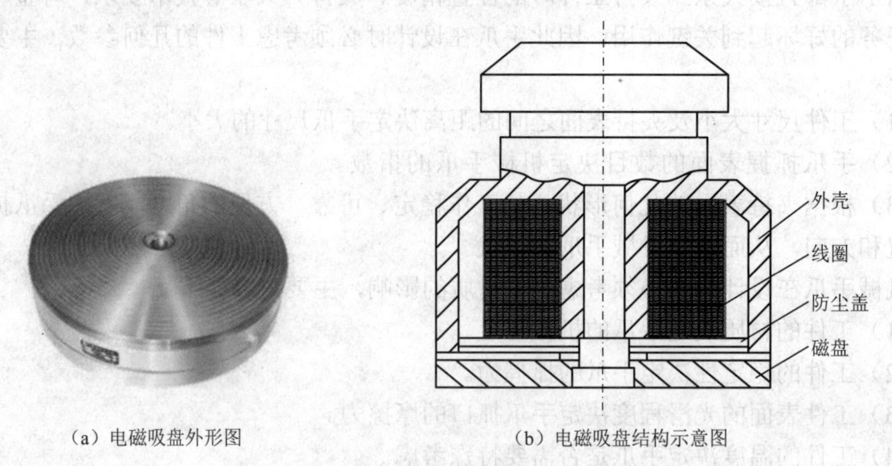

（a）电磁吸盘外形图　（b）电磁吸盘结构示意图

图 2-15　电磁吸盘

电磁吸盘的主要技术指标是磁吸力，磁吸力是根据铁芯截面积、线圈导线直径和线圈匝数等参数计算获得的。此外，还要根据电磁吸盘的实际应用环境选择合理的工况系数和安全系数。

3. 真空式吸盘

真空式吸盘主要用于抓取体积大、重量轻、表面较为光滑平整的工件，如玻璃、冰箱壳体、汽车壳体等零件，这些抓取的工件中有的有防破碎的要求，如玻璃等易碎品。根据真空产生原理，真空式吸盘主要可分为气流负压式和挤气负压式两种。

（1）气流负压式。气流负压式吸盘通过真空泵或真空发生器使吸盘产生负压形成真空来吸取工件。图 2-16 所示为采用真空发生器产生负压的真空吸盘控制系统。

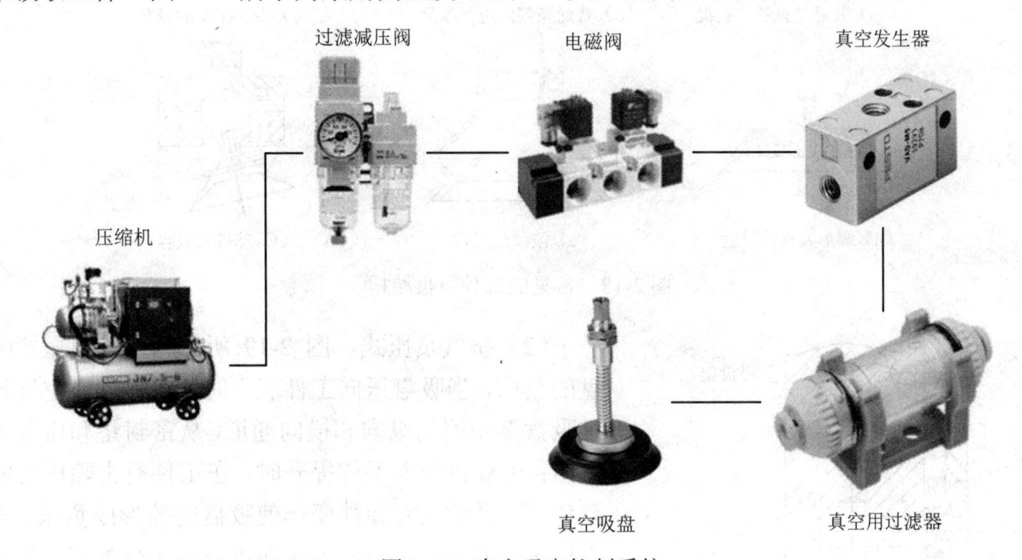

图 2-16　真空吸盘控制系统

高压空气由压缩机产生，经过滤减压阀净化和压力调整后进入电磁阀，当电磁阀吸合，则真空发生器产生负压，此时真空吸盘可以吸附工件；当电磁阀释放，则真空发生器没有负压，真空吸盘松开工件。真空发生器利用伯努利效应形成负压产生真空，气流负压结构如图 2-17 所示。真空发生器无相对运动部件，不发热，结构简单，价格便宜，应用场合较广。

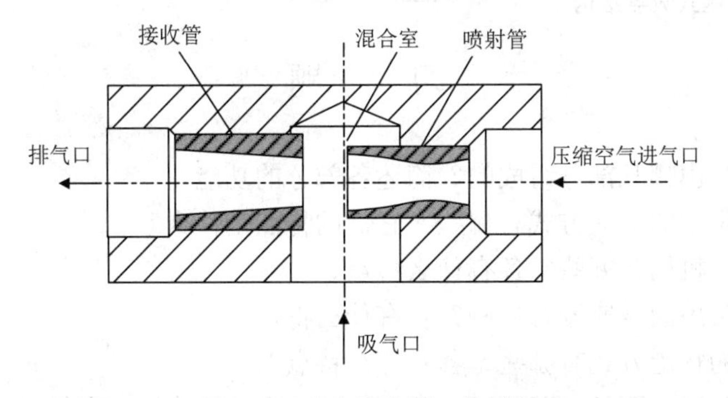

图 2-17　真空发生器工作原理

真空泵的结构和工作原理与空压机相似，不同的是真空泵的进气口接负压，排气口接大气压。真空泵有相对运动部件，易发热，价格较贵，一般适用于无稳定高压气源且需要连续提供真空工作的场合。

吸盘吸力在理论上由吸盘与工件表面的接触面积和吸盘的内外压差决定，但实际上也与工件表面的粗糙状态有着十分密切的联系，它影响着负压是否发生泄漏。使用真空泵和真空发生器，能源源不断地给吸盘提供负压，因此这种吸盘比挤压负压式吸盘的吸力大。常见的几种吸盘结构如图 2-18 所示。

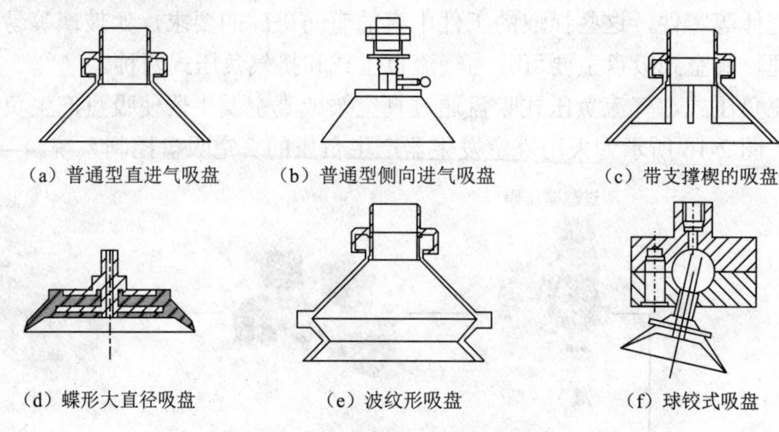

图 2-18　常见的几种吸盘结构

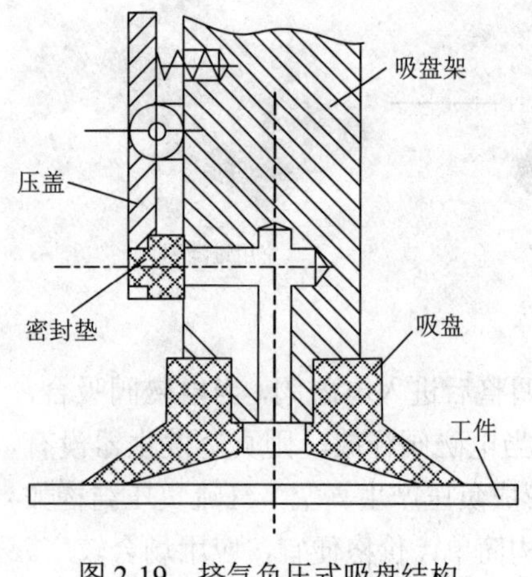

图 2-19　挤气负压式吸盘结构

（2）挤气负压式。图 2-19 所示为挤气负压式吸盘的结构，当吸盘压向工件表面时，将吸盘内空气经过吸盘架中间的纵向和横向通道，从密封垫和压盖处挤出；工业机器人手部提升时，在工件有去除压力的趋势下，吸盘恢复弹性变形使吸盘内腔形成负压，将工件牢牢吸住，工业机器人即可进行工件搬运；当工件到达搬运位置后，用外力 P 使压盖绕支点摆动，使密封垫失去压力，破坏吸盘腔内的负压，释放工件。由于挤气负压式吸盘不需要真空泵系统，也不需要压缩空气气源，因此比较经济方便，但是可靠性比气流负压式吸盘差。

习　题

2-1　机器人是由哪几部分组成的？简述各部分的功能。

2-2　机器人常用的驱动方式有哪些？它们的特点是什么？

2-3　直线传动机构有哪些？各有什么特点？

2-4　机器人常用的减速器有哪些？各有什么特点？

2-5　机器人的行走方式有哪些？各有什么特点？

2-6　机器人基座、腰部、臂部、腕部和手部各有什么作用？在设计时应注意什么？

2-7　机器人手爪主要有哪些类型？各自适用于什么场合？

第3章 工业机器人的运动学和动力学基础

要实现对工业机器人在空间运动轨迹的控制，完成预定的作业任务，就必须知道机器人手部在空间瞬时的位置与姿态（简称位姿）。如何计算机器人手部在空间的位姿是实现对机器人的控制首先要解决的问题，而手部位姿是与机器人各杆件的尺寸、运动副类型及杆件间的相互关系直接相关联的。因此，在研究手部相对于基座的几何关系时，首先必须分析两相邻杆件的相互关系，即建立杆件坐标系。本章运动学部分主要讨论机器人运动学的基本问题，将引入齐次坐标变换，推导出坐标变换方程；利用D-H参数法，求出两级坐标系之间的平移和旋转坐标变换参数值，建立机器人运动学方程，进行机器人的位姿分析；介绍机器人逆向运动学的基础知识。在运动学分析时仅考虑工业机器人运动时的位置、速度和加速度，而不考虑引起运动的力。

工业机器人运动学方程是在稳态下建立的，它只限于静态位置问题的讨论，并未涉及机器人运动的力、速度、加速度等动态过程。实际上，机器人是一个多刚体系统，也是一个复杂的动力学系统，机器人系统在外载荷和关节驱动力矩（或力）的作用下将取得静力平衡，在关节驱动力矩（或力）的作用下将发生运动变化。机器人的动态性能不仅与运动学因素有关，还与机器人的结构形式、质量分布、执行机构的位置、传动装置等对动力学特性有重要影响的因素有关。

本章动力学部分将首先讨论与机器人速度和静力有关的雅可比矩阵，然后介绍工业机器人的静力学问题和动力学问题。讨论操作速度与关节速度、操作力与关节力之间的关系，定义机器人的速度雅可比矩阵与力雅可比矩阵，建立末端操作器与各连杆之间的速度关系和静力传递关系；从简单的实例开始，讨论用拉格朗日法建立机器人动力学方程的过程，分析机器人运动和受力之间的关系。本章不涉及较深的理论，将通过对工业机器人在实际作业中遇到的静力学问题和运动学问题进行深入浅出的介绍。

3.1 工业机器人运动学

3.1.1 齐次坐标及对象物的描述

1. 点位置描述

在直角坐标系$\{A\}$中，空间任一点P的位置可用3×1的位置矢量$^{A}\boldsymbol{P}$表示为

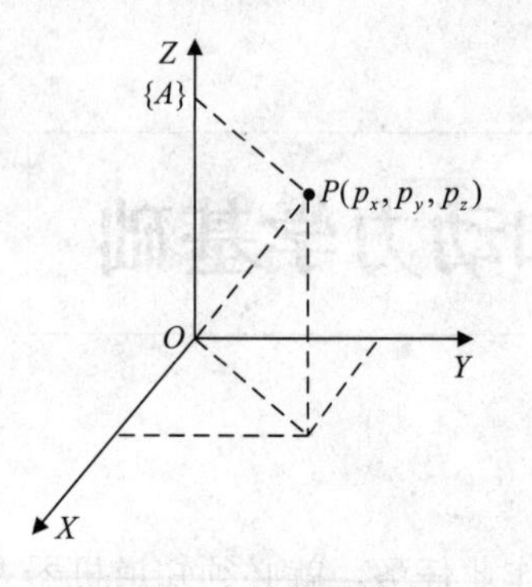

图 3-1 点的位置描述

$$^{A}\boldsymbol{P}=\begin{bmatrix}p_x\\p_y\\p_z\end{bmatrix} \tag{3-1}$$

式中，p_x、p_y、p_z 为点 P 在坐标系$\{A\}$中的 3 个位置坐标分量，如图 3-1 所示。

2. 点的齐次坐标

所谓齐次坐标，是指将一个 n 维空间中的点用 n+1 维坐标来表示，则该 n+1 维坐标即为 n 维坐标的齐次坐标。若用 4 个元素组成的 4×1 阵列表示三维空间直角坐标系$\{A\}$中的点 P，则该阵列称为三维空间点 P 的齐次坐标，表示如下：

$$\boldsymbol{P}=\begin{bmatrix}p_x\\p_y\\p_z\\1\end{bmatrix} \tag{3-2}$$

齐次坐标并不是唯一的，当阵列的每一项分别乘以一个非零的比例因子 ω 时都能形成一个齐次坐标，即

$$\boldsymbol{P}=\begin{bmatrix}p_x\\p_y\\p_z\\1\end{bmatrix}=\begin{bmatrix}a\\b\\c\\\omega\end{bmatrix} \tag{3-3}$$

式中，$a=\omega p_x$；$b=\omega p_y$；$c=\omega p_z$。该阵列仍然代表同一点 P。

3. 坐标轴方向的描述

如图 3-2 所示，用 $\boldsymbol{i}$、$\boldsymbol{j}$、$\boldsymbol{k}$ 分别表示直角坐标系中 X、Y、Z 坐标轴的单位矢量，用齐次坐标来描述 X、Y、Z 轴的方向，则有

$$\boldsymbol{X}=\begin{bmatrix}1\\0\\0\\0\end{bmatrix},\ \boldsymbol{Y}=\begin{bmatrix}0\\1\\0\\0\end{bmatrix},\ \boldsymbol{Z}=\begin{bmatrix}0\\0\\1\\0\end{bmatrix}$$

由上可知，若规定 4×1 阵列$[a\quad b\quad c\quad 0]^{\mathrm{T}}$中第 4 个元素为零，且 $a^2+b^2+c^2=1$，则它表示某轴（或某矢量）的方向；若 4×1 阵列$[a\quad b\quad c\quad \omega]^{\mathrm{T}}$中第 4 个元素不为零，则它表示空间某点的位置。例如，在图 3-2 中，矢量 $\boldsymbol{v}$ 的方向用 4×1 阵列表示为

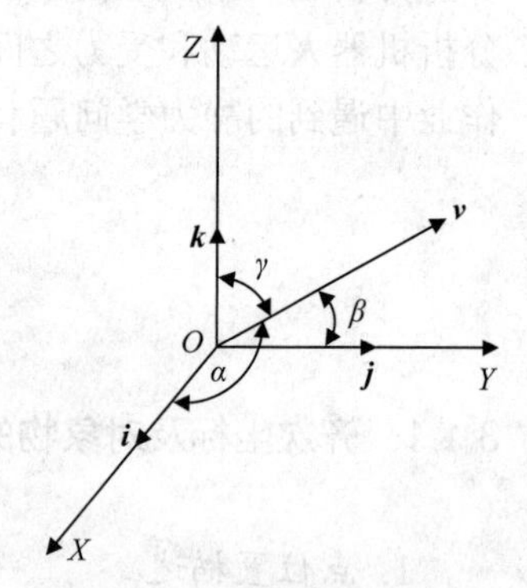

图 3-2 坐标轴方向的描述

$$\boldsymbol{v}=\begin{bmatrix}a & b & c & 0\end{bmatrix}^{\mathrm{T}} \tag{3-4}$$

式中，$a=\cos\alpha$；$b=\cos\beta$；$c=\cos\gamma$。图 3-2 中矢量 $\boldsymbol{v}$ 的坐标原点 O 可用 4×1 阵列表示为

$$O=\begin{bmatrix}0 & 0 & 0 & 1\end{bmatrix}^{\mathrm{T}}$$

虽然式（3-3）中的 ω 在理论上可以取任意的正值，但在机器人运动分析中，为方便起见，一般取 $\omega=1$。

4. 动坐标轴方向的描述

对于机器人系统而言，一般建立在活动连杆上且与地面有相对运动的坐标系称为动坐标系。动坐标系位姿的描述可用位姿矩阵表示，它由描述动坐标系原点位置的位置矩阵和描述动坐标系各轴方向的姿态矩阵组成。该位姿矩阵为 4×4 的方阵。例如，上述直角坐标系可描述为

$$\boldsymbol{A}=\begin{bmatrix}1 & 0 & 0 & 0\\0 & 1 & 0 & 0\\0 & 0 & 1 & 0\\0 & 0 & 0 & 1\end{bmatrix}$$

5. 刚体位姿的描述

根据机器人结构的刚性，机器人可分为刚体机器人和软体机器人。若不考虑刚体机器人连杆的微变形，则刚体机器人的每一个连杆均可视为一个刚体，若给定了刚体上某一点的位置和该刚体在空中的姿态，则这个刚体在空间上的位姿是完全确定的，可用唯一的位姿矩阵进行描述。如图 3-3 所示，设 O'为刚体上任意一点，$\{O'$：$X',Y',Z'\}$为与刚体 Q 固连的一个坐标系，称为动坐标系。刚体 Q 在固定坐标系$\{O$：$X,Y,Z\}$中的位置可用一个齐次坐标形式的 4×1 阵列表示为

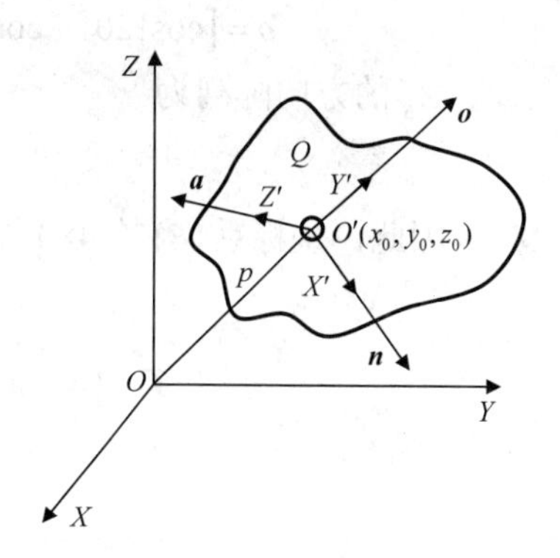

图 3-3　刚体位姿的描述

$$\boldsymbol{P}=\begin{bmatrix}x_0\\y_0\\z_0\\1\end{bmatrix} \tag{3-5}$$

刚体的位姿可由动坐标系的坐标轴方向来表示。令 $\boldsymbol{n}$、$\boldsymbol{o}$、$\boldsymbol{a}$ 分别为$\{O'$：$X',Y',Z'\}$坐标系的各轴单位方向矢量，每个单位方向矢量在固定坐标系上的分量为动坐标系各坐标轴的方向余弦，用齐次坐标形式的 4×1 阵列分别表示为

$$\begin{cases}\boldsymbol{n}=\begin{bmatrix}n_x & n_y & n_z & 0\end{bmatrix}^{\mathrm{T}}\\\boldsymbol{o}=\begin{bmatrix}o_x & o_y & o_z & 0\end{bmatrix}^{\mathrm{T}}\\\boldsymbol{a}=\begin{bmatrix}a_x & a_y & a_z & 0\end{bmatrix}^{\mathrm{T}}\end{cases} \tag{3-6}$$

因此，图 3-3 中刚体位姿可用下面的 4×4 矩阵来描述：

$$T=\begin{bmatrix} n & o & a & p \end{bmatrix}=\begin{bmatrix} n_x & o_x & a_x & x_0 \\ n_y & o_y & a_y & y_0 \\ n_z & o_z & a_z & z_0 \\ 0 & 0 & 0 & 1 \end{bmatrix} \tag{3-7}$$

很明显，对刚体 Q 位姿的描述就是对固连刚体 Q 的坐标系$\{O'$：$X',Y',Z'\}$位姿的描述。

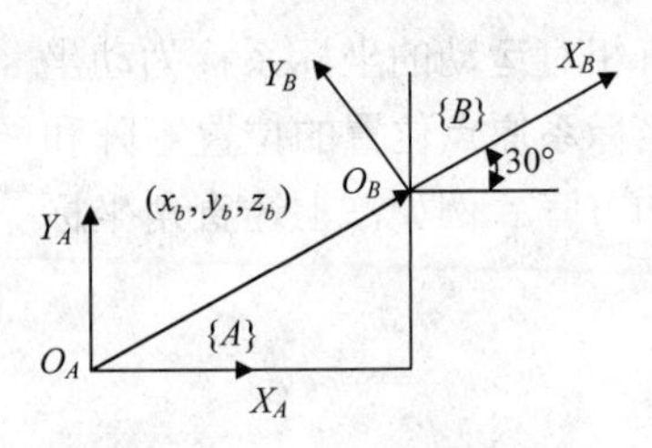

图 3-4　动坐标系$\{B\}$的描述

【例 3-1】 固连于刚体的坐标系$\{B\}$位于 O_B 点，$x_b=10$，$y_b=5$，$z_b=0$，Z_B 轴与画面垂直，坐标系$\{B\}$相对固定坐标系$\{A\}$有一个 30° 的偏转，如图 3-4 所示。试写出表示刚体位姿的坐标系$\{B\}$的 4×4 矩阵表达式。

解：

X_B 的方向阵列为

$$n=\begin{bmatrix}\cos30^\circ & \cos60^\circ & \cos90^\circ & 0\end{bmatrix}^{\mathrm{T}}=\begin{bmatrix}0.866 & 0.500 & 0.000 & 0\end{bmatrix}^{\mathrm{T}}$$

Y_B 的方向阵列为

$$o=\begin{bmatrix}\cos120^\circ & \cos30^\circ & \cos90^\circ & 0\end{bmatrix}^{\mathrm{T}}=\begin{bmatrix}-0.500 & 0.866 & 0.000 & 0\end{bmatrix}^{\mathrm{T}}$$

Z_B 的方向阵列为

$$a=\begin{bmatrix}0.000 & 0.000 & 1.000 & 0\end{bmatrix}^{\mathrm{T}}$$

因此，坐标系$\{B\}$的 4×4 矩阵表达式为

$$T=\begin{bmatrix} n & o & a & p \end{bmatrix}=\begin{bmatrix} 0.866 & -0.500 & 0.000 & 10.0 \\ 0.500 & 0.866 & 0.000 & 5.0 \\ 0.000 & 0.000 & 1.000 & 0.0 \\ 0 & 0 & 0 & 1 \end{bmatrix}$$

6. 手部位姿的描述

机器人手部的位姿描述如图 3-5 所示，可用固连于手部的坐标系$\{B\}$的位姿来表示。坐标系$\{B\}$由原点位置和 3 个单位矢量唯一确定，即取手部中心点为原点 O_B；关节轴为 Z_B 轴，Z_B 轴的单位方向矢量 $\boldsymbol{a}$ 称为接近矢量，指向朝外；两手指连线为 Y_B 轴，Y_B 轴的单位矢量 $\boldsymbol{o}$ 称为位姿矢量，指向可任意选定；X_B 轴、Y_B 轴及 Z_B 轴相互垂直，X_B 轴的单位方向矢量 $\boldsymbol{n}$ 称为法向矢量，同时垂直于 $\boldsymbol{a}$、$\boldsymbol{o}$ 矢量，即 $\boldsymbol{n}=\boldsymbol{o}\times\boldsymbol{a}$。

手部位姿矢量为从固定参考坐标系$\{O$：$X,Y,Z\}$原点指向手部坐标系$\{B\}$原点的矢量 $\boldsymbol{P}$，手部的方向矢量为 $\boldsymbol{n}$、$\boldsymbol{o}$、$\boldsymbol{a}$。手部的位姿可由 4×4 矩阵表示为

$$T=\begin{bmatrix} n & o & a & p \end{bmatrix}=\begin{bmatrix} n_x & o_x & a_x & p_x \\ n_y & o_y & a_y & p_y \\ n_z & o_z & a_z & p_z \\ 0 & 0 & 0 & 1 \end{bmatrix} \tag{3-8}$$

【例 3-2】 图 3-6 所示为抓握物体 Q 的手部，物体 Q 是边长为 2 个单位的正方体，写出表达该手部位姿的矩阵式。

解： 因为物体 Q 的形心与手部坐标系$\{O'$：$X',Y',Z'\}$的坐标原点 O' 重合，所以手部位姿的 4×1 阵列为

$$\boldsymbol{P}=\begin{bmatrix}1 & 1 & 1 & 1\end{bmatrix}^{\mathrm{T}}$$

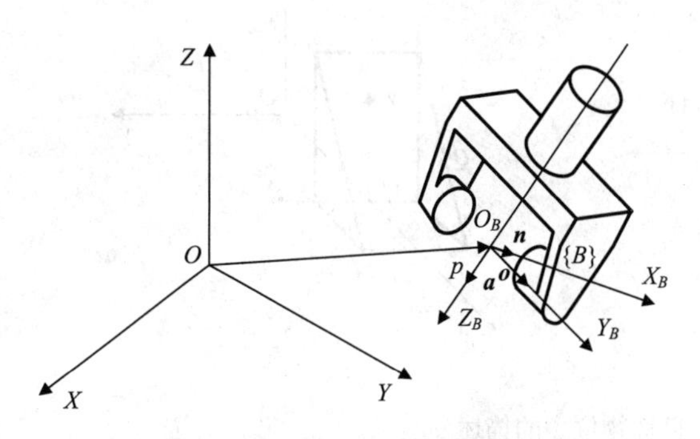

图 3-5 机器人手部的位姿描述

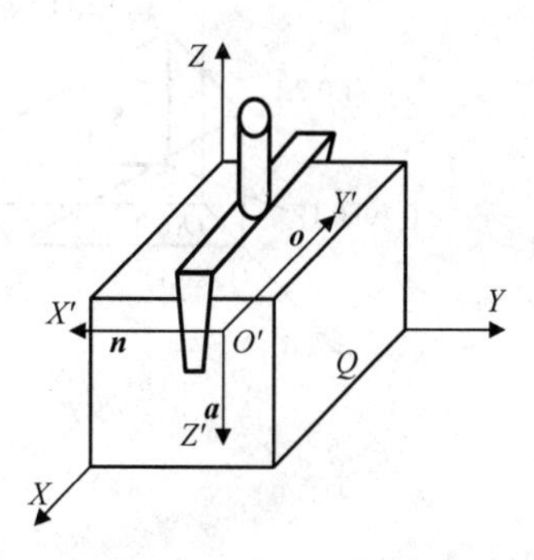

图 3-6 握住物体 Q 的手部

手部坐标系 X' 轴的方向可用单位矢量 $\boldsymbol{n}$ 来表示。

$$\boldsymbol{n}:\ \alpha=90°,\ \beta=180°,\ \gamma=90°$$

$$n_x=\cos\alpha=0,\ n_y=\cos\beta=-1,\ n_z=\cos\gamma=0$$

同理，手部坐标系 Y' 轴与 Z' 轴的方向可分别用单位矢量 $\boldsymbol{o}$ 和 $\boldsymbol{a}$ 来表示。

$$\boldsymbol{o}:\ o_x=-1,\ o_y=0,\ o_z=0$$

$$\boldsymbol{a}:\ a_x=0,\ a_y=0,\ a_z=-1$$

根据式（3-8），手部位姿可用矩阵表达为

$$\boldsymbol{T}=\begin{bmatrix}\boldsymbol{n} & \boldsymbol{o} & \boldsymbol{a} & \boldsymbol{p}\end{bmatrix}=\begin{bmatrix}0 & -1 & 0 & 1\\ -1 & 0 & 0 & 1\\ 0 & 0 & -1 & 1\\ 0 & 0 & 0 & 1\end{bmatrix}$$

7. 目标物位姿的描述

任何一个物体在空间的位置和姿态都可以用齐次矩阵来表示，如图 3-7 所示。楔块 Q 在图 3-7（a）的情况下可用 6 个点描述，矩阵表达式为

$$\boldsymbol{Q}=\begin{bmatrix}1 & -1 & -1 & 1 & 1 & -1\\ 0 & 0 & 0 & 0 & 4 & 4\\ 0 & 0 & 2 & 2 & 0 & 0\\ 1 & 1 & 1 & 1 & 1 & 1\end{bmatrix}$$

若让其绕 Z 轴旋转 90°，记为 Rot(Z,90°)；再绕 Y 轴旋转 90°，即 Rot(Y,90°)，然后再沿 X 轴方向平移 4，即 Trans(4,0,0)，则楔块变为图 3-7（b）所示位姿，其齐次矩阵表达式为

$$\boldsymbol{Q}=\begin{bmatrix}4 & 4 & 6 & 6 & 4 & 4\\ 1 & -1 & -1 & 1 & 1 & -1\\ 0 & 0 & 0 & 0 & 4 & 4\\ 1 & 1 & 1 & 1 & 1 & 1\end{bmatrix}$$

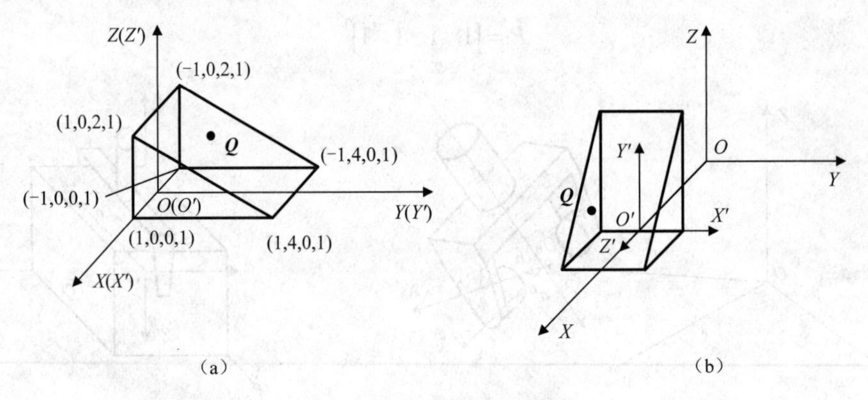

图 3-7 目标物位姿的描述

3.1.2 齐次变换及运算

刚体的运动是由转动和平移组成的。为了能用同一矩阵表示转动和平移，可以引入 4×4 的齐次坐标变换矩阵来表示。

1. 平移的齐次变换

首先，介绍点在空间直角坐标系中的平移。如图 3-8 所示，空间某一点在直角坐标系中的平移，由 $A(x, y, z)$平移至 $A'(x', y', z')$，即

$$\begin{cases} x' = x + \Delta x \\ y' = y + \Delta y \\ z' = z + \Delta z \end{cases} \tag{3-9}$$

或写成矩阵形式：

$$\begin{bmatrix} x' \\ y' \\ z' \\ 1 \end{bmatrix} = \begin{bmatrix} 1 & 0 & 0 & \Delta x \\ 0 & 1 & 0 & \Delta y \\ 0 & 0 & 1 & \Delta z \\ 0 & 0 & 0 & 1 \end{bmatrix} \begin{bmatrix} x \\ y \\ z \\ 1 \end{bmatrix}$$

也可简写为

$$\boldsymbol{a}' = \mathrm{Trans}(\Delta x, \Delta y, \Delta z)\boldsymbol{a} \tag{3-10}$$

式中，$\mathrm{Trans}(\Delta x, \Delta y, \Delta z)$为齐次坐标变换的平移算子，且$\Delta x$、$\Delta y$、$\Delta z$ 分别表示沿 X、Y、Z 轴的偏移量，即

$$\mathrm{Trans}(\Delta x, \Delta y, \Delta z) = \begin{bmatrix} 1 & 0 & 0 & \Delta x \\ 0 & 1 & 0 & \Delta y \\ 0 & 0 & 1 & \Delta z \\ 0 & 0 & 0 & 1 \end{bmatrix} \tag{3-11}$$

若算子左乘，表示点的平移是相对固定坐标系进行的坐标变换；若算子右乘，表示点的平移是相对动坐标系进行的坐标变换。式（3-10）亦适用于坐标系的平移变换和物体的平移变换，如机器人手部的平移变换。

【例 3-3】 如图 3-9 所示的两种情况，动坐标系$\{A\}$相对于固定坐标系的 X_0、Y_0、Z_0 轴

作(−1,2,2)平移后到$\{A'\}$；动坐标系$\{A\}$相对于自身坐标系（动坐标系）的X、Y、Z轴作(−1,2,2)平移后到$\{A''\}$。已知

$$\boldsymbol{A}=\begin{bmatrix}0 & -1 & 0 & 1\\ -1 & 0 & 0 & 1\\ 0 & 0 & -1 & 1\\ 0 & 0 & 0 & 1\end{bmatrix}$$

试写出坐标系$\{A'\}$、$\{A''\}$的矩阵表达式。

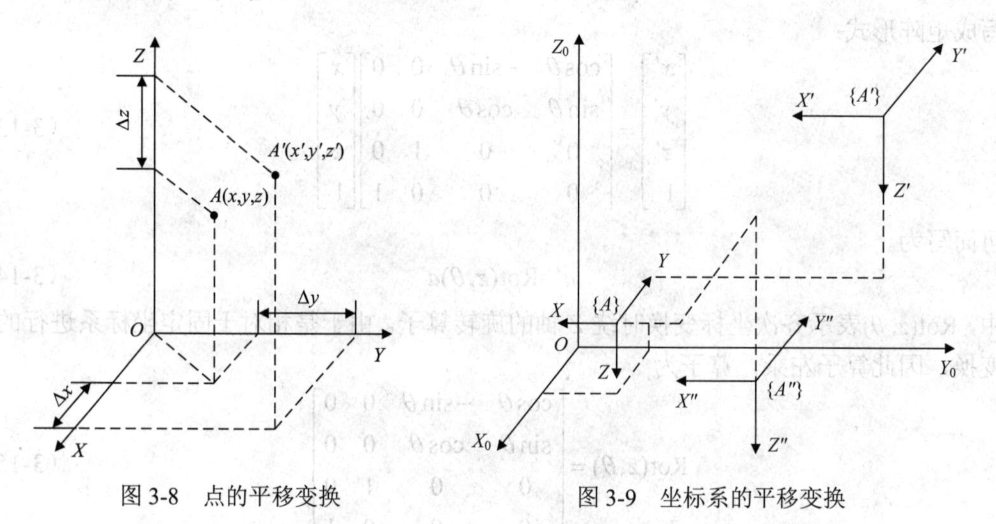

图 3-8　点的平移变换　　　　图 3-9　坐标系的平移变换

解：动坐标系$\{A\}$的两个平移坐标变换算子均为

$$\text{Trans}(\Delta x,\Delta y,\Delta z)=\begin{bmatrix}1 & 0 & 0 & -1\\ 0 & 1 & 0 & 2\\ 0 & 0 & 1 & 2\\ 0 & 0 & 0 & 1\end{bmatrix}$$

$\{A'\}$坐标系是动坐标系$\{A\}$沿固定坐标系作平移变换得到的，因此算子左乘，则$\{A'\}$的矩阵表达式为

$$\boldsymbol{A}'=\text{Trans}(-1,2,2)\boldsymbol{A}=\begin{bmatrix}1 & 0 & 0 & -1\\ 0 & 1 & 0 & 2\\ 0 & 0 & 1 & 2\\ 0 & 0 & 0 & 1\end{bmatrix}\begin{bmatrix}0 & -1 & 0 & 1\\ -1 & 0 & 0 & 1\\ 0 & 0 & -1 & 1\\ 0 & 0 & 0 & 1\end{bmatrix}=\begin{bmatrix}0 & -1 & 0 & 0\\ -1 & 0 & 0 & 3\\ 0 & 0 & -1 & 3\\ 0 & 0 & 0 & 1\end{bmatrix}$$

$\{A''\}$坐标系是动坐标系$\{A\}$沿自身坐标系作平移变换得到的，因此算子右乘，则$\{A''\}$的矩阵表达式为

$$\boldsymbol{A}''=\boldsymbol{A}\text{Trans}(-1,2,2)=\begin{bmatrix}0 & -1 & 0 & 1\\ -1 & 0 & 0 & 1\\ 0 & 0 & -1 & 1\\ 0 & 0 & 0 & 1\end{bmatrix}\begin{bmatrix}1 & 0 & 0 & -1\\ 0 & 1 & 0 & 2\\ 0 & 0 & 1 & 2\\ 0 & 0 & 0 & 1\end{bmatrix}=\begin{bmatrix}0 & -1 & 0 & -1\\ -1 & 0 & 0 & 2\\ 0 & 0 & -1 & -1\\ 0 & 0 & 0 & 1\end{bmatrix}$$

经过平移坐标变换后，坐标$\{A'\}$、$\{A''\}$的实际情况已经解析在图 3-9 中。

2. 旋转的齐次变换

首先，介绍点在空间直角坐标系中的旋转。图 3-10 所示为空间某一点在直角坐标系中的旋转变化，由 $A(x, y, z)$绕 Z 轴旋转 θ 角后至 $A'(x', y', z')$，A 与 A'之间的关系为

$$\begin{cases} x' = x\cos\theta - y\sin\theta \\ y' = x\sin\theta + y\cos\theta \\ z' = z \end{cases} \tag{3-12}$$

或写成矩阵形式：

$$\begin{bmatrix} x' \\ y' \\ z' \\ 1 \end{bmatrix} = \begin{bmatrix} \cos\theta & -\sin\theta & 0 & 0 \\ \sin\theta & \cos\theta & 0 & 0 \\ 0 & 0 & 1 & 0 \\ 0 & 0 & 0 & 1 \end{bmatrix} \begin{bmatrix} x \\ y \\ z \\ 1 \end{bmatrix} \tag{3-13}$$

也可简写为

$$\boldsymbol{a}' = \mathrm{Rot}(z, \theta)\boldsymbol{a} \tag{3-14}$$

式中，$\mathrm{Rot}(z, \theta)$表示齐次坐标变换时绕 Z 轴的旋转算子。由于是相对于固定坐标系进行的坐标变换，因此算子左乘，算子为

$$\mathrm{Rot}(z,\theta) = \begin{bmatrix} \cos\theta & -\sin\theta & 0 & 0 \\ \sin\theta & \cos\theta & 0 & 0 \\ 0 & 0 & 1 & 0 \\ 0 & 0 & 0 & 1 \end{bmatrix} \tag{3-15}$$

同理，可写出绕 X 轴的旋转算子和绕 Y 轴的旋转算子：

$$\mathrm{Rot}(x,\theta) = \begin{bmatrix} 1 & 0 & 0 & 0 \\ 0 & \cos\theta & -\sin\theta & 0 \\ 0 & \sin\theta & \cos\theta & 0 \\ 0 & 0 & 0 & 1 \end{bmatrix} \tag{3-16}$$

$$\mathrm{Rot}(y,\theta) = \begin{bmatrix} \cos\theta & 0 & \sin\theta & 0 \\ 0 & 1 & 0 & 0 \\ -\sin\theta & 0 & \cos\theta & 0 \\ 0 & 0 & 0 & 1 \end{bmatrix} \tag{3-17}$$

图 3-11 所示为点 A 绕任意过原点的单位矢量 $\boldsymbol{K}$ 旋转 θ 角的情况。k_x、k_y、k_z 分别为矢量 $\boldsymbol{K}$ 在参考坐标轴 X、Y、Z 上的 3 个分量，且 $k_x^2 + k_y^2 + k_z^2 = 1$。可以证明，其旋转齐次变换矩阵为

$$\mathrm{Rot}(\boldsymbol{K},\theta) = \begin{bmatrix} k_x k_x(1-\cos\theta)+\cos\theta & k_y k_x(1-\cos\theta)-k_z\sin\theta & k_z k_x(1-\cos\theta)+k_y\sin\theta & 0 \\ k_x k_y(1-\cos\theta)+k_z\sin\theta & k_y k_y(1-\cos\theta)+\cos\theta & k_y k_z(1-\cos\theta)-k_x\sin\theta & 0 \\ k_x k_z(1-\cos\theta)-k_y\sin\theta & k_y k_z(1-\cos\theta)+k_x\sin\theta & k_z k_z(1-\cos\theta)+\cos\theta & 0 \\ 0 & 0 & 0 & 1 \end{bmatrix} \tag{3-18}$$

式（3-18）为一般旋转齐次变换通式，概括了绕 X、Y、Z 轴进行旋转齐次变换的各种情况。

当 $k_x=1$，即 $k_y=k_z=0$ 时，则由式（3-18）可得到式（3-16）。

当 $k_y=1$，即 $k_x=k_z=0$ 时，则由式（3-18）可得到式（3-17）。

当 $k_z=1$，即 $k_x=k_y=0$ 时，则由式（3-18）可得到式（3-15）。

反之，若给出某个旋转齐次变换矩阵，则可求得 $\boldsymbol{K}$ 及转角 θ。变换算子公式不仅适用于点的旋转，也适用于矢量、坐标系及物体的旋转变换计算。若相对固定坐标系进行变换，则算子左乘；若相对动坐标系进行变换，则算子右乘。

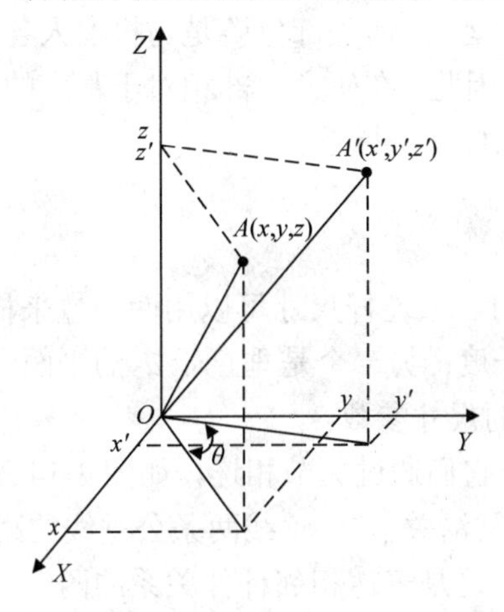

图 3-10　点的旋转变化

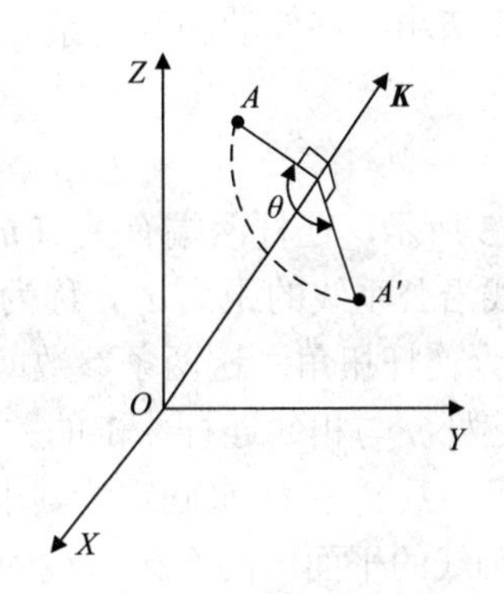

图 3-11　点的一般旋转变化

3. 平移加旋转的齐次变换

平移变换和旋转变换可以根据需要进行组合，计算时只要用旋转算子点乘平移算子就可以实现在旋转上加平移。

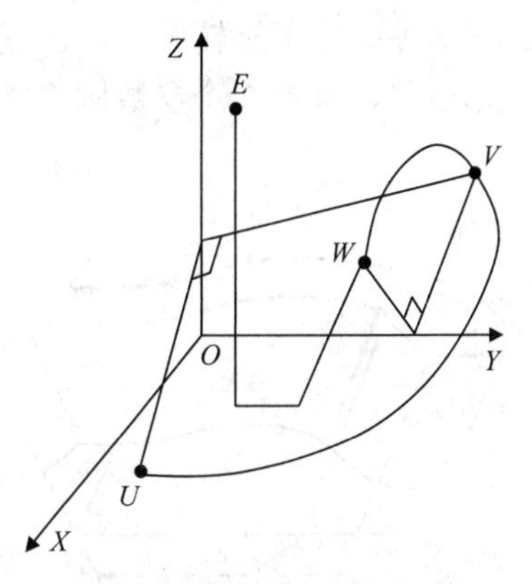

图 3-12　旋转加平移的变换

【例 3-4】 已知坐标系中点 U 的位置矢量 $\boldsymbol{u}=[7\quad 3\quad 2\quad 1]^{\mathrm{T}}$，将此点绕 Z 轴旋转 90°，再绕 Y 轴旋转 90° 后得到点 W，点 W 再沿矢量 $4\boldsymbol{i}-3\boldsymbol{j}+7\boldsymbol{k}$ 平移，即可得到点 E，如图 3-12 所示。求变换后所得的点 E 的阵列表达式。

解：

$$\boldsymbol{e}=\mathrm{Trans}(4,-3,7)\mathrm{Rot}(y,90^\circ)\mathrm{Rot}(z,90^\circ)\boldsymbol{u}=\begin{bmatrix}1&0&0&4\\0&1&0&-3\\0&0&1&7\\0&0&0&1\end{bmatrix}\begin{bmatrix}0&0&1&0\\1&0&0&0\\0&1&0&0\\0&0&0&1\end{bmatrix}\begin{bmatrix}7\\3\\2\\1\end{bmatrix}$$

$$=\begin{bmatrix}0&0&1&4\\1&0&0&-3\\0&1&0&7\\0&0&0&1\end{bmatrix}\begin{bmatrix}7\\3\\2\\1\end{bmatrix}=\begin{bmatrix}6\\4\\10\\1\end{bmatrix}$$

式中，$\begin{bmatrix} 0 & 0 & 1 & 4 \\ 1 & 0 & 0 & -3 \\ 0 & 1 & 0 & 7 \\ 0 & 0 & 0 & 1 \end{bmatrix}$ 为平移加旋转的复合变换矩阵。

3.1.3 工业机器人的连杆参数和齐次变换矩阵

机器人运动学的重点是研究手部的位姿和运动，而手部位姿是与机器人各杆件的尺寸、运动副类型及杆间的相互关系直接相关联的。因此，在研究手部相对于基座的几何关系时，首先必须分析两相邻杆件的相互关系，即建立杆件坐标系。

1. 连杆参数

如图 3-13 所示，连杆两端有关节 n 和 n+1。该连杆尺寸可以用两个量来描述：一个是两个关节轴线沿公垂线的距离 a_n，称为连杆长度；另一个是垂直于 a_n 的平面内两条轴线的夹角 α_n，称为连杆扭角。这两条参数即连杆的尺寸参数。

再考虑连杆 n 与相邻连杆 n-1 的关系，若它们通过关节相连，如图 3-14 所示，其相对位置可用两个参数 d_n 和 θ_n 来确定，其中，d_n 是沿关节 n 轴线两条公垂线的距离，θ_n 是垂直于关节 n 轴线的平面内两个公垂线的夹角。这是表达相邻杆件关系的两个参数。这样，每个连杆可以由 4 个参数来描述，其中两个是连杆尺寸，另外两个表示连杆与相邻连杆的连接关系。对于旋转关节，θ_n 是关节变量，其他 3 个参数固定不变；对于移动关节，d_n 是关节变量，其他 3 个参数固定不变。

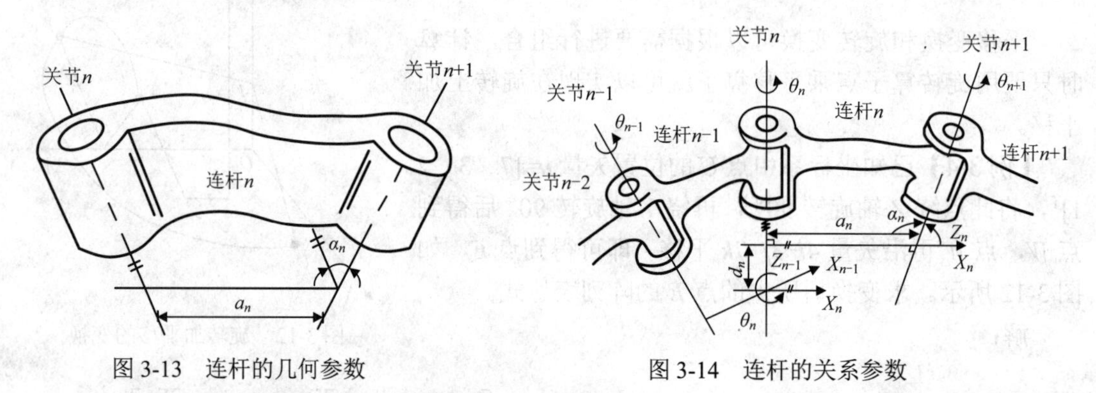

图 3-13　连杆的几何参数　　图 3-14　连杆的关系参数

确定连杆的运动类型，同时根据关节变量即可设计关节运动副，从而进行整个机器人的结构设计。已知各个关节变量的值，便可从基座固定坐标系通过连杆坐标系的传递，推导出手部坐标系的位姿形态。

2. 连杆坐标系的建立

如图 3-14 所示，建立连杆 n 坐标系（简称 n 系）的规则如下：连杆 n 坐标系的坐标原点位于 n+1 关节轴线上，是关节 n+1 的关节轴线与 n 和 n+1 关节轴线公垂线的交点。Z 轴与 n+1 关节轴线重合，X 轴与公垂线重合，从 n 指向 n+1 关节。Y 轴按右手法则确定。现将连杆参数与坐标系的建立归纳为表 3-1。

表 3-1　连杆参数及坐标系

<table>
<tr><th colspan="2">名称</th><th colspan="2">含义</th><th colspan="2">"±"号</th><th>性质</th></tr>
<tr><td>θ_n</td><td>转角</td><td colspan="2">连杆 n 绕关节 n 的 Z_{n-1} 轴的转角</td><td colspan="2">右手法则</td><td>转动关节为变量
移动关节为常量</td></tr>
<tr><td>d_n</td><td>距离</td><td colspan="2">连杆 n 沿关节 n 的 Z_{n-1} 轴的位移</td><td colspan="2">沿 Z_{n-1} 正向为+</td><td>转动关节为常量
移动关节为变量</td></tr>
<tr><td>a_n</td><td>长度</td><td colspan="2">沿 X_n 方向上，连杆 n 的长度，尺寸参数</td><td colspan="2">X_n 正向一致</td><td>常量</td></tr>
<tr><td>α_n</td><td>扭角</td><td colspan="2">连杆 n 两关节轴线之间的夹角，尺寸参数</td><td colspan="2">右手法则</td><td>常量</td></tr>
<tr><td colspan="7">连杆 n 的坐标系 $\{O_n: Z_n, X_n, Y_n\}$</td></tr>
<tr><td colspan="3">原点 O_n</td><td colspan="2">轴 Z_n</td><td>轴 X_n</td><td>轴 Y_n</td></tr>
<tr><td colspan="3">位于关节 n+1 轴线与连杆 n 两关节轴线的公垂线的交点处</td><td colspan="2">与关节 n+1 轴线重合</td><td>沿着连杆 n 两关节轴线的公垂线，并指向 n+1 关节</td><td>按右手法则确定</td></tr>
</table>

3.1.4　工业机器人运动学方程

1. 机器人运动学方程

本小节将为机器人的每一个连杆建立一个坐标系，并用齐次变换来描述这些坐标系之间的相对关系，也称为相对位姿。通常把描述一个连杆坐标系与下一个连杆坐标系之间相对关系的齐次变换矩阵称为 $\boldsymbol{A}$ 变换矩阵或 $\boldsymbol{A}$ 矩阵。如果 $\boldsymbol{A}_1$ 矩阵表示第 1 个连杆坐标系相对于固定坐标系的位姿，$\boldsymbol{A}_2$ 矩阵表示第 2 个连杆坐标系相对于第 1 个连杆坐标系的位姿，那么第 2 个连杆坐标系在固定坐标系中的位姿可以用 $\boldsymbol{A}_1$ 和 $\boldsymbol{A}_2$ 的乘积来表示：

$$\boldsymbol{T}_2 = \boldsymbol{A}_1\boldsymbol{A}_2$$

同理，若 $\boldsymbol{A}_3$ 矩阵表示第 3 个连杆坐标系相对于第 2 个连杆坐标系的位姿，则有

$$\boldsymbol{T}_3 = \boldsymbol{A}_1\boldsymbol{A}_2\boldsymbol{A}_3$$

依此类推，对于六连杆机器人，有下列 $\boldsymbol{T}_6$ 矩阵：

$$\boldsymbol{T}_6 = \boldsymbol{A}_1\boldsymbol{A}_2\boldsymbol{A}_3\boldsymbol{A}_4\boldsymbol{A}_5\boldsymbol{A}_6 \tag{3-19}$$

式（3-19）右边表示从固定参考系到手部坐标系的各连杆坐标系之间的变换矩阵的连乘，左边 $\boldsymbol{T}_6$ 表示这些变换矩阵的乘积，也就是手部坐标系相对于固定参考系的位姿。称式（3-19）为机器人运动学方程。式（3-19）的计算结果是一个 4×4 矩阵：

$$\boldsymbol{T}_6 = \begin{bmatrix} n_x & o_x & a_x & p_x \\ n_y & o_y & a_y & p_y \\ n_z & o_z & a_z & p_z \\ 0 & 0 & 0 & 1 \end{bmatrix} \tag{3-20}$$

式中，前 3 列表示手部的姿态；第 4 列表示手部的中心位置。

2. 正向运动学及实例

正向运动学主要解决机器人运动学方程的建立及手部位姿的求解问题，下面给出建立机器人运动学方程的方法及两个实例。

1）平面关节型机器人的运动学方程

图 3-15（a）所示为具有一个肩关节、一个肘关节和一个腕关节的 SCARA 装配机器人。

此类机器人的机械结构特点是 3 个关节轴线是相互平行的。固定坐标系{0}和连杆 1、连杆 2、连杆 3 的坐标系{1}、{2}、{3}分别如图 3-15（a）所示，坐落在关节 1、关节 2、关节 3 和手部中心。坐标系{3}也就是手部坐标系。连杆参数中 θ 为变量，其余参数 d、a、α 均为常量。考虑到关节轴线平行，并且连杆都在一个平面内的特点，列出 SCARA 机器人连杆的参数，如表 3-2 所示。

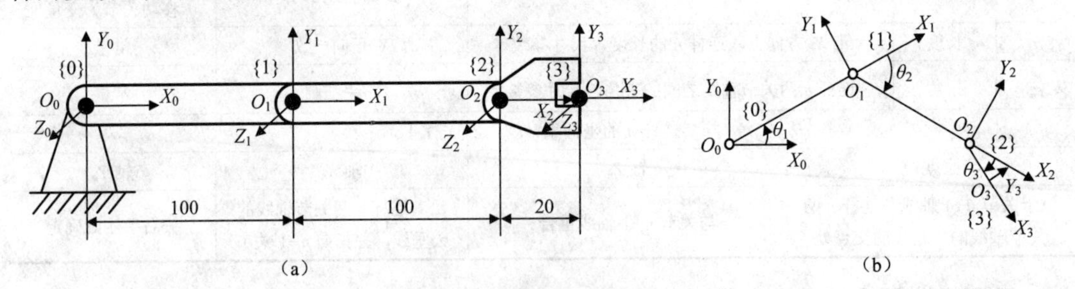

图 3-15　SCARA 机器人的坐标系

表 3-2　SCARA 机器人的坐标系

连杆	转角（变量）θ	两连杆间距离 d	连杆长度 a	连杆扭角 α
连杆 1	θ_1	$d_1 = 0$	$a_1 = l_1 = 100$	$\alpha_1 = 0$
连杆 2	θ_2	$d_2 = 0$	$a_2 = l_2 = 100$	$\alpha_2 = 0$
连杆 3	θ_3	$d_3 = 0$	$a_3 = l_3 = 20$	$\alpha_3 = 0$

该平面关节型机器人的运动学方程为

$$\boldsymbol{T}_3 = \boldsymbol{A}_1 \boldsymbol{A}_2 \boldsymbol{A}_3$$

式中，$\boldsymbol{A}_1$ 为连杆 1 的坐标系{1}相对于固定坐标系{0}的齐次变换矩阵；$\boldsymbol{A}_2$ 为连杆 2 的坐标系{2}相对于连杆 1 的坐标系{1}的齐次变换矩阵；$\boldsymbol{A}_3$ 为连杆 3 的坐标系（即手部坐标系）{3}相对于连杆 2 的坐标系{2}的齐次变换矩阵。参考图 3-15（b），于是有

$$\boldsymbol{A}_1 = \mathrm{Rot}(z_0, \theta_1)\mathrm{Trans}(l_1, 0, 0)$$
$$\boldsymbol{A}_2 = \mathrm{Rot}(z_1, \theta_2)\mathrm{Trans}(l_2, 0, 0)$$
$$\boldsymbol{A}_3 = \mathrm{Rot}(z_2, \theta_3)\mathrm{Trans}(l_3, 0, 0)$$

因此可以得到

$$\boldsymbol{T}_3 = \begin{bmatrix} \cos\theta_{123} & \sin\theta_{123} & 0 & l_3\cos\theta_{123} + l_2\cos\theta_{12} + l_1\cos\theta_1 \\ \sin\theta_{123} & \cos\theta_{123} & 0 & l_3\sin\theta_{123} + l_2\sin\theta_{12} + l_1\sin\theta_1 \\ 0 & 0 & 1 & 0 \\ 0 & 0 & 0 & 1 \end{bmatrix} \tag{3-21}$$

式中，$\sin\theta_{123} = \sin(\theta_1 + \theta_2 + \theta_3)$；$\cos\theta_{123} = \cos(\theta_1 + \theta_2 + \theta_3)$；$\sin\theta_{12} = \sin(\theta_1 + \theta_2)$；$\cos\theta_{12} = \cos(\theta_1 + \theta_2)$。

$\boldsymbol{T}_3$ 是 $\boldsymbol{A}_1$、$\boldsymbol{A}_2$、$\boldsymbol{A}_3$ 连乘的结果，表示手部坐标系{3}的位姿：

$$\boldsymbol{T}_3 = \begin{bmatrix} n_x & o_x & a_x & p_x \\ n_y & o_y & a_y & p_y \\ n_z & o_z & a_z & p_z \\ 0 & 0 & 0 & 1 \end{bmatrix}$$

于是可写出手部位置的 4×4 矩阵为

$$\boldsymbol{p}=\begin{bmatrix}p_x\\p_y\\p_z\\1\end{bmatrix}=\begin{bmatrix}l_3\cos\theta_{123}+l_2\cos\theta_{12}+l_1\cos\theta_1\\l_3\sin\theta_{123}+l_2\sin\theta_{12}+l_1\sin\theta_1\\0\\1\end{bmatrix}$$

手部姿态方向矢量 $\boldsymbol{n}$、$\boldsymbol{o}$、$\boldsymbol{a}$ 分别为

$$\boldsymbol{n}=\begin{bmatrix}n_x\\n_y\\n_z\\0\end{bmatrix}=\begin{bmatrix}\cos\theta_{123}\\\sin\theta_{123}\\0\\0\end{bmatrix},\quad \boldsymbol{o}=\begin{bmatrix}o_x\\o_y\\o_z\\0\end{bmatrix}=\begin{bmatrix}-\sin\theta_{123}\\\cos\theta_{123}\\0\\0\end{bmatrix},\quad \boldsymbol{a}=\begin{bmatrix}a_x\\a_y\\a_z\\0\end{bmatrix}=\begin{bmatrix}0\\0\\1\\0\end{bmatrix}$$

当转角变量 θ_1、θ_2、θ_3 给定时，可以算出具体数值。如图 3-15（b）所示，设 $\theta_1=30°$，$\theta_2=-60°$，$\theta_3=30°$ 时，可以根据关节型机器人运动学方程式（3-19）求解出运动学正解，即手部的位姿表达式为

$$\boldsymbol{T}_3=\begin{bmatrix}0.5&0.866&0&183.2\\-0.866&0.5&0&-17.32\\0&0&1&0\\0&0&0&1\end{bmatrix}$$

2）斯坦福（STANFORD）机器人的运动学方程

图 3-16 所示为斯坦福机器人及赋给各连杆的坐标系。表 3-3 给出了斯坦福机器人各连杆的参数。现在根据各连杆坐标系的关系写出齐次变换矩阵 $\boldsymbol{A}_i$。坐标系$\{1\}$与坐标系$\{0\}$是旋转关节连接，如图 3-17（a）所示。坐标系$\{1\}$相对于固定坐标系$\{0\}$的 Z_0 轴的旋转为变量 θ_1，然后绕自身坐标系 X_1 轴作 α_1 的旋转变换，$\alpha_1=-90°$。因此，

$$\boldsymbol{A}_1=\mathrm{Rot}(z_0,\theta_1)\mathrm{Rot}(x_1,\alpha_1)=\begin{bmatrix}\cos\theta_1&0&-\sin\theta_1&0\\\sin\theta_1&0&\cos\theta_1&0\\0&-1&1&0\\0&0&0&1\end{bmatrix}\tag{3-22}$$

表 3-3　斯坦福机器人的连杆参数

杆号	关节转角 θ	两连杆间距离 d	连杆长度 a	连杆扭角 α
连杆 1	θ_1	0	0	−90°
连杆 2	θ_2	d_2	0	90°
连杆 3	0	d_3	0	0
连杆 4	θ_4	0	0	−90°
连杆 5	θ_5	0	0	90°
连杆 6	θ_6	H	0	0

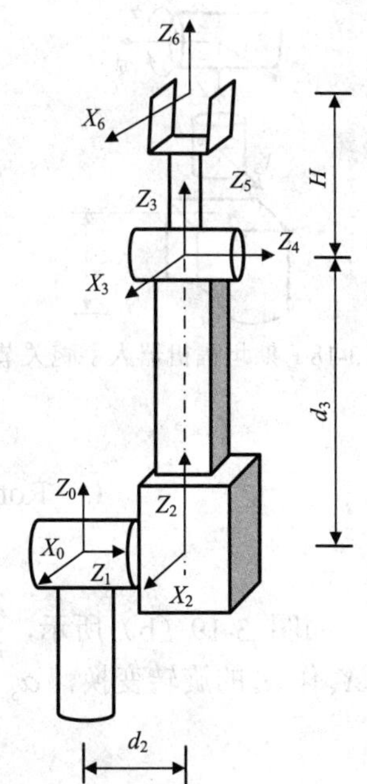

图 3-16　斯坦福机器人的坐标系

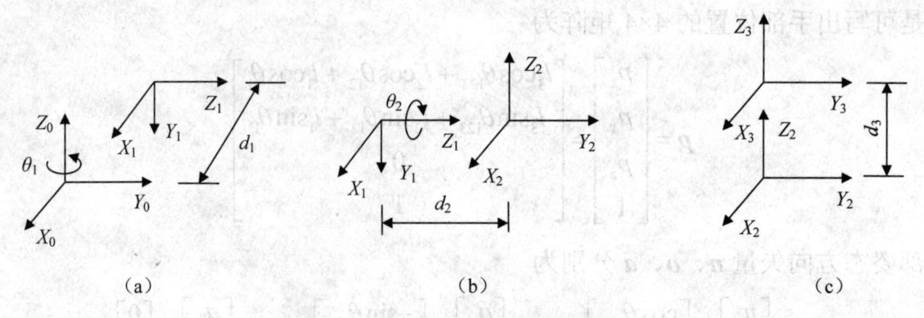

图 3-17　斯坦福机器人手臂坐标系

坐标系{2}与坐标系{1}是旋转关节连接，连杆距离为d_2，如图 3-17（b）所示。坐标系{2}相对于坐标系{1}的Z_1轴的旋转为变量θ_2，然后绕自身坐标系Z_2轴正向作d_2距离的平移变换及绕X_2轴作α_2的旋转坐标变换，$\alpha_2 = 90°$。因此，

$$\boldsymbol{A}_2 = \mathrm{Rot}(z_1,\theta_2)\mathrm{Trans}(0,0,d_2)\mathrm{Rot}(x_2,\alpha_2) = \begin{bmatrix} \cos\theta_2 & 0 & \sin\theta_2 & 0 \\ \sin\theta_2 & 0 & -\cos\theta_2 & 0 \\ 0 & 1 & 1 & d_2 \\ 0 & 0 & 0 & 1 \end{bmatrix} \tag{3-23}$$

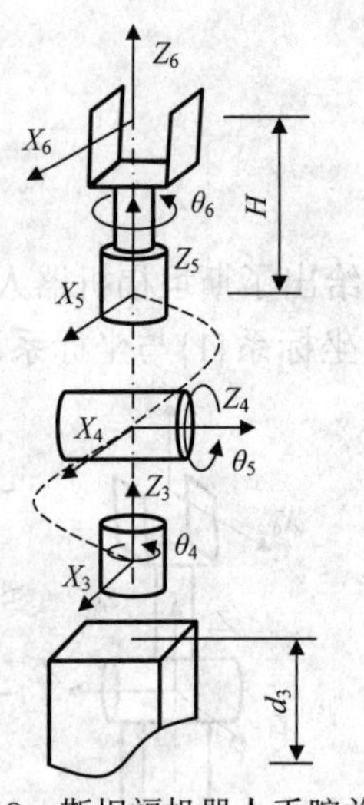

图 3-18　斯坦福机器人手腕关节

坐标系{3}与坐标系{2}是唯一关节连接，如图 3-17（c）所示。坐标系{3}相对于坐标系{2}的Z_2轴的平移为变量为d_3。因此，

$$\boldsymbol{A}_3 = \mathrm{Trans}(0,0,d_3) = \begin{bmatrix} 1 & 0 & 0 & 0 \\ 0 & 1 & 0 & 0 \\ 0 & 0 & 1 & d_3 \\ 0 & 0 & 0 & 1 \end{bmatrix} \tag{3-24}$$

图 3-18 是斯坦福机器人手腕 3 个关节的示意图，它们都是转动关节，关节变量分别为θ_4、θ_5、θ_6，并且 3 个关节的中心重合。

如图 3-19（a）所示，坐标系{4}相对于坐标系{3}的旋转变量为θ_4，然后绕自身坐标轴X_4作α_4的旋转变换，$\alpha_4 = 90°$。因此，

$$\boldsymbol{A}_4 = \mathrm{Rot}(z_3,\theta_4)\mathrm{Rot}(x_4,\alpha_4) = \begin{bmatrix} \cos\theta_4 & 0 & -\sin\theta_4 & 0 \\ \sin\theta_4 & 0 & \cos\theta_4 & 0 \\ 0 & -1 & 1 & 0 \\ 0 & 0 & 0 & 1 \end{bmatrix} \tag{3-25}$$

如图 3-19（b）所示，坐标系{5}相对于坐标系{4}的旋转变量为θ_5，然后绕自身坐标轴X_5作α_5的旋转变换，$\alpha_5 = 90°$。因此，

$$\boldsymbol{A}_5 = \mathrm{Rot}(z_4,\theta_5)\mathrm{Rot}(x_5,\alpha_5) = \begin{bmatrix} \cos\theta_5 & 0 & \sin\theta_5 & 0 \\ \sin\theta_5 & 0 & -\cos\theta_5 & 0 \\ 0 & -1 & 1 & 0 \\ 0 & 0 & 0 & 1 \end{bmatrix} \tag{3-26}$$

如图 3-19（c）所示，坐标系{6}相对于坐标系{5}的旋转变量为θ_6，并移动距离 H。因此，

$$\boldsymbol{A}_6 = \mathrm{Rot}(z_5,\theta_6)\mathrm{Trans}(0,0,H) = \begin{bmatrix} \cos\theta_6 & -\sin\theta_6 & 0 & 0 \\ \sin\theta_6 & \cos\theta_6 & 0 & 0 \\ 0 & 1 & 1 & H \\ 0 & 0 & 0 & 1 \end{bmatrix} \tag{3-27}$$

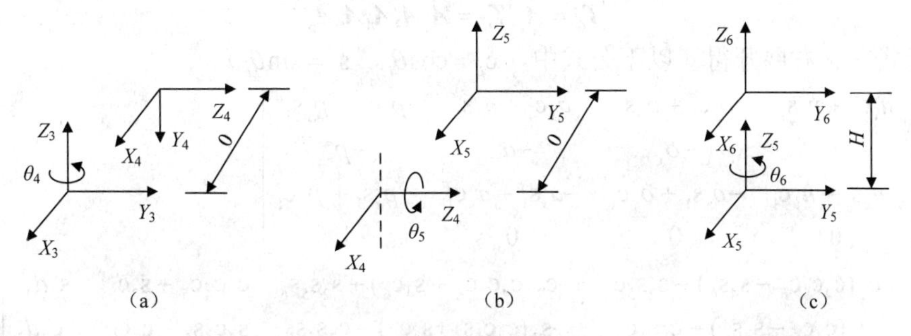

图 3-19　斯坦福机器人手腕坐标系

这样，所有杆的 $\boldsymbol{A}$ 矩阵已建立。如果要知道非相邻杆件间的关系，就用相应的 $\boldsymbol{A}$ 矩阵连乘即可。例如，${}^4\boldsymbol{T}_6$：

$${}^4\boldsymbol{T}_6 = \boldsymbol{A}_5\boldsymbol{A}_6 = \begin{bmatrix} \cos\theta_5\cos\theta_6 & -\cos\theta_5\sin\theta_6 & \sin\theta_5 & H\sin\theta_5 \\ \sin\theta_5\cos\theta_6 & -\sin\theta_5\sin\theta_6 & -\sin\theta_5 & H\cos\theta_5 \\ \sin\theta_6 & \cos\theta_6 & 0 & 0 \\ 0 & 0 & 0 & 1 \end{bmatrix}$$

$${}^3\boldsymbol{T}_6 = \boldsymbol{A}_4\boldsymbol{A}_5\boldsymbol{A}_6$$
$${}^2\boldsymbol{T}_6 = \boldsymbol{A}_3\boldsymbol{A}_4\boldsymbol{A}_5\boldsymbol{A}_6$$
$${}^1\boldsymbol{T}_6 = \boldsymbol{A}_2\boldsymbol{A}_3\boldsymbol{A}_4\boldsymbol{A}_5\boldsymbol{A}_6$$

则斯坦福机器人运动学方程为

$${}^0\boldsymbol{T}_6 = \boldsymbol{A}_1\boldsymbol{A}_2\boldsymbol{A}_3\boldsymbol{A}_4\boldsymbol{A}_5\boldsymbol{A}_6 \tag{3-28}$$

方程（3-28）右边的结果就是最后一个坐标系{6}的位姿矩阵，各元素均为θ和 d 的函数，当θ和 d 给出后，可以计算出斯坦福机器人手部坐标系{6}的位置 $\boldsymbol{p}$ 和姿态 $\boldsymbol{n}$、$\boldsymbol{o}$、$\boldsymbol{a}$。这就是斯坦福机器人手部位姿的解，这个求解过程称为斯坦福机器人运动学正解。

3. 反向运动学及实例

1）逆解问题求解过程

上面说明了正向求解问题，即给出单根连杆变量 a、α 和相邻连杆变量θ、d，求出手部位姿各矢量 $\boldsymbol{n}$、$\boldsymbol{o}$、$\boldsymbol{a}$ 和 $\boldsymbol{p}$，这种求解方法只需将这些变量代入运动学方程中即可得出。但在机器人控制中，问题往往相反，即在已知手部要到达的目标位姿的情况下如何求出关节变量θ和 d，以驱动各关节的电机，使手部的位姿得到满足，这就是反向运动学问题，也称为运动学的逆解问题。

现以斯坦福机器人为例来介绍反向求解的一种方法。为了书写简便，假设 H=0，即坐标系{6}与坐标系{5}原点相重合。已知斯坦福机器人的运动学方程为

$$\boldsymbol{T}_6 = \boldsymbol{A}_1\boldsymbol{A}_2\boldsymbol{A}_3\boldsymbol{A}_4\boldsymbol{A}_5\boldsymbol{A}_6$$

现在给出 $\boldsymbol{T}_6$ 矩阵及各连杆的参数 a、α、d，求关节变量 $\theta_1 \sim \theta_6$，其中 $\theta_3 = d_3$（坐标系{3}相对{2}的参数为平移量）。

（1）求 θ_1。用 $\boldsymbol{A}_1^{-1}$ 左乘式（3-28），得

$$^1\boldsymbol{T}_6 = \boldsymbol{A}_1^{-1}\boldsymbol{T}_6 = \boldsymbol{A}_2\boldsymbol{A}_3\boldsymbol{A}_4\boldsymbol{A}_5\boldsymbol{A}_6$$

将上式左、右展开得（以下公式中，$\mathrm{c}_i = \cos\theta_i$，$\mathrm{s}_i = \sin\theta_i$）

$$\begin{bmatrix} n_x\mathrm{c}_1 + n_y\mathrm{s}_1 & o_x\mathrm{c}_1 + o_y\mathrm{s}_1 & a_x\mathrm{c}_1 + a_y\mathrm{s}_1 & p_x\mathrm{c}_1 + p_y\mathrm{s}_1 \\ -n_z & -o_x & -a_z & -p_z \\ -n_x\mathrm{s}_1 + n_y\mathrm{c}_1 & -o_x\mathrm{s}_1 + o_y\mathrm{c}_1 & -a_x\mathrm{s}_1 + a_y\mathrm{c}_1 & -p_x\mathrm{s}_1 + p_y\mathrm{c}_1 \\ 0 & 0 & 0 & 1 \end{bmatrix}$$

$$= \begin{bmatrix} \mathrm{c}_2(\mathrm{c}_4\mathrm{c}_5\mathrm{c}_6 - \mathrm{s}_4\mathrm{s}_6) - \mathrm{s}_2\mathrm{s}_5\mathrm{c}_6 & -\mathrm{c}_2(\mathrm{c}_4\mathrm{c}_5\mathrm{c}_6 + \mathrm{s}_4\mathrm{c}_6) + \mathrm{s}_2\mathrm{s}_5\mathrm{s}_6 & \mathrm{c}_2\mathrm{c}_4\mathrm{c}_5 + \mathrm{s}_2\mathrm{c}_5 & \mathrm{s}_2 d_3 \\ \mathrm{s}_2(\mathrm{c}_4\mathrm{c}_5 - \mathrm{s}_4\mathrm{s}_6) + \mathrm{c}_2\mathrm{s}_5\mathrm{c}_6 & -\mathrm{s}_2(\mathrm{c}_4\mathrm{c}_5\mathrm{s}_6 + \mathrm{s}_4\mathrm{c}_6) - \mathrm{c}_2\mathrm{s}_5\mathrm{s}_6 & \mathrm{s}_2\mathrm{c}_4\mathrm{s}_5 - \mathrm{c}_2\mathrm{c}_5 & -\mathrm{c}_2 d_3 \\ \mathrm{s}_4\mathrm{c}_5\mathrm{c}_6 + \mathrm{c}_4\mathrm{s}_6 & -\mathrm{s}_4\mathrm{c}_5\mathrm{s}_6 + \mathrm{c}_4\mathrm{c}_6 & \mathrm{s}_4\mathrm{s}_5 & d_2 \\ 0 & 0 & 0 & 1 \end{bmatrix} \tag{3-29}$$

设式（3-29）等式左、右两边的第 3 行第 4 列相等，即

$$-p_x\mathrm{s}_1 + p_y\mathrm{c}_1 = d_2 \tag{3-30}$$

引入变量 r 和 ϕ，令

$$p_x = r\cos\phi$$

$$p_y = r\sin\phi$$

$$\phi = \arctan\frac{p_y}{p_x}$$

则式（3-30）可表示为

$$-\cos\phi\sin\theta_1 + \sin\phi\cos\theta_1 = \frac{d_2}{r}$$

利用三角函数的和差公式，上式又可表示为

$$\sin(\phi - \theta_1) = \frac{d_2}{r}$$

式中，$0 < \dfrac{d_2}{r} < 1$；$0 < \phi - \theta_1 < \pi$。又由于

$$\cos(\phi - \theta_1) = \pm\sqrt{1 - \left(\frac{d_2}{r}\right)^2}$$

因此

$$\theta_1 = \arctan\frac{p_y}{p_x} - \arctan\frac{d_2}{\pm\sqrt{r^2 - d_2^2}} \tag{3-31}$$

（2）求 θ_2。设式（3-29）左、右两边第 1 行第 4 列的元素相等，第 2 行第 4 列的元素

相等，即

$$\begin{cases} p_x c_1 + p_y s_1 = s_2 d_3 \\ -p_z = -c_2 d_3 \end{cases} \tag{3-32}$$

因此

$$\theta_2 = \arctan \frac{p_x c_1 + p_y s_1}{p_z} \tag{3-33}$$

（3）求 θ_3。在斯坦福机器人中 $\theta_3 = d_3$，由式（3-32）可解得

$$d_3 = s_2(p_x c_1 + p_y s_1) + c_2 p_z \tag{3-34}$$

（4）求 θ_4。由于 ${}^3\boldsymbol{T}_6 = \boldsymbol{A}_4\boldsymbol{A}_5\boldsymbol{A}_6$，因此

$$\boldsymbol{A}_4^{-1}\,{}^3\boldsymbol{T}_6 = \boldsymbol{A}_5\boldsymbol{A}_6 \tag{3-35}$$

将式（3-35）左、右两边展开，设其左、右两边第 3 行第 3 列的元素相等，即

$$-s_4\left[c_2(c_1 a_x + s_1 a_y) - s_2 a_z\right] + c_4(-s_1 a_x + c_1 a_y) = 0$$

因此

$$\theta_4 = \arctan \frac{-s_1 a_x + c_1 a_y}{c_2(c_1 a_x + s_1 a_y) - s_2 a_z} \tag{3-36}$$

及

$$\theta_4 = \theta_4 + 180^\circ$$

（5）求 θ_5。设式（3-35）展开后等式左、右两边第 1 行第 3 列的元素相等，第 3 行第 3 列的元素相等，即

$$\begin{cases} s_5 = c_4\left[c_2(c_1 a_x + s_1 a_y) - s_2 a_z\right] + s_4(-s_1 a_x + c_1 a_y) \\ c_5 = s_2(c_1 a_x + s_1 a_y) + c_2 a_z \end{cases}$$

因此

$$\theta_5 = \arctan \frac{c_4\left[c_2(c_1 a_x + s_1 a_y) - s_2 a_z + s_4(-s_1 a_x + c_1 a_y)\right]}{s_2(c_1 a_x + s_1 a_y) + c_2 a_z} \tag{3-37}$$

（6）求 θ_6。采用下列方程：

$$\boldsymbol{A}_5^{-1}\,{}^4\boldsymbol{T}_6 = \boldsymbol{A}_6 \tag{3-38}$$

展开并设等式左、右两边第 1 行第 2 列的元素相等，第 2 行第 2 列的元素相等，得

$$\begin{cases} s_6 = -c_5\left\{c_4\left[c_2(c_1 o_x + s_1 o_y) - s_2 o_z\right] + s_4(-s_1 o_x + c_1 o_y)\right\} + s_5\left[s_2(c_1 o_x + s_1 o_y) + c_2 o_z\right] \\ c_6 = -s_2\left[c_2(c_1 o_x + s_1 o_y) - s_2 o_z\right] + c_4(-s_1 o_x + c_1 o_y) \end{cases}$$

因此

$$\theta_6 = \arctan \frac{s_6}{c_6}$$

至此，$\theta_1 \sim \theta_6$ 全部求出。从以上解的过程可以看出，这种方法就是将一个未知数由矩阵方程的右边移向左边，使其与其他未知数分开，解出这个未知数，再把下一个未知数移到左边，重复进行，直至解出所有未知数。因此，这种方法也称为分离变量法。这是代数法的一种，它的特点是首先利用运动方程的不同形式，找出矩阵中简单表达某个未知数的

元素，力求得到未知数较少的方程，然后求解。

2）逆解问题求解注意事项

在机器人运动学逆解问题求解过程中还应注意以下3个问题。

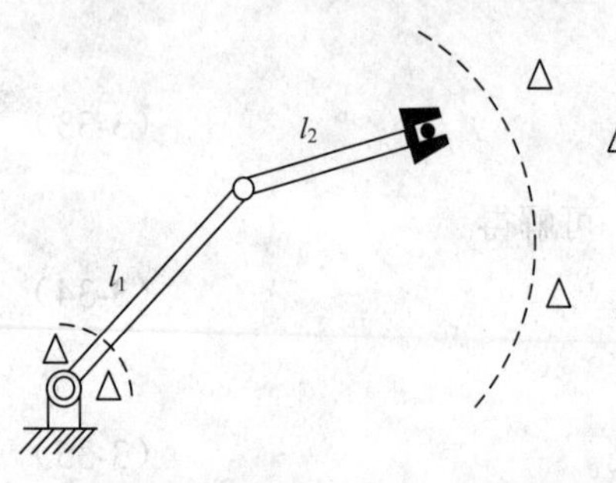

图 3-20 工作外逆解不存在

（1）解可能不存在。机器人具有一定的工作域，假如给定手部位置在工作域之外，则解不存在。图3-20所示为二自由度平面关节机械手，假如给定手部位置矢量(x,y)位于外半径为l_1+l_2与内半径为$|l_1-l_2|$的圆环之外，则无法求出逆解θ_1及θ_2，即该逆解不存在。

（2）解的多重性。机器人的逆运动学问题可能出现多解。图3-21（a）所示为一个二自由度平面关节机械手出现两个逆解的情况。对于给定的在机器人工作域内的手部位置 $A(x,y)$可以得到两个逆解：θ_1、θ_2及θ_1'、θ_2'。由图3-21（a）可知手部是不能以任意方向到达目标点A的。增加一个手腕关节自由度后，如图 3-21（b）所示的三自由度平面关节机械手即可实现手部以任意方向到达目标点A。

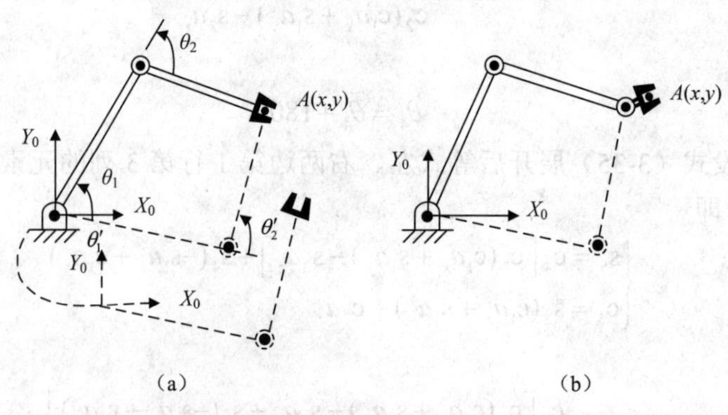

图 3-21 逆解的多重性

在多解情况下，一定有一个最接近解，即最接近起始点的解。如图3-22（a）所示，三自由度机械手的手部从起始点A运动到目标点B，完成实线所表示的解为最接近解，是一个“最短行程”的优化解。但是，在有障碍存在的情况下，上述的最接近解会引起碰撞，只能采用另一个解，如图3-22（b）中实线所示。尽管大臂、小臂将经过“遥远”的行程，为了避免碰撞也只能用这个解，这就是解的多重性带来可供选择的好处。

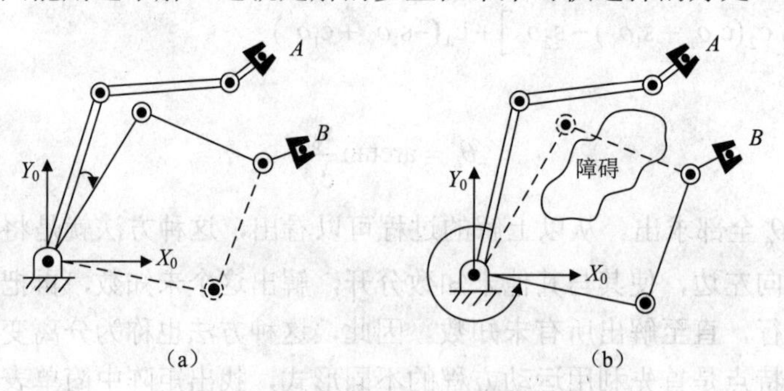

图 3-22 避免碰撞的一个可能实现的解

关于解的多重性的另一个实例如图 3-23 所示。PUMA560 机器人实现同一目标位置和姿态有 4 种形位，即 4 个解。另外，腕部的“翻转”又可能得出两个解，其排列组合共可能有 8 个解。

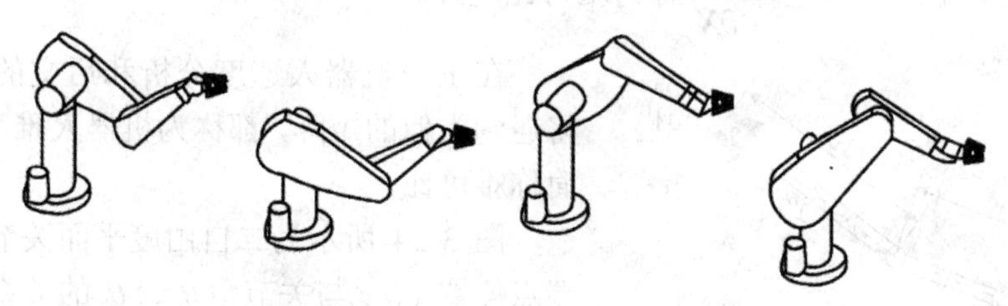

图 3-23　PUMA560 机器人的 4 个解

（3）求解方法的多样性。机器人逆运动学求解有多种方法，一般分为两类：封闭解和数值解。不同学者对同一机器人的运动学逆解也提出不同的解法。应该从计算方法的计算效率、计算精度等要求出发，选择较好的解法。

3.2　工业机器人动力学

3.2.1　工业机器人速度分析

机器人雅可比矩阵可以揭示操作空间与关节空间的映射关系，利用机器人速度雅可比矩阵可对机器人进行速度分析。

1. 工业机器人速度雅可比

数学上的雅可比矩阵是一个多元函数的偏导数矩阵。例如，假设有 6 个函数，每个函数有 6 个独立的变量，即

$$\begin{cases} y_1 = f_1(x_1, x_2, x_3, x_4, x_5, x_6) \\ y_2 = f_2(x_1, x_2, x_3, x_4, x_5, x_6) \\ \quad\vdots \\ y_6 = f_6(x_1, x_2, x_3, x_4, x_5, x_6) \end{cases} \tag{3-39}$$

也可以用矢量符号表示这些等式，即

$$\boldsymbol{Y} = \boldsymbol{F}(\boldsymbol{X}) \tag{3-40}$$

将其微分，得

$$\begin{cases} \mathrm{d}y_1 = \dfrac{\partial f_1}{x_1}\mathrm{d}x_1 + \dfrac{\partial f_1}{x_2}\mathrm{d}x_2 + \cdots + \dfrac{\partial f_1}{x_6}\mathrm{d}x_6 \\ \mathrm{d}y_2 = \dfrac{\partial f_2}{x_1}\mathrm{d}x_1 + \dfrac{\partial f_2}{x_2}\mathrm{d}x_2 + \cdots + \dfrac{\partial f_2}{x_6}\mathrm{d}x_6 \\ \quad\vdots \\ \mathrm{d}y_6 = \dfrac{\partial f_6}{x_1}\mathrm{d}x_1 + \dfrac{\partial f_6}{x_2}\mathrm{d}x_2 + \cdots + \dfrac{\partial f_6}{x_6}\mathrm{d}x_6 \end{cases} \tag{3-41}$$

也可以将式（3-41）写成更为简单的矢量表达式，即

$$\mathrm{d}\boldsymbol{Y}=\frac{\partial \boldsymbol{F}}{\partial \boldsymbol{X}}\mathrm{d}\boldsymbol{X} \tag{3-42}$$

式（3-42）中的 6×6 矩阵 $\frac{\partial \boldsymbol{F}}{\partial \boldsymbol{X}}$ 称为雅可比矩阵。

在工业机器人速度分析和后文的静力分析中将遇到类似的矩阵，都称为机器人雅可比矩阵，或简称雅可比。

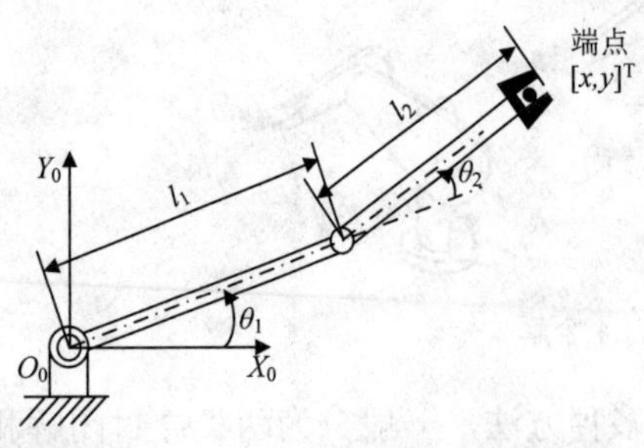

图 3-24　二自由度平面关节型机器人

图 3-24 所示为二自由度平面关节型机器人。端点位置 x、y 与关节角 θ_1、θ_2 的关系为（以下公式中 $\mathrm{c}_{12}=\cos(\theta_1+\theta_2)$，$s_{12}=\sin(\theta_1+\theta_2)$）

$$\begin{cases}x=l_1\mathrm{c}_1+l_2\mathrm{c}_{12}\\ y=l_1\mathrm{s}_1+l_2\mathrm{s}_{12}\end{cases} \tag{3-43}$$

即

$$\begin{cases}x=x(\theta_1,\theta_2)\\ y=y(\theta_1,\theta_2)\end{cases} \tag{3-44}$$

将其微分，得

$$\begin{cases}\mathrm{d}x=\dfrac{\partial x}{\partial \theta_1}\mathrm{d}\theta_1+\dfrac{\partial x}{\partial \theta_2}\mathrm{d}\theta_2\\ \mathrm{d}y=\dfrac{\partial y}{\partial \theta_1}\mathrm{d}\theta_1+\dfrac{\partial y}{\partial \theta_2}\mathrm{d}\theta_2\end{cases}$$

将其写成矩阵形式为

$$\begin{bmatrix}\mathrm{d}x\\ \mathrm{d}y\end{bmatrix}=\begin{bmatrix}\dfrac{\partial x}{\partial \theta_1} & \dfrac{\partial x}{\partial \theta_2}\\ \dfrac{\partial y}{\partial \theta_1} & \dfrac{\partial y}{\partial \theta_2}\end{bmatrix}\begin{bmatrix}\mathrm{d}\theta_1\\ \mathrm{d}\theta_2\end{bmatrix} \tag{3-45}$$

$$\boldsymbol{J}=\begin{bmatrix}\dfrac{\partial x}{\partial \theta_1} & \dfrac{\partial x}{\partial \theta_2}\\ \dfrac{\partial y}{\partial \theta_1} & \dfrac{\partial y}{\partial \theta_2}\end{bmatrix} \tag{3-46}$$

式（3-45）可简写为

$$\mathrm{d}\boldsymbol{X}=\boldsymbol{J}\mathrm{d}\boldsymbol{\theta} \tag{3-47}$$

式中，$\mathrm{d}\boldsymbol{X}=\begin{bmatrix}\mathrm{d}x\\ \mathrm{d}y\end{bmatrix}$；$\mathrm{d}\boldsymbol{\theta}=\begin{bmatrix}\mathrm{d}\theta_1\\ \mathrm{d}\theta_2\end{bmatrix}$。

将 $\boldsymbol{J}$ 称为图 3-24 所示二自由度平面关节型机器人的速度雅可比，它反映了关节空间微小运动 $\mathrm{d}\boldsymbol{\theta}$ 与手部作业空间微小位移 $\mathrm{d}\boldsymbol{X}$ 的关系。

若对式（3-46）进行运算，则二自由度平面关节型机器人的雅可比可写为

$$\boldsymbol{J}=\begin{bmatrix}-l_1\mathrm{s}_1-l_2\mathrm{s}_{12} & -l_2\mathrm{s}_{12}\\ l_1\mathrm{c}_1+l_2\mathrm{c}_{12} & l_2\mathrm{c}_{12}\end{bmatrix} \tag{3-48}$$

从 $\boldsymbol{J}$ 中元素的组成可知，$\boldsymbol{J}$ 中的元素是 θ_1、θ_2 的函数。对于 n 自由度机器人的情况，关节变量可用广义关节变量 $\boldsymbol{q}$ 表示，$\boldsymbol{q}=[q_1 \quad q_2 \quad \cdots \quad q_n]^{\mathrm{T}}$，当关节为转动关节时，$q_i=\theta_i$，当关节为移动关节时，$q_i=d_i$，$\mathrm{d}\boldsymbol{q}=[\mathrm{d}q_1 \quad \mathrm{d}q_2 \quad \cdots \quad \mathrm{d}q_n]^{\mathrm{T}}$ 反映了关节空间的微小运动；机器人末端在操作空间的位置和方位可用末端手爪的位姿 $\boldsymbol{X}$ 表示，它是关节变量的函数，即 $\boldsymbol{X}=\boldsymbol{X}(\boldsymbol{q})$，并且是一个 6 维列矢量，$\mathrm{d}\boldsymbol{X}=[\mathrm{d}x \quad \mathrm{d}y \quad \mathrm{d}z \quad \delta\varphi_x \quad \delta\varphi_y \quad \delta\varphi_z]^{\mathrm{T}}$ 反映了操作空间的微小运动，它由机器人末端微小线位移和微小角位移（微小转动）组成。因此，式（3-47）可写为

$$\boldsymbol{X}=\boldsymbol{J}(\boldsymbol{q})\mathrm{d}\boldsymbol{q} \tag{3-49}$$

式中，$\boldsymbol{J}(\boldsymbol{q})$是 $6\times n$ 的偏导数矩阵，称为 n 自由度机器人速度雅可比矩阵。它的第 i 行第 j 列元素为

$$J_{ij}(\boldsymbol{q})=\frac{\partial X_i(\boldsymbol{q})}{\partial q_j} \qquad i=1,2,\cdots,n \tag{3-50}$$

2. 工业机器人速度分析计算

对式（3-49）左、右两边各除以 dt，得

$$\frac{\mathrm{d}\boldsymbol{X}}{\mathrm{d}t}=\boldsymbol{J}(\boldsymbol{q})\frac{\mathrm{d}\boldsymbol{q}}{\mathrm{d}t} \tag{3-51}$$

或

$$\boldsymbol{V}=\boldsymbol{J}(\boldsymbol{q})\dot{\boldsymbol{q}} \tag{3-52}$$

式中，$\boldsymbol{V}$ 为机器人末端在操作空间中的广义速度，$\boldsymbol{V}=\dot{\boldsymbol{X}}$；$\dot{\boldsymbol{q}}$ 为机器人关节在关节空间中的关节速度；$\boldsymbol{J}(\boldsymbol{q})$为确定关节空间速度 $\dot{\boldsymbol{q}}$ 与操作空间速度 $\boldsymbol{V}$ 之间的雅可比矩阵。

对于图 3-24 所示的二自由度平面关节型机器人来说，$\boldsymbol{J}(\boldsymbol{q})$是式（3-48）所示的 2×2 矩阵。若令 $\boldsymbol{J}_1$、$\boldsymbol{J}_2$ 分别为式（3-48）所示雅可比的第 1 列矢量和第 2 列矢量，则式（3-52）可写为

$$\boldsymbol{V}=\boldsymbol{J}_1\dot{\theta}_1+\boldsymbol{J}_2\dot{\theta}_2$$

式中，右边第 1 项表示仅由第 1 个关节运动引起的端点速度；右边第 2 项表示仅由第 2 个关节运动引起的端点速度；总的端点速度为这两个速度矢量的合成。因此，机器人速度雅可比的每一列表示其他关节不动而某一关节运动产生的端点速度。

图 3-24 所示二自由度平面关节型机器人手部速度为

$$\boldsymbol{V}=\begin{bmatrix} v_x \\ v_y \end{bmatrix}=\begin{bmatrix} -l_1\mathrm{s}_1-l_2\mathrm{s}_{12} & -l_2\mathrm{s}_{12} \\ l_1\mathrm{c}_1+l_2\mathrm{c}_{12} & l_2\mathrm{c}_{12} \end{bmatrix}\begin{bmatrix} \dot{\theta}_1 \\ \dot{\theta}_2 \end{bmatrix}=\begin{bmatrix} -(l_1\mathrm{s}_1+l_2\mathrm{s}_{12})\dot{\theta}_1-l_2\mathrm{s}_{12}\dot{\theta}_2 \\ (l_1\mathrm{c}_1+l_2\mathrm{c}_{12})\dot{\theta}_1+l_2\mathrm{c}_{12}\dot{\theta}_2 \end{bmatrix}$$

假如已知关节速度 $\dot{\theta}_1$ 及 $\dot{\theta}_2$ 是时间的函数，$\dot{\theta}_1=f_1(t)$，$\dot{\theta}_2=f_2(t)$，则可求出该机器人手部在某一时刻的速度 $\boldsymbol{V}=\boldsymbol{f}(t)$，即手部瞬时速度。

反之，假如给定机器人手部速度，可由式（3-52）解出相应的关节速度

$$\dot{\boldsymbol{q}}=\boldsymbol{J}^{-1}\boldsymbol{V} \tag{3-53}$$

式中，$\boldsymbol{J}^{-1}$ 称为机器人逆速度雅可比。

式（3-53）是一个很重要的关系式。例如，实际作业中希望工业机器人手部在空间按规定的速度进行作业，那么用式（3-53）可以计算出路径上每一个瞬时相应的关节速度。但是，一般来说求逆速度雅可比 $\boldsymbol{J}^{-1}$ 是比较困难的，有时还会出现奇异解，而无法计算出关

节速度。

通常可以看到机器人逆速度雅可比 $\boldsymbol{J}^{-1}$ 出现以下两种奇异解情况。

（1）工作域边界上奇异。当机器人手臂全部伸展开或全部折回而使手部处于机器人工作域的边界上或边界附近时，出现逆雅可比奇异，这时机器人相应的形位称为奇异形位。

（2）工作域内部奇异。奇异并不一定发生在工作域边界上，也可以是由两个或更多个关节轴线重合引起的。

当机器人处在奇异形位时，就会产生退化现象，丧失一个或更多的自由度。这意味着在空间某个方向（或子域）上，无论机器人关节速度怎样选择，手部也不可能实现移动。

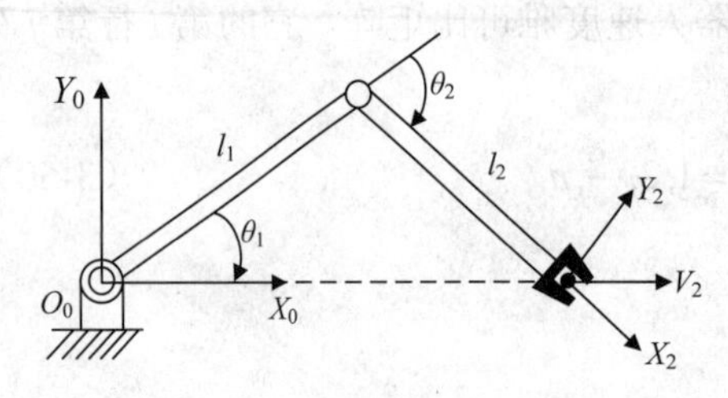

图 3-25　二自由度机械手（手爪沿 X_0 方向运动）

【例 3-5】 如图 3-25 所示的二自由度机械手，手爪沿固定坐标系 X_0 轴正向以 1m/s 速度移动，杆长为 $l_1=l_2=0.5\text{m}$。设在某瞬时 $\theta_1=30°$，$\theta_2=-60°$，求相应瞬时的关节速度。

解：由式（3-48）知，二自由度机械手速度雅可比为

$$\boldsymbol{J}=\begin{bmatrix}-l_1\text{s}_1-l_2\text{s}_{12} & -l_2\text{s}_{12}\\ l_1\text{c}_1+l_2\text{c}_{12} & l_2\text{c}_{12}\end{bmatrix}$$

因此，逆雅可比为

$$\boldsymbol{J}^{-1}=\frac{1}{l_1l_2\text{s}_2}\begin{bmatrix}l_2\text{c}_{12} & l_2\text{s}_{12}\\ -l_1\text{c}_1-l_2\text{c}_{12} & -l_1\text{s}_1-l_2\text{s}_{12}\end{bmatrix}$$

由式（3-53）可知，$\dot{\boldsymbol{\theta}}=\boldsymbol{J}^{-1}\boldsymbol{V}$，且 $\boldsymbol{V}=[1\ 0]^{\text{T}}$，即 $v_x=1\text{m/s}$，$v_y=0\text{m/s}$，因此，

$$\begin{bmatrix}\dot{\theta}_1\\ \dot{\theta}_2\end{bmatrix}=\frac{1}{l_1l_2\text{s}_2}\begin{bmatrix}l_2\text{c}_{12} & l_2\text{s}_{12}\\ -l_1\text{c}_1-l_2\text{c}_{12} & -l_1\text{s}_1-l_2\text{s}_{12}\end{bmatrix}\begin{bmatrix}1\\ 0\end{bmatrix}$$

$$\dot{\theta}_1=\frac{\text{c}_{12}}{l_2\text{s}_2}=-2\text{rad/s}$$

$$\dot{\theta}_2=-\frac{\text{c}_1}{l_2\text{s}_2}-\frac{\text{c}_{12}}{l_1\text{s}_2}=4\text{rad/s}$$

综上可知，在该瞬时，两关节的位置分别为 $\theta_1=30°$，$\theta_2=-60°$ 时，相应的关节速度 $\dot{\theta}_1=-2\text{rad/s}$，$\dot{\theta}_2=4\text{rad/s}$，手部瞬时速度为 1m/s。

3.2.2　工业机器人静力分析

机器人作业时与外界环境的接触会在机器人与环境之间引起相互的作用力和力矩。机器人各关节的驱动装置提供关节驱动力矩（或力），通过连杆传递到末端操作器，克服外界作用力和力矩。各关节的驱动力矩（或力）与末端操作器施加的力（广义上的力包括力和力矩）之间的关系是机器人操作臂力控制的基础。本节讨论操作臂在静止状态下力的平衡关系。假定各关节“锁住”，机器人成为一个机构。这种“锁定用”的关节驱动力矩与手部所支持的载荷或受到外界环境作用的力取得静力平衡。求解这种“锁定用”的关节驱动力矩，或求解在已知关节驱动力矩（或力）作用下，手部的输出力就是对机器人操作臂的静力计算。

1. 操作臂中的静力

这里以操作臂中单个杆件为例分析受力情况，杆件 i 通过关节 i 和关节 i+1 分别与杆件 i−1 和杆件 i+1 相连接，两个坐标系$\{i-1\}$和$\{i\}$如图 3-26 所示。

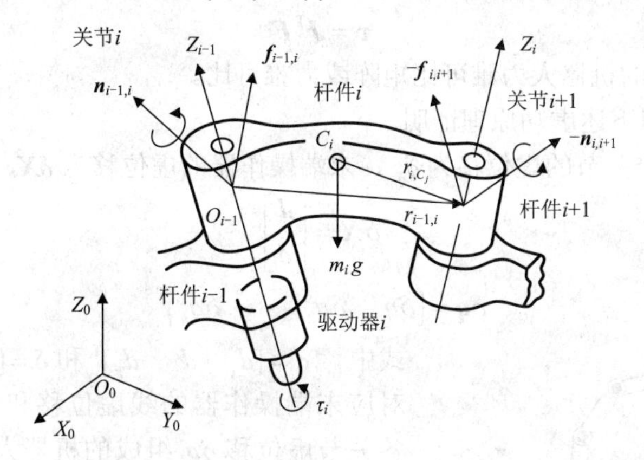

图 3-26　杆件 i 上的力和力矩

令 $\boldsymbol{f}_{i-1,i}$ 及 $\boldsymbol{n}_{i-1,i}$ 为 i-1 杆通过关节 i 作用在 i 杆上的力和力矩；$\boldsymbol{f}_{i,i+1}$ 及 $\boldsymbol{n}_{i,i+1}$ 为 i 杆通过关节 i+1 作用在 i+1 杆上的力和力矩；$-\boldsymbol{f}_{i,i+1}$ 及 $-\boldsymbol{n}_{i,i+1}$ 为 i+1 杆通过关节 i+1 作用在 i 杆上的反作用力和反作用力矩；$\boldsymbol{f}_{n,n+1}$ 及 $\boldsymbol{n}_{n,n+1}$ 为机器人杆件 n 对外界环境的作用力和力矩；$-\boldsymbol{f}_{n,n+1}$ 及 $-\boldsymbol{n}_{n,n+1}$ 为外界环境对机器人杆件 n 的作用力和力矩；$\boldsymbol{f}_{0,1}$ 及 $\boldsymbol{n}_{0,1}$ 为机器人底座对杆件 1 的作用力和力矩；$m_i g$ 为杆件 i 的重量，作用在质心 C_i 上。

连杆的静力平衡条件是其上所受的合力和合力矩为零，因此力和力矩平衡方程式为

$$\boldsymbol{f}_{i-1,i}+(-\boldsymbol{f}_{i,i+1})+m_i g=0 \tag{3-54}$$

$$\boldsymbol{n}_{i-1,i}+(-\boldsymbol{n}_{i,i+1})+(\boldsymbol{r}_{i-1,i}+\boldsymbol{r}_{i,C_i})\times \boldsymbol{f}_{i-1,i}+(\boldsymbol{r}_{i,C_i})\times(-\boldsymbol{f}_{i,i+1})=0 \tag{3-55}$$

式中，$\boldsymbol{r}_{i-1,i}$ 为坐标系$\{i\}$的原点相对于坐标系$\{i-1\}$的位置矢量；$\boldsymbol{r}_{i,C_i}$ 为质心相对于坐标系$\{i\}$的位置矢量。

假如已知外界环境对机器人最末杆的作用力和力矩，那么可以由最后一个连杆向零连杆（机座）依次递推，从而计算出每个连杆上的受力情况。

为了便于表示机器人手部端点的力和力矩（简称为端点力 $\boldsymbol{F}$），可将 $\boldsymbol{f}_{n,n+1}$ 和 $\boldsymbol{n}_{n,n+1}$ 合并写成一个 6 维矢量

$$\boldsymbol{F}=\begin{bmatrix}\boldsymbol{f}_{n,n+1}\\ \boldsymbol{n}_{n,n+1}\end{bmatrix} \tag{3-56}$$

各关节驱动器的驱动力矩（或力）可写成一个 n 维矢量的形式，即

$$\boldsymbol{\tau}=\begin{bmatrix}\boldsymbol{\tau}_1\\ \boldsymbol{\tau}_2\\ \vdots\\ \boldsymbol{\tau}_n\end{bmatrix} \tag{3-57}$$

式中，n 为关节的个数；$\boldsymbol{\tau}$ 为关节驱动力矩（或力）矢量，简称广义关节力矩。对于转动关节，$\boldsymbol{\tau}_i$ 表示关节驱动力矩；对于移动关节，$\boldsymbol{\tau}_i$ 表示关节驱动力。

2. 机器人力雅可比

假定关节无摩擦，并忽略各杆件的重力，则广义关节力矩 $\boldsymbol{\tau}$ 与机器人手部端点力 $\boldsymbol{F}$ 的关系可用下式描述：

$$\boldsymbol{\tau}=\boldsymbol{J}^{\mathrm{T}}\boldsymbol{F} \tag{3-58}$$

式中，$\boldsymbol{J}^{\mathrm{T}}$ 为 $n\times 6$ 阶的机器人力雅可比矩阵或力雅可比。

式（3-58）可用下述虚功原理证明。

证明：考虑各个关节的虚位移为 δ_{q_i}，末端操作器的虚位移为 $\delta\boldsymbol{X}$，如图 3-27 所示。

$$\delta\boldsymbol{X}=\begin{bmatrix}\boldsymbol{d}\\ \boldsymbol{\delta}\end{bmatrix}$$

$$\delta\boldsymbol{q}=\begin{bmatrix}\delta q_1 & \delta q_2 & \cdots & \delta q_n\end{bmatrix}^{\mathrm{T}} \tag{3-59}$$

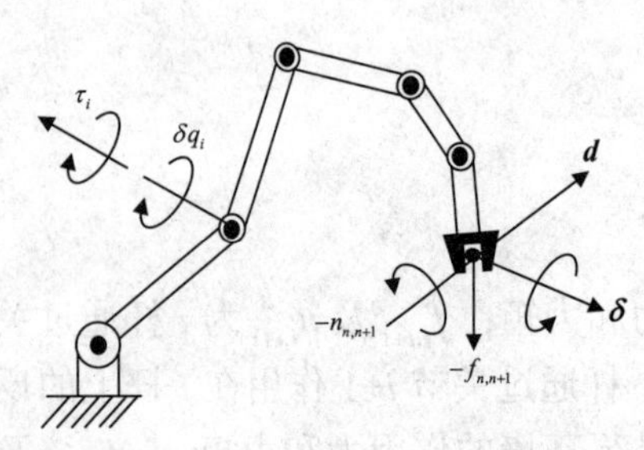

图 3-27 末端操作器及各关节的虚位移

式中，$\boldsymbol{d}=[d_x \quad d_y \quad d_z]^{\mathrm{T}}$ 和 $\boldsymbol{\delta}=[\delta_{\varphi_x} \quad \delta_{\varphi_y} \quad \delta_{\varphi_z}]^{\mathrm{T}}$ 分别对应末端操作器的线虚位移和角虚位移；$\delta\boldsymbol{q}$ 为由各关节虚位移 $\delta\boldsymbol{q}_i$ 组成的机器人关节虚位移矢量。

假设发生上述虚位移时，各关节驱动力矩为 $\boldsymbol{\tau}_i(i=1,2,\cdots,n)$，环境作用在机器人手部端点上的力和力矩分别为 $-\boldsymbol{f}_{n,n+1}$ 和 $-\boldsymbol{n}_{n,n+1}$。由上述力和力矩所做的虚功可以由下式求出：

$$\delta W=\boldsymbol{\tau}_1\delta\boldsymbol{q}_1+\boldsymbol{\tau}_2\delta\boldsymbol{q}_2+\cdots\boldsymbol{\tau}_n\delta\boldsymbol{q}_n-\boldsymbol{f}_{n,n+1}\boldsymbol{d}-\boldsymbol{n}_{n,n+1}\boldsymbol{\delta}$$

或写为

$$\delta W=\boldsymbol{\tau}^{\mathrm{T}}\delta\boldsymbol{q}-\boldsymbol{F}^{\mathrm{T}}\delta\boldsymbol{X} \tag{3-60}$$

根据虚位移原理，机器人处于平衡状态的充分必要条件是对任意符合几何约束的虚位移，有

$$\delta W=0$$

需要注意的是，虚位移 $\delta\boldsymbol{q}$ 和 $\delta\boldsymbol{X}$ 并不是独立的，而是符合杆件的几何约束条件的。利用式（3-51），$\mathrm{d}\boldsymbol{X}=\boldsymbol{J}\mathrm{d}\boldsymbol{q}$，可将式（3-60）改写为

$$\delta W=\boldsymbol{\tau}^{\mathrm{T}}\delta\boldsymbol{q}-\boldsymbol{F}^{\mathrm{T}}\boldsymbol{J}\delta\boldsymbol{q}=(\boldsymbol{\tau}-\boldsymbol{J}^{\mathrm{T}}\boldsymbol{F})^{\mathrm{T}}\delta\boldsymbol{q} \tag{3-61}$$

式中，$\delta\boldsymbol{q}$ 表示几何上允许位移的关节独立变量，对任意的 $\delta\boldsymbol{q}$，欲使 δW=0 成立，必有

$$\boldsymbol{\tau}=\boldsymbol{J}^{\mathrm{T}}\boldsymbol{F} \tag{3-62}$$

证毕。

式（3-62）表示在静态平衡状态下，手部端点力 $\boldsymbol{F}$ 向广义关节力矩 $\boldsymbol{\tau}$ 映射的线性关系。式中 $\boldsymbol{J}^{\mathrm{T}}$ 与手部端点力 $\boldsymbol{F}$ 和广义关节力矩 $\boldsymbol{\tau}$ 之间的力传递有关，故称为机器人力雅可比。很明显，力雅可比 $\boldsymbol{J}^{\mathrm{T}}$ 正好是机器人速度雅可比 $\boldsymbol{J}$ 的转置。

3. 机器人静力计算的两类问题

从操作臂手部端点力 $\boldsymbol{F}$ 与广义关节力矩 $\boldsymbol{\tau}$ 之间的关系式 $\boldsymbol{\tau}=\boldsymbol{J}^{\mathrm{T}}\boldsymbol{F}$ 可知，操作臂静力计算可分为两类问题。

第 1 类问题：已知外界环境对机器人手部作用力 $\boldsymbol{F}'$（手部端点力 $\boldsymbol{F}=-\boldsymbol{F}'$），求相应

的满足静力平衡条件的广义关节力矩 $\boldsymbol{\tau}$。

第 2 类问题：已知广义关节力矩 $\boldsymbol{\tau}$，确定机器人手部对外界环境的作用力 $\boldsymbol{F}$ 或负荷的质量。这类问题是第 1 类问题的逆解。此时有

$$\boldsymbol{F}=(\boldsymbol{J}^{\mathrm{T}})^{-1}\boldsymbol{\tau}$$

但是，由于机器人的自由度可能不是 6，如 $n>6$，力雅可比矩阵就有可能不是一个方阵，则 $\boldsymbol{J}^{\mathrm{T}}$ 就没有逆解。因此，对这类问题的求解就困难得多，在一般情况下不一定能得到唯一的解。若 $\boldsymbol{F}$ 的维数比 $\boldsymbol{\tau}$ 的维数低，且 $\boldsymbol{J}$ 是满秩的话，则可利用最小二乘法求得 $\boldsymbol{F}$ 的估值。

【例 3-6】 图 3-28 所示为一个二自由度平面关节型机械手，已知手部端点力 $\boldsymbol{F}=[\boldsymbol{F}_x\ \ \boldsymbol{F}_y]^{\mathrm{T}}$，求相应于端点力 $\boldsymbol{F}$ 的广义关节力矩（不考虑摩擦）。

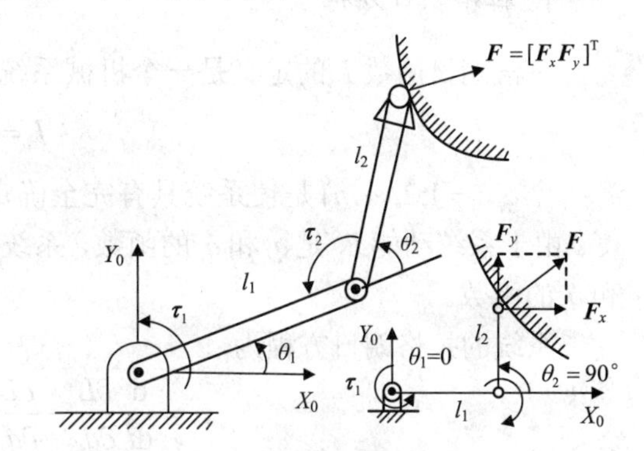

图 3-28　二自由度平面关节型机械手

解：已知该机械手的速度雅可比为

$$\boldsymbol{J}=\begin{bmatrix}-l_1\mathrm{s}_1-l_2\mathrm{s}_{12} & -l_2\mathrm{s}_{12}\\ l_1\mathrm{c}_1+l_2\mathrm{c}_{12} & l_2\mathrm{c}_{12}\end{bmatrix}$$

则该机械手的力雅可比为

$$\boldsymbol{J}^{\mathrm{T}}=\begin{bmatrix}-l_1\mathrm{s}_1-l_2\mathrm{s}_{12} & l_1\mathrm{c}_1+l_2\mathrm{c}_{12}\\ -l_2\mathrm{s}_{12} & l_2\mathrm{c}_{12}\end{bmatrix}$$

根据 $\boldsymbol{\tau}=\boldsymbol{J}^{\mathrm{T}}\boldsymbol{F}$，得

$$\boldsymbol{\tau}=\begin{bmatrix}\boldsymbol{\tau}_1\\ \boldsymbol{\tau}_2\end{bmatrix}=\begin{bmatrix}-l_1\mathrm{s}_1-l_2\mathrm{s}_{12} & l_1\mathrm{c}_1+l_2\mathrm{c}_{12}\\ -l_2\mathrm{s}_{12} & l_2\mathrm{c}_{12}\end{bmatrix}\begin{bmatrix}\boldsymbol{F}_x\\ \boldsymbol{F}_y\end{bmatrix}$$

因此

$$\tau_1=-(l_1\mathrm{s}_1+l_2\mathrm{s}_{12})\boldsymbol{F}_x+(l_1\mathrm{c}_1+l_2\mathrm{c}_{12})\boldsymbol{F}_y$$

$$\boldsymbol{\tau}_2=-l_2\mathrm{s}_{12}\boldsymbol{F}_x+l_2\mathrm{c}_{12}\boldsymbol{F}_y$$

若在某瞬时，$\theta_1=0°$，$\theta_2=90°$，则在该瞬时与手部端点力相对应的关节驱动力矩为

$$\boldsymbol{\tau}_1=-l_2\boldsymbol{F}_x+l_1\boldsymbol{F}_y$$

$$\boldsymbol{\tau}_2=-l_2\boldsymbol{F}_x$$

3.2.3　工业机器人动力学分析

随着工业机器人向重载、高速、高精度及智能化方向的发展，对工业机器人设计和控制都提出了新的要求。特别是在控制方面，机器人的动态实时控制是机器人发展的必然要求，因此，需要对机器人的动力学进行分析。机器人是一个非线性的复杂的动力学系统，动力学问题的求解比较困难，而且需要较长的运算时间。因此，简化解的过程、最大限度地减少工业机器人动力学在线计算的时间是一个受到广泛关注的研究课题。

动力学研究物体的运动和作用力之间的关系。机器人动力学问题有以下两类。

第 1 类问题：给出已知轨迹点上的 $\boldsymbol{\theta}$、$\dot{\boldsymbol{\theta}}$及$\ddot{\boldsymbol{\theta}}$，即机器人关节位置、速度和加速度，求相应的广义关节力矩矢量 $\boldsymbol{\tau}$。这对实现机器人动态控制是相当有用的。

第 2 类问题：已知广义关节力矩 $\boldsymbol{\tau}$，求机器人系统相应的各瞬时的运动。也就是说，给出广义关节力矩矢量 $\boldsymbol{\tau}$，求机器人所产生的运动 $\boldsymbol{\theta}$、$\dot{\boldsymbol{\theta}}$及$\ddot{\boldsymbol{\theta}}$。这对模拟机器人的运动是非常有用的。

分析研究机器人动力学特性的方法很多，有拉格朗日（Lagrange）方法、牛顿-欧拉（Newton-Euler）方法、高斯（Gauss）方法和凯恩（Kane）方法等。拉格朗日方法不仅能以最简单的形式求得非常复杂的系统动力学方程，而且具有显式结构，物理意义比较明确，对理解机器人动力学比较方便。因此，本节只介绍拉格朗日方法，并且用简单实例进行分析。

1. 拉格朗日方程

拉格朗日函数 L 的定义是一个机械系统的动能 E_{k} 和势能 E_{p} 之差，即

$$L = E_{\mathrm{k}} - E_{\mathrm{p}} \tag{3-63}$$

令 $q_i(i=1,2,\cdots,n)$ 是使系统具有完全确定位置的广义关节变量，$\dot{q}_t$ 是相应的广义关节速度。由于系统动能 E_{k} 是 q_i 和 $\dot{q}_t$ 的函数，系统势能 E_{p} 是 q_i 的函数，因此拉格朗日函数也是 q_i 和 $\dot{q}_t$ 的函数。

系统的拉格朗日方程为

$$\boldsymbol{\tau}_i = \frac{\mathrm{d}}{\mathrm{d}t}\frac{\partial L}{\partial \dot{q}_i} - \frac{\partial L}{\partial q_i} \qquad i=1,2,\cdots,n \tag{3-64}$$

式中，$\boldsymbol{\tau}_i$ 为广义关节驱动力。若是移动关节，则 $\boldsymbol{\tau}_i$ 为驱动力；若是转动关节，则 $\boldsymbol{\tau}_i$ 为驱动力矩。

用拉格朗日法建立机器人动力学方程的步骤如下：首先，选取坐标系，选定完全而且独立的广义关节变量 $q_i(i=1,2,\cdots,n)$；其次，选定相应的关节上的广义力 $\boldsymbol{\tau}_i$，当 q_i 为位移变量时，$\boldsymbol{\tau}_i$ 为力；当 q_i 为角度变量时，$\boldsymbol{\tau}_i$ 为力矩；再次，通过求出机器人各构件的动能和势能建立拉格朗日函数；最后，代入拉格朗日方程求得机器人系统的动力学方程。

2. 二自由度平面关节型机器人动力学方程

如图 3-29 所示，选取笛卡儿坐标系。连杆 1 和连杆 2 的关节变量分别为转角 θ_1 和 θ_2，相应的关节 1 和关节 2 的力矩是 $\boldsymbol{\tau}_1$ 和 $\boldsymbol{\tau}_2$。连杆 1 和连杆 2 的质量分别为 m_1 和 m_2，杆长分别为 l_1 和 l_2，质心分别在 K_1 和 K_2 处，离关节中心的距离分别为 p_1 和 p_2。因此，连杆 1 质心 K_1 的位置坐标为

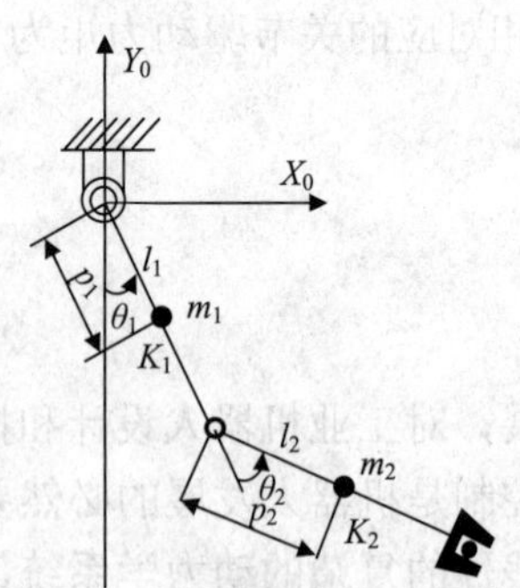

图 3-29　二自由度平面关节型机器人动力学方程的建立

$$x_1 = p_1 \mathrm{s}_1,\quad y_1 = -p_1 \mathrm{c}_1$$

连杆 1 质心 K_1 的速度平方为

$$\dot{x}_1^2 + \dot{y}_1^2 = \left(p_1 \dot{\theta}_1\right)^2$$

连杆 2 质心 K_2 的位置坐标为

$$x_2 = l_1 \mathrm{s}_1 + p_2 \mathrm{s}_{12},\quad y_2 = -l_1 \mathrm{c}_1 - p_2 \mathrm{c}_{12}$$

连杆 2 质心 K_2 的速度平方为

$$\dot{x}_2^2 = l_1 \mathrm{c}_1 \dot{\theta}_1 + p_2 \mathrm{c}_{12}(\dot{\theta}_1 + \dot{\theta}_2),\quad \dot{y}_2^2 = l_1 \mathrm{s}_1 \dot{\theta}_1 + p_2 \mathrm{s}_{12}(\dot{\theta}_1 + \dot{\theta}_2)$$

$$\dot{x}_2^2 + \dot{y}_2^2 = l_1^2 \dot{\theta}_1^2 + p_2^2(\dot{\theta}_1 + \dot{\theta}_2)^2 + 2 l_1 p_2 (\dot{\theta}_1^2 + \dot{\theta}_1 \dot{\theta}_2) \mathrm{c}_2$$

由于 $E_{\mathrm{k}} = \sum E_{\mathrm{k}i}(i=1,2)$，则求系统动能需求出 E_{k1} 和 E_{k2}：

$$E_{k1}=\frac{1}{2}m_1p_1^2\dot{\theta}_1^2$$

$$E_{k2}=\frac{1}{2}m_2l_1^2\dot{\theta}_1^2+\frac{1}{2}m_2p_2^2(\dot{\theta}_1+\dot{\theta}_2)+m_2l_1p_2\left(\dot{\theta}_1^2+\dot{\theta}_1\dot{\theta}_2\right)c_2$$

由于 $E_p=\sum E_{pi}(i=1,2)$，则求系统势能需求出 E_{p1} 和 E_{p2}：

$$E_{p1}=m_1gp_1(1-c_1)$$

$$E_{p2}=m_2gl_1(1-c_1)+m_2gp_2(1-c_{12})$$

建立拉格朗日函数：

$$L=E_k-E_p=\frac{1}{2}(m_1p_1^2+m_2l_1^2)\dot{\theta}_1^2+m_2l_1p_2(\dot{\theta}_1^2+\dot{\theta}_1\dot{\theta}_2)c_2$$
$$+\frac{1}{2}m_2p_2^2(\dot{\theta}_1^2+\dot{\theta}_2^2)^2-(m_1p_1+m_2l_1)g(1-c_1)-m_2gp_2(1-c_{12})$$

根据拉格朗日方程 $\boldsymbol{F}_i=\dfrac{\mathrm{d}}{\mathrm{d}t}\dfrac{\partial L}{\partial\dot{q}_i}-\dfrac{\partial L}{\partial q_i}(i=1,2,\cdots,n)$ 可计算各关节上的力矩，得到系统动力学方程。

计算关节 1 上的力矩 $\boldsymbol{\tau}_1$：

$$\frac{\partial L}{\partial\dot{\theta}_1}=\left(m_1p_1^2+m_2l_1^2\right)\dot{\theta}_1+m_2l_1p_2(2\dot{\theta}_1+\dot{\theta}_2)c_2+m_2p_2^2(\dot{\theta}_1+\dot{\theta}_2)$$

$$\frac{\partial L}{\partial\theta_1}=-\left(m_1p_1+m_2l_1\right)gs_1-m_2gp_2s_{12}$$

因此

$$\begin{aligned}\boldsymbol{\tau}_1&=\frac{\mathrm{d}}{\mathrm{d}t}\frac{\partial L}{\partial\dot{\theta}_1}-\frac{\partial L}{\partial\theta_1}\\&=\left(m_1p_1^2+m_2p_2^2+m_2l_1^2+2m_2l_1p_2c_2\right)\ddot{\theta}_1+\left(m_2p_2^2+m_2l_1p_2c_2\right)\ddot{\theta}_2\\&\quad+(-2m_2l_1p_2s_2)\dot{\theta}_1\dot{\theta}_2+(-m_2l_1p_2s_2)\dot{\theta}_2^2+\left(m_1p_1+m_2l_1\right)gs_1+m_2p_2gs_{12}\end{aligned}$$

上式可简写为

$$\boldsymbol{\tau}_1=D_{11}\ddot{\theta}_1+D_{12}\ddot{\theta}_2+D_{112}\dot{\theta}_1\dot{\theta}_2+D_{122}\dot{\theta}_2^2+D_1 \tag{3-65}$$

式中，

$$\begin{cases}D_{11}=m_1p_1^2+m_2p_2^2+m_2l_1^2+2m_2l_1p_2c_2\\D_{12}=m_2p_2^2+m_2l_1p_2c_2\\D_{112}=-2m_2l_1p_2s_2\\D_{122}=-m_2l_1p_2s_2\\D_1=(m_1p_1+m_2l_1)gs_1+m_2p_2gs_{12}\end{cases} \tag{3-66}$$

计算关节 2 上的力矩 $\boldsymbol{\tau}_2$：

$$\frac{\partial L}{\partial\dot{\theta}_2}=m_2p_2^2\left(\dot{\theta}_1+\dot{\theta}_2\right)+m_2l_1p_2\dot{\theta}_1c_2$$

$$\frac{\partial L}{\partial\theta_2}=-m_2l_1p_2\left(\dot{\theta}_1^2+\dot{\theta}_1\dot{\theta}_2\right)-m_2p_2gs_{12}$$

因此，

$$\tau_2 = \frac{\mathrm{d}}{\mathrm{d}t}\frac{\partial L}{\partial \dot{\theta}_2} - \frac{\partial L}{\partial \theta_2} = \left(m_2 p_2^2 + m_2 l_1^2 + m_2 l_1 p_2 \mathrm{c}_2\right)\ddot{\theta}_1 + m_2 p_2^2 \ddot{\theta}_2$$
$$+ (-2m_2 l_1 p_2 \mathrm{s}_2 + m_2 l_1 p_2 \mathrm{s}_2)\dot{\theta}_1\dot{\theta}_2 + \left(m_2 l_1 p_2 \mathrm{s}_2\right)\dot{\theta}_1^2 + m_2 p_2 g \mathrm{s}_{12}$$

上式可简写为

$$\tau_2 = D_{21}\ddot{\theta}_1 + D_{22}\ddot{\theta}_2 + D_{212}\dot{\theta}_1\dot{\theta}_2 + D_{211}\dot{\theta}_1^2 + D_2 \tag{3-67}$$

由此可得

$$\begin{cases} D_{21} = m_2 p_2^2 + 2m_2 l_1 p_2 \mathrm{c}_2 \\ D_{22} = m_2 p_2^2 \\ D_{212} = -m_2 l_1 p_2 \mathrm{s}_2 + m_2 l_1 p_2 \mathrm{s}_2 = 0 \\ D_{211} = m_2 l_1 p_2 \mathrm{s}_2 \\ D_2 = m_2 g p_2 \mathrm{s}_{12} \end{cases} \tag{3-68}$$

式（3-65）和式（3-67）分别表示关节驱动力矩与关节位移、速度、加速度之间的关系，即力和运动之间的关系，称为图 3-29 所示二自由度平面关节型机器人的动力学方程。对其进行分析可知：

（1）含有 $\ddot{\theta}_1$ 或 $\ddot{\theta}_2$ 的项表示由加速度引起的关节驱动力矩项，其中：

含有 D_{11} 和 D_{22} 的项分别表示由关节 1 加速度和关节 2 加速度引起的惯性力矩项；

含有 D_{12} 的项表示关节 2 的加速度对关节 1 的耦合惯性力矩项；

含有 D_{21} 的项表示关节 1 的加速度对关节 2 的耦合惯性力矩项。

（2）含有 $\dot{\theta}_1^2$ 和 $\dot{\theta}_2^2$ 的项表示由向心力引起的关节驱动力矩项，其中：

含有 D_{122} 的项表示关节 2 速度引起的向心力对关节 1 的耦合力矩项；

含有 D_{211} 的项表示关节 1 速度引起的向心力对关节 2 的耦合力矩项。

（3）含有 $\dot{\theta}_1\dot{\theta}_2$ 的项表示由科氏力引起的关节驱动力矩项，其中：

含有 D_{112} 的项表示科氏力对关节 1 的耦合力矩项；

含有 D_{212} 的项表示科氏力对关节 2 的耦合力矩项。

（4）只含关节变量 θ_1 和 θ_2 的项表示重力引起的关节驱动力矩项。其中：

含有 D_1 的项表示连杆 1、连杆 2 的质量对关节 1 引起的重力矩项；

含有 D_2 的项表示连杆 2 的质量对关节 2 引起的重力矩项。

从上面推导可以看出，简单的二自由度平面关节型机器人，其动力学方程已经很复杂了，包含很多因素，这些因素都在影响机器人的动力学特性。对于复杂一些的多自由度机器人，动力学方程更为庞杂，推导过程也更为复杂。不仅如此，对机器人实时控制也带来不小的麻烦。通常，有一些简化问题的方法。

（1）当杆件质量不是很大且重量很轻时，动力学方程中的重力矩项可以省略。

（2）当关节速度不是很大且机器人不是高速机器人时，含有 $\dot{\theta}_1^2$、$\dot{\theta}_2^2$、$\dot{\theta}_1\dot{\theta}_2$ 的项可以省略。

（3）当关节加速度不是很大，也就是关节电机的升降速不是很突然时，含有 $\ddot{\theta}_1$、$\ddot{\theta}_2$ 的项有时可以省略。当然，关节加速度的减少，会引起速度升降的时间增加，延长了机器人作业循环时间。

3. 关节空间和操作空间动力学

n 个自由度操作臂的末端位姿 $\boldsymbol{X}$ 由 n 个关节变量所决定，这 n 个关节变量也叫作 n 维关节矢量 $\boldsymbol{q}$，所有关节矢量 $\boldsymbol{q}$ 构成了关节空间。末端操作器的作业是在直角坐标空间中进行的，且操作臂末端位姿 $\boldsymbol{X}$ 是在直角坐标空间中描述的，因此把这个空间称为操作空间。运动学方程 $\boldsymbol{X}=\boldsymbol{X}(\boldsymbol{q})$ 就是关节空间向操作空间的映射，而运动学逆解则是由映射求其在关节空间中的原像。在关节空间和操作空间中，操作臂动力学方程有不同的表示形式，并且两者之间存在着一定的对应关系。

1）关节空间动力学方程

将式（3-65）和式（3-67）写成矩阵形式，有

$$\boldsymbol{\tau}=\boldsymbol{D}(\boldsymbol{q})\ddot{\boldsymbol{q}}+\boldsymbol{H}(\boldsymbol{q},\dot{\boldsymbol{q}})+\boldsymbol{G}(\boldsymbol{q}) \tag{3-69}$$

式中，$\boldsymbol{\tau}=\begin{bmatrix}\tau_1\\ \tau_2\end{bmatrix}$；$\boldsymbol{q}=\begin{bmatrix}\theta_1\\ \theta_2\end{bmatrix}$；$\dot{\boldsymbol{q}}=\begin{bmatrix}\dot{\theta}_1\\ \dot{\theta}_2\end{bmatrix}$；$\ddot{\boldsymbol{q}}=\begin{bmatrix}\ddot{\theta}_1\\ \ddot{\theta}_2\end{bmatrix}$。

因此，

$$\boldsymbol{D}(\boldsymbol{q})=\begin{bmatrix}m_1p_1^2+m_2(l_1^2+p_2^2+2l_1p_2\mathrm{c}_2) & m_2(p_2^2+l_1p_2\mathrm{c}_2)\\ m_2(p_2^2+l_1p_2\mathrm{c}_2) & m_2p_2^2\end{bmatrix} \tag{3-70}$$

$$\boldsymbol{H}(\boldsymbol{q},\dot{\boldsymbol{q}})=\begin{bmatrix}-m_2l_1p_2\mathrm{s}_2\theta_2^2-2m_2l_1p_2\mathrm{s}_2\theta_1\theta_2\\ m_2l_1p_2\mathrm{s}_2\theta_1^2\end{bmatrix} \tag{3-71}$$

$$\boldsymbol{G}(\boldsymbol{q})=\begin{bmatrix}(m_1p_1+m_3l_1)g\mathrm{s}_1+m_2p_2g\mathrm{s}_{12}\\ m_2p_2g\mathrm{s}_{12}\end{bmatrix} \tag{3-72}$$

式（3-69）就是操作臂在关节空间中动力学方程的一般结构形式，它反映了关节驱动力矩与关节变量、速度、加速度之间的函数关系。对于 n 个关节的操作臂，$\boldsymbol{D}(\boldsymbol{q})$ 是 $n\times n$ 的正定对称矩阵，是 $\boldsymbol{q}$ 的函数，称为操作臂的惯性矩阵；$\boldsymbol{H}(\boldsymbol{q},\dot{\boldsymbol{q}})$ 是 $n\times 1$ 的离心力和科氏力矢量；$\boldsymbol{G}(\boldsymbol{q})$ 是 $n\times 1$ 的重力矢量，与操作臂的位姿有关。

2）操作空间动力学方程

与关节空间动力学方程相对应，在笛卡儿操作空间中，可以用直角坐标变量（即末端操作器位姿矢量 $\boldsymbol{X}$）来表示机器人动力学方程。因此，操作力 $\boldsymbol{F}$ 与末端加速度 $\ddot{\boldsymbol{X}}$ 之间的关系可表示为

$$\boldsymbol{F}=\boldsymbol{M}_x(\boldsymbol{q})\ddot{\boldsymbol{X}}+\boldsymbol{U}_x(\boldsymbol{q},\dot{\boldsymbol{q}})+\boldsymbol{G}_x(\boldsymbol{q}) \tag{3-73}$$

式中，$\boldsymbol{M}_x(\boldsymbol{q})$、$\boldsymbol{U}_x(\boldsymbol{q},\dot{\boldsymbol{q}})$ 和 $\boldsymbol{G}_x(\boldsymbol{q})$ 分别为操作空间中的惯性矩阵、离心力和科氏力矢量、重力矢量，它们都是在操作空间中表示的；$\boldsymbol{F}$ 是广义操作力矢量。

关节空间动力学方程和操作空间动力学方程之间的对应关系可以通过广义操作力 $\boldsymbol{F}$ 与广义关节力矩 $\boldsymbol{\tau}$ 之间的关系

$$\boldsymbol{\tau}=\boldsymbol{J}^{\mathrm{T}}(\boldsymbol{q})\boldsymbol{F} \tag{3-74}$$

和操作空间与关节空间之间的速度、加速度的关系

$$\begin{cases}\dot{\boldsymbol{X}}=\boldsymbol{J}(\boldsymbol{q})\dot{\boldsymbol{q}}\\ \ddot{\boldsymbol{X}}=\boldsymbol{J}(\boldsymbol{q})\ddot{\boldsymbol{q}}+\dot{\boldsymbol{J}}(\boldsymbol{q})\dot{\boldsymbol{q}}\end{cases} \tag{3-75}$$

求出。

3.2.4 工业机器人动力学建模与仿真

1. 机器人动力学建模

为便于建立动力学方程进行分析，常常在建立系统动力学方程时忽略机构中的摩擦、间隙和形变等因素。事实上，在机器人传动系统中，运动副中的摩擦是客观存在的，有时甚至达到关节驱动力矩（或力）的 20%。机构中的摩擦主要有黏性摩擦和库仑摩擦两种，其中前者的大小与关节速度成正比，后者的大小与速度无关，但方向相反于关节速度方向。黏性摩擦力和库仑摩擦力分别表示为

$$\boldsymbol{\tau}_v = v\dot{\boldsymbol{q}} \tag{3-76}$$

$$\boldsymbol{\tau}_c = \boldsymbol{F}_N c\,\mathrm{sgn}(\dot{\boldsymbol{q}}) \tag{3-77}$$

式中，v 为黏性摩擦因数；c 为库仑摩擦因数；$\boldsymbol{F}_N$ 为正压力。因此总的摩擦力 $\boldsymbol{\tau}_f$ 为

$$\boldsymbol{\tau}_f = \boldsymbol{\tau}_v + \boldsymbol{\tau}_c = v\dot{\boldsymbol{q}} + \boldsymbol{F}_N c\,\mathrm{sgn}(\dot{\boldsymbol{q}}) \tag{3-78}$$

在工程实际中，为了减少运动副之间的摩擦损失，往往在运动副之间加入润滑，润滑条件的好坏直接影响摩擦力的大小，因此机构中的摩擦是非常复杂的。其中，库仑摩擦力中的 c 值受 $\dot{\boldsymbol{q}}$ 的影响发生波动：当 $\dot{\boldsymbol{q}} = 0$ 时，c 称为静摩擦因数；反之，c 称为动摩擦因数。静摩擦因数大于动摩擦因数。

此外，机器人关节运动副中的摩擦力还与关节变量中因齿轮偏心引起的摩擦力波动等因素有关，因此摩擦力可表示为

$$\boldsymbol{\tau}_f = \boldsymbol{T}(\boldsymbol{q},\dot{\boldsymbol{q}}) \tag{3-79}$$

考虑机器人关节运动副中的摩擦力，机器人的动力学方程在式（3-69）的基础上应为

$$\boldsymbol{\tau} = \boldsymbol{D}(\boldsymbol{q})\ddot{\boldsymbol{q}} + \boldsymbol{H}(\boldsymbol{q},\dot{\boldsymbol{q}}) + \boldsymbol{G}(\boldsymbol{q}) + \boldsymbol{T}(\boldsymbol{q},\dot{\boldsymbol{q}}) \tag{3-80}$$

以上动力学模型均是在将机器人连杆视为刚体的前提下建立的，而当建立柔性臂机器人动力学方程时，应考虑机器人运动时的弹性振动现象。

2. 机器人动力学仿真

计算机仿真技术是利用计算机技术的成果建立被仿真系统的模型，并在某些实验条件下对模型进行动态实验的一门综合性技术。它具有高效、安全、受环境条件的约束少、可改变时间尺度等优点，已成为分析、设计、运行、评价复杂系统的重要工具。机器人系统作为一个典型的复杂系统，计算机仿真技术在机器人技术领域得到广泛应用，利用该技术可以进行机器人运动学、动力学、轨迹规划、控制算法等仿真实验。如果不采用仿真技术而在现实中完成这些实验，则会花费大量的资金和时间。

对机器人动力学系统进行仿真就是在计算机系统中建立某种动力学模型，根据该模型对机器人运动范围内的典型状态进行动力学计算和分析，从而为合理规划机器人轨迹提供依据。为达到上述目的，必须建立机器人本体和机器人所处作业环境的数字化模型，并对所设计的机器人动作进行动力学仿真。

进行机器人动力学仿真的具体步骤如下。

步骤 1：建立实际系统的动力学模型。

步骤 2：将上述模型转化为能在计算机上运行的仿真模型。

步骤 3：编写仿真程序。

步骤 4：对仿真模型进行修改和检验。

由于真实的世界是复杂的而且充满了各种噪声，建立的数学模型很难完全反映真实的系统特性，同时机器人系统中的传感器时常都可能表现出不同的或非预期的特性，因此对机器人系统进行仿真严格来讲是非常困难的。然而，仿真技术的缺陷并不影响人们对机器人系统进行仿真而发现系统的运动特性，从而为控制系统的优化设计创造条件。

习 题

3-1 什么是齐次坐标？齐次坐标变化有什么作用？

3-2 有一旋转变换，先绕固定坐标系 z_0 轴旋转 45°，再绕 x_0 轴旋转 30°，最后绕 y_0 轴旋转 60°，试求该齐次变换矩阵。

3-3 点矢量 $\boldsymbol{v}=[10\ 20\ 30]^{\mathrm{T}}$，相对参考系作如下齐次坐标变换：

$$\boldsymbol{A}=\begin{bmatrix}0.866 & -0.500 & 0.000 & 11\\ 0.500 & 0.866 & 0.000 & -3\\ 0.000 & 0.000 & 1.000 & 9\\ 0 & 0 & 0 & 1\end{bmatrix}$$

求变换后点矢量 $\boldsymbol{v}$ 的齐次坐标，并说明是什么性质的变换，写出旋转算子 Rot 及平移算子 Trans。

3-4 写出齐次变换矩阵 ${}^{A}_{B}\boldsymbol{T}$，它表示相对固定坐标系$\{A\}$作以下变换：

（1）绕 Z_A 轴旋转 90°；（2）再绕 X_A 轴旋转−90°。

3-5 坐标系$\{B\}$与固定坐标系$\{O\}$重合，将坐标系$\{B\}$绕 z_B 轴旋转 60°，然后绕旋转后的动坐标系的 x_B 轴旋转 30°，试写出该坐标系$\{B\}$的起始矩阵表达式和最后矩阵表达式。

3-6 已知坐标系$\{B\}$的初始位姿与$\{A\}$重合，它按如下顺序完成转动和移动：

（1）绕坐标系$\{A\}$的 z 轴旋转 60°；（2）沿坐标系$\{A\}$的 x 轴移动 3 个单位；（3）沿坐标系$\{A\}$的 y 轴移动 5 个单位。

求位置矢量 ${}^{A}_{B}\boldsymbol{P}$ 和旋转矩阵 ${}^{A}_{B}\boldsymbol{R}$。假设 p 在坐标系$\{B\}$的位置矢量 ${}^{B}\boldsymbol{P}=[5\ 2\ 1]^{\mathrm{T}}$，求它在坐标系$\{A\}$中的描述 ${}^{A}\boldsymbol{P}$。

3-7 写出齐次变换矩阵 ${}^{B}\boldsymbol{T}_{B}$，它表示坐标系$\{B\}$连续相对自身运动坐标系$\{B\}$依次作以下变换：

（1）移动$[3\ 7\ 9]^{\mathrm{T}}$；（2）绕 x_B 轴旋转−90°；（3）绕 z_B 轴旋转−90°。

3-8 在连杆坐标系中，经过哪些变换可以实现从坐标系$\{O_{i-1}\}$到坐标系$\{O_i\}$之间的坐标变换？

3-9 如图 3-30 所示的二自由度平面机器人，关节 1 为转动关节，关节变量为 θ_1；关节 2 为移动关节，关节变量为 a_2。

（1）建立关节坐标系，并写出该机器人的运动方程式。

（2）关节变量参数中 θ_1 为 0°、a_2 为 0.5m，求出机器人手部中心的位置值。

3-10 图 3-31 所示为具有 3 个旋转关节的三自由度机械手，求末端机械手在基坐标系

$\{x_0, y_0\}$下的运动学方程。

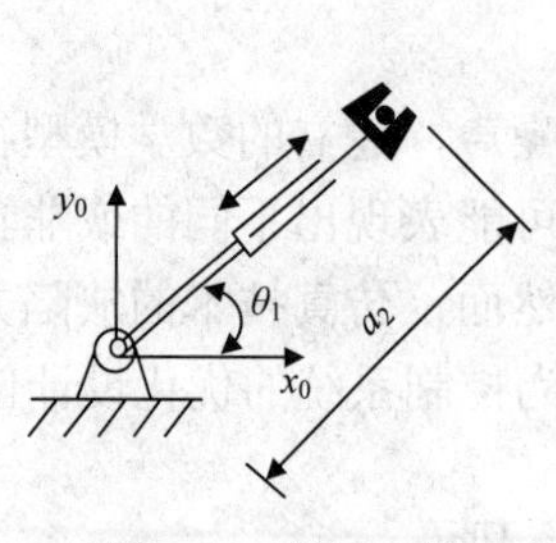

图 3-30　题 3-9 图

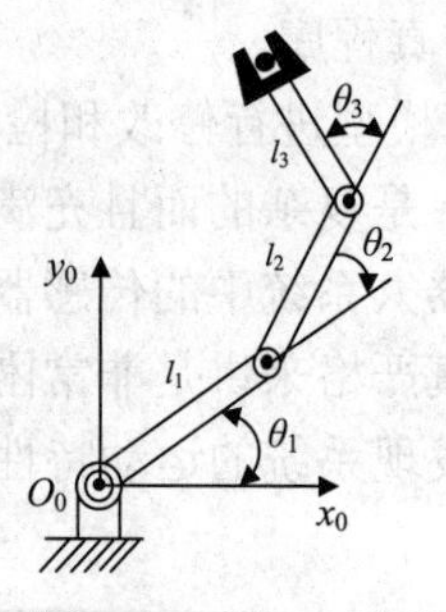

图 3-31　题 3-10 图

3-11　什么是机器人运动学逆解的多重性？

3-12　在三维空间作业的六自由度机器人的速度雅可比矩阵 $\boldsymbol{J}$ 的前 3 行、后 3 行和每一列分别表示什么？

3-13　如图 3-32 所示的二自由度机械手，已知杆长 $l_1=l_2=0.5\text{m}$。试求表 3-4 中所给 2 种情况的瞬时关节速度。

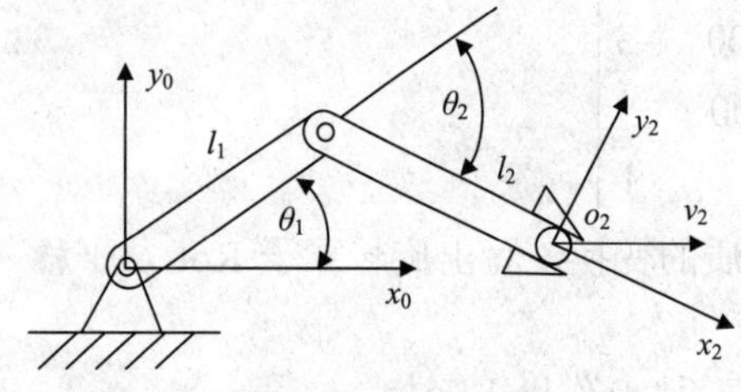

图 3-32　题 3-13 图

表 3-4　题 3-13 表

V_x	1	0
V_y	0	−1
θ_1	30°	30°
θ_2	−60°	120°

3-14　如图 3-33 所示，两自由度机械手在图中位置（$\theta_1=0$，$\theta_2=\pi/2$）时，生成手爪力 $F_{\text{A}}=[f_x\ \ 0]^{\text{T}}$ 或 $F_{\text{B}}=[0\ \ f_y]^{\text{T}}$。求对应的驱动力矩 $\boldsymbol{\tau}_{\text{A}}$ 和 $\boldsymbol{\tau}_{\text{B}}$。

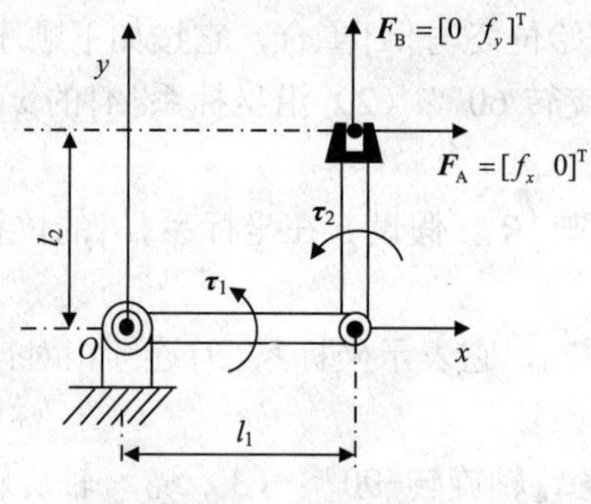

图 3-33　题 3-14 图

3-15　简述机器人动力学正问题和逆问题的区别。

3-16　二自由度平面关节型机械手动力学方程主要包含哪些项？有何物理意义？

3-17　简化动力学方程的计算需要满足什么样的条件？

第 4 章　工业机器人传感器

机器人传感器是实现机器人智能化的基础。工业机器人工作的稳定性和可靠性依赖于高性能传感器及各传感器之间的协调工作。

工业机器人感知系统担任着机器人神经系统的角色，它与机器人控制系统和决策系统组成机器人的核心，将机器人各种内部状态信息和环境信息的信号转变为机器人自身或者机器人之间能够理解和应用的数据、信息甚至知识。传感器是工业机器人感知系统的重要组成，若没有它的支持，就相当于人失去了眼睛、鼻子、皮肤等感觉器官。

本章主要对工业机器人常用传感器的工作原理、特点及其应用进行介绍。

4.1　工业机器人传感器概述

4.1.1　工业机器人传感器的类型

传感器是一种以一定精度将被测量转换为与之有确定对应关系、易于精确处理和测量的某种物理量的测量部件或装置。完整的传感器应包括敏感元件、转化元件、基本转化电路 3 个基本部分。敏感元件将某种不便测量的物理量转化为易于测量的物理量，与转化元件一起构成传感器的核心部分。基本转化电路将敏感元件产生的易于测量的信号进行转换，使传感器的信号输出符合工业系统的要求。

工业机器人传感器按用途的不同，可分为内部传感器和外部传感器，具体如表 4-1 所示。

给工业机器人装备什么样的传感器，对这些传感器有什么要求，这是设计机器人感觉系统时遇到的首要问题。选择机器人传感器应当完全取决于机器人的工作需要和应用特点。因此要根据检测对象和具体的使用环境选择合适的传感器，并采取适当的措施，减小环境因素产生的影响。

表 4-1　工业机器人传感器的分类、功能和应用

分类	类别	功能	应用
内部传感器	位移	检测机器人自身状态，如自身的运动、位置和姿态等信息	控制机器人按规定的位置、速度、加速度、轨迹和受力状态等工作
	速度		
	加速度		
	力		
	姿态角		

续表

分类	类别		功能	应用
外部传感器	视觉	单点视觉	检测外部状况（如作业中对象或障碍物状态以及工业机器人与环境的相互作用信息），使机器人适应外部环境的变化	对被测量物定向、定位； 目标分类与识别； 控制操作； 抓取物体； 检查产品质量； 适应环境变化； 修改程序
		线阵视觉		
		平面视觉		
		立体视觉		
	非视觉	接近（距离）觉		
		温度		
		接触觉		
		滑觉		
		声觉		
		应力		

4.1.2 传感器的性能指标

1. 灵敏度

灵敏度是指传感器的输出信号达到稳定时，输出信号变化Δy与输入信号变化Δx的比值。假如传感器的输出与输入呈线性关系，其灵敏度可表示为$S=\Delta y/\Delta x$。其中，S为传感器的灵敏度，Δy为传感器输出信号的增量，Δx为传感器输入信号的增量。若传感器的输出信号与输入信号呈非线性关系，其灵敏度用导数表示，即$S=\mathrm{d}y/\mathrm{d}x$。一般来讲，传感器的灵敏度越大越好，这样可以使传感器的输出信号精确度更高，线性程度更好。但是过高的灵敏度有时会导致传感器输出稳定性下降，因此应根据工业机器人的任务要求合理选用。

2. 线性度

线性度反映传感器输入信号x与输出信号y之间的线性程度，用公式表示为$y=bx$。若b为常数，或者近似为常数，则传感器的线性度较高；若b是一个变化较大的量，则传感器的线性度较差。工业机器人控制系统应该选用线性度较高的传感器。

3. 精度

精度是指传感器的测量输出值与实际被测量值之间的误差。在工业机器人系统设计中，应该根据系统的工作精度要求选择合适的传感器精度。传感器精度的检测受到环境和测量方法的影响，环境因素主要包括温度、湿度、运动速度和加速度等，而用于检测传感器精度的测量仪器必须具有比传感器更高的精度，在进行精度检测时应考虑最坏的工作环境才能准确测量出传感器的精度。

4. 测量范围

测量范围是指被测量的最大允许值和最小允许值之差。传感器的测量范围应该覆盖工业机器人有关被测量的工作范围。如果无法达到这个要求，可以设法选用某种转换装置，但这样会引入某种误差，使传感器的测量精度受到一定的影响。

5. 重复性

重复性是指传感器在其输入信号按相同方式进行全量程连续多次测量时，相应测量结果的变化程度。对于多数传感器来说，重复性指标优于精度指标。这些传感器的精度指标不一定很高，但只要它的温度、湿度、受力条件和其他参数不变，传感器的测量结果也不会有较大的变化。同样，传感器重复性也应考虑使用条件和测量方法的问题。

6. 分辨率

分辨率是指传感器在整个测量范围内所能辨别的被测量的最小变化量，或者所能辨别的不同被测量的个数。工业机器人大多对传感器的分辨率有一定的要求。传感器的分辨率直接影响机器人的可控程度和控制品质。传感器分辨率的最低限度要求一般根据机器人的工作任务确定。

7. 响应时间

响应时间是传感器的动态特性指标，是指传感器的输入信号变化后，其输出信号变化至一个稳定值所需要的时间。在一些传感器中，输出信号在达到某一稳定值以前会发生短时间的振荡。

8. 抗干扰能力

由于传感器输出信号的稳定是控制系统稳定工作的前提，为防止工业机器人系统的意外动作或故障的发生，传感器系统设计必须采用可靠性设计技术，通常这个指标通过单位时间内发生故障的概率来定义，因此抗干扰能力实际是一个统计指标。

4.1.3　工业机器人对传感器的一般要求

1. 精度高、重复性好

传感器的精度与重复性直接影响工业机器人的工作质量，用于检测和控制机器人运动的传感器是控制机器人定位精度的基础。机器人是否能够准确无误地正常工作往往取决于传感器的测量精度。

2. 稳定性好、可靠性高

传感器的稳定性和可靠性是保证工业机器人能够长期稳定可靠工作的必要条件。工业机器人经常是在无人照看的条件下代替人工操作的，一旦它在工作中出现故障，轻则影响生产的正常进行，重则造成严重的事故。

3. 抗干扰能力强

工业机器人传感器的工作环境往往比较恶劣，其应当能够承受强电磁干扰、强振动，并能够在一定的高温、高压、高污染环境中正常工作。

4. 重量轻、体积小

安装在工业机器人臂部等运动部件上的传感器，重量要轻，否则会加大运动部件惯性，影响机器人的运动性能；工作空间受到某种限制的机器人，体积小和安装方便的要求也是必不可少的。

4.2 工业机器人内部传感器

工业机器人内部传感器以自己的坐标系统确定其位置，其一般安装于机器人的末端执行器上，而不安装于周围的环境中。常见的工业机器人内部传感器主要有位移传感器、速度传感器和力觉传感器等。

4.2.1 位移传感器

位移传感器主要用于检测工业机器人的空间位置、角度与位移距离等物理量。选择位移传感器时，要考虑工业机器人各关节和连杆的运动定位精度要求、重复精度要求以及运动范围要求等。目前，比较常见的位移传感器是电位器式位移传感器和光电编码器。

1. 电位器式位移传感器

电位器式位移传感器一般用于测量工业机器人的关节线位移和角位移，是位置反馈控制中必不可少的元件，它可将机械的直线位移或角位移输入量转换为与其呈一定函数关系的电阻或电压输出。

电位器式位移传感器主要由电阻元件、骨架及电刷等组成。根据滑动触头运动方式的不同，电位器式位移传感器分为直线型和旋转型两种。

1）直线型电位器式位移传感器

直线型电位器式位移传感器的结构如图 4-1 所示。当测量轴发生直线位移时，与其相连的传感器触头也发生位移，使触头与滑线电阻端的电阻值和输出电压值发生变化，根据输出电压值的变化，即可测出工业机器人各关节的位置和位移量。

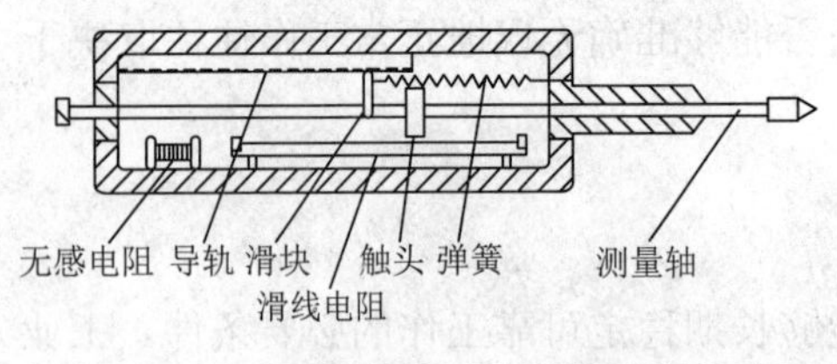

图 4-1 直线型电位器式位移传感器结构

直线型电位器式位移传感器的工作原理如图 4-2 所示，触头滑动距离 x 可由电压值求得，即

$$x=\frac{V_o}{V_i}L$$

式中，L 为触头最大滑动距离；V_i 为输入电压；V_o 为输出电压。

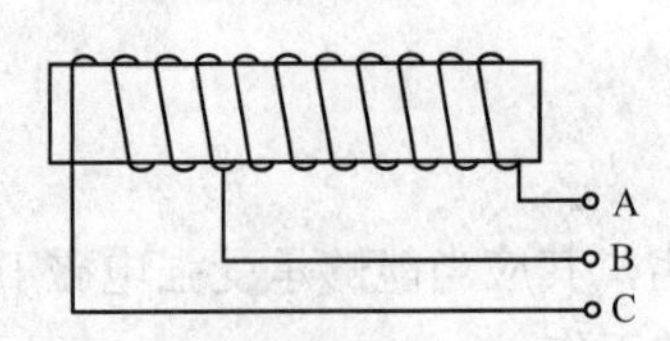

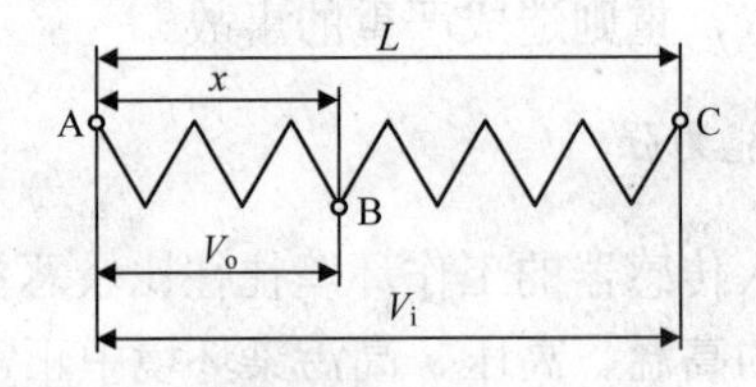

图 4-2 直线型电位器式位移传感器工作原理

2）旋转型电位器式位移传感器

旋转型电位器式位移传感器分为单圈电位器和多圈电位器两种，前者的测量范围小于360°，对分辨率也有限制；后者有更大的工作范围及更高的分辨率。其中，单圈旋转型电位器工作原理如图 4-3 所示，其电阻元件为圆弧状，滑动触头在电阻元件上做圆周运动，当滑动触头旋转 θ 角时，触头与滑线电阻端的电阻值和输出电压值也会发生变化。

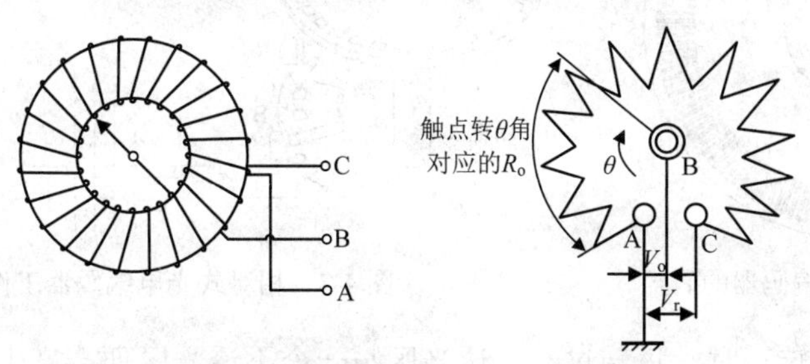

图 4-3　单圈旋转型电位器工作原理

2. 光电编码器

光电编码器在工业机器人中应用非常广泛，其分辨率完全能满足技术要求。光电编码器是一种通过光电转换将输出轴上的直线位移或角度变化转换成脉冲或数字量的传感器，属于非接触式传感器，它主要由码盘、机械部件、检测光栅和光电检测装置（光源、光敏元件、信号转换电路）等组成，如图 4-4 所示。其中，码盘分为透光区和不透光区。如图 4-5 所示，当光线透过码盘的透光区时，光敏元件导通，产生电流 I，输出端电压 V_o 为高电平，有 $V_o = RI$；当光线照射到码盘的不透光区时，光敏元件不导通，输出电压为低电平。

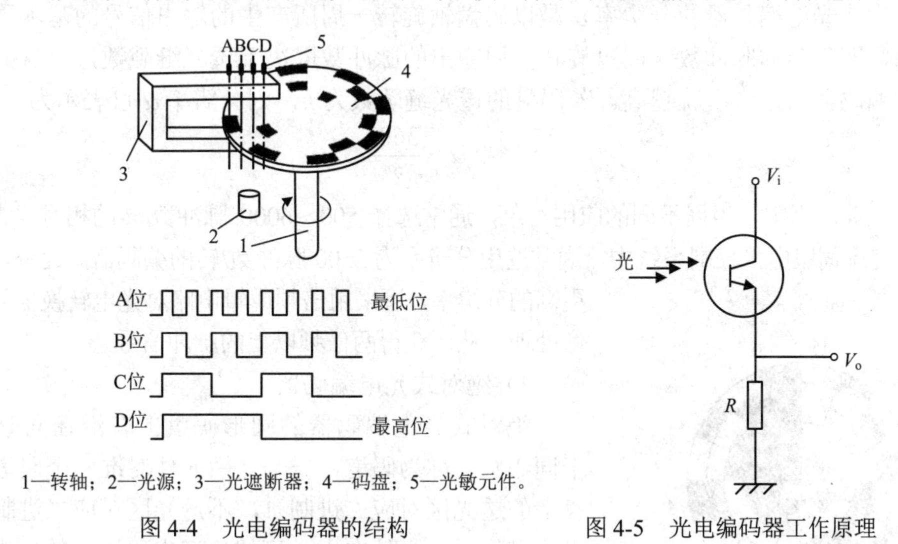

1—转轴；2—光源；3—光遮断器；4—码盘；5—光敏元件。

图 4-4　光电编码器的结构　　图 4-5　光电编码器工作原理

根据码盘上透光区与不透光区分布的不同，光电编码器又可分为相对式（增量式）和绝对式两种类型。

1）相对式光电编码器

测量旋转运动最常见的传感器是相对式光电编码器，如图 4-6 所示，其圆形码盘上的透光区与不透光区相互间隔，均匀分布在码盘边缘，分布密度决定测量的分辨率。在码盘两边分别装有光源及光敏元件。图 4-7 所示为相对式光电编码器的工作原理。

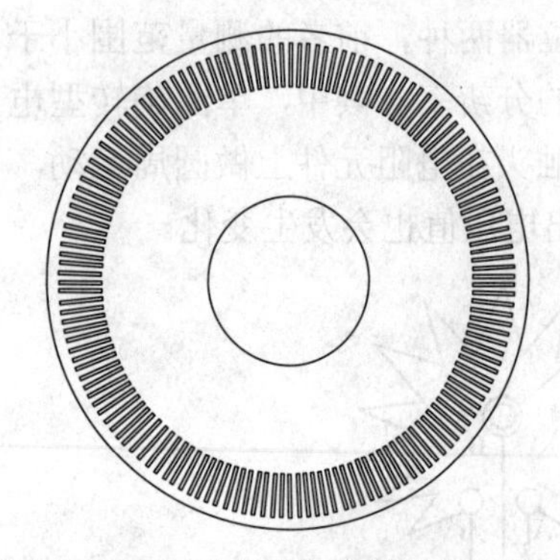
图 4-6　相对式光电编码器的码盘

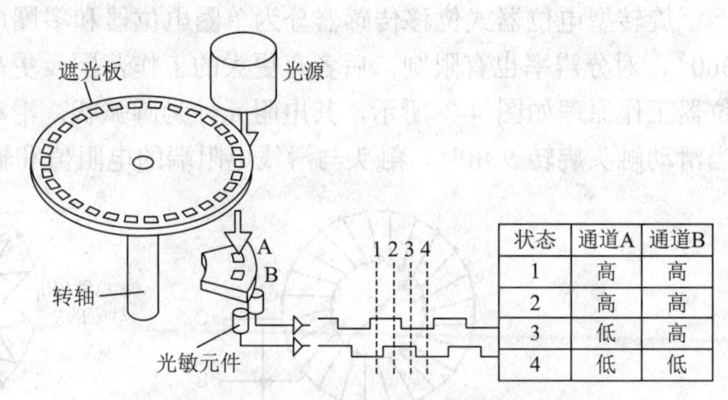

状态	通道A	通道B
1	高	高
2	高	高
3	低	高
4	低	低

图 4-7　相对式光电编码器工作原理

当码盘随转轴转动时，每转过一个透光区与一个不透光区便会产生一次光线的明暗变化，经整形放大，可以得到一个电脉冲输出信号。将该脉冲信号送到计数器中去进行计数，由累加的脉冲信号数便能知道码盘转过的角度。通过计算光电编码器每秒输出脉冲的个数便能反映当前电机的转速。此外，为判断旋转方向，相对式编码器还可提供相位相差 90°的两路方波脉冲 A、B 信号。因此，通过该编码器可以直接计算位移和方向。

相对式光电编码器构造简单、加工容易、成本较低、分辨率高、抗干扰能力强，适合用在长距离传输中。但是其采用计数累加的方式测得位移量，只能提供对于某基准点的相对位置。因此，在工业控制中，每次操作相对式编码器前需要进行基准点校准（盘片上通常刻有单独的一个小洞表示零位）。

相对式光电编码器的分辨率 α 是以码盘轴旋转一周所产生的输出信号的基本周期数来表示的，即每转的脉冲数。码盘旋转一周输出的脉冲数取决于透光缝隙数，码盘上的缝隙越多，编码器的分辨率就越高。若码盘的透光缝隙数为 n，则分辨率 α 可表示为

$$\alpha = \frac{360^\circ}{2^n}$$

在工业应用中，根据不同的应用对象，通常选择 500～6000 脉冲数/转的相对式光电编码器。在交流伺服电机控制系统中，通常选用分辨率为 2500 脉冲数/转的编码器。此外，为获得更高的分辨率，可采用倍频逻辑电路对光电转换信号进行倍增处理，从而获得两倍频以上的脉冲信号。

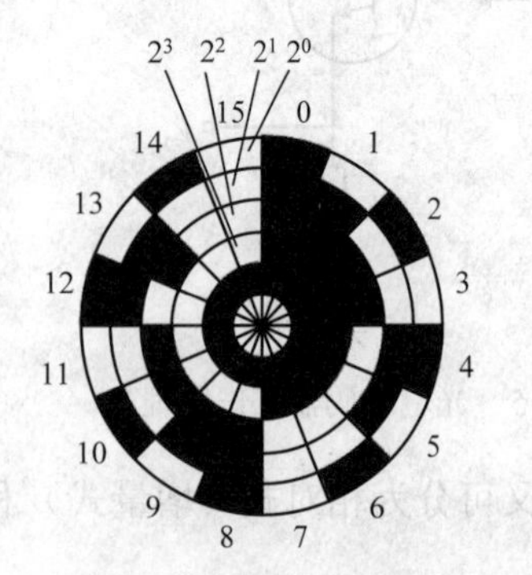

图 4-8　绝对式光电编码器的码盘

2）绝对式光电编码器

绝对式光电编码器的圆形码盘上有沿径向分布的若干同心圆，称为码道，一个光敏元件对准一个码道。若码盘上的透光区对应二进制 1，不透光区对应二进制 0，则沿码盘径向，由外向内，可依次读出码道上的二进制数，如图 4-8 所示。

绝对式光电编码器工作时并不计数，而是当与转轴相连的码盘旋转时，在转轴的任意位置都可读出一个与位置相对应的数字码，从而检测出绝对位置。绝对式光电编码器没有累计误差，断电后位置信息也不会丢失。

绝对式光电编码器编码的设计采用二进制码或格雷码，如表 4-2 所示。由于格雷码相邻数码之间仅改变一位二进制数，误差不超过 1，因此被大多数光电编码器使用。

表 4-2　格雷码

十进制	0	1	2	3	4	5	6	7	8	9	10	11	12	13	14	15
格雷码	0	0	0	0	0	0	0	0	1	1	1	1	1	1	1	1
	0	0	0	0	1	1	1	1	1	1	1	1	1	1	1	1
	0	0	1	1	1	1	0	0	0	0	1	1	1	1	0	0
	0	1	1	0	0	1	1	0	0	1	1	0	0	1	1	0

若码盘上有 n 条码道，便被均分为 2^n 个扇形，该编码器能分辨的最小角度（分辨率）为 $\alpha=\dfrac{360^\circ}{2^n}$。例如，图 4-8 所示的绝对式光电编码器的码盘有 4 条码道，则该编码器的分辨率为 $\alpha=\dfrac{360^\circ}{2^4}=22.5^\circ$。显然，码道越多，分辨率就越高。

4.2.2　速度传感器

速度传感器是工业机器人中比较重要的内部传感器之一，它主要测量机器人关节的运行速度，因此下面主要介绍角速度传感器的相关知识。

目前，工业机器人中广泛使用的角速度传感器有测速发电机和相对式光电编码器两种。测速发电机应用最为广泛，能直接得到代表转速的电压，具有良好的实时性。前文所学的相对式光电编码器不但可以用作位移传感器测量角位移，还可以测量瞬时角速度。

1. 测速发电机

测速发电机是一种模拟式速度传感器，它实际上是一台小型永磁式直流发电机，其结构原理如图 4-9 所示。

当通过线圈的磁通量恒定时，位于磁场中的线圈旋转使线圈两端产生的电压 u（感应电动势）与线圈（转子）的转速 ω 成正比，即

$$u=A\omega$$

式中，A 为常数。

测速发电机的转子与工业机器人关节驱动电机相连便能测出机器人运动过程中的关节转动速度，并能在机器人速度闭环系统中作为速度反馈元件。测速发电机具有线性度好、灵敏度高、输出信号强等优点。

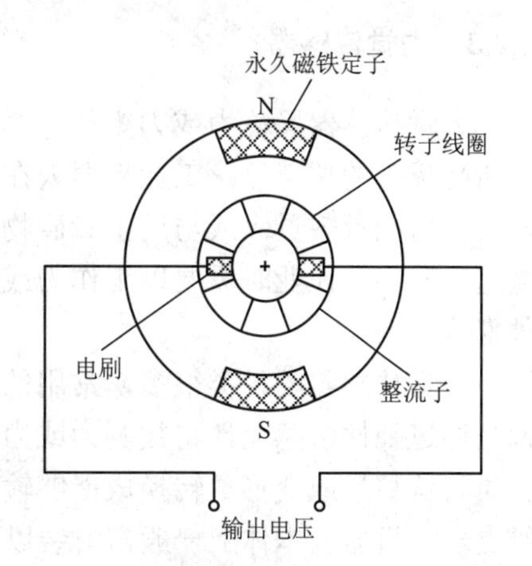

图 4-9　直线输出测速发电机结构原理

2. 相对式光电编码器（速度测量）

相对式光电编码器作为速度传感器时，有模拟和数字两种测量方式。

1）模拟方式

在模拟方式下，必须有一个频率/电压（F/V）转

换器，用来将编码器测得的脉冲频率转换成与速度成正比的模拟电压，其原理如图 4-10 所示。F/V 转换器必须有良好的零输入、零输出特性和较小的温度漂移才能满足测试要求。

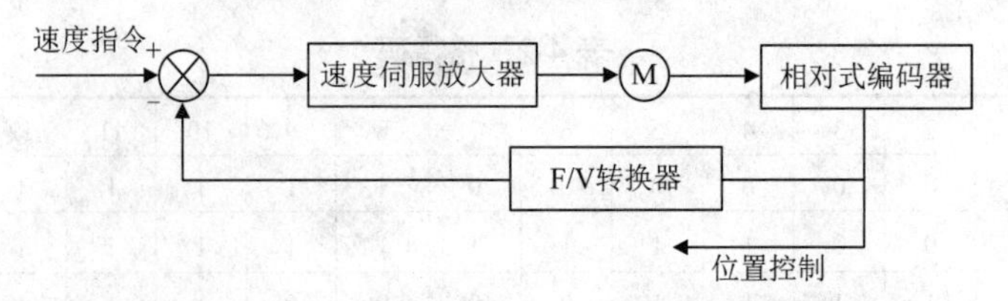

图 4-10　模拟方式的相对式光电编码器测速原理

2）数字方式

数字方式测速是利用数学方式通过计算软件计算出速度。角速度是转角对时间的一阶导数，编码器在时间Δt 内的平均转速为 $\omega = \Delta\theta / \Delta t$，单位时间越小，则所求得的转速越接近瞬时转速，然而时间太短，编码器通过的脉冲数太少，会导致所得到的速度分辨率下降。因此在实践中通常用以下方法来解决这一问题。

编码器一定时，其每转输出脉冲数便可确定，设某一编码器为 1000 脉冲数/转，则编码器连续输出两个脉冲转过的角度 $\Delta\theta = 2\times 2\pi / 1000$，而转过该角度的时间增量可用如图 4-11 所示的测量电路测得。测量时利用一高频脉冲源发出连续不断的脉冲，设该脉冲源的周期为 0.1ms，用一计数器测出编码器发出两个脉冲的时间内高频脉冲源发出的脉冲数。门电路在编码器发出第 1 个脉冲时开启，发出第 2 个脉冲时关闭。这样计数器计得的计数值便是时间增量内高频脉冲源发出的脉冲数。设该计数值为 100，则时间增量为

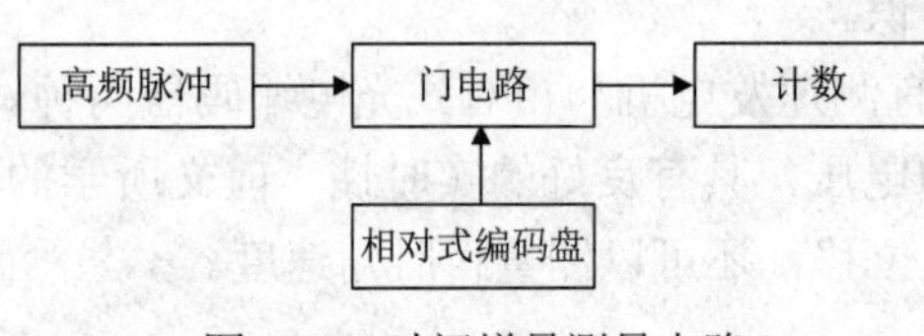

图 4-11　时间增量测量电路

$$\Delta t = 0.1\times 100\text{ms} = 10\text{ms}$$

因此角速度为

$$\omega = \frac{\Delta\theta}{\Delta t} = \frac{\frac{2}{1000}\times 2\pi}{10\times 10^{-3}} = 1.256(\text{rad/s})$$

4.2.3　力觉传感器

力觉传感器又称力或力矩传感器，是用来检测工业机器人的臂部和腕部所产生的力或其所受反力的传感器。工业机器人在自我保护时需要检测关节和连杆之间的内力，防止机器人手臂因承载过大或与周围障碍物碰撞而引起的损坏。此外，工业机器人在进行装配、搬运、研磨等作业时需要以工作力或力矩进行控制。因此，力觉传感器也可视为机器人的外部传感器。

力觉传感器的种类很多，常用的有电阻应变片式、压电式、电容式和电感式等。它们都是通过弹性敏感元件将被测力或力矩转换成某种位移量或变形量，然后通过各自的敏感介质将位移量或变形量转换成能够输出的电量。力觉传感器是工业机器人重要的传感器种类之一，机器人本体上一般常安装以下 3 种类型的力觉传感器。

（1）装在关节驱动器上的力觉传感器，称为关节力传感器，它用于控制运动中的力反馈。

（2）装在末端执行器和机器人最后一个关节之间的力觉传感器，称为腕力传感器。

（3）装在机器人手指上的力觉传感器，称为指力传感器。

目前，电阻应变片式力觉传感器使用最为广泛，如图4-12所示。这种传感器的力或力矩敏感元件为应变片，装载在铝制筒体上，筒体通过简支梁（弹性梁）支持。

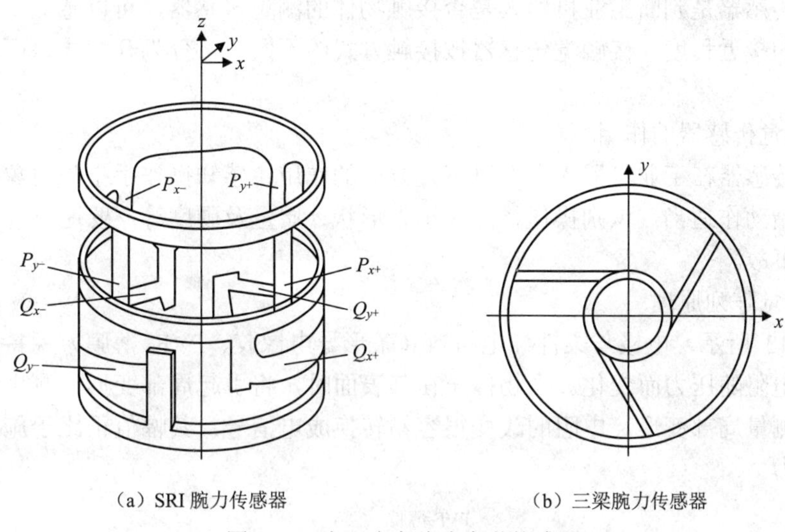

（a）SRI腕力传感器　　（b）三梁腕力传感器

图4-12　电阻应变片式力觉传感器

图4-12（a）所示为斯坦福研究所（Stanford Research Institute，SRI）研制的六维腕力传感器，它由一根直径75mm的铝管铣削而成，具有8根窄长的弹性梁，每个梁的颈部只传递力，扭矩作用很小，梁的另一头贴有应变片。在图4-12（a）中，从P_{x+}～Q_{y-}代表了8根弹性梁变形信号的输出。

图4-12（b）所示为三梁腕力传感器，其内圈和外圆分别固定于工业机器人的臂部和末端执行器，力沿着与内圈相切的三根梁进行传递。每根梁上下、左右各贴一对应变片，3根梁上共有6对应变片，分别组成6组半桥，对这6组半桥信号进行解耦可得到六维力/力矩的精确解。

4.3　工业机器人外部传感器

用于检测工业机器人作业对象及作业环境状态的传感器称为外部传感器。对于工业机器人来讲，外部传感器是不可或缺的。现今工业机器人应用外部传感器的场景还不是很多，但随着对机器人工作精度和其性能要求的不断提高，外部传感器的应用将日益增多。

目前，工业中常用的外部传感器主要有接触觉传感器、滑觉传感器、接近觉传感器等。

4.3.1　接触觉传感器

1. 接触觉感器概述

人类的触觉能力是相当强的，通过触觉，人们不用眼睛就能识别接触物体的外形，并辨别出它是什么东西。许多小型物体完全可以靠人的触觉辨认出来，如螺钉、开口销、圆销等。如果要求工业机器人能够进行复杂的装配工作，它也需要具有这种能力。采用接触觉传感器是辨认物体的方法之一，其中，接触觉传感器的工作重点集中在阵列式接触觉传感器信号的处理上。

1）接触觉传感器的定义及类型

接触觉传感器是判断工业机器人是否接触物体的测量传感器，可以感知工业机器人与周围障碍物的接近程度。接触觉传感器按接触方式的不同，可分为开关式、面接触式和触须式 3 种。

2）接触觉传感器的作用

接触觉传感器在工业机器人中有以下几方面的作用：感知操作手指与对象物之间的作用力，使手指动作适当；识别操作物的大小、形状、质量及硬度等；躲避危险，以防碰撞障碍物引起事故。

3）接触觉阵列原理

如图 4-13 所示，电极与柔性导电材料（条形导电橡胶、PVF_2 薄膜）保持电气接触，导电材料的电阻随压力而变化。当物体压在其表面时，将引起局部变形，测出连续的电压变化，便可测量局部变形。电阻的改变很容易转换成电信号，其幅值正比于施加在材料表面上某点的力。

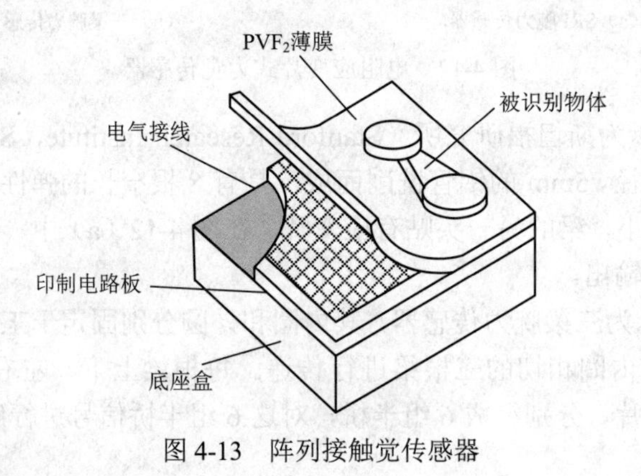

图 4-13　阵列接触觉传感器

2. 常用的接触觉传感器

1）开关式接触觉传感器

开关式接触觉传感器外形尺寸较大，空间分辨率较低。工业机器人在探测是否接触到物体时有时会用到开关式传感器，它可接受由于接触产生的柔量，如位移响应。开关式接触觉传感器主要分为微动开关和限位开关两种。微动开关即使用很小的力也能动作，其多采用杠杆原理；限定开关是限制工作机构位置的电器，主要用于限定工业机器人的动作范围。

例如，有一个平板上安装有多点通、断传感器附着板的装置，平常为通态，当与物体接触时，弹簧收缩，上、下板间电流断开，如图 4-14（a）所示。它的功能相当于一个开关，即输出 0 或 1 两种信号，可在机器人脚下安装多个这种类似于猫须的接触觉传感器，如图 4-14（b）所示，依照接通的传感器个数及方位来判断机器脚在台阶上的具体位置。

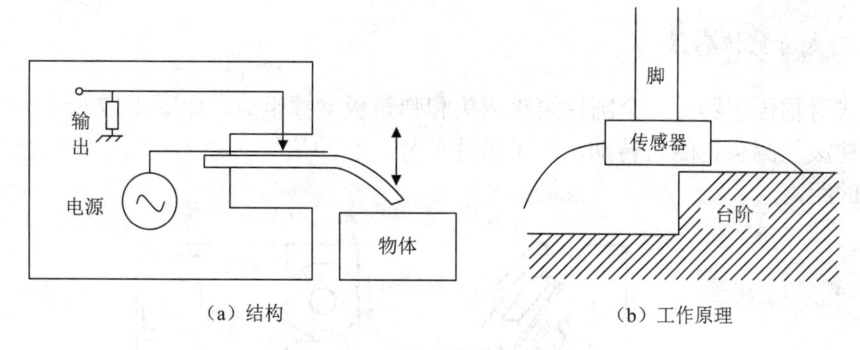

图 4-14　开关式接触觉传感器

2）面接触式接触觉传感器

面接触式接触觉传感器即接触觉阵列。将接触觉阵列的电极或光电开关应用于工业机器人末端执行器的前端及内外侧面，或应用于相当于人类手掌心的位置，传感器通过识别末端执行器上接触物体的位置，可使末端执行器接近物体并且准确地完成夹持动作。图 4-15 所示为两种不同类型的面接触式接触觉传感器。

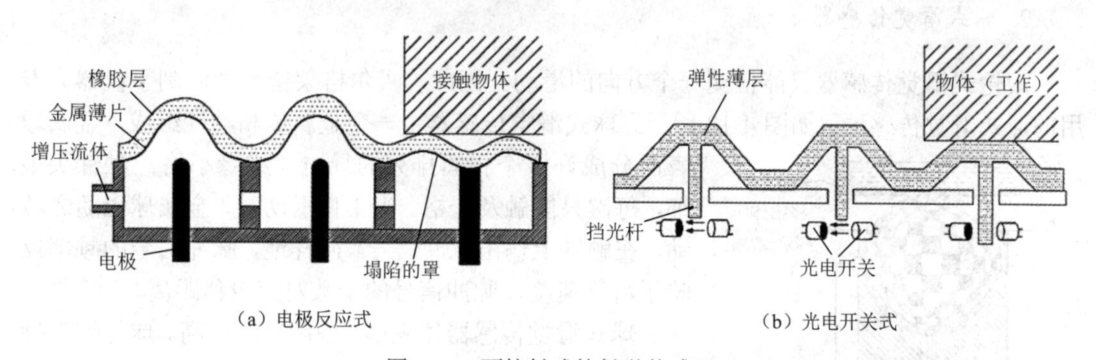

图 4-15　面接触式接触觉传感器

3）触须式接触觉传感器

如图 4-16 所示，触须式接触觉传感器由须状触头及其检测部分构成，触头由具有一定长度的柔软条丝构成，它与物体接触所产生的弯曲由在根部的检测单元检测。与昆虫的触角一样，触须式传感器的功能是识别接近的物体，确认所设定的动作结束，以及根据接触发出回避动作的指令或搜索对象物的存在。

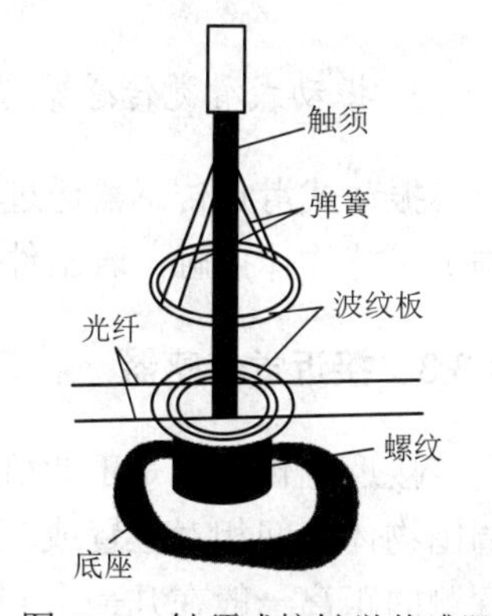

图 4-16　触须式接触觉传感器

4.3.2　滑觉传感器

滑觉传感器是一种用来检测工业机器人与抓握对象间滑移程度的传感器。滑觉传感器通过检测工件滑动量来修正工业机器人设定的握力。早期基于位移的专用滑动传感器是检测移动元件（如末端执行器表面的滚轮或针状物）的运动。目前常用的滑觉传感器有滚轮式、球式和振动式等类型。

1. 滚轮式滑觉传感器

滚轮式滑觉传感器由一个圆柱滚轮测头和弹簧板支撑组成，如图 4-17 所示。当工件滑动时，圆柱滚轮测头也随之转动，发出脉冲信号，脉冲信号的频率反映了滑移速度，个数对应滑移的距离。

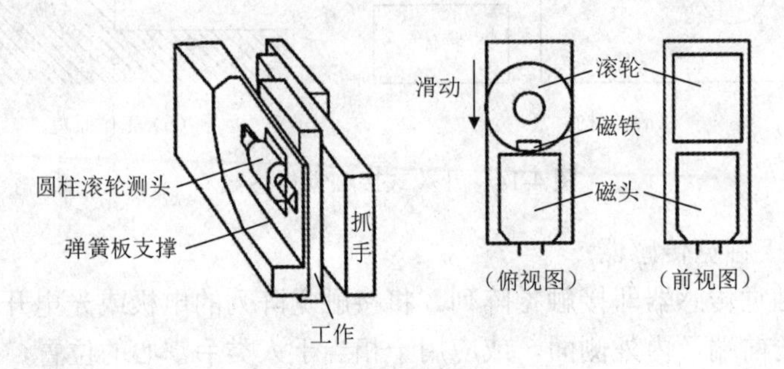

图 4-17　滚轮式滑觉传感器

2. 球式滑觉传感器

滚轮式滑觉传感器只能检测一个方向的滑动。因此，贝尔格莱德大学研制了机器人专用的球式滑觉传感器，如图 4-18 所示。球式滑觉传感器由一个金属球和触针组成，金属球表面分成许多个相间排列的导电和绝缘小格。触针头很细，每次只能触及一格。当工件滑动时，金属球也随之转动，在触针上输出脉冲信号。同样地，脉冲信号的频率反映了滑移速度，脉冲信号的个数对应滑移距离。

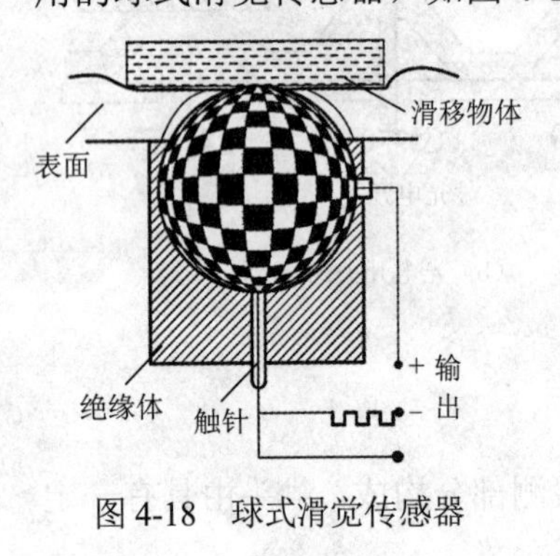

图 4-18　球式滑觉传感器

球式滑觉传感器体积小，检测灵敏度高。球与被夹持物体相接触，无论滑动方向如何，只要球一转动，传感器便会产生脉冲输出，该球体在冲击力作用下不转动，因此球式滑觉传感器的抗干扰能力较强。这种传感器的制造工艺要求较高。

3. 振动式滑觉传感器

振动式滑觉传感器通过检测滑动时的微小振动来检测滑动。如图 4-19 所示，钢球指针与被夹持物体接触，若工件滑动，则指针振动，线圈输出信号。

4.3.3　接近觉传感器

接近觉传感器是工业机器人用来探测自身与周围物体之间相对位置或距离的一种传感器，它探测的距离一般在几毫米到十几厘米。接近觉传感器按照转换原理的不同，可分为电涡流式、光纤式和超声波式等类型。

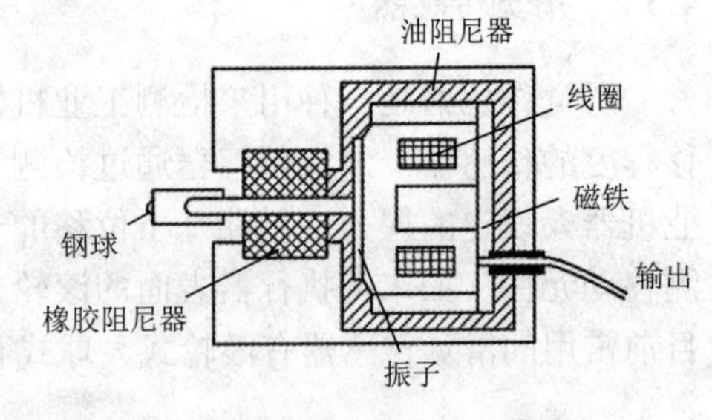

图 4-19　振动式滑觉传感器

1. 电涡流式接近觉传感器

当导体在一个不均匀的磁场中运动或处于一个交变磁场中时，其内部便会产生感应电流。这种感应电流称为电涡流，这一现象称为电涡流现象，电涡流式接近觉传感器便是利用这一原理制作的。

如图 4-20 所示，由于传感器的电磁场方向与产生的电涡流方向相反，两个磁场相互叠加削弱了传感器的电感和阻抗。用电路将传感器电感和阻抗的变化转换成电压信号，则能计算出目标物与传感器之间的距离。该距离正比于转换电压，但存在一定的线性误差。对于钢或铝等材料的目标物，线性度误差为±0.5%。

电涡流式接近觉传感器外形尺寸小、价格低廉、可靠性高、抗干扰能力强，而且检测精度也高，能够检测到 0.02mm 的微量位移。但是电涡流式接近觉传感器检测距离短，一般只能测到 13mm 以内，且只能检测固态导体。

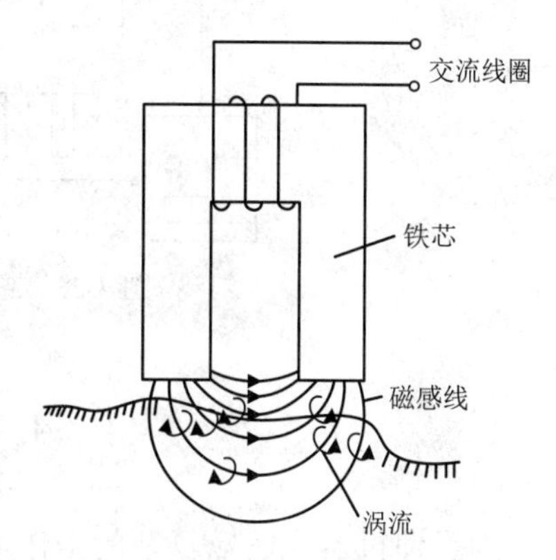

图 4-20　电涡流式接近觉传感器工作原理

2. 光纤式接近觉传感器

用光纤制作的接近觉传感器具有抗电磁干扰能力强、灵敏度高、响应快、检测距离较远等特点。光纤式接近觉传感器有射束中断型光纤传感器、回射型光纤传感器和扩散型光纤传感器 3 种不同的形式，如图 4-21 所示。射束中断型光纤传感器只能检测出不透明物体，无法检测透明或半透明的物体；回射型光纤传感器与射束中断型相比，可以检测出透光材料制成的物体；扩散型光纤传感器与回射型相比少了回射靶，因为大部分材料都能反射定量的光，所以此类型传感器可检测透光或半透光的物体。

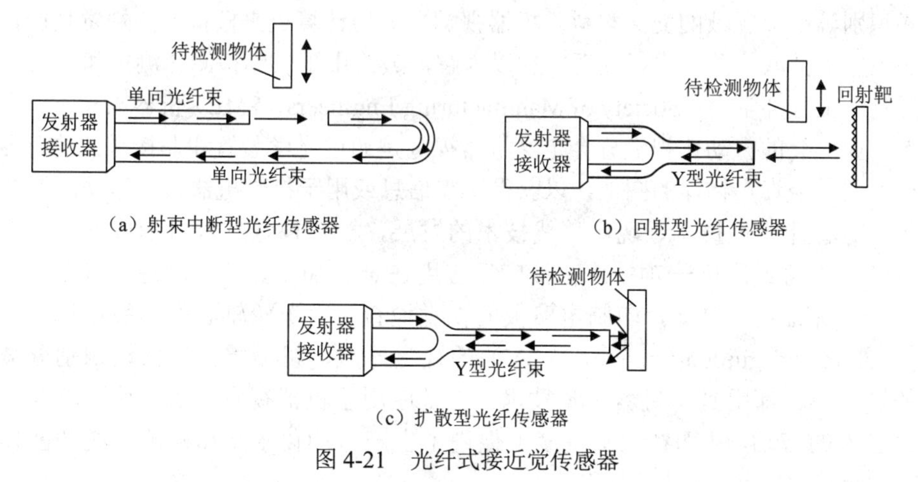

图 4-21　光纤式接近觉传感器

3. 超声波式接近觉传感器

超声波式接近觉传感器通过超声波测量距离。如图 4-22 所示，传感器由超声波发射器、超声波接收器、定时电路和控制电路等组成。超声波发射器发出脉冲式超声波后，关闭发射器，并同时打开超声波接收器。该脉冲波到达物体表面后返回到接收器，定时电路测出超声波从发射器发射到接收器接收的时间，设该时间为 T，而超声波的传输速度为 V，则被测距离 $L = VT/2$。

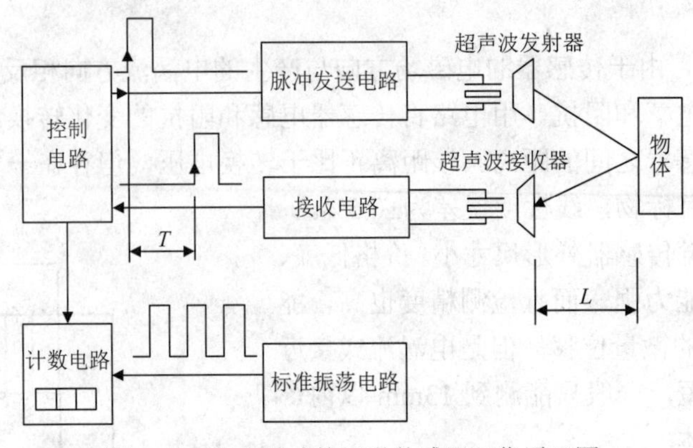

图 4-22　超声波式接近觉传感器工作原理图

4.4　机器视觉技术

为了使机器人适应复杂的工作环境，机器人需要具备更多的感知环境变化的能力。其中机器人视觉因能获取大量信息，且信息完整，现已成为机器人最重要的感知功能，并因此得到机器人应用技术研究者的重视。

4.4.1　机器视觉技术概述

机器视觉技术是一门涉及人工智能、神经生物学、心理物理学、计算机科学、图像处理、模式识别等诸多领域的交叉学科。机器视觉主要用计算机来模拟人的视觉功能，从客观事物的图像中提取信息，进行处理并加以理解，最终用于实际检测、测量和控制。

美国制造工程师学会（Society of Manufacturing Engineers，SME）机器人视觉分会和美国机器人工业协会的自动化视觉分会定义机器视觉是通过光学装置和非接触的传感器自动地接收和处理一个真实物体的图像，以获得所需信息或用于控制机器人的运动。

目前，随着计算机技术、现场总线技术的发展，机器视觉技术日趋成熟，已成为现代加工制造业不可或缺的一项技术，被广泛应用在金属加工、芯片制造、汽车制造、食品饮料、制药等行业。例如，印制电路板的视觉检查、火车轮轴表面的裂纹探伤、自动导引车（automated guided vehicle，AGV）的视觉导航、机械零件的自动识别分类和几何尺寸的测量等，都用到了机器视觉技术。正是应用了机器视觉技术，使得机器越来越多地代替了人的劳动，从而在很大程度上促进了生产自动化水平和检测系统智能化水平的提升。

机器视觉系统的特点如下。

（1）连续性。视觉系统可以使人们免受疲劳之苦。视觉系统可以以相同的方法连续完成检测工作而不会感到疲倦。与此相反，即使产品是完全相同的，人眼每次检测产品时都会有细微的不同。

（2）灵活性。视觉系统能够进行各种不同的测量。当应用变化以后，只需要软件做相应变化或者升级以适应新的需求即可。

（3）精度高。由于人眼受物理条件的限制，在精确性上机器有明显的优点。由于集成了计算机技术，即使人眼依靠放大镜或显微镜来检测产品，机器视觉仍然会更加精确，精度能够达到千分之一毫米。

（4）成本低。由于机器比人快，一台自动检测机器能够承担好几个人的任务；而且机器不需要停顿、不会生病、能够连续工作，因此能够极大地提高生产效率。一个价值 10000 美元的视觉系统可以轻松取代 3 个人工探测者，而每个探测者每年需要 20000 美元的工资。此外，视觉系统的操作和维护费用非常低。

4.4.2　机器视觉系统的组成

视觉系统就是用机器代替人眼来做测量和判断。视觉系统是指通过机器视觉产品［即图像摄取装置，分为互补金属氧化物半导体（complementary metal-oxide-semiconductor，CMOS）和电荷耦合器件（charge-coupled device，CCD）两种］将被摄取目标转换成图像信号，传送给专用的图像处理系统，根据像素分布和亮度、颜色等信息，转变成数字化信号；图像系统对这些信号进行各种运算来抽取目标的特征，进而根据判别的结果来控制现场设备动作的系统。

机器视觉系统的组成一般包括视觉传感器、光源、图像采集卡、图像处理软件、计算机系统等，各部分之间的关系如图 4-23 所示。下面主要介绍视觉传感器、光源和计算机系统。

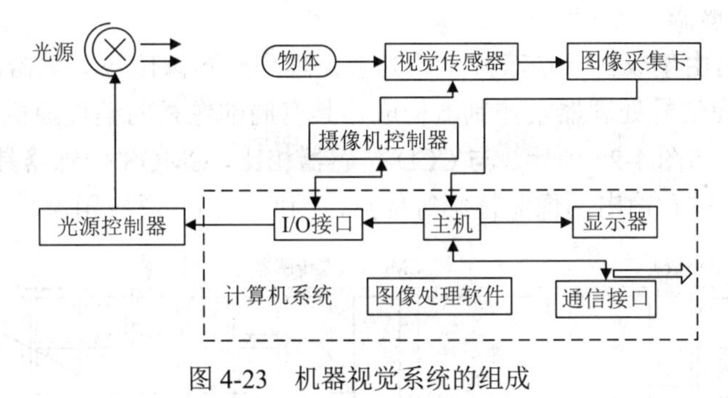

图 4-23　机器视觉系统的组成

1. 视觉传感器

工业机器人视觉可定义为从三维环境的图像中提取、显示和说明信息的过程，而让工业机器人看到身边环境的“眼睛”便是视觉传感器。

视觉传感器又称为摄像管，它是采用光电转换原理摄取平面光学图像，并使其转换为电子图像信号的器件。视觉传感器必须具备两个作用：一是将光信号转换为电信号；二是将平面图像上的像素进行点阵取样，并把这些像素按时间取出。

视觉传感器在工业机器人中的应用类型大致可以分为三类，即视觉检验、视觉导引和过程控制。

视觉传感器的发展很迅速，由最初的光电摄像管、超光电摄像管、正析摄像管、光导摄像管，到最新发展起来的CCD、CMOS等固体摄像管等。下面主要介绍CCD传感器与CMOS传感器，因为它们是普遍使用并有代表性的传感器。

1）CCD传感器

CCD传感器与一般摄像管相比，具有重量轻、体积小、寿命长、功耗低等优点，是目前机器视觉系统中常用的图像传感器，属于典型的固定成像器件。它是由一种高感光度的半导体材料制成的，集光电转换、电荷存储、电荷转移、信号读取功能于一体，能将光线转变成电荷，通过模/数转换器转换成数字信号。数字信号经过压缩后传输到计算机上，并借助计算机的处理手段，根据任务需要反馈给执行器。CCD 传感器的工作原理如图 4-24 所示。

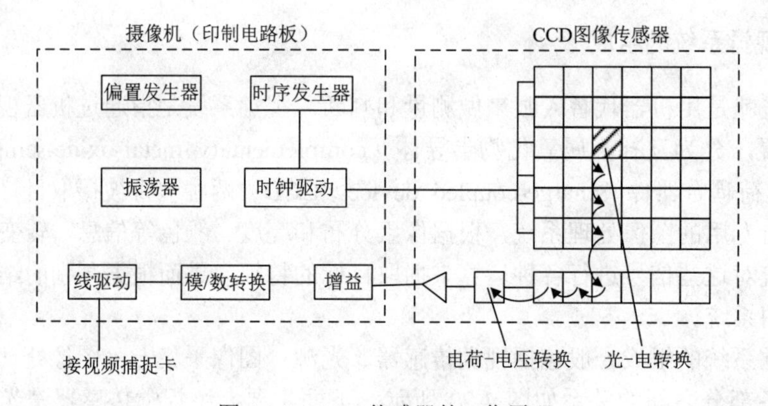

图 4-24　CCD 传感器的工作原理

2）CMOS传感器

CMOS传感器由集成在一块芯片上的光敏元阵列、图像信号放大器、信号读取电路、模/数转换器、图像信号处理器及控制器构成，具有局部像素的编程随机访问功能。CMOS传感器的工作原理如图4-25所示。与CCD传感器相比，CMOS传感器具有良好的集成性、低功耗、宽动态范围和输出图像无拖影等优点，因此得到广泛应用。

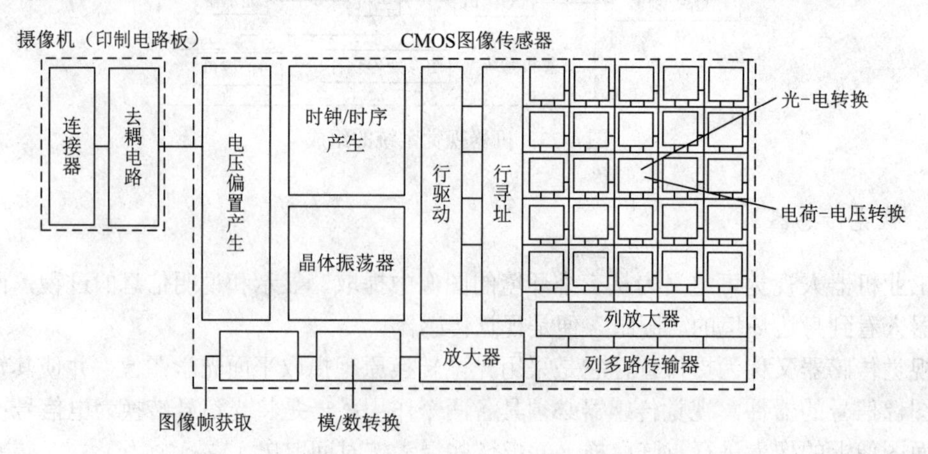

图 4-25　CMOS 传感器的工作原理

2. 光源

光源是影响机器视觉系统输入的重要因素，直接影响输入数据（图像）的质量和应用效果，是决定机器视觉系统成败的首要因素。在机器视觉系统中，视觉光源主要有以下作用：一是照亮目标，提高目标亮度；二是形成最有利于图像处理的成像效果；三是克服环境光干扰，保证图像的稳定性；四是用作测量的工具或参照。影响光源的因素主要有对比度、鲁棒性、亮度、均匀性、可维护性、寿命及发热量等。

一般而言，没有通用的机器视觉光源，因此需要根据具体的应用实例选择相应的光源，以达到最佳的成像效果。机器视觉光源如何选择，光源的好坏在于对比度、亮度和对位置变化的敏感程度，机器视觉光源包括发光二极管（light-emitting diode，LED）光源、紫外照明系统、红外光源、光纤照明系统、卤素灯等。其中，对于LED、卤素灯等可见光源，目前面临的最大问题是随着光源使用时间的增加光能不断下降。因此，如何使光能在一定程度上始终保持稳定，是机器视觉系统实用化过程中急需解决的问题。此外，环境光也会对光源照射在物体上的总光能造成干涉，使输出的图像数据出现噪声。为此，一般采用加防护罩的方法减少环境光的干扰。由于可见光源存在如上问题，在现今的工业应用中，若检测任务要求较高，常采用紫外光、红外光等不可见光作为光源。

根据光源与摄像机和被测物的相对位置，光源的照射方法又可分为背向照明和前向照明。背向照明是指将被测物放置在光源和摄像机之间，它具有能获得高对比度图像的优点；前向照明是指将光源和摄像机放置在被测物的同侧，它具有便于安装的优点。根据外形又可以分为环形光源、条形光源、圆顶光源、面光源等，光源的形状主要依据被测物的大小和形状来选择。

3. 计算机系统

计算机系统是机器视觉系统的关键组成部分，因为由视觉传感器采集的图像信息需要由计算机进行存储和处理，根据各种目的输出处理后的结果。随着目前计算机技术的高速发展，除了某些大规模视觉系统之外，一般使用微型计算机或小型计算机就能满足绝大多数工业场景的需求，无须另加图像存储器。机器视觉系统处理图像的速度与计算机的性能密切相关，计算机运算速度越快，图像处理的时间就越短。为了避免制造现场中振动、灰尘、热磁辐射等带来的干扰，用于机器视觉系统的计算机一般需要工业级的。

4.4.3 图像处理技术

图像处理技术也称为计算机图像处理技术，是通过将图像信号转换成数字信号并利用计算机对其进行处理以达到所需目的的技术。常用的图像处理方法主要包括图像增强、图像去噪、边缘锐化、图像分割、图像识别等。图像处理的目的是将低质量的图像输出为高质量的图像，便于计算机对图像进行分析、处理和识别。

1. 图像增强

图像增强的作用是调整图像的对比度，突出图像中的重要细节，改善视觉质量。图像增强通常采用灰度直方图修改技术，图像的灰度直方图是表示一幅图像灰度分布情况的统计特性图表，与对比度联系紧密。如果获得一幅图像的直方图效果不理想，可以通过直方图均衡化处理技术做适当修改，即对一幅已知灰度概率分布图像中的像素灰度做某种映射变换，使它变成一幅具有均匀灰度概率分布的新图像，达到使图像清晰的目的。

2. 图像去噪

图像去噪的目的是去除图像中的噪声，使图像变得清晰、特征明显。图像中的噪声是图像在形成、传输、接收和处理过程中受到内外部环境的干扰产生的，如电气设备造成的外部噪声、电源引入造成的内部噪声等。图像去噪一般使用领域平均、中值滤波、空间域低通滤波等算法。

3. 边缘锐化

边缘锐化处理是通过加强图像中的轮廓边缘和细节，形成完整的物体边界，达到将物体从图像中分离出来或将表示同一物体表面的区域检测出来的目的。锐化的作用是使灰度反差增强，因为边缘和轮廓都位于灰度突变的地方。锐化算法一般是基于微分作用实现的。

4. 图像分割

图像分割是指将图像分成若干互不重叠的子区域，使同一个子区域内的特征具有一定相似性，不同子区域的特征呈现较为明显的差异。在进行分割时，每一部分的灰度或纹理符合某种均匀测度度量标准，其本质是将像素进行分类，把人们对图像中感兴趣的部分或目标从图像中提取出来，以进行进一步的分析和应用。图像分割通常有以下两种方法。

1）阈值分割法

阈值分割法是一种基于区域的图像分割技术，原理是把图像像素点分为若干类。图像阈值化的目的是要按照灰度级，对像素集合进行划分，得到的每个子集形成一个与现实景物相对应的区域，各个区域内部具有一致的属性，而相邻区域不具有这种一致属性。这样的划分可以通过从灰度级出发选取一个或多个阈值来实现。

2）边缘分割法

边缘分割法是一种基于边缘的分割，即通过搜索不同区域之间的边界来完成图像的分割。具体做法是：首先利用合适的边缘检测算子提取出待分割场景不同区域的边界，然后对分割边界内的像素进行连通和标注，从而构成分割区域。

5. 图像识别

图像识别是指利用计算机对图像进行处理、分析和理解，以识别各种不同模式的目标和对象的技术，识别过程实际上可以看作一个标记过程，即利用识别算法来辨别景物中已分割好的各个物体，给这些物体赋予特定的标记，它是机器视觉系统最终要完成的任务。按照图像识别的难易程度，图像识别问题可分为以下 3 类。

（1）物体中的某些特定信息可以用图像中的像素来表示，如遥感图像中的某一像素表示地面上某一物体在一定光谱波段的反射特性，通过识别该像素即可判定该物体的种类。

（2）诸如文字、数字、字母等具有有形二维特征的待识别物，可以通过二维图像信息识别该物体。但这类问题在识别过程中需先将待识别物从图像中分割出来，再通过建立图像中物体的属性图与模型库中的属性图进行匹配，从而识别出物体。

（3）通过输入二维图和要素图等，识别出被测物的三维信息，如被测物在空间中的三维坐标、构建被测物的数字化三维模型等。如何将隐含的三维信息提取出来是当今研究的热点问题。

习　题

4-1　工业机器人传感器分为哪几类？请举例说明，其中视觉传感器有什么作用？

4-2　选择工业机器人传感器时主要从哪些性能指标考虑？

4-3　请说明绝对式与增量式光电编码器各自适用的场合，分辨率分别如何计算？

4-4　工业机器人力觉传感器有哪些类型？分别有什么作用？

4-5　工业机器人接触觉传感器能感知哪些环境信息？

4-6　机器视觉系统的组成部分有哪些？简要说明机器视觉系统的工作原理。

4-7　图像处理技术有哪些？每个技术的主要作用是什么？

第5章 工业机器人控制系统

控制系统是工业机器人的指挥中枢，是决定机器人功能及性能的关键和核心部分，其主要任务是控制工业机器人在工作空间中的运动位置、姿态、轨迹、操作顺序以及动作时间等，以此协调工业机器人与周边设备的关系，共同完成作业任务。

值得注意的是，与传统机械偏重机械本身的运动相比，工业机器人的重点是注意与对象物体的相互关系。即使以最高的精度控制手臂的运动，若不能握持并操作物体到达目的位置，就失去作为工业机器人的意义。

工业机器人控制系统是由控制主体、控制客体和控制媒体组成的具有自身目标与功能的管理系统。通过控制系统可以按照人们所希望的方式保持和改变机器、机构或其他设备内任何感兴趣的量或可变的量。同时，控制系统还是为了使被控对象达到预定的理想状态而工作的。控制系统可以使被控对象趋向某种需要的稳定状态。

本章以上述内容为基础，概述工业机器人所采用的控制技术。

5.1 工业机器人控制系统概述

5.1.1 工业机器人控制系统的组成

工业机器人控制系统主要由控制计算机、示教盒、操作面板、硬盘和软盘存储器（磁盘存储）、数字和模拟量输入/输出（input/output，I/O）接口、打印机接口、传感器接口、轴控制器、辅助设备控制接口、通信接口、网络接口等组成，如图5-1所示。

（1）控制计算机：控制系统的调度指挥机构。一般为微型机、微处理器（有32位、64位）等，如酷睿系列中央处理器（central processing unit，CPU）或其他类型CPU，也有机器人使用可编程逻辑控制器（programmable logic controller，PLC）。

（2）示教盒：示教机器人的工作轨迹和参数设定，拥有自己独立的CPU以及存储单元，与主计算机之间以总线通信方式实现信息交互。

（3）操作面板：由各种操作按键、状态指示灯构成，只能完成基本功能操作。

（4）硬盘和软盘存储器：存储机器人工作程序的外围存储器。

（5）数字和模拟量输入/输出接口：用于各种状态和控制命令的输入或输出。

（6）打印机接口：记录需要输出的各种信息。

（7）传感器接口：用于接收机器人所使用的传感器的数据，实现机器人的闭环控制，它一般用于接收力觉、触觉和视觉等传感器的数据流。

（8）轴控制器：完成机器人各关节位置、速度和加速度控制。

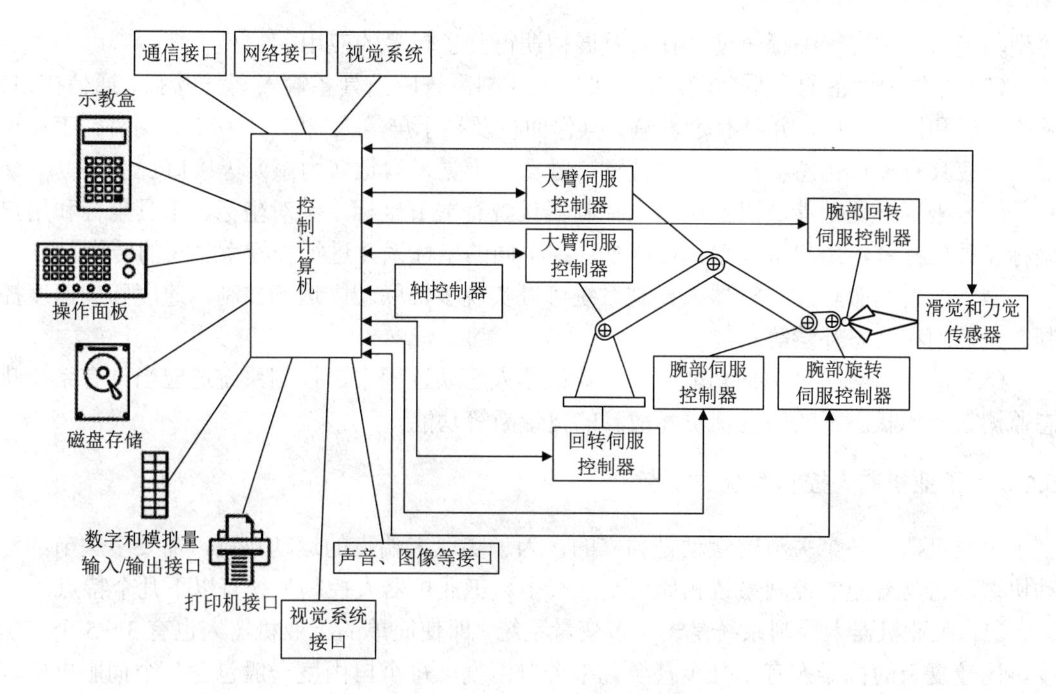

图 5-1　工业机器人控制系统的组成

（9）辅助设备控制接口：用于与机器人配合的辅助设备控制，如变位器等。

（10）通信接口：实现机器人和其他设备的信息交换，一般有串行接口、并行接口等。

（11）网络接口：常用的网络接口有以太网（Ethernet）接口和现场总线（Fieldbus）接口。

5.1.2　工业机器人控制系统的功能

工业机器人控制系统的控制过程如图 5-2 所示。

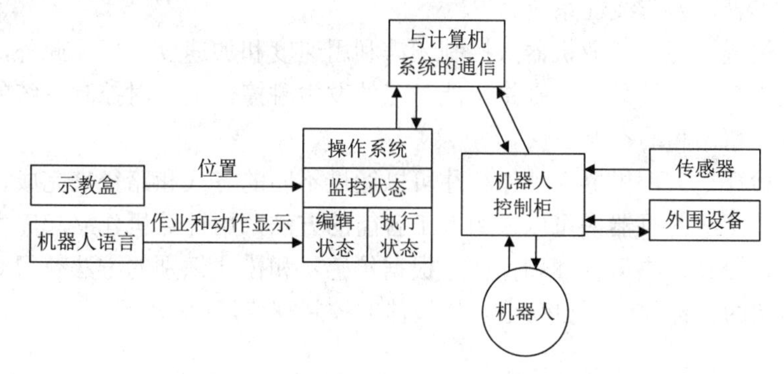

图 5-2　工业机器人控制系统的控制过程

工业机器人控制系统需具备以下基本功能。

（1）示教再现功能。示教再现功能是指示教人员预先将机器人作业的各项运动参数教给机器人，在示教过程中，工业机器人控制系统的记忆装置将所教的操作过程自动记录在存储器中。当需要机器人工作时，机器人的控制系统便调用存储器中存储的各项数据，使机器人再现示教过的操作过程，由此机器人即可完成要求的作业任务。工业机器人的示教再现功能易于实现，编程方便，在其发展初期得到了较多的应用。

（2）与外围设备的联系功能。工业机器人控制系统应当具备输入/输出接口、通信接口、网络接口和同步接口，并具有示教盒、操作面板及显示屏等人-机交互接口。另外，工业机器人还应具有多种传感器接口，如视觉、触觉、听觉、力觉（力矩）等接口。

（3）坐标设置功能。工业机器人控制器设置有关节坐标、绝对坐标、工具坐标和用户坐标 4 种坐标系，用户可根据作业要求选用不同的坐标系并进行坐标系之间的转换。

（4）位置伺服功能。机器人控制系统可以实现多轴联动、运动控制、速度和加速度控制、力控制和动态补偿等功能。

（5）故障诊断安全保护功能。在工业机器人运动过程中，控制系统还应当具有系统状态监测、故障状态下的安全保护和故障的自诊断等功能。

5.1.3 工业机器人控制系统的特点

工业机器人各个关节的运动是独立的，为了实现末端点的运动轨迹，需要多关节的运动协调，它与普通的控制系统相比要复杂得多。工业机器人控制系统有以下几个特点。

（1）工业机器人控制系统是一个多变量系统，即使简单的工业机器人也有 3～5 个自由度，比较复杂的机器人有十几个甚至几十个自由度，每个自由度一般包含一个伺服机构，多个独立的伺服系统必须有机地协调起来。

（2）传统自动机械以自身的动作为控制重点，而工业机器人控制系统更看重机器人本身与操作对象的相互关系。

（3）运动描述复杂，工业机器人的控制与机构运动学及动力学密切相关，控制系统是一个多变量的时变耦合非线性系统；工业机器人具有多自由度，即从结构上来看是由多关节组成的一种结构体系，且各关节间具有耦合作用，各关节的运动相互影响，随着关节运动位置的变化，机器人的动力学参数也会随之改变；由于机器人的机构、传动、驱动等因素，控制系统也表现为非线性系统。

（4）除了位置闭环，工业机器人控制还需利用速度和加速度闭环，此外，机器人在工作过程中不允许有位置超调，否则将可能与工件发生碰撞，因此对控制系统的要求是需要同时满足位置无超调和动态响应快。

（5）信息运算量大，机器人动作往往可以通过不同的方式和路径来完成，因此存在一个最优问题，较高级的机器人可以采用人工智能的方法，用计算机建立起庞大的信息库，借助信息库进行控制、决策管理和操作，根据传感器和模式识别的方法获得对象及环境的工况，按照给定的指标要求，自动地选择最佳的控制规律。

5.2 工业机器人的控制方法与结构

5.2.1 工业机器人控制方法分类

工业机器人的控制方法主要有位置控制、力/力矩控制和其他先进控制等。

1. 位置控制

根据作业任务的不同，位置控制可以分为点到点（point to point，PTP）控制和连续轨迹（continuous path，CP）控制。

1）点到点控制

点到点控制又称点位控制，如图 5-3 所示。该控制方式是在关节空间里指定一个固定的参数设置，目的是使关节的变量能保持在期望的位置，不受转矩扰动的影响。这种控制方式的特点是只需要控制工业机器人末端执行器在作业空间中某些规定的离散点上的位姿，即只关心机器人末端执行器的起点和终点位置，而不关心这两点之间的运动轨迹。因此，在用“手把手”示教编程实现 PTP 控制时，其只记录轨迹程序移动的两端点的位置。

点位控制方式的主要技术指标是定位精度和运动所需的时间。由于其控制方式易于实现，定位精度要求不高，因而遇到只需要机械臂从一个位置移动到另一个位置，对这两点间运动过程的精度没有特别高的要求的控制任务可以由点位控制完成。该控制方式常被应用在无障碍条件下的上下料、搬运、点焊和在电路上安插元件等只要求目标点处保持末端执行器位姿准确的作业中。

2）连续轨迹控制

连续轨迹控制的轨迹如图 5-4 所示。指定点与点之间的运动轨迹为所要求的曲线，如直线或圆弧。这种控制方式不仅要求机器人以一定的精度到达目标点，而且对移动轨迹也有一定的精度要求。因此，该控制方式的特点是连续地控制工业机器人末端执行器在作业空间中的位姿，要求其严格按照预定的轨迹和速度在一定的精度范围内运动，而且速度可控、轨迹光滑、运动平稳，以完成作业任务。

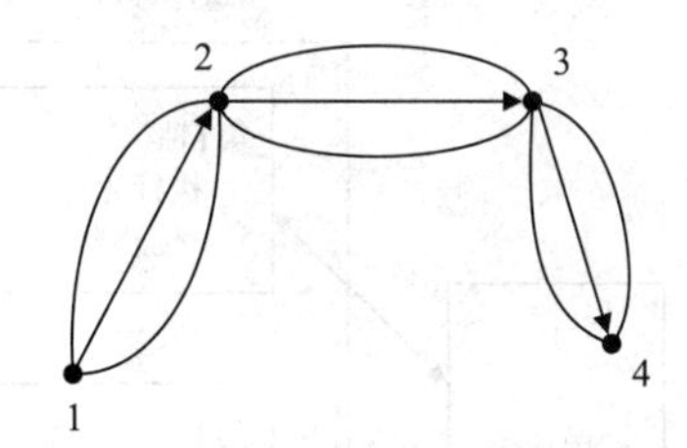

图 5-3　点位控制

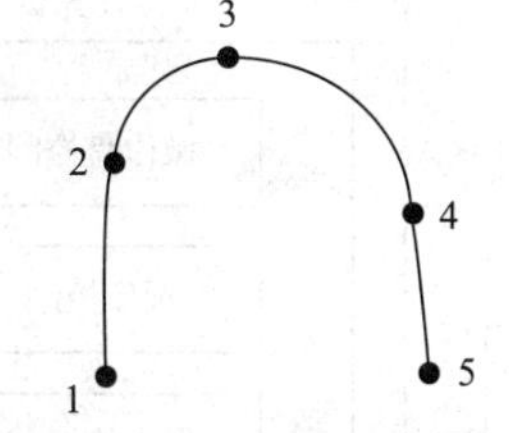

图 5-4　连续轨迹控制的轨迹

在进行连续轨迹控制时，与期望的轨迹有关的关节速度和加速度应该分别不超过其机械臂的速度和加速度的极限。这种控制方式的主要技术指标是工业机器人末端操作位姿的轨迹跟踪精度及平稳性。弧焊、激光切割、去毛边和检测作业机器人通常都采用这种控制方式。

2. 力/力矩控制

在进行抓放操作，以及去毛刺、研磨和组装等作业时，除了要求准确定位之外，还要求使用特定的力或力矩传感器对末端执行器施加在对象上的力进行控制。这种控制方式的原理与位置伺服控制原理基本相同，但输入量和输出量不是位置信号，而是力/力矩信号，因此系统中必须有力/力矩传感器。

3. 其他先进控制

机器人在工作过程中普遍受到参数变化、环境干扰、测量误差、参数估计误差等不确定性因素的影响，使系统表现为强非线性耦合的时变系统。基于被控对象精确模型的传统控制方法在处理这些不确定性问题时由于缺乏灵活性和应变能力，往往存在控制精度低、运动平稳性差、鲁棒性差等问题，难以取得理想的控制效果。随着控制技术的发展，针对复杂系统的不确定性干扰问题，鲁棒控制、自适应控制、滑模变结构控制、模糊控制以及神经网络控制等先进控制方式在机器人控制领域得到了广泛的研究与应用。这些先进的控制算法可以有效克服系统不确定性的影响，保证系统的精确控制效果，因此逐渐取代了传统的控制方法，被广泛应用于复杂的机器人控制研究中。

5.2.2 工业机器人控制结构

在控制结构上，大部分工业机器人采用两级计算机控制。第一级微型计算机控制器（上位机）担负系统监控、作业管理和实时插补任务，由于运算工作量大、数据多，因此大都采用 16 位以上的计算机。第一级计算机运算结果作为目标指令传输到第二级单片机运动控制器（下位机），经过计算处理后传输到各执行元件。工业机器人的控制结构通常分为集中控制结构、主从控制结构和分散控制结构 3 种。

1. 集中控制结构

集中控制结构用一台计算机实现全部控制功能，其结构框图如图 5-5 所示。

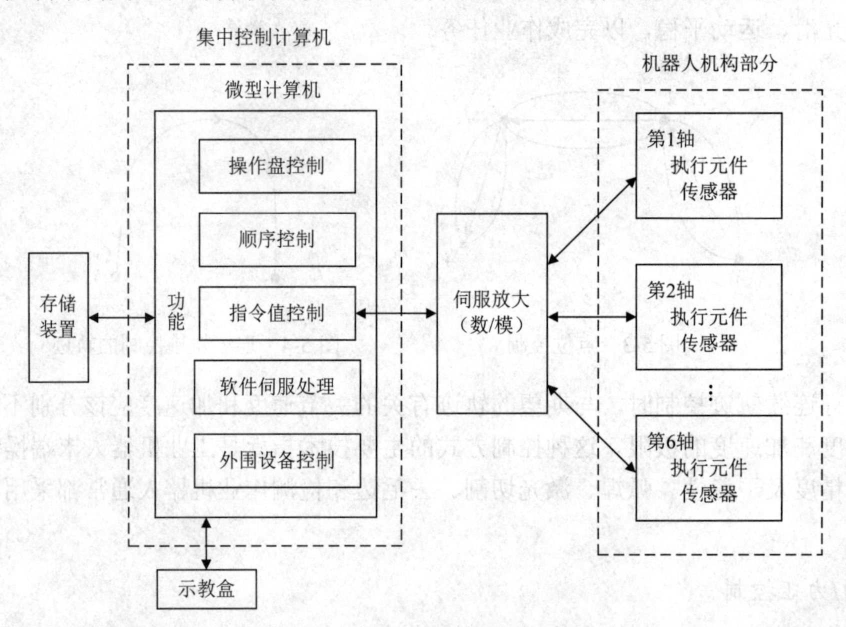

图 5-5 集中控制结构框图

集中控制结构简单，硬件成本低，便于信息的采集和分析，易于实现系统的最优控制，整体性和协调性较好，因而在早期的机器人控制中常被采用，但该控制结构也存在实时性差、难以扩展、系统控制缺乏灵活性、控制危险容易集中等缺点。

2. 主从控制结构

主从控制结构采用主、从两级处理器实现系统的全部控制功能。主计算机实现管理、坐标变换、轨迹生成和系统自诊断等；从计算机实现所有关节的动作控制。主从控制结构框图如图 5-6 所示。这种控制结构系统实时性较好，适用于高精度、高速度控制；但其系统扩展性较差，维修困难。

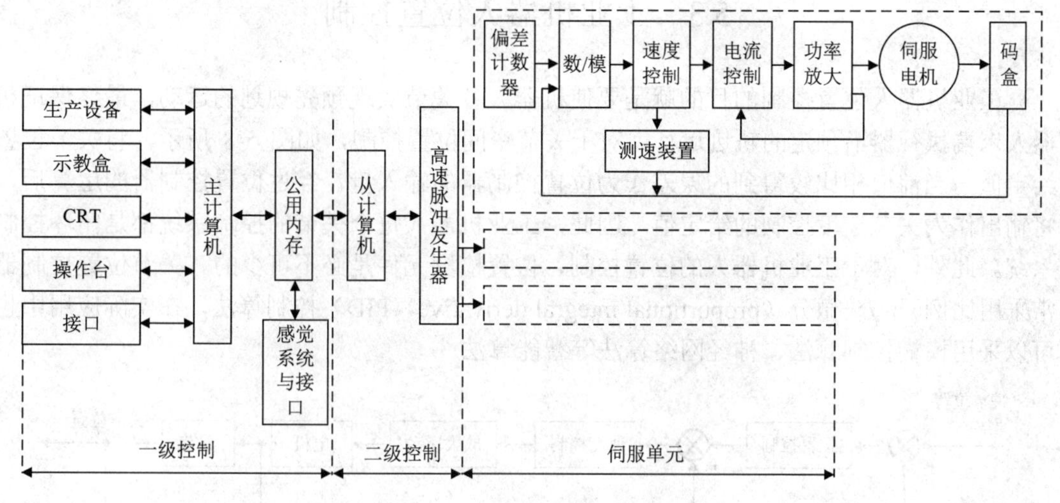

图 5-6　主从控制结构框图

3. 分散控制结构

分散控制结构是按系统的性质和方式将系统控制分成几个模块，每一个模块各有不同的控制任务和控制策略，各模式之间可以是主从关系，也可以是平等关系。这种控制结构实时性好，易于实现高速、高精度控制，易于扩展，可实现智能控制，是目前流行的控制结构，其结构框图如图 5-7 所示。

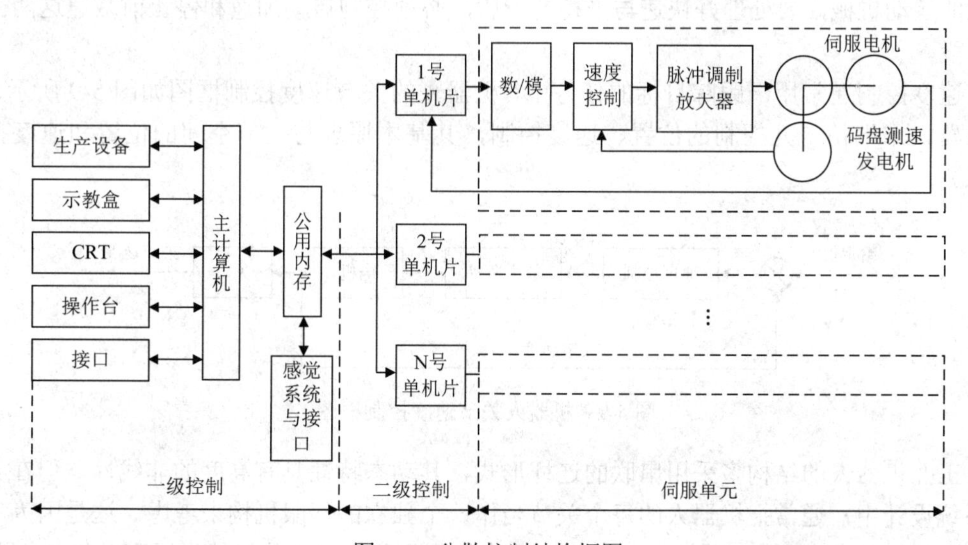

图 5-7　分散控制结构框图

分散控制结构的主要思想是集中管理、分散控制，即系统对其总体目标和任务可以进行综合协调和分配，并通过子系统的协调工作来完成控制任务。采用分散控制结构构建的系统称为集散控制系统（distributed control system，DCS），由于该系统在功能、逻辑和物理等方面都是分散的，因此又称为分散控制系统。在该结构中，子系统由控制器、不同被控对象或设备构成，各子系统之间通过网络等互相通信。

5.3 工业机器人位置控制

工业机器人位置控制的目的就是要使机器人各关节实现预先规划的运动，最终保证机器人末端执行器沿预定的轨迹运行。对于关节空间位置控制，如图 5-8 所示，将关节位置给定值与当前值相比较得到的误差作为位置控制器的输入量，经过位置控制器的运算后，将输出作为关节速度控制的给定值。因此，工业机器人每个关节的控制系统都是闭环控制系统。此外，对于工业机器人的位置控制，位置检测元件是必不可少的。关节位置控制器常采用比例-积分-微分（proportional integral derivative，PID）控制算法，在实际应用中也可以采用模糊控制算法、神经网络算法等智能算法。

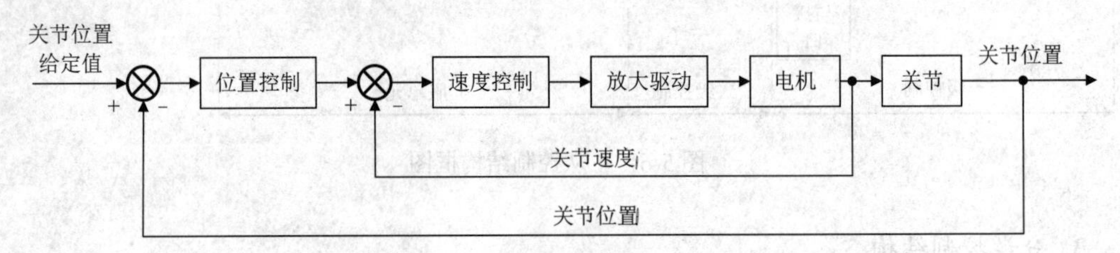

图 5-8 机器人位置控制示意图

对于工业机器人的运动控制来说，在位置控制的同时，有时还需要进行速度控制。例如，在连续轨迹控制方式情况下，机器人按照预定的指令，控制运控部件的速度和实行加减速，以满足运动平稳、定位准确的要求。由于工业机器人是一种工作情况多变、惯性负载大的运动机械，要处理好快速与平稳的矛盾，必须控制启动加速和停止前减速这两个运动区段。

速度控制通常用于跟踪目标的任务中，机器人的关节速度控制框图如图 5-9 所示。对于机器人末端笛卡儿控制的位置、速度控制，其基本原理与关节空间的位置和速度控制类似。

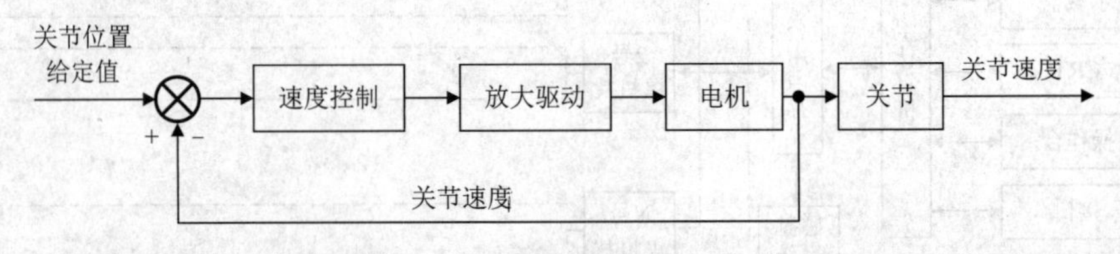

图 5-9 机器人关节速度控制框图

工业机器人的结构多采用串联的连杆形式，其动态特性具有高度的非线性。但在其控制系统设计中，通常把机器人的每个关节当作一个独立的伺服机构来考虑。这是因为工业机器人的运动速度不高（通常小于 1.5m/s），由速度变化引起的非线性作用可以忽略。另外，由于交流伺服电机都安装有减速器，其减速比往往接近 100，那么当负载变化（如由于机器人关节角的变化使转动惯量发生变化）时，折算到电机轴上的负载变化值则很小（除以速度的平方），因此可以忽略负载变化的影响；而且各关节之间的耦合作用，也因减速器的存在而极大地削弱了，因此，工业机器人系统就变成了一个由多关节组成的各自独立的线性系统。应用中的工业机器人大都采用反馈控制，利用各关节传感器得到的反馈信息，计算所需的力矩，发出相应的力矩指令，以实现所要求的运动。

5.3.1　单关节位置控制

单关节位置控制是指不考虑关节之间的相互影响，只根据一个关节独立设置位置控制器的控制方式。采用的控制策略是将具有 n 个关节的机器人作为 n 个独立的系统分别进行控制，每个关节都是单输入单输出（single-input single-output，SISO）系统。在这种控制方式下，系统的耦合效应等可以作为干扰输入，这些干扰可以通过前馈补偿等方法进行消除。

下面把机器人看作刚体结构，以永磁式直流力矩电机驱动为例，介绍机器人的单关节位置控制。图 5-10 所示为永磁式直流力矩电机等效电路图，图 5-11 所示为永磁式直流力矩电机机械传动图。

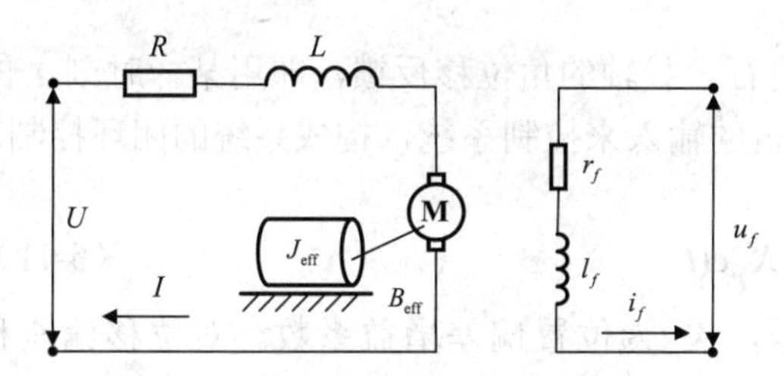

U—电枢回路电压；I—电枢回路电流；R—电枢回路电阻；
L—电枢回路电感；u_f—励磁回路电压；i_f—励磁回路电流；
r_f—励磁回路电阻；l_f—励磁回路电感。

图 5-10　永磁式直流力矩电机等效电路图

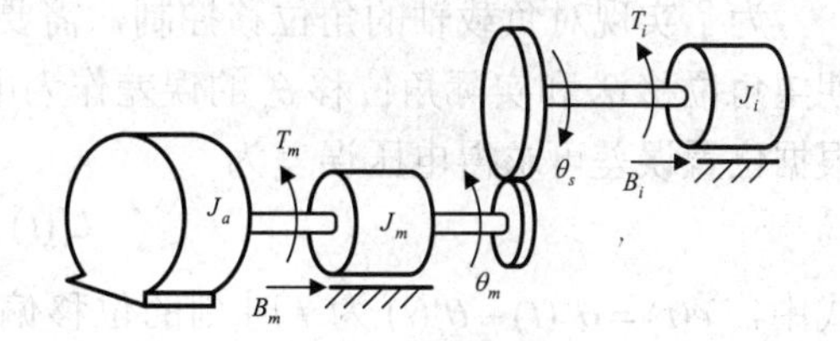

J_a—电机转子转动惯量；T_m—电机输出转矩；J_m—负载转动惯量；
B_m—传动机构阻尼系数；θ_m—传动端角位移；θ_s—负载端角位移；
T_i—负载端总转矩；J_i—传动机构转动惯量；B_i—负载端阻尼系数。

图 5-11　永磁式直流力矩电机机械传动图

此外，记 K_e 为电机电动势常数，K_C 为转矩常数，θ_m 和 θ_s 的关系为 $\theta_m = \theta_s / n$，其中 n 为传动系统减速比。

将系统转动惯量和阻尼等效到电机输出轴上，可求得

$$J_{\text{eff}} = J_a + J_m + n^2 J_i \tag{5-1}$$

$$B_{\text{eff}} = B_m + n^2 B_i \tag{5-2}$$

电枢绕组的电压平衡方程和电机输出轴上的力矩平衡方程为

$$U = RI + L\frac{\mathrm{d}I}{\mathrm{d}t} + K_e\frac{\mathrm{d}\theta_m}{\mathrm{d}t} \tag{5-3}$$

$$T_m = J_{\text{eff}}\frac{\mathrm{d}^2\theta_m}{\mathrm{d}t^2} + B_{\text{eff}}\frac{\mathrm{d}\theta_m}{\mathrm{d}t} \tag{5-4}$$

$$T_m = K_C I \tag{5-5}$$

将式（5-3）～式（5-5）进行拉氏变换，得

$$U(s) = (R + Ls)I(s) + K_e s\theta_m(s) \tag{5-6}$$

$$T_m(s)=(J_{\text{eff}}s^2+B_{\text{eff}}s)\theta_m(s) \tag{5-7}$$

$$T_m(s)=K_C I(s) \tag{5-8}$$

联立式（5-6）～式（5-8），求解可得系统开环传递函数为

$$\frac{\theta_m(s)}{U(s)}=\frac{K_C}{s\left[J_{\text{eff}}Ls^2+(J_{\text{eff}}R+B_{\text{eff}}L)s+B_{\text{eff}}R+K_CK_e\right]} \tag{5-9}$$

由于 $\theta_m=\theta_s/n$，则控制系统输出的关节角位移 $\theta_s(s)$ 与电枢电压之间的传递函数为

$$\frac{\theta_s(s)}{U(s)}=\frac{nK_C}{s\left[J_{\text{eff}}Ls^2+(J_{\text{eff}}R+B_{\text{eff}}L)s+B_{\text{eff}}R+K_CK_e\right]} \tag{5-10}$$

式（5-10）表示单关节控制系统关节角位移输出与电枢电压输入之间的传递函数，该传递函数对应的系统控制框图如图 5-12 所示。

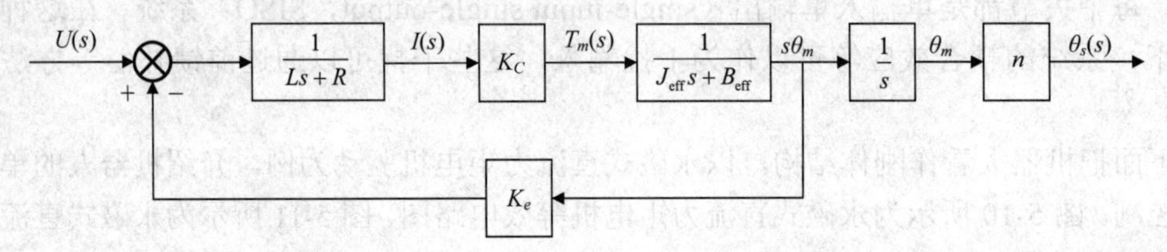

图 5-12　式（5-10）所示传递函数对应的单关节开环系统控制框图

为了实现对负载轴的角位移控制，需要进行负载轴的角位移反馈，即用某一时刻 t 的期望角位移 θ_d 和实际角位移 θ_s 的误差作为电机的输入来控制系统，构成系统的闭环控制。根据位置误差可求得电压误差为

$$U(t)=K_pe(t) \tag{5-11}$$

式中，$e(t)=\theta_d(t)-\theta_s(t)$ 为 t 时刻的位移偏差，K_p 为位置偏差增益系数。对位移偏差和式（5-11）做拉氏变换可得

$$E(s)=\theta_d(s)-\theta_s(s) \tag{5-12}$$

$$U(s)=K_p\left(\theta_d(s)-\theta_s(s)\right) \tag{5-13}$$

含角位移反馈的单关节位置闭环控制系统框图如图 5-13 所示。

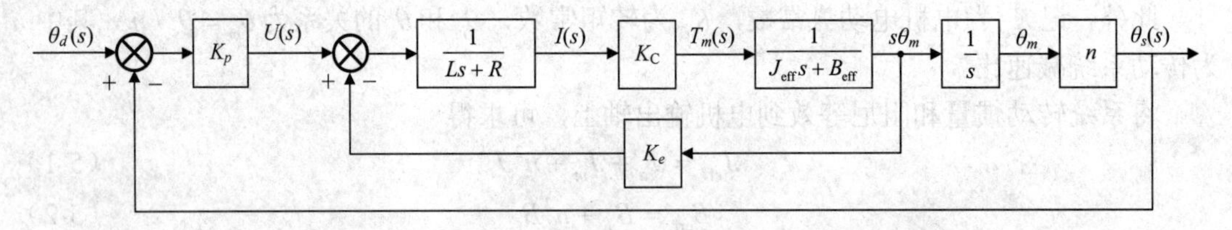

图 5-13　含角位移反馈的单关节位置闭环控制系统框图

图 5-13 所示闭环系统对应的开环传递函数为

$$\frac{\theta_s(s)}{E(s)}=\frac{nK_pK_C}{s\left[J_{\text{eff}}Ls^2+(J_{\text{eff}}R+B_{\text{eff}}L)s+B_{\text{eff}}R+K_CK_e\right]} \tag{5-14}$$

考虑到机器人驱动电机的电感 L 一般很小，约为 10mH，而电阻较大，约为 1Ω，且驱动电机的电气时间常数远小于机械时间常数，因此上式中的电枢电感 L 可以近似忽略，则式（5-14）可以简化为

$$\frac{\theta_s(s)}{E(s)}=\frac{nK_pK_C}{s\left(J_{\text{eff}}R+B_{\text{eff}}R+K_CK_e\right)} \tag{5-15}$$

因此，图 5-13 所示控制系统闭环传递函数为

$$\frac{\theta_s(s)}{\theta_d(s)}=\frac{\theta_s(s)/E(s)}{1+\theta_s(s)/E(s)}=\frac{nK_pK_C}{J_{\text{eff}}Ls^2+(B_{\text{eff}}R+K_CK_e)s+nK_pK_C} \tag{5-16}$$

从理论上讲，当系统参数均为正时，式（5-16）所示的二阶系统总是稳定的。为提高系统的定位精度，减少静态误差，可以适当加大位置偏差增益系数 K_p。

要提高系统的动态精度，即提高系统的响应速度，也可以通过引入传动轴速度负反馈在系统中引入阻尼，以加强反电动势的作用效果。传动轴的角速度可以采用测速发电机测定，也可以通过一定时间间隔传动轴的角位移插值。设 K_v 为测速发电机的传递系数，K_{vp} 为速度反馈信号放大器的增益。引入速度负反馈的单关节位置闭环控制系统框图如图 5-14 所示。

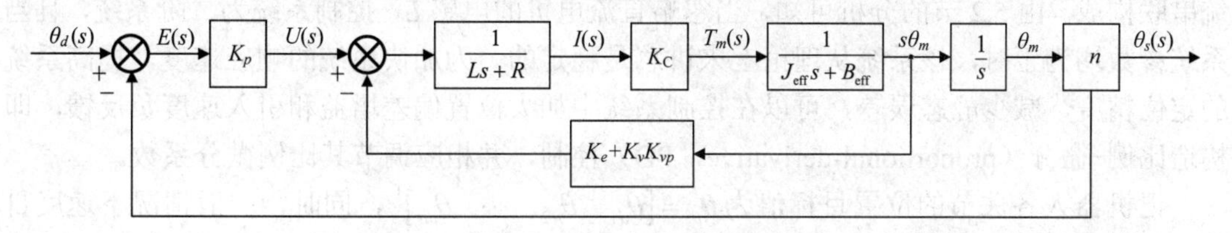

图 5-14　引入速度反馈的单关节位置闭环控制系统框图

引入速度反馈后，电机电枢回路的反馈电压由 $K_e\dfrac{\mathrm{d}\theta_m}{\mathrm{d}t}$ 变为 $(K_e+K_vK_{vp})\dfrac{\mathrm{d}\theta_m}{\mathrm{d}t}$，相应的开环和闭环传递函数分别为

$$\frac{\theta_s(s)}{E(s)}=\frac{nK_pK_C}{s\left[J_{\text{eff}}Rs+B_{\text{eff}}R+K_C(K_e+K_vK_{vp})\right]} \tag{5-17}$$

$$\frac{\theta_s(s)}{\theta_d(s)}=\frac{\theta_s(s)/E(s)}{1+\theta_s(s)/E(s)}=\frac{nK_pK_C}{J_{\text{eff}}Rs^2+s\left[B_{\text{eff}}R+K_C(K_e+K_vK_{vp})\right]+nK_pK_C} \tag{5-18}$$

考虑系统摩擦力矩 $F_f(s)$，外加负载力矩 $T_L(s)$，重力矩 $T_g(s)$，将其作为系统干扰输入，对干扰力矩进行拉氏变换后加入控制系统中，可得图 5-15 所示的闭环控制系统框图。

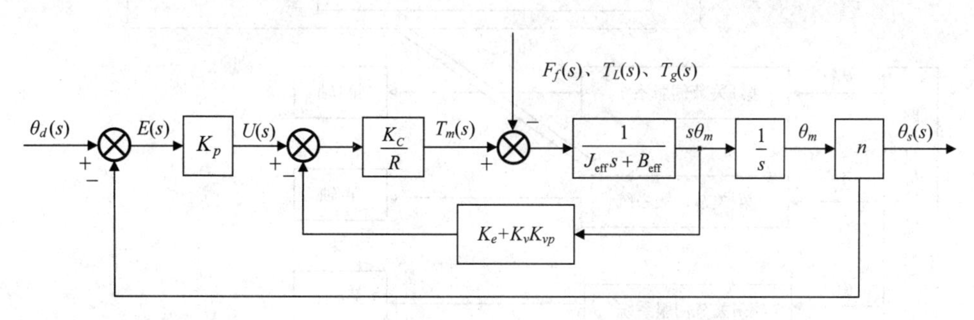

图 5-15　考虑系统干扰的单关节位置闭环控制系统框图

5.3.2　多关节位置控制

机器人一般由多关节组成，在机器人运动过程中，各关节需要按照既定的轨迹要求同

时运动，这时各运动关节之间的力和力矩会产生相互作用。实际上，机器人控制系统是一个多输入多输出（multiple-input multiple-output，MIMO）系统，在机器人的控制中需要考虑各关节之间的相互耦合作用，为克服多关节之间的相互作用，需分析机器人动作的动态特性，进行补偿调整。

机器人控制的目的是通过对机器人各关节的驱动，使末端执行器达到期望的位置和姿态。机器人所完成的动作根据工作任务可分解为运动的初始位姿和终止位姿，因此，可以由工作任务给出末端执行器的笛卡儿空间位姿。对末端执行器在笛卡儿空间的位姿进行逆运动学位置分析，可将运动映射到关节空间，从而可以通过关节空间的各个关节变量的位置控制实现末端执行器的位置控制，构成机器人的分解运动控制。分解速度控制和分解加速度控制同理也可以实现。

为简化起见，忽略机器人的动态特性，将 MIMO 系统简化为由多个 SISO 伺服控制系统串联构成。由 5.2 节的分析可知，当忽略直流电机的电感 L，控制系统为二阶系统，且当系统参数均为正时，该系统从理论上来讲总是稳定的。为加快系统的响应速度，提高系统的定位精度，减少静态误差，可以在控制系统中加大位置偏差增益和引入速度负反馈，即构造比例-微分（proportional-derivative，PD）控制，并相应调节其比例微分系数。

记机器人各关节的位置目标值为 $\boldsymbol{\theta}_d=[\theta_{d1} \quad \theta_{d2} \quad \cdots \quad \theta_{dn}]^{\mathrm{T}}$，同时，一般情况下速度目标值 $\dot{\boldsymbol{\theta}}_d=0$，若不考虑驱动器的动态特性，则 PD 控制下各关节的驱动力矩为

$$\boldsymbol{\tau}_i=K_{pi}(\theta_{di}-\theta_i)+K_{vi}(\dot{\theta}_{di}-\dot{\theta}_i)=K_{pi}(\theta_{di}-\theta_i)-K_{vi}\dot{\theta}_i \tag{5-19}$$

式中，θ_i、$\dot{\theta}_i(i=1,2,\cdots,n)$ 分别表示机器人第 i 个关节的位置和速度信号；K_{pi}、$K_{vi}(i=1,2,\cdots,n)$ 分别表示第 i 个关节的比例增益和速度增益。采用 PD 控制的多关节位置控制系统结构图如图 5-16 所示。

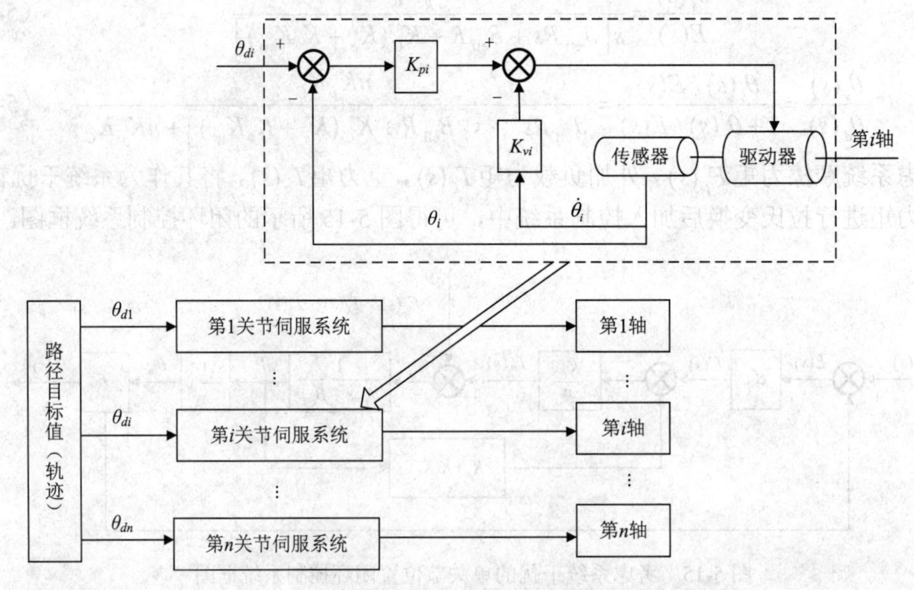

图 5-16 采用 PD 控制的多关节位置控制系统结构图

对于整个机器人系统，式（5-19）可以写成如下矢量形式：

$$\boldsymbol{\tau}=\boldsymbol{K}_p(\boldsymbol{\theta}_d-\boldsymbol{\theta})-\boldsymbol{K}_v\dot{\boldsymbol{\theta}} \tag{5-20}$$

式中，$\boldsymbol{K}_p = \mathrm{diag}(K_{pi})$；$\boldsymbol{K}_v = \mathrm{diag}(K_{vi})$。

这种关节伺服系统把每个关节都作为 SISO 系统处理，所以结构简单，现在大部分工业机器人都采用这种关节伺服系统来控制。严格来说，机器人的各关节都不是 SISO 系统，在多关节同时运动的情况下，存在关节之间的耦合惯量作用，在系统的动力学方程中表现为多加速度多项式形式的力矩项，同时关节重力和摩擦力等也存在耦合作用，可以将这些耦合作用项作为系统的外部干扰，通过在系统中引入前馈补偿，并在保证系统稳定性的前提下适当提高控制系统的比例和微分增益系数。加入前馈补偿的系统控制方程为

$$\boldsymbol{\tau} = \boldsymbol{K}_p(\boldsymbol{\theta}_d - \boldsymbol{\theta}) - \boldsymbol{K}_v\dot{\boldsymbol{\theta}} + \boldsymbol{\tau}_c \tag{5-21}$$

式中，$\boldsymbol{\tau}_c$ 为系统外干扰的前馈补偿项。补偿项可以通过系统动力学分析与建模求其数学模型方法来获取，也可以通过干扰观测的方式来估计。

5.4 工业机器人力/力矩控制

根据作业任务的要求，对于运动过程中不与外界接触的机器人，如喷枪、焊枪、手爪等，其控制一般只要求末端执行器沿着预定的轨道运动；对于另一类需要与环境或作业对象表面接触的机器人，如打磨、切削、装配使用的机器人，除了要求准确定位之外，还要控制末端执行器的作用力与力矩，否则接触力过大或者过小都会引起损伤或者误差，这时就要采取力/力矩控制。力/力矩控制是对位置控制的补充，这种控制方式的控制原理与位置控制原理基本相同，只是输入信号或反馈信号不是位置信号，而是力/力矩信号。

由于力是在两物体相互作用后才产生的，因此，力控制是将环境考虑在内的控制问题。为了对机器人实施力控制，需要分析机器人末端执行器与环境的约束状态，并根据约束条件制定控制策略。此外，还需要在机器人末端安装力觉传感器，用来检测机器人与环境的接触力。控制系统根据预先制定的控制策略对这些力信息做出处理后，控制机器人在不确定的环境下进行与该环境相适应的操作，从而使机器人完成复杂的作业任务。

5.4.1 柔顺控制

所谓柔顺，是指机器人的末端能够对外力的变化做出相应的响应，表现为低刚度。如果末端装置、工具或周围环境的刚度很高，那么机械手要执行与某个表面有接触的操作任务将会变得相当困难。这时，只用位置控制往往不能满足要求。为了使机器人在工作中能较好地适应工作任务的要求，常常希望机器人具有柔性，这样就需要使机器人成为柔性机器人系统。根据柔顺是否通过控制方法获得，可以将柔顺分为被动柔顺和主动柔顺，相应的控制方式称为被动交互控制和主动交互控制。

1）被动交互控制

在被动交互控制中，由于机器人固有的柔顺，机器人末端执行器的轨迹被相互作用力所修正。被动交互控制不需要力/力矩传感器，并且预设的末端执行器轨迹在执行期间也不需要改变。此外，被动柔顺结构的响应远快于利用计算机控制算法实现的主动重定位。

但是，由于被动交互控制需要对每个机器人作业都必须设计和安装一个专用的柔顺末端执行器，因此在工业应用中使用被动柔顺往往缺乏灵活性。它只能处理程序设定轨迹上小的位置和姿态偏离。此外，因为没有力的测量，被动交互控制也不能确保很大的接触力

永远不会出现。

2）主动交互控制

在主动交互控制中，机器人系统的柔顺主要通过特意设计的控制系统来获得。这种方法通常需要测量接触力和力矩，它们反馈到控制器中用于修正或在线生成机器人末端执行器的期望轨迹。

主动交互控制可以克服被动交互控制中的缺陷，但是它通常更慢、更昂贵、更复杂。要获得合理的作业执行速度和抗干扰能力，主动交互控制需要与一定程度的被动交互控制联合使用。可以看出，反馈只能在运动和力误差发生后才能产生，因此需要被动柔顺来使反作用力低于一个可以接受的阈值。

5.4.2 阻抗控制

主动柔顺控制的实现方法有两类：一类是阻抗控制，另一类是力和位置混合控制。根据柔顺性的产生方式，阻抗控制可以分为力反馈型阻抗控制、位置型阻抗控制和柔顺型阻抗控制。下面分别对这 3 种阻抗控制方式进行介绍。

1）力反馈型阻抗控制

机器人末端执行器所受的力或力矩可以通过力或力矩传感器测量出来，将测量的力信号引入位置控制系统，就构成了力反馈型阻抗控制。力反馈型阻抗控制原理图如图 5-17 所示。

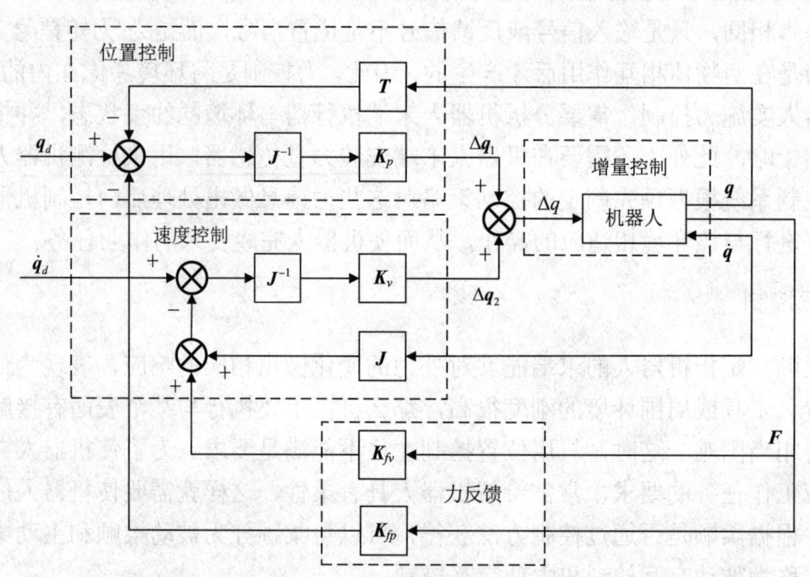

图 5-17 力反馈型阻抗控制原理图

在不考虑力反馈通道时，图 5-17 所示的系统是一个基于雅可比矩阵的增量式控制系统，由位置控制和速度控制两部分组成。位置控制部分以期望的位置 x_d 为输入，位置反馈由关节位置利用正运动学方程 T 计算获得。速度控制部分以期望的速度 $\dot{x}_d$ 为输入，速度反馈由关节位置利用雅可比矩阵计算获得。力反馈引入位置控制和速度控制后，机器人末端执行器表现出一定的柔顺性，刚度降低，并具有黏滞阻尼特性。

对于位置控制，根据图 5-17，可以计算其输出：

$$\Delta \boldsymbol{q}_1 = \boldsymbol{K}_p \boldsymbol{J}^{-1}\left[\boldsymbol{q}_d - \boldsymbol{T}(\boldsymbol{q}) - \boldsymbol{K}_{fp}\boldsymbol{F}\right] \tag{5-22}$$

式中，$\boldsymbol{F}$ 为机器人末端执行器所受的广义力，单位为 N；$\boldsymbol{K}_{fp}$ 为位置控制部分的力与位置变换系数；$\boldsymbol{K}_p$ 为位置控制系数。

速度控制部分，根据图 5-17 计算对应的输出为

$$\Delta \boldsymbol{q}_2 = \boldsymbol{K}_v \boldsymbol{J}^{-1}\left(\dot{\boldsymbol{q}}_d - \boldsymbol{J}\dot{\boldsymbol{q}} - \boldsymbol{K}_{fv}\boldsymbol{F}\right) \tag{5-23}$$

式中，$\dot{\boldsymbol{q}}$ 为关节速度矢量，单位为 m/s；$\boldsymbol{K}_{fv}$ 为速度控制部分的力与位置变换系数；$\boldsymbol{K}_v$ 为速度控制系数。

一般地，雅可比矩阵 $\boldsymbol{J}$ 是关节位置矢量的函数。在关节位置矢量的小邻域内，可以认为 $\boldsymbol{J}$ 是常量，根据速度运动学的知识，广义位置矢量 $\boldsymbol{x}$ 的微分运动量 $\mathrm{d}\boldsymbol{x}$ 与关节坐标矢量 $\boldsymbol{q}$ 的微分运动量 $\mathrm{d}\boldsymbol{q}$ 之间有如下关系：

$$\mathrm{d}\boldsymbol{x} = \boldsymbol{J}(\boldsymbol{q})\mathrm{d}\boldsymbol{q}$$

对该式求一阶导数，可得

$$\mathrm{d}\dot{\boldsymbol{q}} = \boldsymbol{J}^{-1}\left(\dot{\boldsymbol{q}}_d - \dot{\boldsymbol{q}}\right) = \boldsymbol{J}^{-1}\left(\dot{\boldsymbol{q}}_d - \boldsymbol{J}\dot{\boldsymbol{q}}\right) \tag{5-24}$$

比较式（5-23）和式（5-24）可以看出，速度控制也是以微分运动为基础的，而且是以 $\boldsymbol{J}$ 在关节位置矢量的小邻域内是常量为前提的。因此，速度控制的周期不应过长，以免使式（5-24）不成立，从而导致速度估计不准确。另外，力反馈的引入增加了机器人末端的速度控制的黏滞特性。当末端受到外力或力矩时，力反馈的引入使速度可以存在一定的偏差，从而使末端表现出柔顺性。

位置控制部分的输出 $\Delta\boldsymbol{q}_1$ 和速度控制部分的输出 $\Delta\boldsymbol{q}_2$ 相加，作为机器人的关节控制增量 $\Delta\boldsymbol{q}$，用于控制机器人的运动。因此，图 5-17 所示的力反馈型阻抗控制本质上是以位置控制为基础的。需要注意的是，对于该力反馈型阻抗控制，机器人末端的刚度在一个控制周期内是不受控制的，即机器人的末端在一个控制周期内并不具有柔顺性。

2）位置型阻抗控制

假设机器人动力学方程如下：

$$\boldsymbol{\tau} = \boldsymbol{H}\ddot{\boldsymbol{q}} + \boldsymbol{C}\boldsymbol{q} + \boldsymbol{g}(\boldsymbol{q}) \tag{5-25}$$

式中，$\boldsymbol{\tau}$ 为关节空间的力/力矩矢量；$\boldsymbol{H}$ 为机器人惯量矩阵；$\boldsymbol{C}$ 为阻尼矩阵；$\boldsymbol{g}(\boldsymbol{q})$为重力项。

位置型阻抗控制是指机器人末端没有受到外力作用时，通过位置与速度的协调而产生柔顺的控制方法，该控制方法利用位置偏差和速度偏差产生笛卡儿空间的广义控制力，转换为关节空间的力/力矩后，控制机器人的运动。位置型阻抗控制的原理如图 5-18 所示。

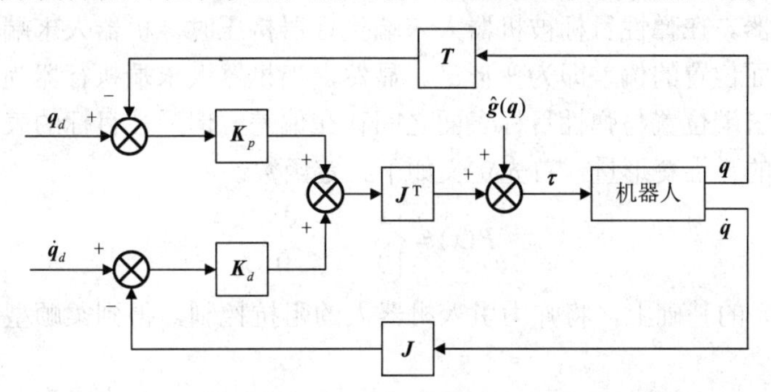

图 5-18 位置型阻抗控制原理

位置型阻抗控制的控制率为

$$\boldsymbol{\tau}=\hat{\boldsymbol{g}}(\boldsymbol{q})+\boldsymbol{J}^{\mathrm{T}}\left[\boldsymbol{K}_p(\boldsymbol{q}_d-\boldsymbol{q})+\boldsymbol{K}_d(\dot{\boldsymbol{q}}_d-\dot{\boldsymbol{q}})\right] \tag{5-26}$$

式中，$\hat{\boldsymbol{g}}(\boldsymbol{q})$为重力补偿项；$\boldsymbol{K}_p$为刚度系数矩阵；$\boldsymbol{K}_d$为阻尼系数矩阵。

将式（5-26）代入式（5-25）中，可以获得位置型阻抗控制的动力学方程：

$$\boldsymbol{H}\ddot{\boldsymbol{q}}+\boldsymbol{C}\boldsymbol{q}+\boldsymbol{g}(\boldsymbol{q})=\hat{\boldsymbol{g}}(\boldsymbol{q})+\boldsymbol{J}^{\mathrm{T}}\left[\boldsymbol{K}_p(\boldsymbol{q}_d-\boldsymbol{q})+\boldsymbol{K}_d(\dot{\boldsymbol{q}}_d-\dot{\boldsymbol{q}})\right] \tag{5-27}$$

若重力补偿项$\hat{\boldsymbol{g}}(\boldsymbol{q})$能完全补偿重力项$\boldsymbol{g}(\boldsymbol{q})$，则上述动力学方程可简化为

$$\boldsymbol{H}\ddot{\boldsymbol{q}}+\boldsymbol{C}\boldsymbol{q}=\boldsymbol{J}^{\mathrm{T}}\left[\boldsymbol{K}_p(\boldsymbol{q}_d-\boldsymbol{q})+\boldsymbol{K}_d(\dot{\boldsymbol{q}}_d-\dot{\boldsymbol{q}})\right] \tag{5-28}$$

由式（5-28）可知，当机器人的当前位置$\boldsymbol{q}$到达期望位置$\boldsymbol{q}_d$，当前速度$\dot{\boldsymbol{q}}$到达当前期望速度$\dot{\boldsymbol{q}}_d$时，$\boldsymbol{q}_d-\boldsymbol{q}=0$，$\dot{\boldsymbol{q}}_d-\dot{\boldsymbol{q}}=0$，有$\boldsymbol{H}\ddot{\boldsymbol{q}}+\boldsymbol{C}\boldsymbol{q}=0$，此时机器人各关节不再提供除重力项以外的力或力矩，机器人处于无激励的平衡状态。另外，当机器人处于奇异位置时，$\boldsymbol{J}$=0，此时机器人也处于无激励的平衡状态，但位置和速度均可能存在误差。

3）柔顺型阻抗控制

柔顺型阻抗控制是指机器人末端受到环境的外力作用时，通过位置与外力的协调而产生柔顺的控制方法。该控制方法根据环境外力、位置偏差和速度偏差产生笛卡儿空间的广义控制力，转换为关节空间的力或力矩后，控制机器人的运动。与位置型阻抗控制相比，柔顺型阻抗控制只是在笛卡儿空间的广义控制力中增加了环境力，其控制原理如图 5-19 所示。

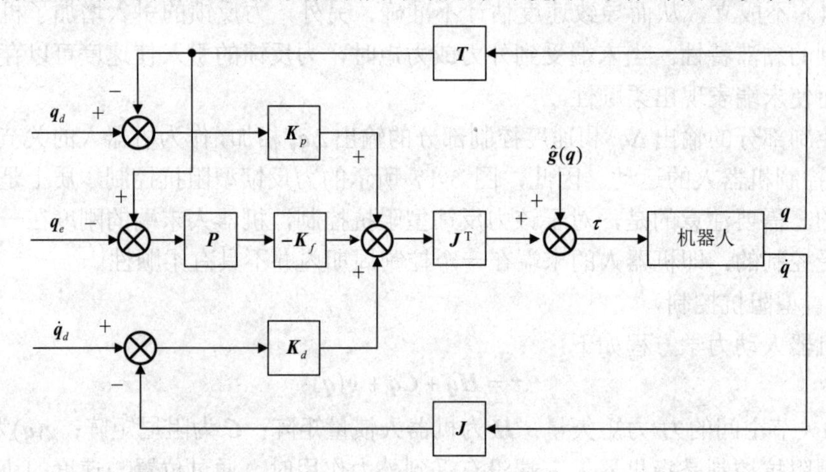

图 5-19　柔顺型阻抗控制原理

当机器人的末端执行器接触弹性目标时，目标会由于弹性变形而产生弹力，作用于机器人的末端执行器。在弹性目标被机器人末端执行器挤压时，机器人末端执行器位置与弹性目标原来的表面位置的偏差即为变形量。显然，当机器人末端执行器尚未达到弹性目标时，虽然机器人末端位置与弹性目标表面之间存在偏差，但弹性目标的表面变形量为零。为便于描述目标的弹性变形量，首先定义如下正定函数：

$$\boldsymbol{P}(x)=\begin{cases}x & x>0\\ 0 & x\leqslant 0\end{cases} \tag{5-29}$$

在式（5-26）的基础上，将弹力引入机器人的阻抗控制，得到柔顺型阻抗控制的控制率如下：

$$\boldsymbol{\tau}=\hat{\boldsymbol{g}}(\boldsymbol{q})+\boldsymbol{J}^{\mathrm{T}}\left[\boldsymbol{K}_p(\boldsymbol{q}_d-\boldsymbol{q})+\boldsymbol{K}_d(\dot{\boldsymbol{q}}_d-\dot{\boldsymbol{q}})-\boldsymbol{K}_f\boldsymbol{P}(\boldsymbol{q}-\boldsymbol{q}_e)\right] \tag{5-30}$$

式中，$\boldsymbol{K}_f$ 为环境系数矩阵；$\boldsymbol{q}_e$ 为弹性目标表面原来的位置，单位为 m。

将式（5-30）代入式（5-25）中，若重力补偿项 $\hat{\boldsymbol{g}}(\boldsymbol{q})$ 能完全补偿重力项 $\boldsymbol{g}(\boldsymbol{q})$，则上述动力学方程简化为

$$\boldsymbol{H}\ddot{\boldsymbol{q}}+\boldsymbol{C}\boldsymbol{q}=\boldsymbol{J}^{\mathrm{T}}\left[\boldsymbol{K}_p(\boldsymbol{q}_d-\boldsymbol{q})+\boldsymbol{K}_d(\dot{\boldsymbol{q}}_d-\dot{\boldsymbol{q}})-\boldsymbol{K}_f\boldsymbol{P}(\boldsymbol{q}-\boldsymbol{q}_e)\right] \tag{5-31}$$

由式（5-31）可知，当机器人的当前位置 $\boldsymbol{q}$ 到达期望位置 $\boldsymbol{q}_d$，当前速度 $\dot{\boldsymbol{q}}$ 到达当前期望速度 $\dot{\boldsymbol{q}}_d$，弹性目标物无变形时 $\boldsymbol{q}_d-\boldsymbol{q}=0$，$\dot{\boldsymbol{q}}_d-\dot{\boldsymbol{q}}=0$，$\boldsymbol{q}-\boldsymbol{q}_e=0$，有 $\boldsymbol{H}\ddot{\boldsymbol{q}}+\boldsymbol{C}\boldsymbol{q}=0$，此时机器人各关节不再提供除重力项以外的力或力矩，机器人处于无激励的平衡状态。与位置型阻抗控制类似，当机器人处于奇异位置时，$\boldsymbol{J}$=0，此时机器人也处于无激励的平衡状态，但位置和速度均可能存在误差，弹性目标也可能存在变形。

5.4.3　力/位混合控制

按末端执行器是否与外界发生接触，可以把机器人的运动分为两类：一类是不受任何约束的自由空间运动，对应于前文描述的运动过程中不与外界接触的机器人，如用于喷漆、焊接、搬运等作业的机器人，这类机器人的运动控制可以通过位置控制来完成；另一类是末端受自由度限制的运动，或者末端执行器需与作业对象保持给定大小的力，对应前文运动过程中需要与环境或作业对象表面接触的机器人，如用于打磨、切削、装配等作业的机器人，这类机器人在运动控制中必须考虑末端与外界环境之间的作用力。由于机器人本体和环境的非理想化，无法消除误差的存在，单纯位置控制下的机器人在用于第二类运动的机器人控制时将不可避免地产生环境接触力，太大的作用力可能损坏机器人及其加工工件，为解决这一问题，可以在位置控制的基础上引入力控制环，即通过力/位混合控制实现第二类机器人的控制。

力/位混合控制的特点是力和位置是独立控制的以及控制规律是以关节坐标给出的。力/位混合控制将任务空间划分成两个正交互补的子空间，即力控制子空间和位置控制子空间，在力控制子空间应用力控制策略进行力控制，在位置控制子空间应用位置控制策略进行位置控制。力/位混合控制的核心思想是分别用不同的控制策略对力和位置直接进行控制，即首先通过选择矩阵确定当前接触点的力控和位控方向，然后应用力反馈信息和位置反馈信息分别在力控制回路中和位置控制回路中进行闭环控制，最终在受限运动中实现力和位置的同时控制。力/位混合控制的基本原理图如图 5-20 所示。图中，$\boldsymbol{S}$ 为选择矩阵，用来表示约束坐标系下的力控方向；$\boldsymbol{I}$ 为单位矩阵，用来表示位控方向。

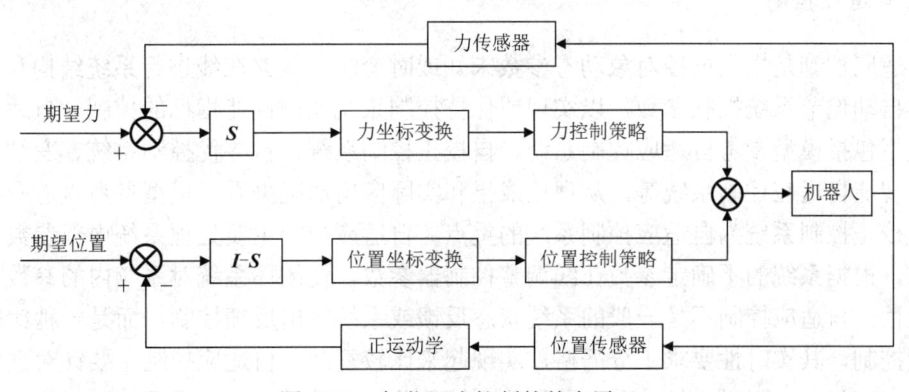

图 5-20　力/位混合控制的基本原理

5.5　工业机器人先进控制

从本质上讲，工业机器人是十分复杂的MIMO非线性系统，其工作过程中普遍存在参数变化、摩擦、环境外干扰、测量误差、参数估计误差等具有不确定性的影响因素，使系统具有时变、强耦合和非线性的动力学特征，给控制带来了极大的困难。由于测量和建模做不到十分精确，再加上不确定性因素的干扰和影响，机器人精确的、完整的运动模型是难以建立的，传统基于被控对象精确模型的控制方法缺乏灵活性和应变能力，在处理这些不确定性问题时往往存在控制精度低、运动平稳性差、鲁棒性差等问题，难以获得理想的控制效果。现代工业的快速发展，对工业机器人的控制精度和抗干扰能力等控制品质提出了更高的要求，因此，针对机器人非线性和不确定性等特点的控制策略的研究成为工业机器人研究中的重点和难点问题。

5.5.1　常用非线性控制策略

近年来，随着控制技术的发展，针对工业机器人系统多变量、非线性、强耦合以及不确定性的控制特性，被广泛关注的控制策略主要包括以下几种。

1. 鲁棒控制

鲁棒性是指系统在一定程度的不确定条件下，包括一定程度的参数摄动和未建模动态下，能够保持稳定性、渐进调节和动态性能品质的特性，具有鲁棒性的控制称为鲁棒控制。鲁棒控制理论包括鲁棒分析和鲁棒控制器设计两类问题，问题处理的关键在于对系统标称模型和不确定性模型的综合考虑。现代鲁棒控制以H_∞控制、无源化控制及L_2增益分析等理论为代表。对于线性系统，鲁棒控制的典型代表是H_∞控制理论与μ控制理论，前者针对单一摄动问题，采用里卡蒂（Riccati）方程或线性矩阵不等式（linear matrix inequality，LMI）等求解；后者考虑多摄动问题，采用D-K递推设计法或参数摄动抽出法求解。对于非线性系统，鲁棒控制器的设计主要基于无源性的概念，借用干扰抑制的思想，通过求解汉密尔顿-雅可比-艾萨克（Hamilton-Jacobi-Isaacs，HJI）不等式的方式，H_∞也可用于非线性问题的处理。

2. 自适应控制

自适应控制是指当被控对象动态参数未知或时变时，能够在线进行系统结构和参数的辨识并自动调节系统控制参数，以实现或保持控制系统期望性能指标的控制。自适应控制系统类型包括模型参考自适应控制系统、自校正控制系统、自寻优控制系统、变结构控制系统和智能自适应控制系统等，从理论成果和实际应用情况来看，模型参考自适应控制系统和自校正控制系统为自适应控制系统的重点。自适应控制主要处理系统内部参数不确定性问题，根据系统的不确定参数在线调整控制器参数，使闭环系统对系统内的参数变化具有适应性。自适应控制不是一般的系统状态反馈或系统输出反馈控制，而是一种比较复杂的反馈控制，其实时性要求十分严格，实现起来比较复杂。自适应控制主要针对系统的参数不确定性问题，而对系统的非参数不确定性的鲁棒性较差，如外界环境强干扰、强模型化误差、系统本身的固有特性等，自适应控制难以保证系统的稳定性，一般与其他控制策略结合使用。

3. 变结构控制

变结构控制（variable structure control，VSC），顾名思义，是一种系统结构不固定的控制，其本质上是一类特殊的非线性控制，非线性表现为控制的不连续性。变结构控制也称滑动模态控制（sliding mode control，SMC），与其他控制策略的不同之处在于，在动态过程中可以根据系统偏差等当前状态有目的地不断变化，从而迫使系统按照预定的滑动模态状态轨迹运动。在滑动模态变结构控制中，滑动模态是可设计的，且与控制对象的参数及扰动无关，因此具备以下主要优点：①对系统参数的时变规律、非线性程度及外界干扰等不需要精确的数学模型，只要知道其变化范围，就能对系统进行精确的轨迹跟踪控制；②控制器设计对系统内部的耦合不必进行专门解耦，因为设计过程本身就是解耦过程，所以在 MIMO 系统中多个控制器设计可按各自的独立系统进行，其参数选择也并不十分严格；③变结构控制系统进入滑动状态后，它对系统参数及扰动变化反应迟钝，始终沿着设定滑线运动，因此具有很强的鲁棒性；④控制系统快速性好，计算量小，实时性强，非常适用于机器人控制。

该方法最大的缺点是当系统状态轨迹到达滑模面后会在滑模面两侧频繁切换，从而导致系统产生抖振现象。抖振对控制系统而言是一种有害现象，它会导致控制系统出现不稳定、控制精度低、机械结构磨损等问题，因此滑模控制在应用研究中的关键在于抖振问题的处理。滑动模态变结构控制的一般性结构如图 5-21 所示。

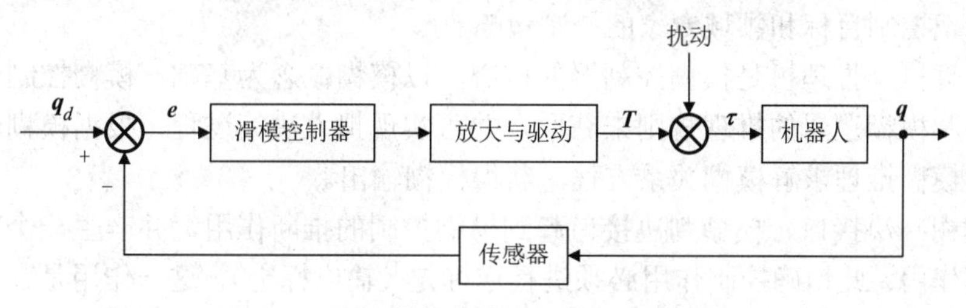

图 5-21　滑动模态变结构控制的一般性结构

5.5.2　智能控制策略

从现有的研究成果和实际工程应用情况来看，前述控制策略各有优缺点，无法找到一种控制策略彻底解决机器人的控制问题。当前，机器人研究逐渐进入智能化阶段，相应地，智能控制策略也越来越受到关注与重视。智能控制的思路是设计一个控制器（或系统），使之具有学习、抽象、推理、决策等功能，并能根据环境信息的变化做出适应性反应，从而完成原本由人来完成的任务，即在模拟人的感知基础上进行的控制。在智能控制策略中，模糊控制（fuzzy control，FC）和神经网络控制（neural network control，NNC）是应用较为广泛的两种算法，以下对这两种智能控制算法作简要介绍。

1. 模糊控制

模糊控制是以模糊数学为基础，由模糊集合论、模糊语言和模糊逻辑推理组成的控制方法，其实质是将专家经验和知识转换成模糊规则，根据模糊推理和模糊决策实现控制目标的非线性控制。模糊控制方法不依赖于系统模型，具有稳定性好、鲁棒性高、抗干扰能力强的优点，控制器是基于语言决策规则设计的，模拟人类思维，易于理解、设计简单、可操作性强。

模糊控制系统的基本结构如图 5-22 所示。其中，模糊控制器由模糊化接口、知识库、推理机和模糊判决接口 4 个基本单元组成。

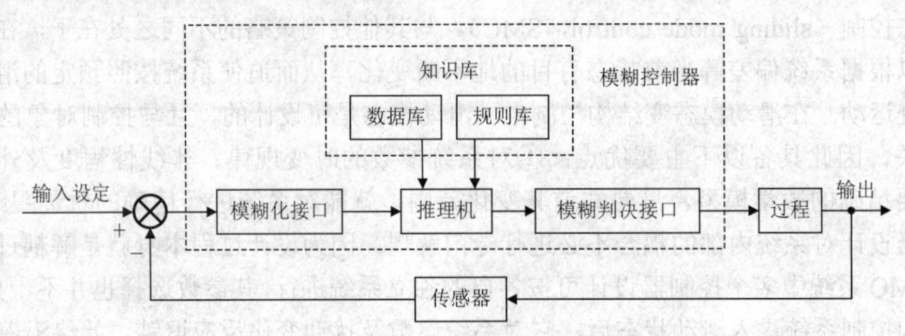

图 5-22 模糊控制系统的基本结构

（1）模糊化接口。模糊化接口测量输入变量（输入设定）和受控系统的输出变量，并把它们映射到一个合适的响应论域（研究对象构成的非空集合）的量，然后精确的输入数据被变换为适当的语言值或模糊集合的标识符。模糊化接口可视为模糊集合的标记。

（2）知识库。知识库涉及应用领域和控制目标的相关知识，它由数据库和模糊语言控制规则库组成，数据库为语言控制规则的论域离散化和隶属度函数提供必要的定义，语言控制规则标记控制目标和领域专家的控制策略。

（3）推理机。推理机是模糊控制器的核心，以模糊概念为基础，模糊控制信息可以通过模糊蕴涵和模糊逻辑的推理规则来获取，并可实现拟人决策过程，根据模糊输入和模糊控制规则，模糊推理求解模糊关系方程，获得模糊输出。

（4）模糊判决接口。模糊判决接口起到模糊控制的推断作用，并产生一个精确的或非模糊的控制作用；此精确控制作用必须进行逆标定（输出标定），这一作用是在对受控过程进行控制之前通过量程变换来实现的。

2. 神经网络控制

神经网络控制是利用神经网络进行控制的方法。神经网络具有强大的自学习、自适应和非线性映射能力，在控制系统中的作用是：识别近似被控对象、直接控制、优化控制算法、作为估计器或观察器对模型进行估计推理。基于这些功能与作用，神经网络越来越广泛地应用于控制领域的各个方面，可以较好地解决具有不确定性、严重非线性、时变和滞后特征的复杂系统的建模和控制问题。

得益于神经网络的一些控制特性和能力，神经网络控制能够解决那些其他控制算法或控制规则难以处理的控制问题，这些控制特性和能力主要包括以下内容。

（1）采用并行分布信息处理方式，具有很强的容错性。神经网络具有高度并行结构和并行实现能力，因而具有较快的总体处理能力和较好的容错能力，这特别适用于实时控制过程。

（2）神经网络的本质是非线性映射，它可以逼近任何非线性函数，这一特性给非线性控制问题带来了新的希望。

（3）通过对训练样本的学习，可以处理难以用模型或规则描述的过程和系统。由于神经网络是根据系统过去的历史数据进行训练的，一个经过适当训练的神经网络具有归纳全部数据的能力。

习　题

5-1　工业机器人控制系统由哪几部分组成？

5-2　工业机器人控制系统有哪些基本功能？

5-3　简述工业机器人的常用控制结构及具体内容。

5-4　点位控制和连续轨迹控制有什么区别？举例说明这两种控制方式在工业上的应用。

5-5　工业机器人分别在什么场合实施位置、力/力矩控制？

第6章 工业机器人轨迹规划

轨迹规划（trajectory planning）是指根据作业任务的要求，确定轨迹参数并实时计算和生成运动轨迹，它是工业机器人控制的依据，所有控制的目的都在于精确实现所规划的运动。

本章在操作臂运动学和动力学的基础上，讨论在关节空间和笛卡儿空间中机器人运动的轨迹规划和轨迹生成方法。首先，描述机器人轨迹的含义，明确轨迹和路径两个概念的区别；其次，提出轨迹规划的一般性问题，说明轨迹生成的方式；最后，具体介绍轨迹规划方法和关节轨迹插值算法。

6.1 工业机器人轨迹规划概述

6.1.1 工业机器人轨迹的概念

工业机器人轨迹是指工业机器人在工作过程中的运动轨迹，即运动点的位移、速度和加速度。在机器人学中，轨迹容易与路径相混淆，这是两个不同的概念。路径定义为机器人位形的一个特定序列，而不考虑机器人位形的时间因素；而轨迹强调时间性，与机器人何时达到路径中的每个部分有关。轨迹与路径的区别在于是否引入时间变量。

机器人在作业空间要完成给定的任务，其手部运动必须按一定的轨迹进行。规划是一种问题求解方法，即从某个特定问题的初始状态出发，构造一系列操作步骤（或算子），以达到求解的目标状态。机器人的轨迹规划是指根据机器人作业任务的要求（作业规划），对机器人末端操作器在工作过程中位姿变化的路径、取向及其变化速度和加速度进行人为设定。在轨迹规划中，需根据机器人所完成的作业任务要求，给定机器人末端操作器的初始状态、目标状态及路径所经过的有限个给定点，对于没有给定的路径区间则必须选择关节插值函数，生成不同的轨迹。

工业机器人轨迹规划属于机器人低层次规划，基本上不涉及人工智能的问题，本章仅讨论在关节空间或笛卡儿空间中工业机器人运动的轨迹规划和轨迹生成方法。机器人运动轨迹的描述一般是对其手部位姿的描述，此位姿值可与关节变量相互转换。控制轨迹也就是按时间控制手部或工具中心走过的空间路径。

6.1.2 轨迹规划的一般性问题

通常将操作臂的运动看作是工具坐标系$\{T\}$相对于工件坐标系$\{S\}$的一系列运动。这种描述方法既适用于各种操作臂，也适用于同一操作臂上装夹的各种工具。对于移动工作台（如传送带），这种方法同样适用。这时，工件坐标位姿随时间而变化。例如，图6-1所示的搬运机器人将箱体放入输送链中的作业可以借助工具坐标系的一系列位姿 $P_i(i=1,2,\cdots,n)$ 来描述。这种描述方法不仅符合机器人用户考虑问题的思路，而且有利于描述和生成机器人的运动轨迹。

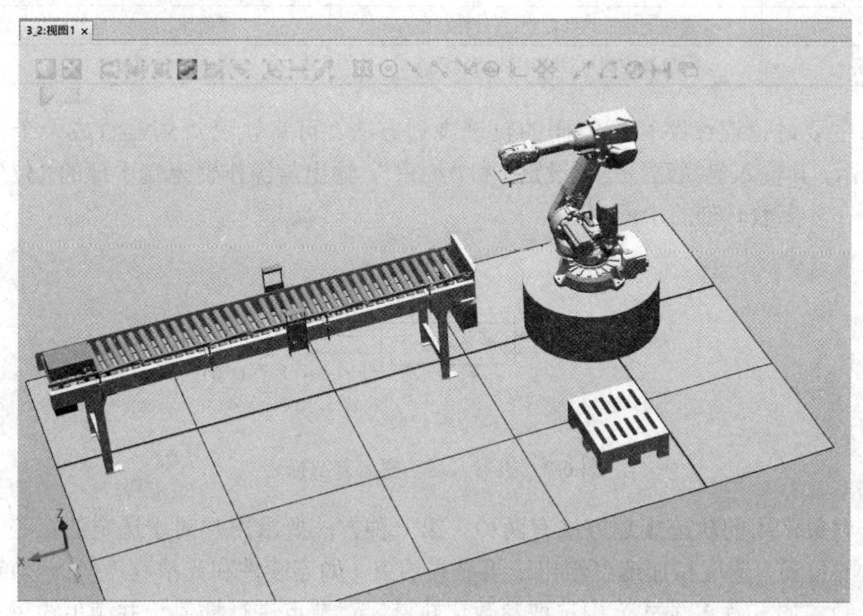

图 6-1　机器人将箱体放入输送链中的作业描述

用工具坐标系相对于工件坐标系的运动来描述作业路径是一种通用的作业描述方法。它把作业路径描述与具体的机器人、手爪或工具分离开来，形成了模型化的作业描述方法，从而使这种描述既适用于不同的机器人，也适用于在同一机器人上装夹不同规格的工具。在轨迹规划中，为叙述方便，也常用点来表示机器人的状态，或用点来表示工具坐标系的位姿，如起始点、终止点就分别表示工具坐标系的起始位姿及终止位姿。

对点位作业（pick and place operation）的机器人（如用于上、下料），需要描述它的起始状态和目标状态，即工具坐标系的起始值$\{T_0\}$和目标值$\{T_f\}$。在此，用“点”这个词表示工具坐标系的位姿。对于另外一些作业，如弧焊和曲面加工等，不仅要规定操作臂的起始点和终止点，而且要指明两点之间的若干中间点（路径点）沿哪些特定的路径运动（路径约束）。这时，运动轨迹除了位姿约束外，还存在着各路径点之间的时间分配问题。例如，在规定路径的同时，还必须给出两个路径点之间的运动时间。

机器人的运动应当平稳，不平稳的运动将加剧机械部件的磨损，并导致机器人的振动和冲击。为此，要求所选择的机器人运动轨迹描述函数必须是连续的，而且它的一阶导数（速度），甚至二阶导数（加速度）也应该连续。轨迹规划既可以在关节空间中进行，也可以在直角坐标空间中进行。在关节空间中进行轨迹规划是指将所有的关节变量表示为时间的函数，用这些关节函数及其一阶、二阶导数描述机器人预期的运动；在直角坐标空间中进行轨迹规划是指将手爪位姿、速度和加速度表示为时间的函数，而相应的关节位置、速度和加速度由手爪信息导出。在规划机器人的运动时，还需要弄清楚在其路径上是否存在障碍物（障碍约束）。路径约束和障碍约束的组合将机器人的规划与控制方式划分为 4 类，如表 6-1 所示。

表 6-1　机器人的规划与控制方式

路径约束	障碍约束	
	有	无
有	离线无碰撞路径规则+在线路径跟踪	离线路径规划+在线路径跟踪
无	位置控制+在线障碍探测和避障	位置控制

本章主要讨论连续路径无障碍的轨迹规划方法。可将轨迹规划器看成一个黑箱，如图 6-2 所示，其输入包括路径的“设定”和“约束”，输出是操作臂末端手部的“位姿序列”，表示手部在各离散时刻的中间形位。

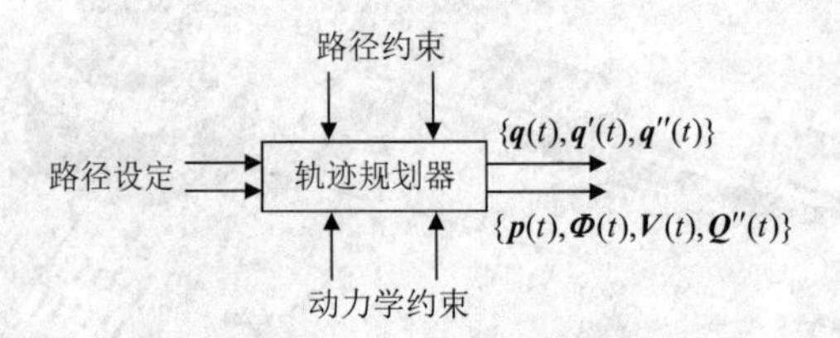

图 6-2　机器人运动规划方法描述

操作臂最常用的轨迹规划方法有两种。第一种方法要求用户对于选定的轨迹节点（插值点）上的位姿、速度和加速度给出一组显式约束（如连续性和光滑程度等），轨迹规划器从一类函数（如 n 次多项式）中选取参数化轨迹，对节点进行插值，并满足约束条件。第二种方法要求用户给出运动路径的解析式。轨迹规划器在关节空间或直角坐标空间中确定一条轨迹来逼近预定的路径。

在第一种方法中，约束的设定和轨迹规划均在关节空间进行。由于对操作臂手部（直角坐标形位）没有施加任何约束，用户很难弄清手部的实际路径，因此可能会发生与障碍物相碰。第二种方法的路径约束是在直角坐标空间中给定的，而关节驱动器是在关节空间中受控的。因此，为了得到与给定路径十分接近的轨迹，首先必须采用某种函数逼近的方法将直角坐标路径约束转化为关节坐标路径约束，然后确定满足关节路径约束的参数化路径。

6.1.3　轨迹的生成方式

机器人的运动轨迹描述机器人的位姿随时间的变化，而轨迹是指机器人手臂关节在运动过程中的位移、速度以及加速度。运动轨迹的描述或生成有以下几种方式。

（1）示教-再现运动，这种运动由人手把手示教机器人，定时记录各关节变量，得到沿路径运动时各关节的位移时间函数 $q(t)$，再现时，按内存中记录的各点的值产生序列动作。

（2）关节空间运动，这种运动直接在关节空间中进行，由于动力学参数及其极限值直接在关节空间里描述，因此用这种方式求最短时间运动很方便。

（3）空间直线运动，这是一种直角空间中的运动，它便于描述空间操作，计算量小，适宜简单的作业。

（4）空间曲线运动，这是一种在描述空间中用明确的函数表达的运动，如圆周运动、螺旋运动等。

工业机器人比较常见的运动轨迹生成方式是示教-再现运动方式。对于有规律的轨迹，根据几个特征点，计算机就能利用插补算法（interpolation algorithm）获得中间点的坐标。插补算法是指沿着规定的轮廓，在轮廓的起点和终点之间确定若干个中间点的方法，即“插入”“补上”运动中间点的坐标，实质上是完成数据点的密化工作。

6.1.4　轨迹规划涉及的主要问题

轨迹规划是根据给定的任务要求，计算出机器人预期的运动轨迹。由于不平滑的运动会加剧机械部件的磨损，并导致机器人的振动和冲击，因此机器人各关节的期望运动是平滑的。为此，要定义一个连续的且具有一阶导数的光滑函数，有时还希望二阶导数也是连续的。

为了描述一个完整的作业，往往需要将运动进行组合。通常这种规划涉及以下几方面的问题。

（1）对工作对象及作业进行描述，用示教方法给出轨迹上的若干个节点。

（2）用一条轨迹通过或逼近节点，此轨迹可按一定的原则优化，如加速度平滑得到直角空间的位移时间函数 $X(t)$ 或关节空间的位移时间函数 $q(t)$；在节点之间如何进行插补，即根据轨迹表达式在每一个采样周期实时计算轨迹上点的位姿和各关节变量的值。

（3）以上生成了轨迹机器人位置控制的给定值，可以据此并根据机器人的动态参数设计一定的控制规律。

（4）规划机器人的运动轨迹时，尚需明确其路径上是否存在障碍约束的组合。

机器人轨迹规划的要求是能够实现在关节空间的点到点插补和在笛卡儿空间的直线、圆弧插补。有了这些基本的插补算法就可以拟合出所需要的复杂空间轨迹，配合运动学正、反解算法就可以生成控制器所需要的控制序列。

6.2　轨迹规划的基本知识

6.2.1　关节空间和笛卡儿空间

机器人的轨迹规划可以在关节空间中进行，也可以在笛卡儿空间中进行，作为轨迹规划的基本知识，首先要明确以下两种空间的概念。

1）关节空间

对于一个具有 n 个自由度的机器人来说，它所有的连杆位置可由一组 n 个关节变量来确定，这样的一组变量通常称为 $n \times 1$ 的关节矢量，所有关节矢量组成的空间称为关节空间。

2）笛卡儿空间

笛卡儿坐标系：相交于原点的两条数轴，构成了平面放射坐标系，如果两条数轴上的度量单位相等，则称此放射坐标系为笛卡儿坐标系。两条数轴相互垂直的笛卡儿坐标系，称为笛卡儿直角坐标系，否则称为笛卡儿斜坐标系。

空间笛卡儿坐标系：相交于原点的 3 条不共面的数轴构成空间的放射坐标系，3 条数轴上度量单位相等的放射坐标系称为空间笛卡儿坐标系，3 条坐标轴互相垂直的笛卡儿坐标系称为空间笛卡儿直角坐标系，简称为空间直角坐标系，否则称为空间笛卡儿斜角坐标系。路径规划中最常用的是空间笛卡儿直角坐标系，即空间直角坐标系。

笛卡儿空间：笛卡儿空间是指位置是在空间相互正交的轴上定位的，且姿态是按照空间描述规定的方法测量的空间，有时也称为任务空间或操作空间，一般简单地理解成空间直角坐标系。

在关节空间进行轨迹规划时，一般是将关节变量表示成时间的函数，并规划它的一阶和二阶时间导数；在笛卡儿空间中进行规划时，一般是将机器人手臂关节位移、速度和加速度表示为时间的函数，而相应的关节位移、速度和加速度由机器人手臂关节的信息导出，通常通过反复求解逆运动方程来计算关节角。

6.2.2 插补方式分类

轨迹规划技术有两种典型的作业：点位（PTP）控制和连续轨迹（CP）控制。

PTP 控制一般没有路径约束，多以关节坐标运动来表示。PTP 控制只要求满足起、终点位姿，在轨迹中间只有关节的几何限制、最大速度和加速度约束；在保证运动连续、速度连续和各轴协调的情况下，CP 控制需要路径约束，因此要对路径进行设计。

路径控制与插补方式分类如表 6-2 所示。

表 6-2 路径控制与插补方式分类

路径控制	不插补	关节插补（平滑）	空间插补
PTP	① 各轴独立快速到达； ② 各关节最大加速度限制	① 各轴协调运动定时插补； ② 用关节最大加速度限制	—
CP	—	① 在空间插补点之间进行关节定时插补； ② 用关节的低阶多项式拟合空间直线使各轴协调运动； ③ 各关节最大加速度限制	① 直线、圆弧、曲线等距插补； ② 起停线速度、线加速度给定，各关节速度、加速度限制

6.2.3 机器人轨迹控制过程

机器人的基本操作方式是示教-再现，即首先教机器人如何做，机器人记住了这个过程，然后可以根据需要重复这个动作。在操作过程中，不可能把空间轨迹的所有点都示教一遍使机器人记住，这样太烦琐，也浪费很多计算机内存。实际上，对于有规律的轨迹，仅示教几个特征点，计算机就能利用插补算法获得中间点的坐标，如直线需要示教 2 点，圆弧需要示教 3 点。由这些点的坐标通过机器人逆向运动学算法求出机器人各关节的位置和角度（$\theta_1,\theta_2,\cdots,\theta_n$），然后由后面的角位置闭环控制系统实现要求的轨迹上的位姿。继续插补并重复上述过程，从而实现要求的轨迹。机器人轨迹控制过程如图 6-3 所示。

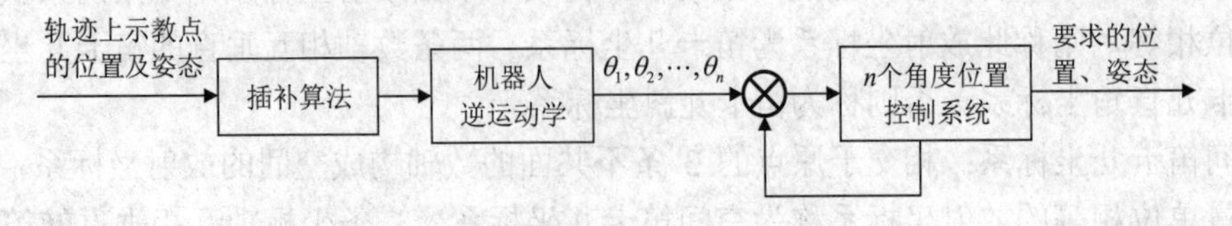

图 6-3 机器人轨迹控制过程

6.3　关节空间轨迹规划

在关节空间中进行轨迹规划，需要给定机器人在起始点、终止点手臂的位姿。对关节进行插值时，需满足如下约束条件。

（1）已知手臂关节运动的初始位置、移动方位、目标位置等路径点上的位移、速度、加速度的要求。

（2）各关节的位移、速度、加速度在整个时间间隔内是连续的。

（3）各极值必须在各个关节变量的容许范围之内。

在满足约束条件的前提下，可以选取不同类型的关节插值函数生成不同的轨迹。

6.3.1　三次多项式插值

考虑机械手末端在一定时间内从初始位置和方位移动到目标位置和方位的普遍性问题，相比于起始点的关节角度是已知的，终止点的关节角度可以通过逆运动学计算得到。因此，运动轨迹的描述可用经过起始点关节角度与终止点关节角度的一个平滑插值函数 $\theta(t)$ 来表示。$\theta(t)$ 在 $t_0=0$ 时刻的值是起始关节角度 θ_0，在终止时刻 t_f 的值是终止关节角度 θ_f。显然，满足这个条件的光滑函数有许多条，如图 6-4 所示。

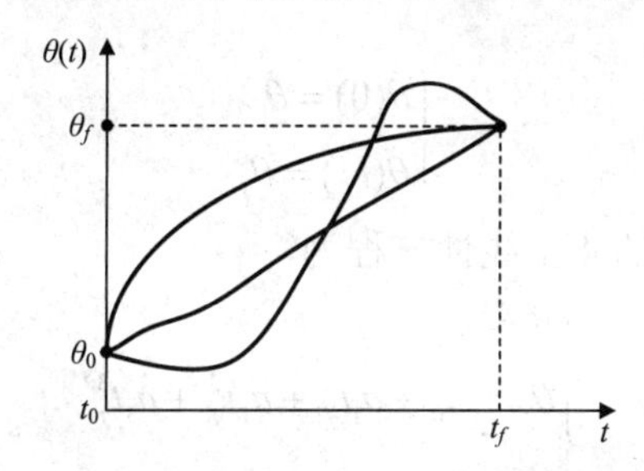

图 6-4　单个关节的不同轨迹曲线

为获得一条确定的光滑曲线，实现关节的平稳运动，至少需要对轨迹函数 $\theta(t)$ 施加 4 个约束条件，其中两个约束条件是起始点和终止点对应的关节角度：

$$\begin{cases}\theta(0)=\theta_0\\ \theta(t_f)=\theta_f\end{cases} \tag{6-1}$$

另外两个约束条件需要保证关节速度函数的连续性，即在起始点和终止点的关节速度要求。一般情况下规定：

$$\begin{cases}\dot{\theta}(0)=0\\ \dot{\theta}(t_f)=0\end{cases} \tag{6-2}$$

上述 4 个约束条件中，式（6-1）和式（6-2）唯一地确定了一个如下形式的三次多项式：

$$\theta_t=a_0+a_1t+a_2t^2+a_3t^3 \tag{6-3}$$

对应于该运动轨迹上的关节速度和加速度函数为

$$\begin{cases}\dot{\theta}_t=a_1+2a_2t+3a_3t^2\\ \ddot{\theta}_t=2a_2+6a_3t\end{cases} \tag{6-4}$$

将约束条件式（6-1）和式（6-2）代入式（6-3）和式（6-4），可以得到关于系数a_0、a_1、a_2、a_3的4个线性方程：

$$\begin{cases}\theta_0 = a_0 \\ \theta_f = a_0 + a_1 t_f + a_2 t_f^2 + a_3 t_f^3 \\ \dot{\theta}_0 = a_1 \\ \dot{\theta}_f = a_1 + 2a_2 t_f + 3a_3 t_f^2\end{cases} \tag{6-5}$$

求解上述方程组可得系数为

$$\begin{cases}a_0 = \theta_0 \\ a_1 = \dot{\theta}_0 \\ a_2 = \dfrac{3}{t_f^2}(\theta_f - \theta_0) \\ a_3 = -\dfrac{2}{t_f^3}(\theta_f - \theta_0)\end{cases} \tag{6-6}$$

由式（6-6）可以在起始关节速度和终止关节速度为零的条件下，求出从任何起始位置到终止位置的运动轨迹。

在起始点和终止点关节速度不为零的情况下，三次多项式插值求解过程同上，首先将约束条件式（6-2）改为

$$\begin{cases}\dot{\theta}(0) = \dot{\theta}_0 \\ \dot{\theta}(t_f) = \dot{\theta}_f\end{cases} \tag{6-7}$$

关于系数a_0、a_1、a_2、a_3的4个线性方程为

$$\begin{cases}\theta_0 = a_0 \\ \theta_f = a_0 + a_1 t_f + a_2 t_f^2 + a_3 t_f^3 \\ \dot{\theta}_0 = a_1 \\ \dot{\theta}_f = a_1 + 2a_2 t_f + 3a_3 t_f^2\end{cases} \tag{6-8}$$

求解上述方程组可得系数为

$$\begin{cases}a_0 = \theta_0 \\ a_1 = \dot{\theta}_0 \\ a_2 = \dfrac{3}{t_f^2}(\theta_f - \theta_0) - \dfrac{2}{t}\dot{\theta}_0 - \dfrac{1}{t_f}\dot{\theta}_f \\ a_3 = -\dfrac{2}{t_f^3}(\theta_f - \theta_0) + \dfrac{1}{t_f^2}(\dot{\theta}_0 + \dot{\theta}_f)\end{cases} \tag{6-9}$$

由式（6-9）确定的三次多项式描述了起始点和终止点具有任意给定位置和速度的运动轨迹，是式（6-6）的推广，将式（6-9）代入式（6-3）和式（6-4）即可求出机器人关节的位移、速度和加速度。

6.3.2 过路径点的三次多项式插值

一般情况下，要想规划过路径点的轨迹，机器人作业除了在起始点和终止点有位置和

姿态要求外，在中间路径点处也同样有位置和姿态要求，如图 6-5 所示。

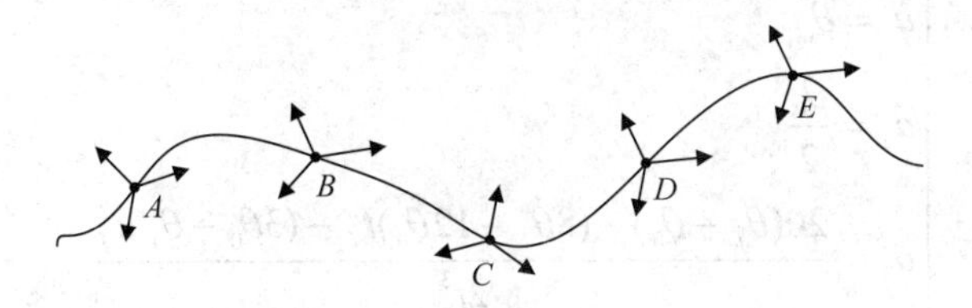

图 6-5　机器人作业路径点

如果机器人关节在路径点停留，则各路径点上的速度为 0；如果只是经过路径点，并不停留，则各路径点上的速度不为 0。这两种情况分别可以用式（6-2）和式（6-7）所示初值情况下的三次多项式插值的方法求解。

实际上，可以把所有路径点看作起始点或终止点，如果在每个路径点处均有期望的关节速度，那么可以将式（6-9）应用到每个曲线段来求出所需的三次多项式。

在更一般的情况下，包含许多中间点的机器人轨迹也可以用多个三次多项式表示，可将相邻的两个路径点构成一个区间，每个区间都可以用一个三次多项式表示，一个三次多项式有 4 个未知量。如果有 n 个子区间，那么未知量个数有 $4n$ 个，因为每个区间两个端点的函数值是事先指定的，所以有 $2n$ 个约束；$n-1$ 个中间点处的一阶和二阶导数，即速度和加速度连续，则又有 $2(n-1)$ 个约束，此时，总约束个数为 $4n-2$；对于机器人轨迹规划问题，唯一确定三次多项式函数所需的另外两个约束来自起始点和终止点的速度要求，一般情况下该速度为 0，此时，总约束条件为 $4n$ 个，三次多项式函数被唯一确定。

6.3.3　高阶多项式插值

若对于运动轨迹的要求更加严格，相应的约束条件也会增加，那么三次多项式就不能满足需要，需要用更高阶的多项式对运动轨迹段进行插值。例如，如果要确定路径段起始点和终止点的位移、速度和加速度，则需要用一个五次多项式进行插值，即

$$\theta_t = a_0 + a_1 t + a_2 t^2 + a_3 t^3 + a_4 t^4 + a_5 t^5 \tag{6-10}$$

约束条件有 6 个，包括关节在起始点和终止点的位移、速度和加速度，其中，加速度约束的引入是为了保证机构的平稳运行。约束条件的表达式为

$$\begin{cases} \theta_0 = a_0 \\ \theta_f = a_0 + a_1 t_f + a_2 t_f^2 + a_3 t_f^3 + a_4 t_f^4 + a_5 t_f^5 \\ \dot{\theta}_0 = a_1 \\ \dot{\theta}_f = a_1 + 2a_2 t_f + 3a_3 t_f^2 + 4a_4 t_f^3 + 5a_5 t_f^4 \\ \ddot{\theta}_0 = 2a_2 \\ \ddot{\theta}_f = 2a_2 + 6a_3 t_f + 12a_4 t_f^2 + 20a_5 t_f^3 \end{cases} \tag{6-11}$$

这些约束条件确定了一个具有 6 个方程和 6 个未知数的线性方程组，求解可得

$$
\begin{cases}
a_0 = \theta_0 \\
a_1 = \dot{\theta}_0 \\
a_2 = \dfrac{\ddot{\theta}_0}{2} \\
a_3 = \dfrac{20(\theta_f - \theta_0) - (8\dot{\theta}_f + 12\dot{\theta}_0)t_f - (3\ddot{\theta}_0 - \ddot{\theta}_f)t_f^2}{2t_f^3} \\
a_4 = \dfrac{30(\theta_0 - \theta_f) - (14\dot{\theta}_f + 16\dot{\theta}_0)t_f - (3\ddot{\theta}_0 - 2\ddot{\theta}_f)t_f^2}{2t_f^4} \\
a_5 = \dfrac{12(\theta_f - \theta_0) - 6(\dot{\theta}_f + \dot{\theta}_0)t_f - (\ddot{\theta}_0 - \ddot{\theta}_f)t_f^2}{2t_f^5}
\end{cases}
\tag{6-12}
$$

对于一个途经多个给定数据点的轨迹来说，可用多种算法来求解描述该轨迹的光滑函数（多项式或其他函数），本书中不再进行介绍。

6.3.4 用抛物线过渡的线性插值

在关节空间轨迹规划中，对于给定起始点和终止点的情况，选择线性插值函数是最为简单的，如图 6-6 所示。然而，单纯的线性插值会导致起始点和终止点的关节运动速度不连续，且会产生无穷大的加速度，从而给两端点造成刚性冲击。

为此，考虑在线性插值两端邻域内增加一段抛物线型缓冲区段，即利用抛物线与直线连接，如图 6-7 所示。由于抛物线对时间的二阶导数为常数，即在相应区段内加速度恒定，以此保证起始点和终止点速度的平滑过渡，因此整个轨迹上的位置和速度是连续的。

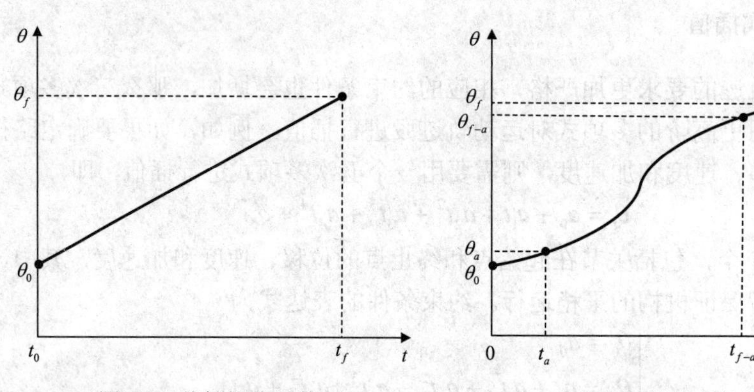

图 6-6　线性插值函数　　图 6-7　抛物线过渡的线性插值函数

设两端的抛物线具有相同的持续时间 t_a，具有大小相同而符号相反的恒加速度 $\ddot{\theta}$。这种路径规划存在多个解，其轨迹不唯一，如图 6-8 所示；但是每条路径都对称于时间中点 t_h 和位置中点 θ_h。

要保证路径轨迹的连续性和光滑性，即要求抛物线轨迹的终点速度必须等于线性段的速度，而整个线性段内速度是常值，则可以得到以下关系：

$$
\dot{\theta} = \frac{\theta_h - \theta_a}{t_h - t_a} \tag{6-13}
$$

$$\ddot{\theta} = \frac{\dot{\theta}}{t_a} \tag{6-14}$$

式中，θ_a 为对应于 t_a 时刻的角度值；$\ddot{\theta}$ 为拟合段的加速度值；$\dot{\theta}$ 为线性段的速度值。θ_a 的值可以按下式求出：

$$\theta_a = \theta_0 + \frac{1}{2}\ddot{\theta}t_a^2 \tag{6-15}$$

设关节从起始点到终止点的总运动时间为 t_f，则有 $t_f = 2t_h$，且有

$$\theta_h = \frac{1}{2}\left(\theta_f + \theta_0\right) \tag{6-16}$$

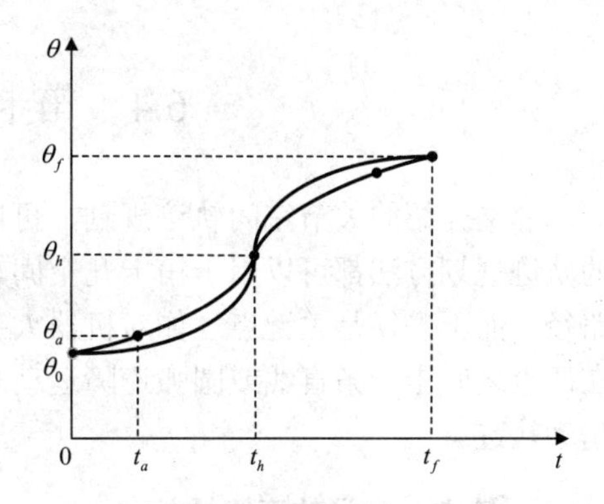

图 6-8　轨迹的多解性和对称性

由式（6-13）～式（6-16）可得

$$\ddot{\theta}t_a^2 - \ddot{\theta}t_f t_a + (\theta_f - \theta_0) = 0 \tag{6-17}$$

式中，θ_f 为对应于时间 t_f 的关节角度。

一般情况下，θ_0、θ_f、t_f 是已知条件，根据式（6-17）选择相应的 $\ddot{\theta}$ 和 t_a，就可以得到相应的轨迹。通常的做法是先选定加速度 $\ddot{\theta}$ 的值，然后按照式（6-17）求出相应的 t_a：

$$t_a = \frac{t_f}{2} - \frac{\sqrt{\ddot{\theta}^2 t_f^2 - 4\ddot{\theta}(\theta_f - \theta_0)}}{2\ddot{\theta}} \tag{6-18}$$

由式（6-18）可知，为保证 t_a 有解，加速度 $\ddot{\theta}$ 的值必须选得足够大，即

$$\ddot{\theta} \geqslant \frac{4(\theta_f - \theta_0)}{t_f^2} \tag{6-19}$$

当式（6-19）中的等号成立时，轨迹线段的长度缩减为零，整个轨迹由两个过渡域组成，这两个过渡域在衔接处的斜率（关节速度）相等。加速度 $\ddot{\theta}$ 的取值越大，过渡域的长度就越短，若加速度趋于无穷大，轨迹又复归到简单的线性插值情况。

线性函数与两段抛物线函数平滑地衔接在一起形成的轨迹称为带有抛物线过渡域的线性轨迹。如图 6-9 所示，某关节在运动中设有 n 个点，其中 5 个相邻的路径点表示为 $\theta_1, \theta_2, \cdots, \theta_5$，每两个相邻的路径点之间都以线性函数相连，而所有的路径点附近都用抛物线过渡。需要指出的是，在实际应用中，虽然各路径段采用抛物线过渡域的线性函数，但是机器人的运动关节并不能真正到达那些路径点，即使选取的加速度充分大，实际路径也只是十分接近理想路径点。

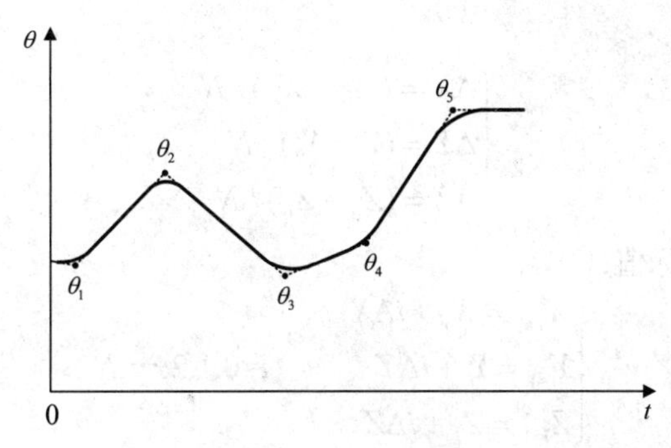

图 6-9　多段带有抛物线过渡域的线性插值轨迹

6.4 笛卡儿空间轨迹规划

前文介绍的关节空间轨迹规划，可以保证运动轨迹经过给定的路径点。用于关节空间的轨迹规划方法都可以用于笛卡儿空间轨迹规划。要关心机器人手臂在笛卡儿空间的整个路径，而不仅仅是关键点，如对机器人手臂关节的轨迹形状也有一定要求，例如，要求它在两点之间走一条直线或圆弧避障运动时，就需要在笛卡儿空间内规划机器人手臂关节的运动轨迹。

6.4.1 笛卡儿空间的直线插补

直线插补和圆弧插补都是机器人系统中的基本插补算法。对于非直线和圆弧轨迹，可以采用直线或圆弧逼近，以实现这些轨迹。空间直线插补是在已知该直线始末两点的位置和姿态的条件下，求各轨迹中间点（插补点）的位置和姿态。由于在大多数情况下，机器人沿直线运动时其姿态不变，因此无姿态插补，即保持第一个示教点时的姿态。当然在有些情况下要求变化姿态，这就需要姿态插补，可以仿照下面介绍的位姿插补原理处理，也可以参照圆弧的姿态插补方法解决，如图 6-10 所示。已知直线始末两点的坐标值 $P_0(X_0,Y_0,Z_0)$、$P_e(X_e,Y_e,Z_e)$ 及姿态，其中 P_0、P_e 是相对于基坐标系的位置。这些已知的位置和姿态通常是通过示教方式得到的。设 v 为要求的沿直线运动的速度，t_s 为插补时间间隔。

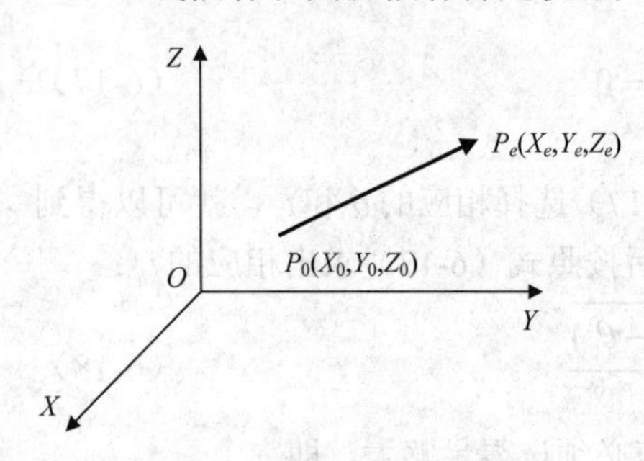

图 6-10 空间直线插补

（1）求出两点之间线段长度：

$$L=\sqrt{(X_e-X_0)^2+(Y_e-Y_0)^2+(Z_e-Z_0)^2} \tag{6-20}$$

（2）计算插补步数 N：

$$N=\begin{cases}\dfrac{L}{d} & \dfrac{L}{d}\text{为整数}\\ \operatorname{int}\left(\dfrac{L}{d}\right)+1 & \dfrac{L}{d}\text{为非整数}\end{cases} \tag{6-21}$$

式中，d（$d=vt_s$）为 t_s 间隔内的行程。

（3）计算插补增量：

$$\begin{cases}\Delta X=(X_e-X_0)/N\\ \Delta Y=(Y_e-Y_0)/N\\ \Delta Z=(Z_e-Z_0)/N\end{cases} \tag{6-22}$$

（4）求各插补点坐标值：

$$\begin{cases}X_{i+1}=X_i+i\Delta X\\ Y_{i+1}=Y_i+i\Delta Y\\ Z_{i+1}=Z_i+i\Delta Z\end{cases}\qquad i=0,1,2,\cdots,N \tag{6-23}$$

从插补求解步骤中可以看出，两个插补点之间的距离正比于要求解的运动速度，只有插补点之间的距离足够小，才能满足一定的轨迹控制精度要求。

6.4.2　笛卡儿空间的平面圆弧插补

平面圆弧是指圆弧平面与基坐标系的三大平面之一重合，下面以 XOY 平面圆弧为例介绍平面圆弧插补。图 6-11 和图 6-12 所示为不在一条直线上的 3 个点 P_1、P_2、P_3 以及这 3 个点对应的机器人手端的姿态。

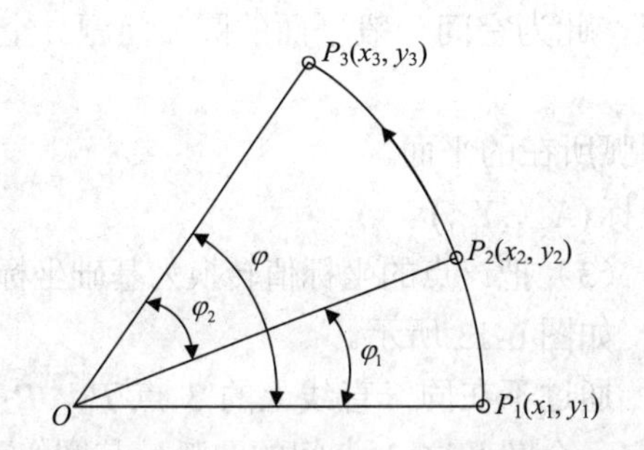

图 6-11　由已知的 3 个点 P_1、P_2、P_3 决定的圆弧

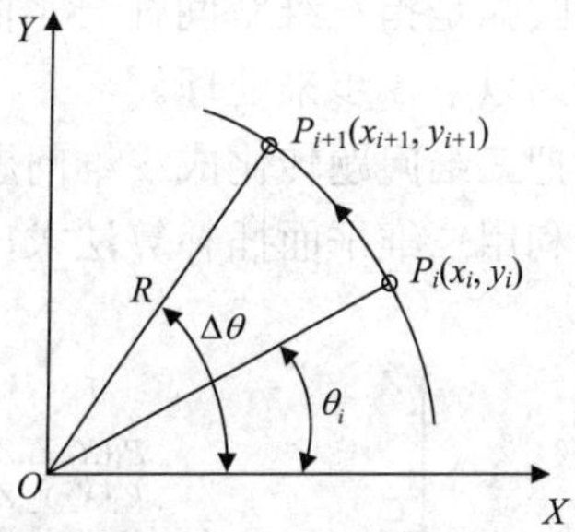

图 6-12　圆弧插补

设 v 为沿圆弧运动的速度；t_s 为插补时间间隔。类似直线插补情况可计算出以下值。

（1）由 P_1、P_2、P_3 确定圆心坐标 (x_0, y_0)，求解关系式为

$$(x_1 - x_0)^2 + (y_1 - y_0)^2 = (x_2 - x_0)^2 + (y_2 - y_0)^2 = (x_3 - x_0)^2 + (y_3 - y_0)^2 \tag{6-24}$$

（2）圆弧半径 R 为

$$R = \sqrt{(x_1 - x_0)^2 + (y_1 - y_0)^2} \tag{6-25}$$

（3）求总的圆心角 $\varphi = \varphi_1 + \varphi_2$，即

$$\begin{cases} \varphi_1 = \cos^{-1}\left\{\left[(x_2 - x_1)^2 + (y_2 - y_1)^2 - 2R^2\right] \Big| 2R^2\right\} \\ \varphi_2 = \cos^{-1}\left\{\left[(x_3 - x_2)^2 + (y_3 - y_2)^2 - 2R^2\right] \Big| 2R^2\right\} \end{cases} \tag{6-26}$$

（4）计算在 t_s 时间内的角位移增量 $\Delta\varphi$：

$$\Delta\varphi = \frac{vt_s}{R} \tag{6-27}$$

（5）计算总插补步数：

$$N = \begin{cases} \dfrac{\varphi}{\Delta\varphi} & \dfrac{\varphi}{\Delta\varphi}\text{为整数} \\ \operatorname{int}\left(\dfrac{\varphi}{\Delta\varphi}\right) + 1 & \dfrac{\varphi}{\Delta\varphi}\text{为非整数} \end{cases} \tag{6-28}$$

（6）计算插补点位置：对 P_{i+1} 点的坐标，有

$$x_{i+1} = R\cos(\theta_i + \Delta\theta) = R\cos\theta_i \cos\Delta\theta - R\sin\theta_i \sin\Delta\theta = x_i \cos\Delta\theta - y_i \sin\Delta\theta$$

式中，$x_i = R\cos\theta_i$；$y_i = R\sin\theta_i$。

同理，有

$$y_{i+1} = R\sin(\theta_i + \Delta\theta) = R\sin\theta_i \cos\Delta\theta + R\cos\theta_i \sin\Delta\theta = y_i \cos\Delta\theta + x_i \sin\Delta\theta$$

由$\theta_{i+1}=\theta_i+\Delta\theta$可判断是否到插补终点。若$\theta_{i+1}\leqslant\varphi$，则继续插补下去；当$\theta_{i+1}>\varphi$时，则修正最后一步的步长$\Delta\theta$，并以$\Delta\theta'$表示，$\Delta\theta'=\varphi-\theta_i$，故平面圆弧位置插补为

$$\begin{cases} x_{i+1}=x_i\cos\Delta\theta-y_i\sin\Delta\theta \\ y_{i+1}=y_i\cos\Delta\theta+x_i\sin\Delta\theta \\ \theta_{i+1}=\theta_i+\Delta\theta \end{cases} \tag{6-29}$$

6.4.3 笛卡儿空间的空间圆弧插补

空间圆弧是指三维空间任一平面内的圆弧，此为空间一般平面的圆弧问题。空间圆弧插补可分为以下 3 步来处理。

（1）把三维问题转化成二维问题，找出圆弧所在的平面。

（2）利用二维平面插补算法求出插补点坐标(X_{i+1},Y_{i+1})。

（3）把该点的坐标值转换为基础坐标系下的值，如图 6-13 所示。

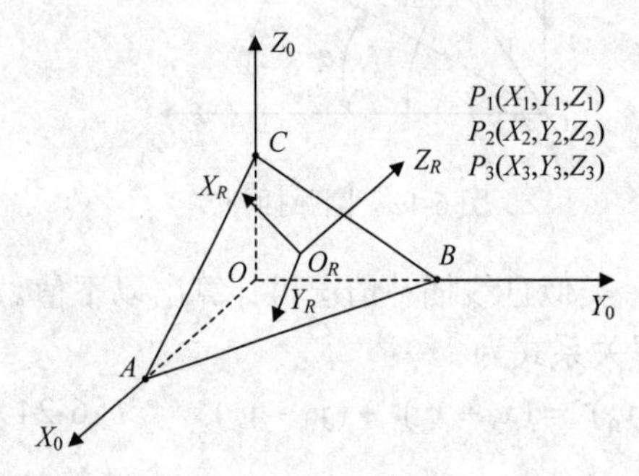

图 6-13 基础坐标与空间圆弧平面的关系

通过不在同一直线上的 3 点 P_1、P_2、P_3 可确定一个圆及这 3 点间的圆弧，其圆心为O_R，半径为 R，圆弧所在平面与基础坐标系平面的交线分别为 AB、BC、CA。

建立圆弧平面插补坐标系，即把$\{O_R:X_RY_RZ_R\}$坐标系原点与圆心O_R重合，设$\{O_R:X_RY_RZ_R\}$平面为圆弧所在平面，且保持Z_R为外法线方向。这样，一个三维问题就转化成平面问题了，可以应用平面圆弧插补的结论。

求解图 6-13 所示坐标系的转换矩阵，令$\boldsymbol{T}_R$表示由圆弧坐标系$\{O_R:X_R,Y_R,Z_R\}$至基础坐标系$\{O_0:X_0,Y_0,Z_0\}$的转换矩阵。若Z_R轴与基轴坐标系Z_0轴的夹角为α，X_R轴与基轴坐标系X_0轴的夹角为θ，则可完成下述步骤：①将$\{O_R:X_R,Y_R,Z_R\}$的原点O_R放到基础原点O上；②绕Z_R轴旋转θ角，使X_0与X_R平行；③再绕X_R轴旋转α角，使Z_0与Z_R平行。这 3 步完成了从$\{O_R:X_R,Y_R,Z_R\}$向$\{O_0:X_0,Y_0,Z_0\}$的转换，故总转换矩阵应为

$$\boldsymbol{T}_R=T(X_{O_R},Y_{O_R},Z_{O_R})R(Z,\theta)R(X,\alpha)=\begin{bmatrix} \mathrm{c}\theta & -\mathrm{s}\theta\mathrm{c}\theta & \mathrm{s}\theta\mathrm{c}\theta & X_{O_R} \\ \mathrm{s}\theta & \mathrm{c}\theta\mathrm{c}\alpha & -\mathrm{c}\theta\mathrm{s}\alpha & Y_{O_R} \\ 0 & \mathrm{s}\alpha & \mathrm{c}\alpha & Z_{O_R} \\ 0 & 0 & 0 & 1 \end{bmatrix} \tag{6-30}$$

欲将基础坐标系的坐标值表示在$\{O_R:X_RY_RZ_R\}$坐标系中，则要用到$\boldsymbol{T}_R$的逆矩阵：

$$\boldsymbol{T}_R^{-1}=\begin{bmatrix} \mathrm{c}\theta & \mathrm{s}\theta & 0 & -(X_{O_R}\mathrm{c}\theta+Y_{O_R}\mathrm{s}\theta) \\ -\mathrm{s}\theta\mathrm{c}\theta & \mathrm{c}\theta\mathrm{c}\alpha & \mathrm{s}\alpha & -(X_{O_R}\mathrm{s}\theta\mathrm{c}\theta+Y_{O_R}\mathrm{c}\theta\mathrm{c}\alpha+Z_{O_R}\mathrm{s}\alpha) \\ \mathrm{s}\theta\mathrm{s}\alpha & -\mathrm{c}\theta\mathrm{s}\alpha & \mathrm{c}\alpha & -(X_{O_R}\mathrm{s}\theta\mathrm{s}\alpha+Y_{O_R}\mathrm{c}\theta\mathrm{s}\alpha+Z_{O_R}\mathrm{c}\alpha) \\ 0 & 0 & 0 & 1 \end{bmatrix} \tag{6-31}$$

式中，X_{O_R}、Y_{O_R}、Z_{O_R}为圆心O_R在基础坐标系下的坐标值；$\mathrm{s}\theta=\sin\theta$；$\mathrm{c}\theta=\cos\theta$；$\mathrm{s}\alpha=\sin\alpha$；$\mathrm{c}\alpha=\cos\alpha$。

习　题

6-1　什么是轨迹规划？轨迹规划在不同控制方式下各在什么坐标空间中进行？

6-2　点位控制和连续轨迹控制下的轨迹规划分别如何实现？

6-3　一个六关节机器人沿着一条三次曲线通过两个中间点并停止在目标点，需要计算几个不同的三次曲线？描述这些三次曲线需要存储多少个系数？

6-4　一个具有旋转关节的单杆机器人，处于静止状态时，$\theta=15°$。期望在 3s 内平滑地运动关节角至 $\theta=75°$。求出满足该运动的一个三次多项式的系数，并且使操作臂在目标位置为静止状态。画出关节的位置、速度和加速度随时间变化的函数曲线，并用抛物线与直线组合的方法进行规划并绘出得到的路径。持续时间 t_b 与加速度 $\ddot{\theta}$ 自选。

6-5　已知一条三次样条曲线轨迹 $\theta(t)=10+5t+70t^2-45t^3$，在从 $t=0$ 到 $t=1$ 的时间区间求其起始点和终止点的位置、速度和加速度。

6-6　一个单连杆转动关节机器人静止在关节角 $\theta=-5°$ 处，希望在 4s 内平滑地将关节转动到 $\theta=80°$。求出完成此运动并且使操作臂停在目标点的三次曲线的系数。画出关节的位置速度和加速度随时间变化的函数曲线。

6-7　平面 2R 机械手的两连杆长为 1m，要求从 $(x_0,y_0)=(1.96,\ 0.50)$ 移至 $(x_i,y_i)=(1.00,\ 0.75)$，起始和终止位置速度和加速度均为零，求出每个关节的三次多项式的系数。

6-8　某机器人关节初始状态为 $\theta_0=0°$，$\dot{\theta}_0=0°/\mathrm{s}$，$\ddot{\theta}_0=0°/\mathrm{s}^2$，试用一个五次多项式设计该关节的运动轨迹，使其在 5s 内由初始位置运动到终止状态：$\theta_f=65°$，$\dot{\theta}_f=-0°/\mathrm{s}$，$\ddot{\theta}_f=-15°/\mathrm{s}^2$。

6-9　设某机器人的一个转动关节在执行一项作业时要求从 $\theta_0=10°$ 处由静止状态平稳运动到 $\theta_f=70°$ 处，且运动结束时关节速度为 0，作业时间为 5s。试设计一条带有抛物线过渡的线性轨迹。

第7章 工业机器人语言与编程

伴随着工业机器人的发展，其编程技术也得到了不断的发展和完善，成为机器人技术的一个重要组成部分。机器人的功能除了依靠其硬件支撑外，还需要通过编程赋予其思维，让机器人依据程序指令实现规定的动作和功能。早期的机器人由于功能单一，动作简单，可采用固定程序或示教方式来控制机器人的运动。随着机器人作业动作的多样化和作业环境的复杂化，依靠固定程序或示教方式不能完全满足要求，需要依靠能适应作业和环境变化的机器人语言编程来完成机器人的目标任务。

机器人语言种类繁多，而且不断有新的编程语言出现。因为机器人功能不断拓展，需要新的语言来支撑其相应的功能。由于多种原因，机器人公司的编程语言都不相同，例如，KUKA 公司的机器人编程语言称为 KUKA 机器人语言（KUKA robot language，KRL），ABB 公司的机器人编程语言称为 RAPID 语言，Staubli 公司、FANUC 公司等都有专用的编程语言，从这一角度讲，现阶段机器人的程序还不具备通用性。不同的编程语言在程序格式、命令形式、编辑操作上有所区别，但其程序的结构、命令的功能及程序编制的基本方法类似，掌握了一种机器人的编程方法，其他机器人的编程方法也较为容易掌握。

7.1 工业机器人编程方式

工业机器人的编程方式可以分为示教编程、离线编程和自主编程 3 种。示教编程简单直接，主要应用在早期机器人上面；离线编程技术随着计算机技术的发展而应用越来越广泛，在精度等方面展现了其优越性；自主编程是随着传感技术、人工智能（artificial intelligence，AI）技术的发展而产生的，处于起步阶段，尚未得到广泛应用。当前，上述 3 种编程方式中，主流的机器人编程方法是示教编程和离线编程两种。

7.1.1 示教编程

早期的机器人编程大都采用示教编程方法，而且它仍是目前工业机器人使用最普遍的方法，采用这种方法时，程序编制是在机器人现场进行的。要实现工业机器人特定的连贯动作，可以先将连贯动作拆分成机器人关键动作序列，称为动作节点。通过了解工业机器人的硬件可以知道，其关节的伺服传感器可以实时检测机器人所处的姿态，这样便可以得到在线编程的思路：将机器人调整到第 1 个动作节点，让机器人存储这个动作节点的位姿，再调整到第 2 个动作节点并记录位姿，以此类推，直至动作结束。示教编程机器人控制系统的工作原理如图 7-1 所示。

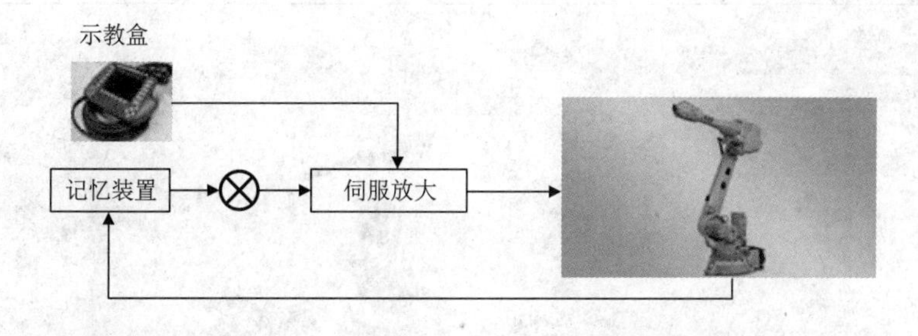

图 7-1　示教编程机器人控制系统工作原理

示教编程可分为“手把手”示教编程和示教器示教编程两种，具体如下。

1.“手把手”示教编程

“手把手”示教编程的完整过程是：操作人员利用示教手柄引导末端执行器经过所要求的位置，由传感器检测出机器人各关节处的坐标值，并由控制系统记录、存储，然后实际工作时，由机器人的控制系统重复再现示教过的轨迹和操作。

“手把手”示教编程在技术上简单直接，示教过后即可马上应用，而且成本低廉，主要应用在电子技术不够发达的早期工业机器人上面。“手把手”示教编程有以下几个不可避免的缺点：①要求操作人员有较多经验，且人工操作繁重；②难以操作大型和高减速比的工业机器人；③位置不精确，更难以实现精确的路径控制；④示教轨迹重复性差。

2. 示教器示教编程

示教器示教编程是指操作人员通过示教器，手动控制机器人的关节运动，使机器人运动到预定的位置，同时将该位置进行记录，并传递到机器人的控制器中，之后机器人根据指令自动重复该运动的编程方式。

在示教器中，每一个关节都对应示教盒上的一对按钮，可分别控制该关节在两个方向上的运动，有时它还可以提供附加的最大允许速度控制。虽然为了获得最高的运行效率，人们一直希望工业机器人能实现多关节合成运动，但在示教器示教编程方式下很难实现多关节同时移动。

示教器示教编程一般用于对大型机器人或危险作业条件下的工业机器人进行示教，但其仍然沿用在线编程的思路。示教器示教编程主要存在以下几个缺点：①难以获得高的控制精度；②难以与其他操作同步；③有一定的危险性。

7.1.2　离线编程

目前，工业机器人绝大多数的轨迹、位置和方向可使用离线编程系统生成，机器人离线编程可分为基于文本的编程和基于图形的编程两类。

基于文本的编程（如早期的 POWER 语言）是一种机器人专用语言，这种编程方法缺少可视性，在现实应用中基本不采用。基于图形的编程是利用计算机图形学的研究成果，建立起计算机及其工作环境的几何模型，并利用计算机语言及相关算法，通过对图形的控制和操作，在离线情况下进行机器人作业轨迹的规划。基于图形的编程软件系统界面如图 7-2 所示。

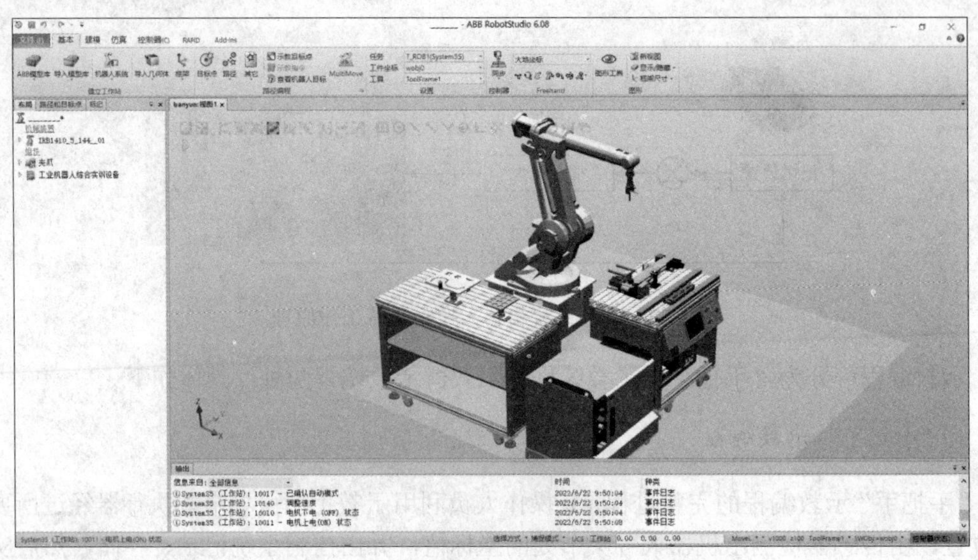

图 7-2　基于图形的编程软件系统界面

离线编程具有以下几个优点：①以前完成的过程或子程序可结合到待编的程序中，对于不同的工作目的，只需要替换一部分特定的程序即可；②可通过传感器检测外部信息，实现基于传感器的自动规划功能；③程序易于修改，适合中、小批量的生产要求；④能够实现多台机器人和外围辅助设备的示教和协调。

7.2　工业机器人编程语言概述

通用性是工业机器人的主要特点之一，使机器人具有可编程能力是实现这一特点的重要手段，机器人编程必然涉及机器人编程语言。机器人编程语言是使用符号来描述机器人动作的方法。它通过对机器人动作的描述，使机器人按照程序员的意图完成各种动作。

7.2.1　工业机器人的编程要求

1. 能够建立世界模型

在进行机器人编程时，需要一种描述物体在三维空间内运动的方式。因此，需要给机器人及其相关物体建立一个基础坐标系，这个坐标系是在大地上建立的，因此又称为世界坐标系。机器人工作时，为了方便起见，也会建立其他坐标系，并同时建立这些坐标系与基础坐标系的变换关系。机器人编程系统应具有在各种坐标系下描述物体位姿和建模的能力。

2. 能够描述机器人的作业

机器人作业的描述与其环境模型密切相关，编程语言水平决定了描述水平。机器人语言需要给出作业顺序，由语法和词法定义输入语句，并由它描述整个作业。例如，装配作业可描述为世界模型的系列状态，这些状态可由工作空间内所有物体的位姿给定，这些位姿也可以利用物体间的空间关系来说明。

3. 能够描述机器人的运动

描述机器人需要进行的运动是机器人编程语言的基本功能之一。用户能够运用语言中的运动语句，与路径规划器和发生器连接，允许用户规定路径上的点及目标点，决定是否采用点插补运动或笛卡儿直线运动。用户还可以控制运动速度或运动持续时间。对于简单的运动语句，大多数编程语言具有相似的语法。

4. 允许用户规定执行流程

与一般的计算机编程语言一样，机器人编程系统允许用户规定执行流程，包括试验和转移、循环、调用子程序、中断等。通常需要某种传感器来监控不同的过程，通过中断或登记通信，机器人系统能够反映由传感器检测到的一些事件。

5. 要有良好的编程环境

一个良好的编程环境有助于提高程序员的工作效率。机械手的程序编制比较困难，其编程趋向于试探对话式。如果用户忙于应付连续重复的编译语言的编辑-编译-执行循环，那么其工作效率必然低下。因此，现在大多数机器人编程语言含有中断功能，以便能够在程序开发和调试过程中每次只执行单独一条语句。

6. 需要人-机接口和综合传感信号

在编程和作业过程中，人与机器人之间进行信息交换应便利，以便运动出现故障时能及时处理，确保安全。而且，随着作业环境和作业内容复杂程度的增加，需要有功能强大的人-机接口。

机器人语言的一个极其重要的部分是与传感器的相互作用。语言系统应能提供一般的决策机构，以便根据传感器的信息来控制程序的流程。

7.2.2　机器人编程语言的特征与特性

机器人编程语言包括语言本身和处理系统，更像是一个计算机系统，包括硬件、软件和被控设备。机器人编程语言系统的组成如图 7-3 所示，图中箭头表示信息流向。机器人语言的所有指令均通过控制机经过程序编译、解释后发出控制信号；控制机一方面向机器人发出运动控制信号，另一方面向外围设备发出控制信号；周围环境（机器人作业空间内的作业对象位姿及作业对象之间的相互关系）通过感知系统把环境信息通过控制机反馈给指令。

机器人编程语言一直以 3 种方式发展着：一是产生一种全新的语言；二是对老版本语言（指计算机通用语言）进行修改或增加一些语法规则；三是在原计算机编程语言中增加新的子程序。因此，机器人编程语言与计算机编程语言有着密切的关系，它也应有一般程序语言所应具有的特征与特性。

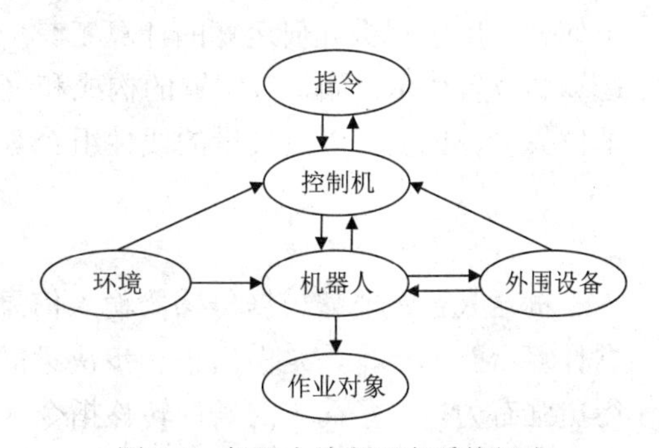

图 7-3　机器人编程语言系统组成

机器人编程语言是人与机器人之间的一种记录信息或交换信息的程序语言，是一种专用语言，用符号描述机器人的动作，它提供了一种方式来解决人-机通信问题。机器人编程语言具有实时系统、三维空间的运动系统、良好的人-机接口、实际的运动系统等特征。机器人编程语言的特性如下。

（1）简易性和通用性。机器人编程语言在开发过程中，应自始至终考虑程序设计语言的简易性和通用性。一般结构化程序设计技术和数据结构，可减轻对特定指令的要求，坐标变换可令表达运动更一般化；而子句的运用可极大地提高基本运动语句的通用性。

（2）程序结构的清晰性。结构化程序设计技术的引入（如用 while、do、if、then、else 这种类似自然语言的语句代替简单的 goto 语句），可使程序结构清晰明了，但需要更长的学习时间。

（3）应用的自然性。正是由于应用自然性特性的要求，机器人语言逐渐增加各种功能，并由低级向高级发展。

（4）易扩展性。从技术不断发展的观点来讲，各种机器人语言须既要满足各自机器人的需要，又能在扩展后满足未来新应用领域以及传感设备改进的需要。

（5）调试和外部支持工具。此特性保证程序能快速有效地进行修改。一般情况下，已商品化的较低级别的语言有着非常丰富的调试手段，而结构化程序设计在其设计过程中也始终考虑到离线编程环境。

（6）效率。编程语言的效率取决于编程的容易性，即编程效率和语言适应新硬件环境的能力。

7.2.3 机器人编程语言的基本功能

机器人编程语言的基本功能包括运算、决策、通信、机械手运动、工具指令及传感器数据处理等。大部分正在运行的机器人系统，只提供机械手运动和工具指令以及某些简单的传感器数据处理功能。机器人语言体现出来的基本功能都是由机器人系统软件支持形成的。

1. 运算

在作业过程中执行的规定运算能力是机器人控制系统最重要的能力之一。如果机器人未安装任何传感器，有可能不需要对机器人程序规定某些运算。没有传感器的机器人只不过是一台适合编程的数控机器。对于装有传感器的机器人而言，所进行的最有用的运算是解析几何运算。这些运算结果能使机器人自行做出决定，决定在下一步将工具或夹持器置于何处。用于解析几何运算的计算工具应包括下列内容：①机械手解答及逆解答；②坐标运算和位置表示，如相对位置的构成和坐标的变化等；③矢量运算，如点积、交积、长度、单位矢量、比例尺以及矢量的线性组合等。

2. 决策

机器人系统能够根据传感器输入信息直接做出决策，而不必执行任何运算。传感器数据计算得到的结果，是做出下一步决策的基础。这种决策能力使机器人控制系统的功能变得更强有力。一条简单的条件转移指令（如校验零值）便足以执行任何决策运算。

3. 通信

机器人系统与操作人员之间的通信能力，允许机器人要求操作人员提供信息，告诉操作人员下一步该干什么，以及让操作人员知道机器人打算干什么。人和机器人之间能够通过许多方式进行通信。

机器人向人提供信息的设备，按其复杂程度排列如下：①信号灯（通过 LED 机器人能够给出显示信号）；②字符打印机、显示器；③绘图仪；④语言合成器或其他音响设备（如扬声器）。

人向机器人提供信息的输入设备如下：①按钮、乒乓开关、旋钮和指压开关；②数字或字母数字键盘；③光笔、光标指示器和数字变换板；④远距离操控主控装置（如悬挂式操作台）；⑤光学字符阅读器。

4. 机械手运动

机械手的运动可用许多方法来规定。最简单的方法是向各关节伺服装置提供一组关节位置，然后等待伺服装置到达这些规定位置。比较复杂的方法是在机械手工作空间内插入一些中间位置。更先进的方法是用与机械手的形状无关的坐标来表示工具位置，它需要用一台计算机对解答进行计算。

采用计算机之后，极大地提高了机械手的工作能力，具体如下：①使复杂的运动顺序成为可能；②使运用传感器控制机械手运动成为可能；③能够独立存储工具位置，而与机械手的设计及刻度系数无关。

5. 工具指令

一个工具控制指令通常是由闭合某个开关或继电器而触发的，而继电器又可能接通或断开，以直接控制工具运动，或者送出一个小功率信号给电子控制器，让后者去控制工具运动。直接控制是最简单的方法，而且对控制系统的要求也较少。此外，可以用传感器来感受工具运动以及其功能的秩序情况。

对机器人主控制器来讲，当采用工具功能控制器时，就能对机器人进行比较复杂的控制。采用单独控制系统能够使工具功能控制与机器人控制协调已知的工作，这种控制方法已被成功用于飞机机架的钻孔和铣削加工中。

6. 传感器数据处理

用于机械手控制的通用计算机只有与传感器连接起来才能发挥其全部效用。传感器数据处理是许多机器人程序编制十分重要而又复杂的组成部分，当采用触觉、听觉或视觉传感器时，更是如此。例如，当应用视觉传感器获取视觉特征数据，辨识物体和进行机器人定位时，对视觉数据的处理工作往往是极其大量和费时的。

7.2.4　机器人编程语言的发展

自工业机器人诞生以来，美国、日本等国家便开始进行机器人语言的研究。美国斯坦福大学于 1973 年研制出世界上第一种机器人语言——WAVE 语言。WAVE 语言是一种机器人动作语言，该语言功能以描述机器人的动作为主，兼以力和接触的控制，还能配合视觉传感器进行机器人的手、眼协调控制。

1974 年，在 WAVE 语言的基础上，斯坦福大学 AI 实验室又开发出一种新的语言，称为动画语言（the animation language，AL）。这种语言与高级计算机语言 ALGOL 结构相似，是一种编译形式的语言，带有一个指令编译器，能在实时机上控制，用户编写好的机器人语言程序经编译器编译后对机器人进行任务分配和作业命令控制。AL 不仅能描述手爪的动作，还能记忆作业环境和该环境内物体和物体之间的相对位置，实现多台机器人的协调控制。

美国 IBM 公司也一直致力于机器人语言的研究，取得了不少成就。1975 年，IBM 公司研制出 ML 语言，主要用于机器人的配置作业。随后该公司又研制出另一种语言——Autopass 语言，这是一种更高级的用于配置的语言，它可以对几何模型类任务进行半自动编程。

美国的 Unimation 公司于 1979 年推出了可变汇编语言（variable assembly language，VAL）。1984 年，Unimation 公司又推出了在 VAL 基础上改进的 VAL Ⅱ 语言。20 世纪 80 年代初，美国 Automatic 公司开发了 Automatic 公司机器人语言（Robot Automatix Inc. Language，RAIL），该语言可以利用传感器的信息进行零件作业的检测。同时，麦克唐纳·道格拉斯公司研制了单片机 C 语言（microcontroller C language，MCL），这是一种在数控自动编程语言——自动编程工具（automatically programmed tools，APT）语言的基础上发展起来的机器人语言。MCL 特别适用于数控机床、机器人等组成的柔性加工单元的编程。

当下，已经有很多种机器人语言问世，其中有的是研究室里的实验语言，有的是实用的机器人语言，具体如表 7-1 所示。其中，AL、Autopass 语言、VAL、RAPT 语言、IML 和 RAPID 语言应用较为广泛。

表 7-1　国外常用机器人语言

序号	语言名称	国家	研究单位	说明
1	AL	美国	Stanford University Artificial Intelligence Laboratory	机器人动作及对象描述，是机器人语言研究的源流
2	Autopass	美国	IBM Watson Research Laboratory	组装机器人用语言
3	LAMA	美国	MIT	高级机器人语言
4	VAL	美国	Unimation 公司	用于 PUMA 机器人
5	RAIL	美国	Automatic 公司	用视觉传感器检查零件时的机器人语言
6	WAVE	美国	Stanford University Artificial Intelligence Laboratory	操作器控制符号化语言
7	DIAL	美国	Charles Stark Diaper Laboratory	具有 RCC 顺应性手腕控制的特殊命令
8	RPL	美国	Stanford University Artificial Intelligence Laboratory	可与 Unimation 机器人操作程序结合，预先定义子程序库
9	REACH	美国	Bendix Corporation	适用于两臂协调动作，与 VAL 语言一样使用范围广泛
10	MCL	美国	McDonnell Douglas Corporation	编程机器人、机床传感器、摄像机及其控制的计算机综合制造用语言

续表

序号	语言名称	国家	研究单位	说明
11	Robotics Studio	美国	Microsoft	微软公司研发的多语言、可视化编程与仿真编程语言
12	INDA	美国	SRI International and Philips	相当于 RTL/2 编程语言的子集，具有使用方便的处理系统
13	RAPT	英国	University of Edinburgh	类似 NC 语言 APT
14	LM	法国	Artificial Intelligence Croup of IMAG	类似 PASCAL，数据类似 AL，常用于装配机器人
15	ROBEX	德国	Machine Tool Laboratory TH Archen	具有与高级 NC 语言 EXAPT 相似结构的脱机编程语言
16	KRL	德国	KUKA	库卡公司独立设计的高级编程语言
17	SIGLA	意大利	Olivetti	SIGMA 机器人语言
18	MAI	意大利	Milan Polytechnic	两臂机器人的装配语言，其特征是方便、易于编程
19	RAPID	瑞士	ABB	ABB 公司用于 ICR5 控制器示教器的编程语言
20	SERF	日本	三协精机	SKILAM 装配机器人
21	PLAW	日本	小松制作所	RW 系列弧焊机器人
22	IML	日本	九州大学	动作级机器人语言
23	KAREL Robot Studio	日本	FANUC	发那科研发的具有点焊、涂胶、搬运等工业用途的编程语言
24	INFORM	日本	YASKAWA	日本安川公司研发的机器人编程语言

7.3　常用工业机器人编程语言简介

通过上面的学习，我们已经对机器人编程语言有了初步的认识。下面主要以应用较为广泛的机器人编程语言为例，对其内容进行简单介绍。

7.3.1　AL

AL 是 20 世纪 70 年代中期美国斯坦福大学 AI 实验室在 WAVE 的基础上开发研制的一种机器人语言，适用于机器人的装配作业。

AL 的结构及特点类似于 PASCAL 语言，可以编译成机器语言在实时控制机上运行，具有实时编译语言的结构和特征，如可以同步操作、条件操作等。AL 设计的初衷是用于具有传感器信息反馈的多台机器人或机械手的并行或协调控制编程。

运行 AL 的系统硬件环境包括主、从两级计算机控制，如图 7-4 所示。

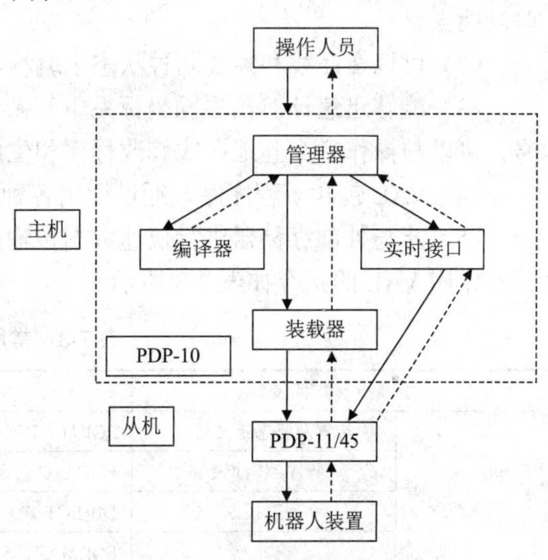

图 7-4　AL 运行的硬件环境

在主机 PDP-10 内，管理器负责管理协调各个部分的工作，编译器负责对 AL 的指令进行编译并检查程序，实时接口负责主、从机之间的接口连接，装载器负责分配程序。主机的功能是对 AL 进行编译，对机器人的动作进行规划；从机接收主机发出的动作规划命令，进行轨迹及关节参数的实时计算，最后对机器人发出具体的动作指令。常用 AL 语句如表 7-2 所示。

表 7-2　常用 AL 语句

语句功能	语句格式
描述手爪的运动	MOVE<HAND>TO<目的地>
手爪控制语句	OPEN<HAND>TO<SVAL> CLOSE<HAND>TO<SVAL>
控制语句	IF<条件>THEN<语句>ELSE<语句> WHILE<条件>DO<语句> CASE<语句> DO<语句>UNTIL<条件> FOR…STEP…UNTIL…
将两物体结合	AFFIX BEAM_BORE TO BEAM
将两物体分离	UNFIX BEAM_BORE FROM BEAM
条件检测子语句	ON<条件>DO<动作>

7.3.2　VAL

VAL 是美国 Unimation 公司于 1979 年推出的一种机器人编程语言，主要配置在 PUMA 和 Unimate 等机器人上，是一种专用的动作类描述语言。VAL 是在 BASIC 语言的基础上发展起来的，因此与 BASIC 语言的结构很类似。VAL 系统包括文本编辑、系统命令和编程语言 3 部分。

VAL 有以下几个优点。

（1）VAL 命令简单、清晰易懂，描述机器人作业动作及与上位机的通信均较方便，实时功能强。

（2）可以在在线和离线两种状态下编程，适用于多种计算机控制的机器人。

（3）能够迅速计算出不同坐标系下复杂运动的连续轨迹，能连续生成机器人的控制信号，可以与操作者交互地在线修改程序和生成程序。

（4）VAL 包含子程序库，通过调用各种不同的子程序可快速组合成复杂操作控制。

（5）能与外部存储器进行快速数据传输以保存程序和数据。

常用 VAL 的指令如表 7-3 所示。

表 7-3　常用 VAL 指令表

指令类别		指令
监控指令	位置及姿态定义指令	POINT、DPOINT、WHERE、BASE、TOOLI
	程序编辑指令	EDIT、C 命令、D 命令、E 命令、I 命令、P 命令、T 命令
	列表指令	DIRECTORY、LISTL、LISTP
	存储指令	FORMAT、STOREP、STOREL、LISTF、LOADP、LOADL、DELETE、COMPRESS、ERASE

续表

指令类别		指令
监控指令	控制程序执行指令	ABORT、DO、PROCEED、RETRY、SPEED、EXECUTE、NEXT
	系统状态控制指令	CALIB、STATUS、FREE、ENABL、ZERO、DONE
程序指令	运动指令	GO、MOVE、MOVEI、MOVES、DRAW、APPRO、APPROS、DEPART、DRIVE、READY、OPEN、OPENI、CLOSE、CLOSEI、RELAX、GRASP、DELAY
	位姿控制指令	RIGHTY、LEFTY、ABOVE、BELOW、FLIP、NOFLIP
	赋值指令	SETI、TYPEL、HERE、SET、SHIFT、TOOL、INVERSE、FRAME
	控制指令	GOTO、GOSUB、RETURN、IF、IFSIG、REACT、REACTI、IGNORE、SIGNAL、WAIT、PAUSE、STOP
	开关量赋值指令	SPEED、COARSE、FINE、NONULL、NULL、INTOFF、INTON
	其他指令	REMARK、TYPE

7.3.3 RAPID 语言

RAPID 语言是一种用于控制 ABB 工业机器人的高级编程语言。通过 RAPID 语言可以对机器人进行逻辑、运动以及输入/输出控制。RAPID 语言的结构及特点类似于 Visual Basic 语言和 C 语言，因此只要程序员具有一般高级语言的基础，便能快速掌握 RAPID 语言。

RAPID 语言不但本身提供了丰富的指令，还可以根据实际需要编制专属的指令集，这样一个具有高度灵活性的编程语言为 ABB 工业机器人的各种应用提供了无限的潜能。

常用 RAPID 语言的指令如表 7-4 所示。

表 7-4　常用 RAPID 语言指令表

指令类别	指令
运动控制指令	AccSet、VelSet、ConfJ、ConfL、SingArea、PathResol、SoftAct、SoftDeact
计数指令	Add、Clear、Incr、Decr
输入/输出指令	AliasIO、InvertDO、IODisable、IOEnable、PluseDO、Reset、Set、SetAO、SetDO、SetGO、WaitDI、WaitDO
程序运行停止指令	Break、Exit、Stop、ExitCycle
计时指令	ClkReset、ClkStart、ClkStop
中断指令	CONNECT、IDelete、ISignalDI、ISignalDO、ISignalAI、ISignalAO、ISleep、IWatch、IDisable、IEnable、ITimer
通信指令	TPErase、TPWrite、TPReadFK、TPReadNum、ErrWrite、TPShow
运动指令	MoveJ、MoveL、MoveC、MoveJDO、MoveLDO、MoveCDO、MoveJSync、MoveLSync、MoveCSync、MoveAbsJ
程序流程指令	IF、TEST、GOTO、Label、WHILE、FOR、WaitUntil、WaitTime、Compact IF
坐标转换指令	PDispOn、PDispOff、PDispSet、EOffsOn、EOffsOff、EOffsSet
赋值指令	Data、Value

7.4 工业机器人离线编程系统

早期的工业机器人主要应用于大批量产品生产中，如自动线上的点焊、喷涂等，因此编程所花费的时间相对较少，示教编程可以满足这些工业机器人作业的要求。随着工业机器人应用范围的扩大和所完成任务复杂程度的增加，在中小批量生产中，用示教方式编程就很难满足要求。在计算机辅助设计（computer aided design，CAD）/计算机辅助制造（computer aided manufacturing，CAM）/Robotics一体化系统中，由于工业机器人工作环境的复杂性，对工业机器人及其工作环境乃至生产过程的计算机仿真是必不可少的。工业机器人仿真系统的任务就是在不接触实际工业机器人及其工作环境的情况下，通过图形技术，提供一个和工业机器人进行交互作用的虚拟环境。工业机器人离线编程（off line programming，OLP）系统是工业机器人编程语言的拓展。它利用计算机图形学的成果，建立起工业机器人及其工作环境的模型；再利用一些规划算法，通过对图形的控制和操作，在离线的情况下进行轨迹规划。工业机器人离线编程系统已经被证明是一个有力的工具，可以增加安全性、减少工业机器人不工作时间和降低成本等。

7.4.1 离线编程的特点和主要内容

表7-5给出了在线示教编程和离线编程两种方式的比较。与在线示教编程相比，离线编程系统具有如下优点。

（1）减少机器人不工作的时间，当对下一个任务进行编程时，机器人可仍在生产线上工作。

（2）使编程者远离危险的工作环境。

（3）使用范围广，离线编程系统可以对各种机器人进行编程。

（4）便于和CAD/CAM系统结合，做到CAD/CAM/Robotics一体化。

（5）可以使用高级计算机编程语言对复杂任务进行编程。

（6）便于修改机器人程序。

表7-5 在线示教编程和离线编程的比较

比较内容	在线示教编程	离线编程
辅助材料	无须辅助材料，示教器编程	需要PC、工作场景数字模型的辅助
停机编程	需停机编程	无须停机编程
直接运行	可直接运行	需要编程坐标系与实际坐标系重合
撞机风险	存在较大撞机风险	通过仿真规避了撞机风险
编程效率	效率低，时间长	效率高，时间短
轨迹优化	轨迹的优化程度取决于编程者的经验	计算机计算最优工作轨迹
复杂轨迹	难以示教复杂轨迹	可以精准再现复杂轨迹
轨迹精度	轨迹精度低	轨迹精度高

工业机器人离线编程系统的一个重要特点是能够和CAD/CAM建立联系，能够利用CAD数据库的数据。对于一个简单的机器人作业，几乎可以直接利用CAD对零件的描述来实现编程。一般情况下，一个实用的离线编程系统设计，需要更多方面的知识，至少要考虑以下几点。

（1）对将要编程的生产系统工作过程的全面了解。

（2）机器人和工作环境三维实体模型。

（3）机器人几何学、运动学和动力学的知识。

（4）能用专门语言或通用语言编写软件系统，要求系统是基于图形显示的。

（5）能用计算机构型系统进行动态模拟仿真，对运动进行测试、检测，如检查机器人关节角是否超限，运动轨迹是否正确，以及是否发生碰撞。

（6）传感器的接口和仿真，以利用传感器的信息进行决策和规划。

（7）通信功能，从离线编程系统所生成的运动代码到各种机器人控制柜的通信。

（8）用户接口，提供友好的人-机界面，并要解决好计算机与机器人的接口问题，以便人工干预和进行系统的操作。

此外，离线编程系统是基于机器人系统的图形模型，是通过仿真模拟机器人在实际环境中的运动而进行编程的，存在着仿真模型与实际情况的误差。离线编程系统应设法把这个问题考虑进去，一旦检测出误差，就要对误差进行校正，以使最后的编程结果尽可能符合实际情况。

7.4.2　工业机器人离线编程系统的结构

工业机器人离线编程系统的结构框图如图 7-5 所示。它主要由用户接口、机器人系统的三维几何构型、运动学计算、轨迹规划、动力学仿真、并行操作、通信接口和误差校正等部分组成。

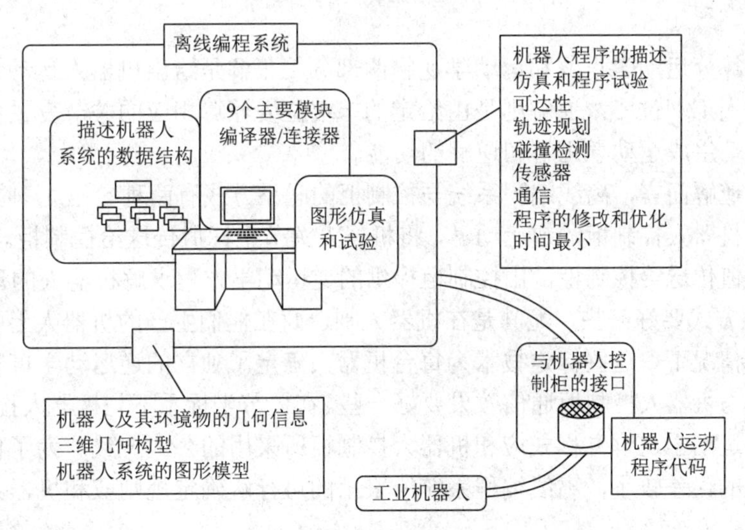

图 7-5　工业机器人离线编程系统结构框图

1. 用户接口

用户接口又称用户界面，是计算机与用户之间通信的重要综合环境，在设计离线编程系统时，就应考虑建立一个方便实用、界面直观的用户接口，利用它能产生机器人系统编程的环境以及方便地进行人-机交互。离线编程的用户接口，一般要求具有文本编辑界面和图形仿真界面两种形式。文本方式下的用户接口可对机器人程序进行编辑、编译等操作，对机器人的图形仿真及编辑则通过图形界面进行。用户可以通过鼠标或光标等交互式方法改变屏幕上机器人几何模型的位形。通过通信接口，可以实现对实际机器人进行控制，使其与屏幕机器人姿态一致。有了这一项功能，就可以取代现场机器人的示教盒的编程。

一个设计良好的离线编程用户接口能够帮助用户方便地进行整个机器人系统的构型和编程操作。

2. 机器人系统的三维几何构型

机器人系统的三维几何构型在离线编程系统中具有很重要的地位。正是有了机器人系统的几何描述和图形显示，才能对机器人的运动进行仿真，使编程者能直观地了解编程结果，并及时对不满意的结果加以修正。

目前用于机器人系统三维几何构型的方法主要有结构的立体几何表示、扫描变换表示以及边界表示 3 种。其中，便于计算机表示、运算、修改和显示形体的建模方法是边界表示方法；结构的立体几何表示方法所覆盖的形体种类较多；扫描变换表示方法则便于生成轴对称的形体。机器人系统的几何构型大多采用以上 3 种形式的组合。

构造机器人系统的三维几何模型，最好采用直接从 CAD 系统获得的 CAD 模型，使 CAD 数据共享。正因为对从设计到制造的 CAD 集成系统的需求越来越迫切，所以离线编程系统应包括 CAD 建模子系统或把离线编程系统本身作为 CAD 系统的一部分。若把离线编程系统作为单独的系统，则必须具有适当的接口实现构型与外部 CAD 系统的转换。

3. 运动学计算

运动学计算分运动学正解和运动学逆解两部分。正解是给出机器人运动参数和关节变量，计算机器人末端位姿；逆解则是由给定的末端位姿计算相应的关节变量值。离线编程系统应具有自动生成运动学正解和逆解的功能。

就运动学逆解而言，离线编程系统与控制柜的联系方式有两种。第 1 种方式：用离线编程系统代替机器人控制柜的逆运动学，将机器人关节坐标值传送给控制柜。第 2 种方式：将笛卡儿坐标值传送给控制柜，由控制柜提供的逆运动学方程求解机器人的形态。第 2 种方式较第 1 种方式要好一些，尤其是在机器人制造商在他们生产的机器人上配置机械臂特征标定规范的情况下。这些标定技术为每台机器人确定了独立的逆运动学模型，因此在笛卡儿坐标系下与机器人控制柜通信效果要好一些。在关节坐标系下与机器人控制柜通信时，离线编程系统运动学逆解方程式应和机器人控制柜所采用的公式一致。为了使仿真模型相对于实际情况的误差较小，离线编程系统所采用的可行解确定规则应和机器人控制柜所采用的规则一致。

4. 轨迹规划

轨迹规划用来生成关节空间或直角空间的轨迹，以保证机器人实现预定的作业。机器人运动轨迹最简单的形式是点到点的自由移动，这只要求满足两边界点约束条件，并没有其他约束。运动轨迹的另一种形式是依赖于连续轨迹的运动，这类运动不仅受到路径约束，而且还受到运动学和动力学的约束。轨迹规划器接受路径设定和约束条件的输入，从而输出起点和终点之间按时间排列的中间形态（位姿、速度、加速度）序列，它们可用关节坐标或笛卡儿坐标表示。

为了发挥离线编程系统的优点，轨迹规划器还应具备可达空间的计算和碰撞检测等功能。其中，可达空间的计算是指在进行轨迹规划时，首先需要确定机器人的可达空间，以决定机器人工作时所能到达的范围，机器人的可达空间是衡量机器人工作能力的一个重要指标；碰撞的检测是指在轨迹规划过程中，要保证机器人的杆件不与周围环境物相碰，因此碰撞的检测功能是很重要的。

5. 动力学仿真

在机器人跟踪期望的运动轨迹时，如果所产生的误差在允许的范围内，则离线编程系统可以只从运动学的角度进行轨迹规划，不考虑机器人的动力学特性。但是如果机器人在高速和重负载的情况下工作，则必须要考虑动力学特性，以防止产生比较大的误差。

快速有效地建立动力学模型是机器人实时控制及仿真的主要问题之一。从计算机软件设计的观点来看，动力学模型的建立可分为 3 类：数字法、符号法和解析法。在数字法中，所有变量都表示成实数，每个变量占据一个内存，这种方法的计算量很大。在符号法中，所有变量均表示成符号，它可以在计算机上自动进行模型矩阵元素的符号运算，但是符号运算需要复杂的软件与先进的计算机以及较大的内存。为了减少内存的需要，解析法把部分变量处理成实数，取得了较好的效果。面向计算机的解析模型算法，可由计算机自动生成机器人的动力学方程。

6. 并行操作

一些工业应用场合常涉及两个或多个机器人在同一工作环境中协调作业的情况；另外，即使是一个机器人工作时，也常需要和传送带、视觉系统相配合，因此离线编程系统应能够对多个装置工作进行仿真。并行操作是在同一时刻对多个装置工作进行仿真的技术，进行并行操作以提供对不同装置工作过程进行仿真的环境。在执行过程中，首先对每一个装置分配并联和串联存储器，如果不同的几个处理器共用一个并联存储器，则可使用并行处理；否则应该在各存储器中交换执行情况，并控制各工作装置的运动程序的执行时间。由于一些装置与其他装置是串联工作的，并且并联工作的装置也可能以不同的采样周期工作，因此常需要使用装置检查器，以便对各运动装置工作进行仿真。装置检查器的作用是检查每一个装置的执行状态，在工作过程中，它对串联工作的装置统筹安排运动的顺序。当并联工作的某个装置结束任务时，装置检查器可进行整体协调。装置检查器也可询问时间采样控制器，以决定每个装置的采样时间是否要细分。时间采样控制器通过和各运动装置交换信息，以求得采样时间的一致。

7. 通信接口

在离线编程系统中，通信接口起着连接软件系统和机器人控制柜的桥梁作用。利用通信接口，可以把仿真系统生成的机器人运动程序转换成机器人控制柜可以接收的代码。

为工业机器人配置的机器人语言由于生产厂家的不同差异很大，这样就给离线编程系统的通用性带来了很大限制。离线编程系统实用化的一个主要问题是缺乏标准的通信接口，而标准通信接口的功能是将机器人仿真程序转化成各种机器人控制柜可以接收的格式。为解决该问题，一种方法是选择一种较为通用的机器人语言，然后对该语言进行加工（后置处理），使其转换成控制柜可以接收的语言。直接进行语言转化有两个优点：①使用者不需要学习各种机器人语言，就能对不同的机器人进行编程；②在很多机器人应用的场合，采用这种方法从经济上看是合算的。但是直接进行语言转化是很复杂的，这主要是由于目前工业上所使用的机器人语言种类很多。另外一种方法是将离线编程的结果转换成机器人可接收的代码，采用这种方法时需要一种翻译系统，以便快速生成机器人运动程序代码。

8. 误差校正

仿真模型和被仿真的实际机器人之间存在误差，在离线编程系统中要设置误差校正环节。如何有效地消除或减小误差，是离线编程系统实用化的关键。误差校正的方法主要有以下两种。

（1）基准点方法。在工作空间内选择一些基准点（一般不少于 3 点），这些基准点具有较高的位置精度，通过离线编程系统规划使机器人运动到基准点，根据两者之间的差异形成误差补偿函数。该方法主要用于精度要求不高的场合，如喷涂作业。

（2）利用传感器反馈的方法。首先利用离线编程系统控制机器人的位置，然后利用传感器来进行局部精确定位。该方法主要用于较高精度的场合，如装配作业。

7.4.3 ABB 工业机器人离线编程仿真软件 RobotStudio

RobotStudio 是一款专门应用于 ABB 机器人的组态和编程的工程软件，适用于工业机器人寿命周期的各个阶段。RobotStudio 的内置编程环境可实现机器人控制器的在线和离线编程。

在规划与定义阶段，RobotStudio 可让用户在实际构建工业机器人系统之前先进行设计和试运行。用户还可以利用该软件确认工业机器人是否能到达所有编程位置，并计算解决方案的工作周期。在设计阶段，ProgramMaker 将帮助用户在个人计算机上创建、编辑和修改工业机器人的程序和各种数据文件。

RobotStudio 的工作界面如图 7-6 所示，其主要具有以下功能。

（1）CAD 导入。RobotStudio 可轻易地导入各种常见 CAD 格式的模型，包括 IGES、SAT、STEP、VRML、VDAFS、ACIS 和 CATIA。通过使用此类非常精确的 3D 模型数据，工业机器人程序设计员可以生成更为精确的工业机器人程序，从而提高产品质量。

（2）自动路径生成。这是 RobotStudio 最节省时间的功能之一。它通过使用待加工部件的 CAD 模型，可在短短几分钟内自动生成跟踪曲线所需的工业机器人位置。如果人工执行此项任务，则可能需要数小时甚至数天。

（3）自动分析伸展能力。该功能可让操作人员灵活移动工业机器人或工件，直至所有位置均达到，运用该功能可在短短几分钟内验证和优化工作单元布局。

（4）碰撞检测。在 RobotStudio 中，可以对工业机器人在运动过程中是否可能与周边设备发生碰撞进行验证与确认，以确保工业机器人离线编程得出的程序的可用性。

（5）在线作业。使用 RobotStudio 与真实的工业机器人进行连接通信，对工业机器人进行便捷的监控、程序修改、参数设定、文件传送及备份恢复等操作，使调试与维护工作更轻松。

（6）模拟仿真。根据设计，在 RobotStudio 中进行工业机器人工作站的动作模拟仿真及周期节拍仿真，为工程的实施提供真实的验证。

（7）应用功能包。RobotStudio 针对不同的应用推出功能强大的工艺功能包，将工业机器人更好地与工艺应用进行有效的融合。

（8）二次开发。RobotStudio 提供功能强大的二次开发平台，使工业机器人应用实现更多的可能，满足工业机器人的科研需要。

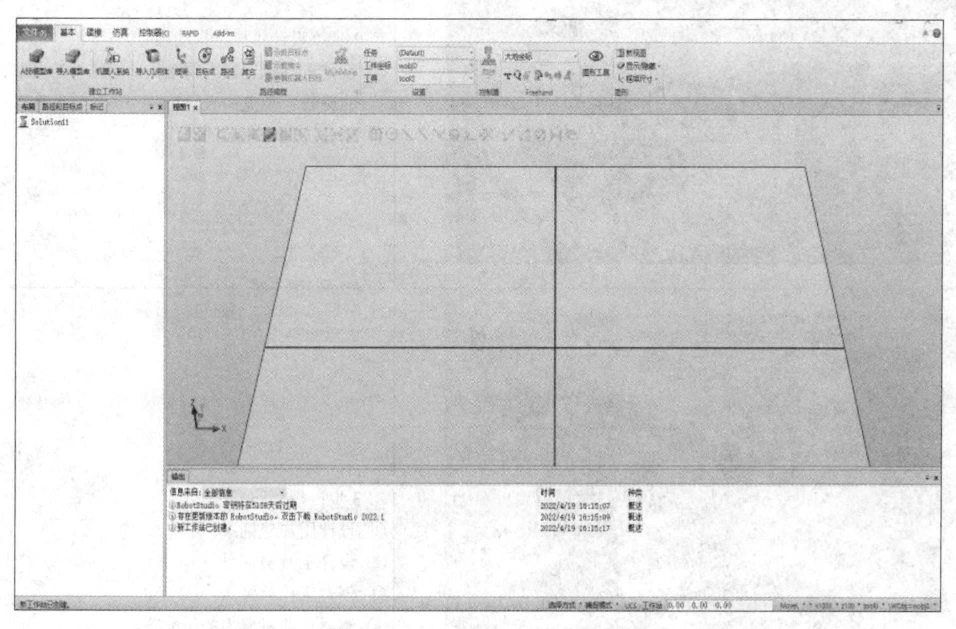

图 7-6　RobotStudio 工作界面

7.4.4　工业机器人离线编程示例

下面以工业机器人实现去毛刺打磨为例来介绍使用 RobotStudio 软件进行离线编程的步骤，具体步骤如表 7-6 所示。

表 7-6　离线编程示例

工作内容示意图	步骤
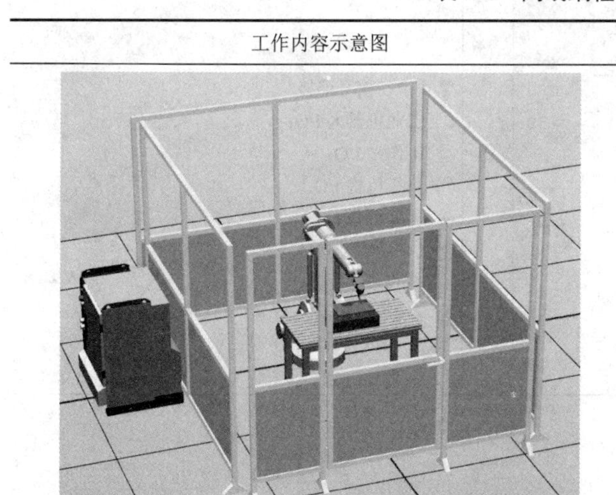	第 1 步：工作站布局 导入工业机器人系统 CAD 模型，包括工业机器人本体、工作台、末端操作器、线槽、安全护栏等机械结构

续表

工作内容示意图	步骤
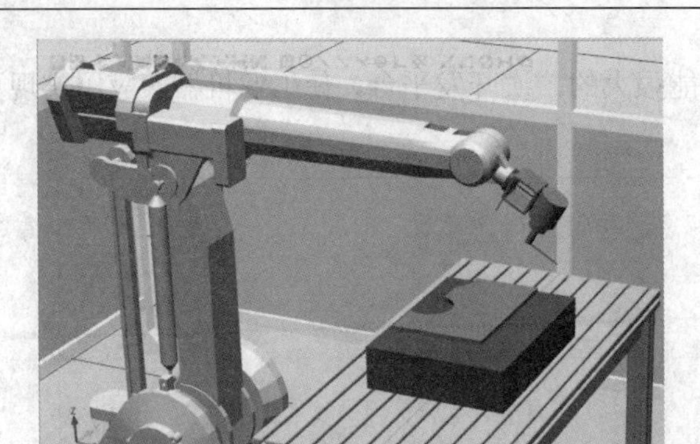	第 2 步：设计机械结构动画 ① 创建末端执行器所需动作，如抓手的夹取、磨头的旋转、吸盘的吸附等； ② 创建工件相对应的动作
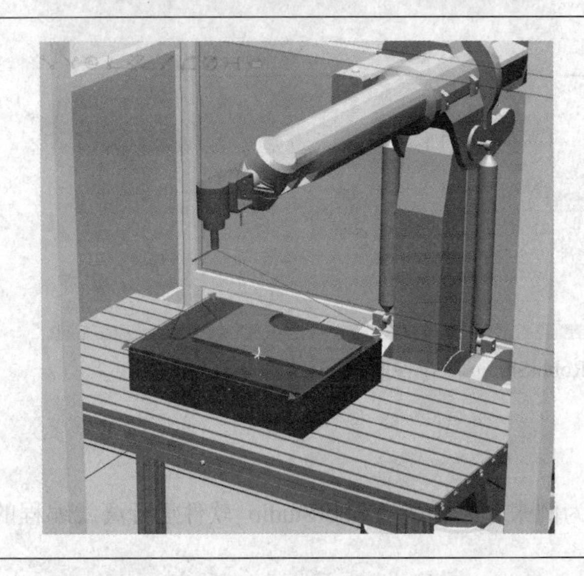	第 3 步：规划路径 ① 设计用户坐标系； ② 设计工具坐标系； ③ 创建工作目标点； ④ 测试工业机器人的轴配置
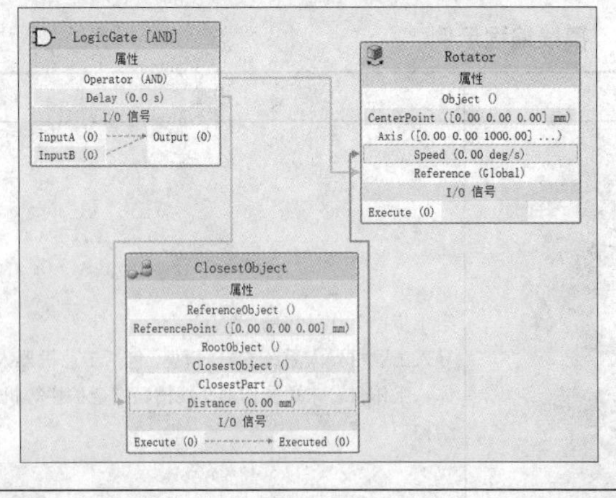	第 4 步：信号连接 ① 工业机器人 I/O； ② 工作站 I/O； ③ 执行机构 I/O； ④ 辅助设备 I/O； ⑤ I/O 逻辑连接

续表

<table>
<tr><th>工作内容示意图</th><th>步骤</th></tr>
<tr><td>ule1.sys ×
82 IF Curr_Pos.rot.q3>ComparePos.rot.q3-0.05 AND
83 Curr_Pos.rot.q3<ComparePos.rot.q3+0.05 Comp_Count:=Comp_Count+1
84 IF Curr_Pos.rot.q4>ComparePos.rot.q4-0.05 AND
85 Curr_Pos.rot.q4<ComparePos.rot.q4+0.05 Comp_Count:=Comp_Count+1
86 BETUN Comp_Count=7
87 ENDFUNC
88 !**
89 PROC rCellA_Welding()
90 rWeldingProg;
91 Set do08_WsitLoad;
92 Set do05_CellB;
93 WaitDI di07_inStationB,1\MaxTime:=30;
94 Reset do05_CellB;
95 ERROR
96 RAISE;
97 ENDPROC
98 !**
99 PROC rCellB_Welding()
100 rWeldingProg;
101 Set do08_WsitLoad;
102 Set do04_CellA;
103 WaitDI di06_inStationB,1\MaxTime:=30;
104 Reset do04_CellA;
105 ERROR
106 RAISE;
107 ENDPROC
108 !**
109 TRAP tWaetLoading
110 WaitDI di08_bLoadingOK;
111 Reset do08_WaitLoad;
112 ENDTRAP
113 !**
114 PROC rWeldingProg()
115 MoveJ Weld_p1,vmax,z20,tMigWeld\wobj:=wobjStation;
116 MoveL Weld_p2,vmax,z20,tMigWeld\wobj:=wobjStation;</td><td>第 5 步：离线编程
① 建立程序数据；
② 编制主程序；
③ 编制例行程序；
④ 编制功能程序</td></tr>
<tr><td> 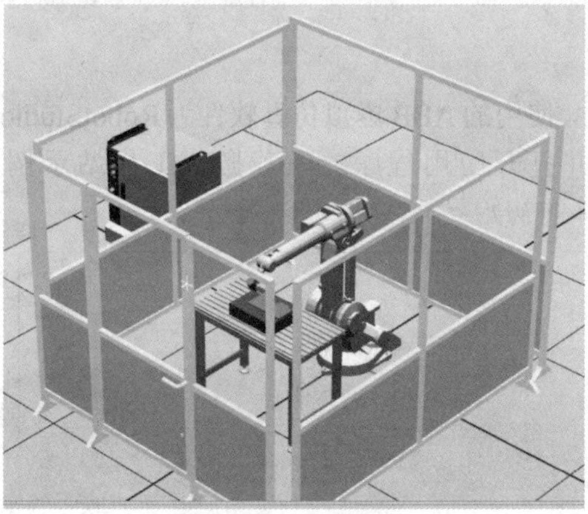</td><td>第 6 步：模拟调试
① 程序逻辑测试；
② 工业机器人碰撞测试；
③ 工作节拍测试；
④ 运动轨迹测试</td></tr>
</table>

习　题

7-1　试分析在线示教编程和离线编程各有什么优缺点。

7-2　机器人编程语言的特征和基本功能有哪些？

7-3　RAPID 语言中的指令类型有哪些？试列出每种类型中典型的控制指令。

7-4　简述离线编程系统的结构组成及各部分作用。

7-5　简述 RobotStudio 软件可以实现的主要功能。

第8章 搬运工作站的编程与操作

搬运工作站是运用搬运机器人握持工件，将工件从一个位置移动到另外一个位置的装置。搬运机器人能完成重复而烦琐的体力搬运工作，具有位置准确、效率高、节省人类体力劳动、降低搬运过程中的产品损坏率等优点，在运输、食品加工、工业加工等多个领域中搬运工业机器人有大量的应用。

8.1 搬运工作站的主要组成

8.1.1 搬运工作站解包

本书为读者提供可学习操作的示例文件，使用的ABB虚拟仿真软件为RobotStudio 6.08版本，请在官网下载 RobotStudio 6.08 并打开应用程序。下载搬运工作站示例文件 搬运工作站纯净版 ，进入RobotStudio 6.08软件的初始界面，如图8-1所示。

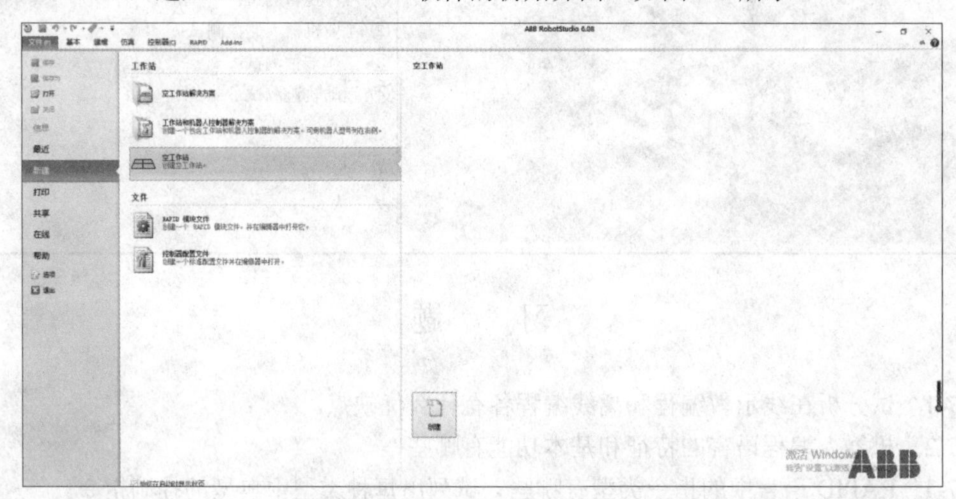

图8-1 RobotStudio 6.08 软件的初始界面

在初始界面的“文件”菜单中选择“共享”，在窗口界面中选择“解包”，如图 8-2 所示。打开欢迎使用解包向导窗口，单击“下一步”按钮，单击“选择要解包的Pack&Go文件”的“浏览”按钮，选择当前的搬运工作站，单击“目标文件夹”的“浏览”按钮，选择当前解包文件生成的系统文件将要存放的文件夹，如图 8-3 所示。系统会默认自动恢复备份文件，如图 8-4 所示。连续单击“下一步”按钮，直到工作站中的机器人系统启动成功，表示解包完成，如图8-5所示。解包完成后关闭窗口。

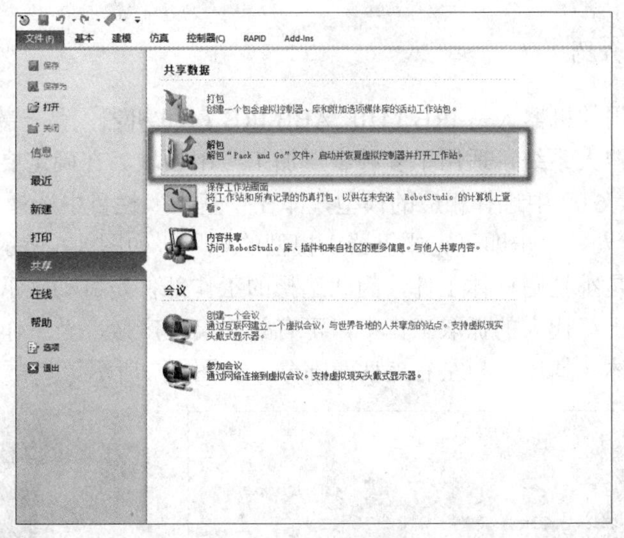

图 8-2　解包开始

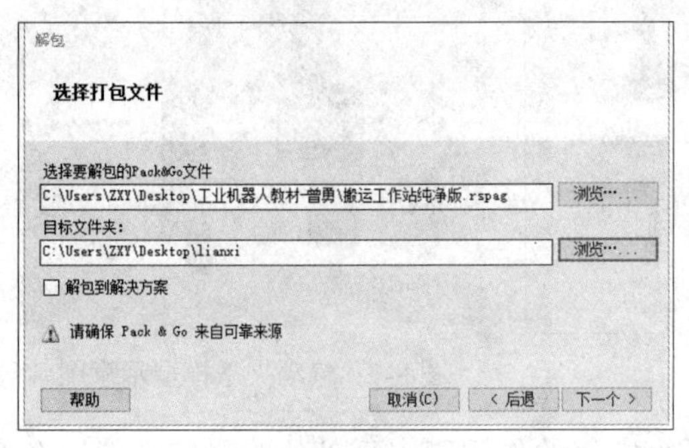

图 8-3　选择解包文件和解包后的系统文件的保存目录

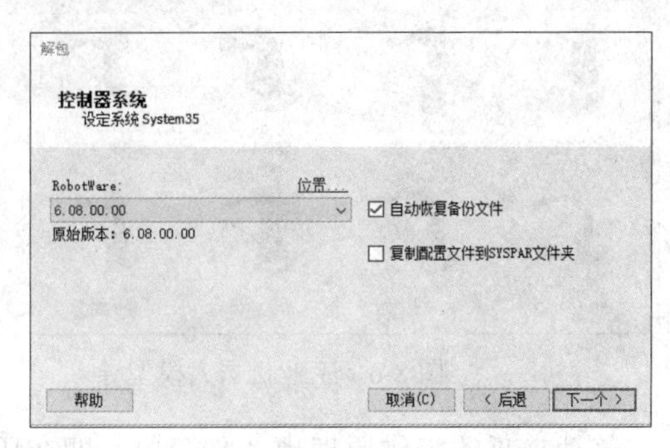

图 8-4　自动恢复备份文件

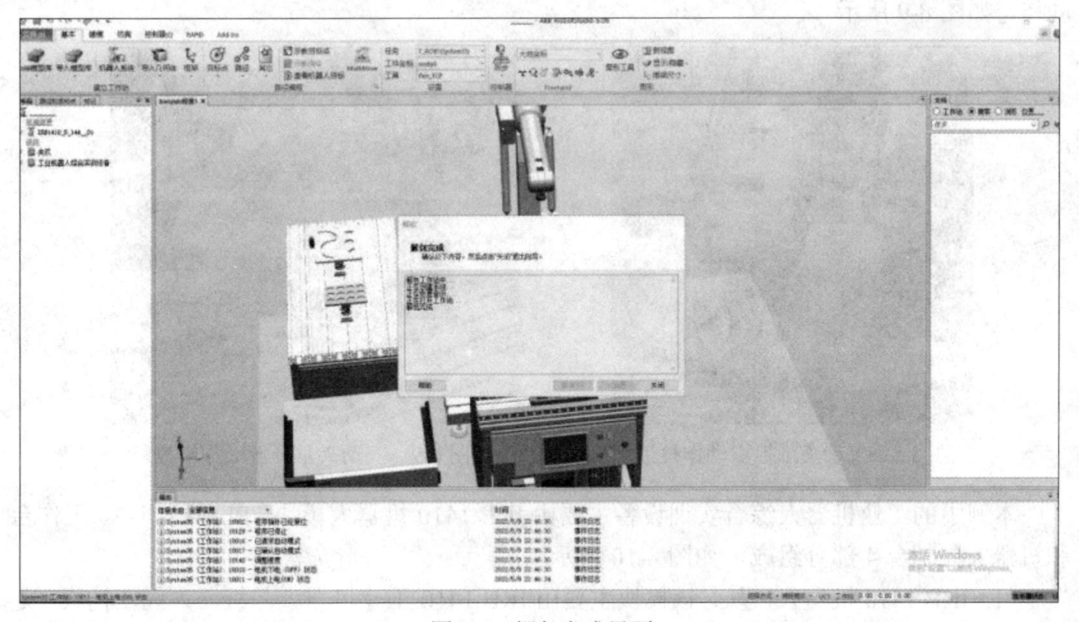

图 8-5　解包完成界面

8.1.2 搬运工作站介绍

搬运工作站选用的机器人是 IRB 1410，ABB IRB 1410 机器人是一款高性价比、稳定可靠、应用广泛的机器人系统，适用于多种金属加工应用领域。在确定要选用的工业机器人后，在 RobotStudio 6.08 中选择相应的模型，即在“基本”栏目中选择“ABB 模型库”并找到 IRB 1410 机器人，单击即可完成机器人模型的导入，如图 8-6 所示。

本例中搬运的是小型圆柱体工件，因此选择的工作部件是气动夹爪。气动夹爪又名气动手指，主要运用于替代人的抓取工作中，可有效提高生产效率及工作的安全性。气动夹爪的主要结构为主体（基体）和左右夹爪两部分，如图 8-7 所示。

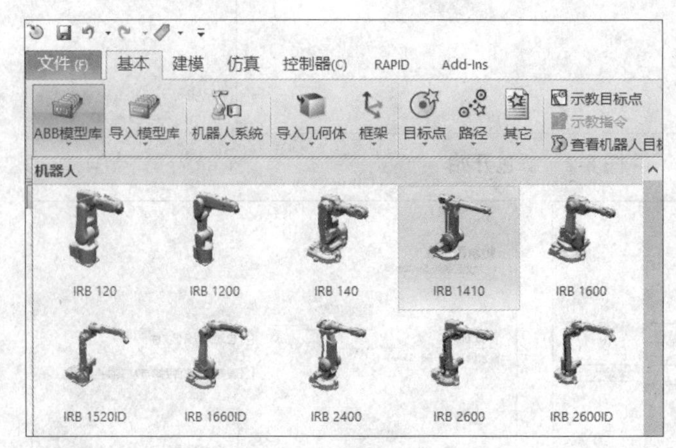

图 8-6　工业机器人模型导入

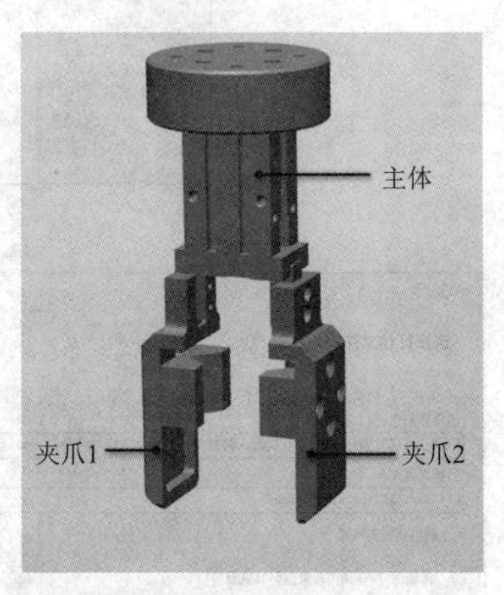

图 8-7　气动夹爪模型示意图

气动夹爪的工作原理也非常简单，即在压缩空气的作用下夹爪部位给对应部件一个双向作用力，从而完成抓取动作，如图 8-8 所示。排气阀排气后作用力消失完成夹爪的释放动作，如图 8-9 所示。

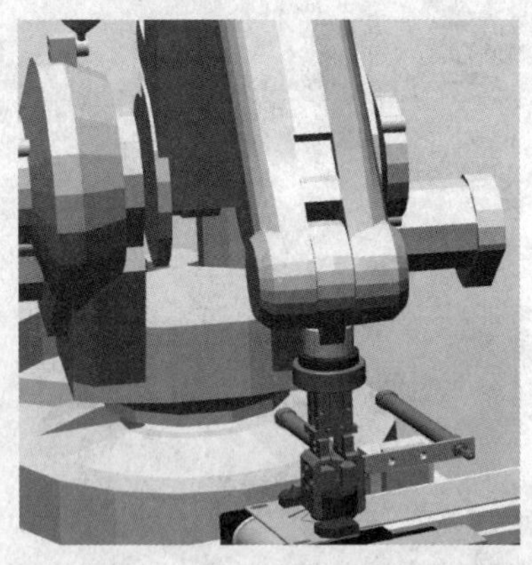

图 8-8　气动夹爪抓取动作模拟

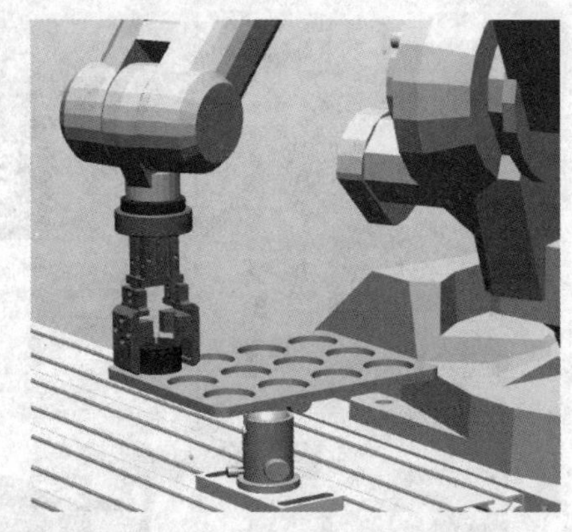

图 8-9　气动夹爪释放动作模拟

本例中的工业机器人综合实训设备主要由 IRB 1410 机器人模块、PLC 控制站、工作台和机器人控制台 4 部分组成，如图 8-10 所示。

（1）IRB 1410 机器人模块。该模块主要由 IRB 1410 工业机器人与机器人底座构成，是机器人工作运动的主体部分，如图 8-11 所示。

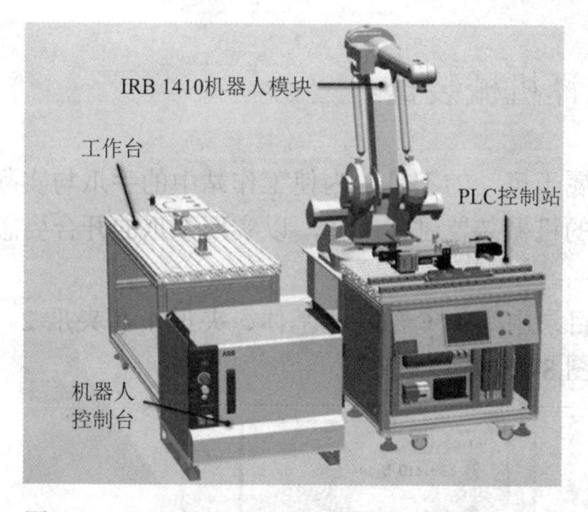

图 8-10　工业机器人综合实训设备主要组成部分

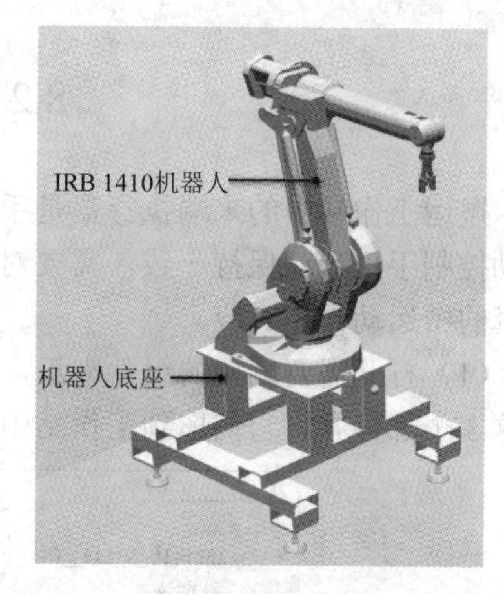

图 8-11　IRB 1410 机器人模块

（2）PLC 控制站。该模块主要由操作面板、机架、桌面电路板模块、电器控制板、输送带和挡料模块组成，主要是对物料运输进行控制，如图 8-12 所示。

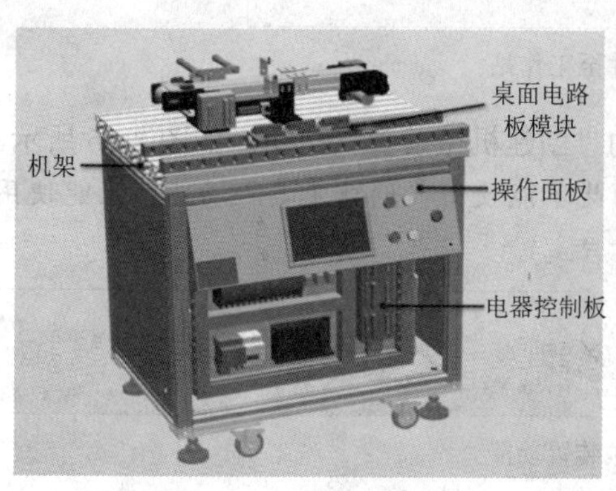

图 8-12　PLC 控制站

（3）工作台。该部分是机器人主要工作运行的部分，包括机架、放料台和涂胶模拟模块，如图 8-13 所示。本节是对搬运工作站的介绍，因此该部分主要运用放料台。

（4）机器人控制台。该部分主要用的是 IRC5 控制模块，即 IRC5 单柜型控制器，如图 8-14 所示，主要控制机器人运动和连接机器人本体以及示教器。

图 8-13　工作台

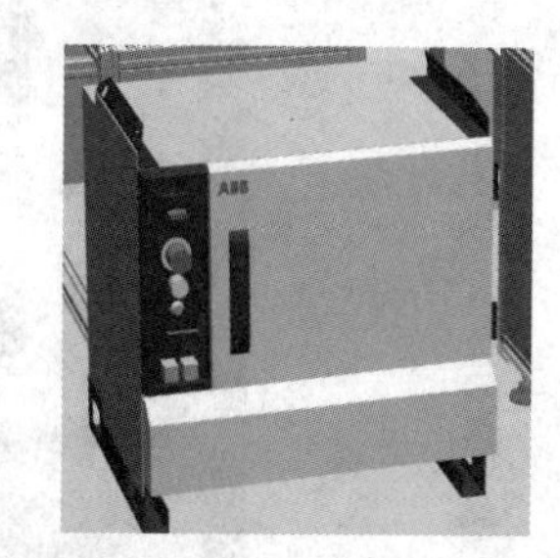

图 8-14　IRC5 单柜型控制器

8.2 编译机械装置

搬运工作站中的末端执行器是手爪，属于可动的工具，为使工作站中的手爪与实际的气动控制手爪运动保持一致，需要对手爪的机械装置进行编译，以实现手爪的开合姿态与仿真的搬运动作相对应。

（1）打开需要编译的组件夹爪，其子目录中有 3 个部件：基体、夹爪 1 和夹爪 2。选中这 3 个部件并将它们拖到工作站中，如图 8-15 所示。

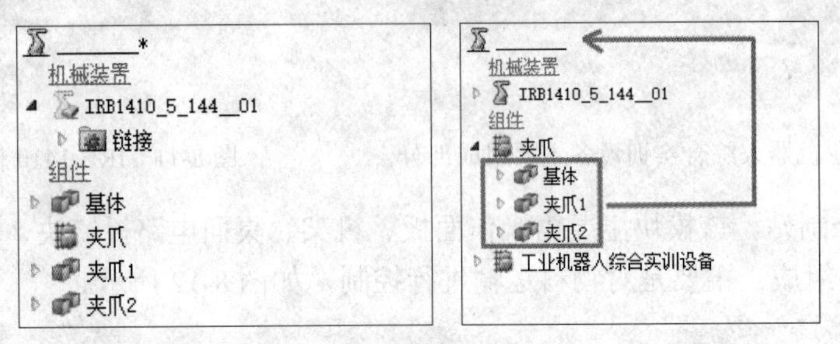

图 8-15　移动部件至工作站

（2）将空组件夹爪删除，单击“建模”中的“创建机械装置”按钮，如图 8-16 所示。

注意：由于要建立的是可动的机械装置，因此不能使用“创建工具”功能，只能使用“创建机械装置”功能。

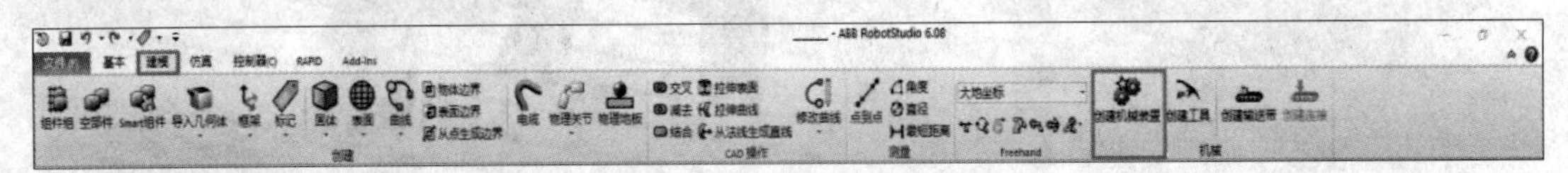

图 8-16　创建机械装置功能

（3）打开如图 8-17 所示的“创建 机械装置”功能界面，“机械装置模型名称”文本框中的名称后面默认有个空格，需要将其删除或重新命名，在“机械装置类型”下拉列表中选择“工具”。

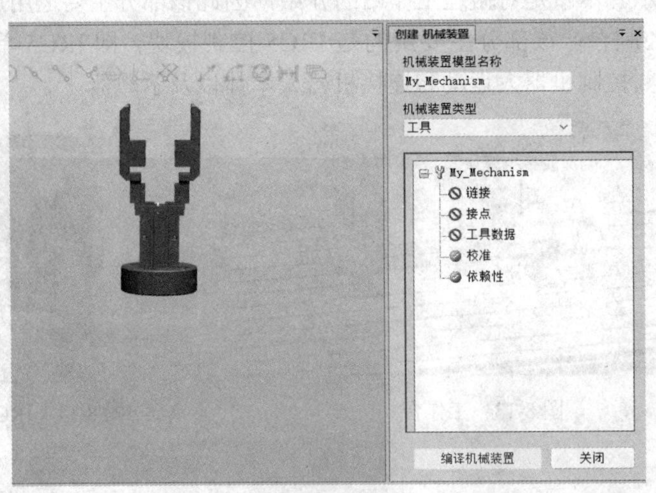

图 8-17　“创建 机械装置”功能界面

（4）单击工具列表的第 1 个选项“链接”，打开“创建 链接”对话框，如图 8-18 所示。在“链接名称”中使用默认的 L1 作为基体的名称，在“所选组件”下拉列表中选择“基体”，选中“设置为 BaseLink”复选框，单击向右的箭头，将“基体”添加到“已添加的主页”中。

（5）单击“应用”按钮，自动跳到下一个部件的创建，按照同样的方法将“夹爪 1”和“夹爪 2”添加到装置，如图 8-19 所示。

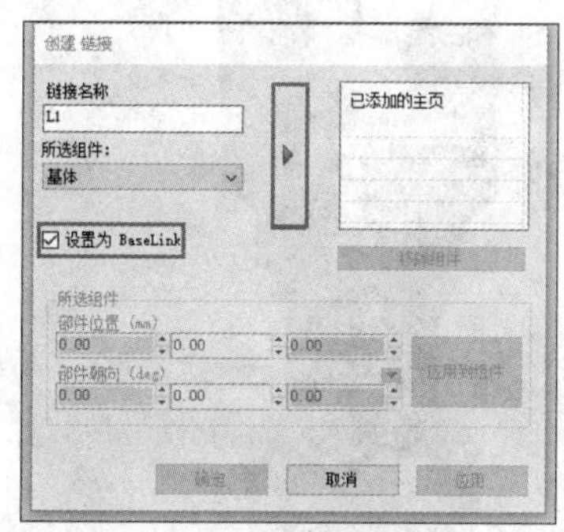
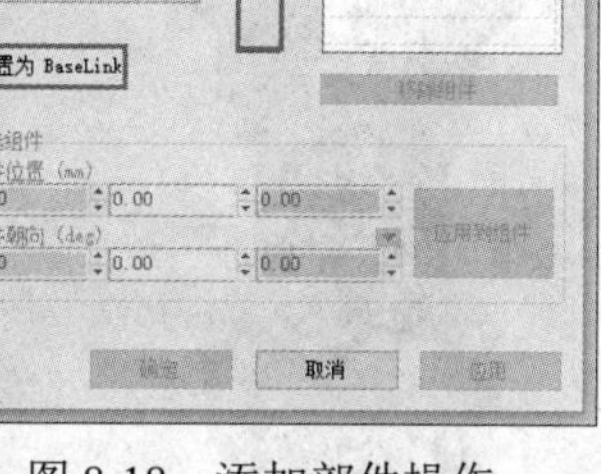

图 8-18　添加部件操作

图 8-19　添加其余部件

（6）添加完所有部件后，单击工具列表的第 2 个选项“接点”，打开“创建 接点”对话框，如图 8-20 所示。在“关节名称”中使用默认的 J1，在“关节类型”区域选中“往复的”单选按钮，“父链接”使用默认的 L1，“子链接”选择 L2，在“关节轴”区域的“第一个位置”处确保首先把光标放在输入框中，然后打开对象捕捉功能，选择第一个位置点，再选择第二个位置点，确保这两个点和夹爪运动的方向一致，如图 8-21 所示。

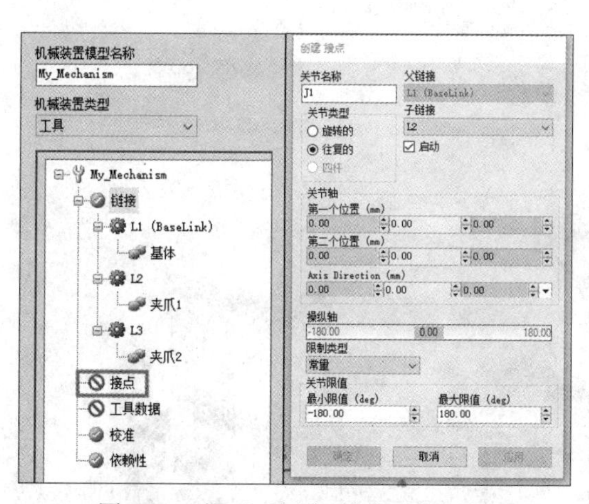

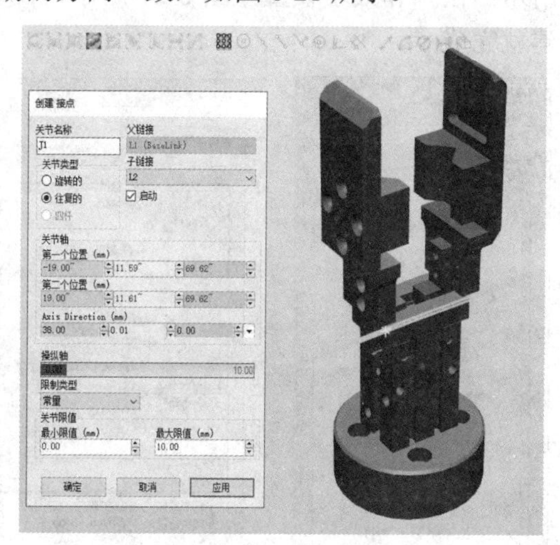

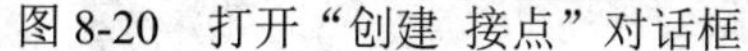

图 8-20　打开“创建 接点”对话框

图 8-21　创建接点

（7）可以根据操纵轴手动调节关节移动的上下限，或者输入最大限值和最小限值，然后单击“应用”按钮，就完成了一个关节的创建。以同样的方法完成另一个夹爪的关节创建，单击“确定”按钮，如图 8-22 所示。

（8）接下来对工具坐标数据进行创建，单击工具列表的第 3 个选项“工具数据”，打开“创建 工具数据”对话框。“工具数据名称”可以选择默认也可以自行更改，在“属于链接”

下拉列表中选择 L1，在“位置”处捕捉所需的位置或创建一个自定义的框架，然后使用自定义框架进行工具数据的建立；在“工具数据”区域中，“重量”中选择工具的重量，若只是仿真可以选择默认重量，“重心”中选择主轴方向，这里选择在 Z 轴方向上填写 100，然后单击“确定”按钮，完成后的效果如图 8-23 所示。

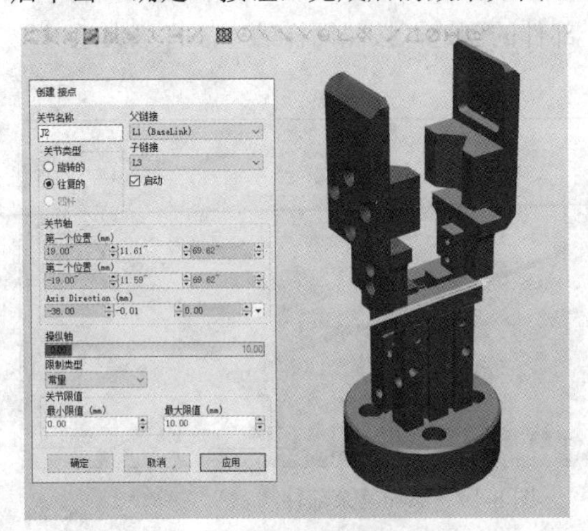

图 8-22　工具数据功能菜单　　图 8-23　工具数据选项填写

（9）完成各部分的数据创建之后，在“创建 机械装置”功能界面单击“编译机械装置”按钮进行编译（图 8-24），完成后的界面如图 8-25 所示。在编译完成界面可以看到“姿态”框，单击“添加”按钮，可以打开“创建 姿态”对话框对夹具进行姿态设置，如图 8-26 所示。松开和夹紧设置如图 8-27 所示。当完成姿态的设置后，可动夹具的机械装置的创建就完成了。

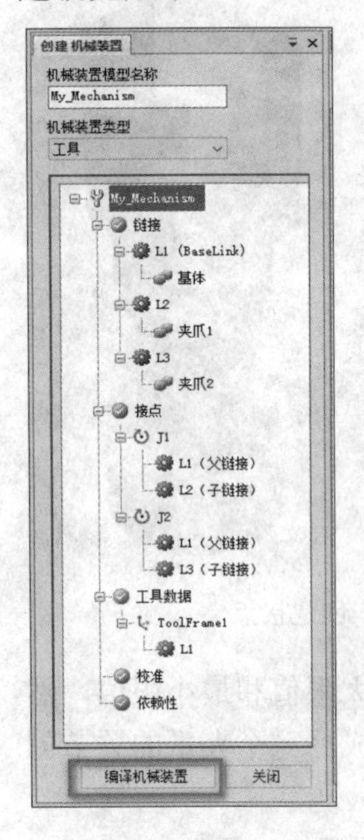

图 8-24　编译机械装置

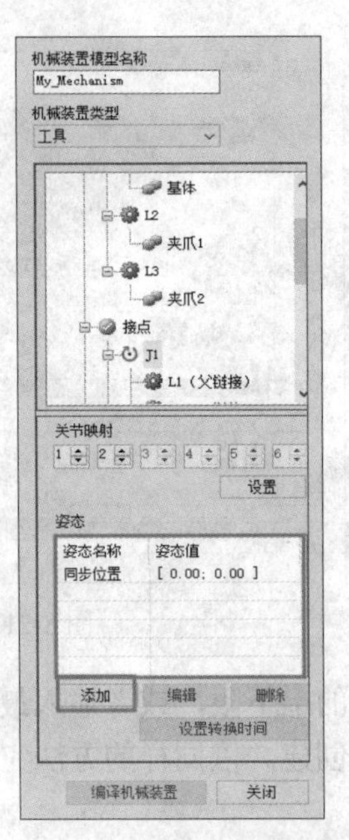

图 8-25　编译完成

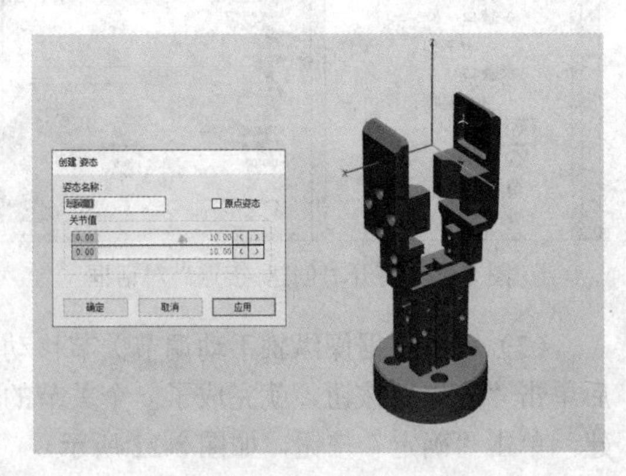

图 8-26　设置夹具姿态

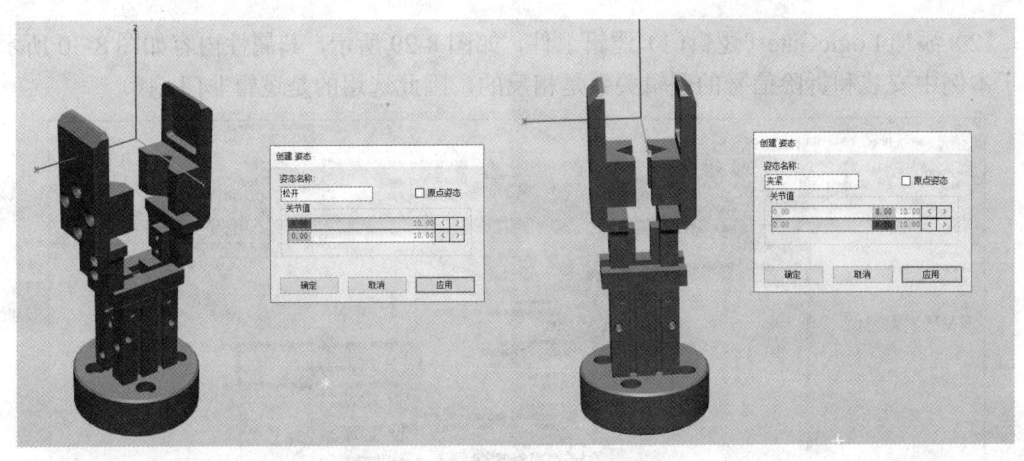

图 8-27　松开和夹紧示意图

8.3　添加 Smart 组件

ABB 的仿真软件 RobotStudio 6.08 中实际的安装、检测、拆除等功能都是由 Smart 组件完成的。本节主要描述搬运工作站的 Smart 组件中的子组件以及它们的功能与配置。

8.3.1　Smart 组件建立与属性设置

（1）根据搬运工作站的 Smart 组件选择需求，单击“建模”菜单“创建”选项组中的“Smart 组件”按钮新建一个 Smart 组件，将其重命名为“夹爪”，然后在该组件中添加所需要的子组件，如图 8-28 所示。

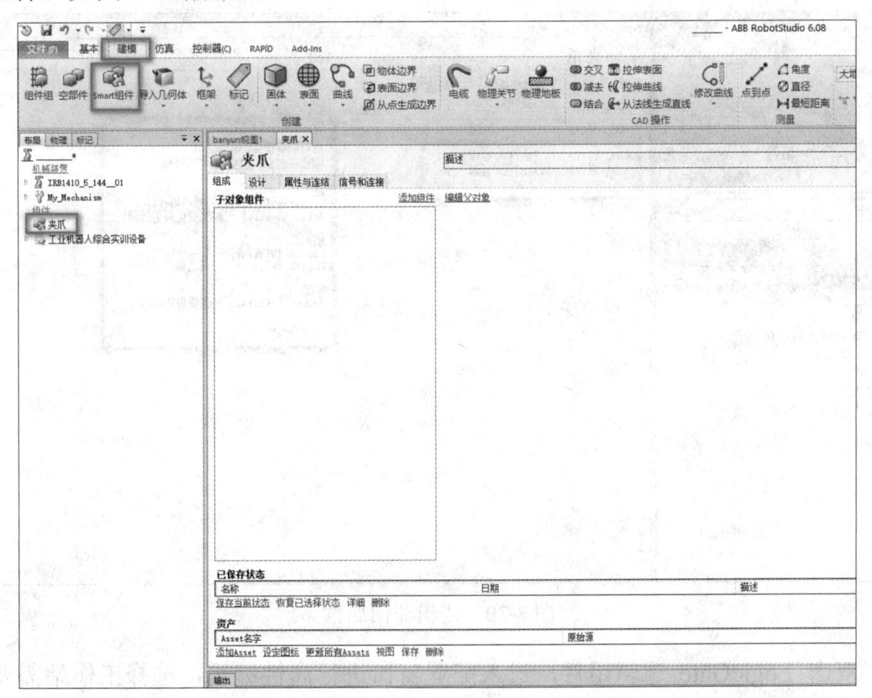

图 8-28　新建 Smart 组件

（2）添加 LogicGate（逻辑门）逻辑组件，如图 8-29 所示，其属性内容如图 8-30 所示。由于本例中安装和拆除信号的逻辑关系是相反的，因此选用的是逻辑非门。

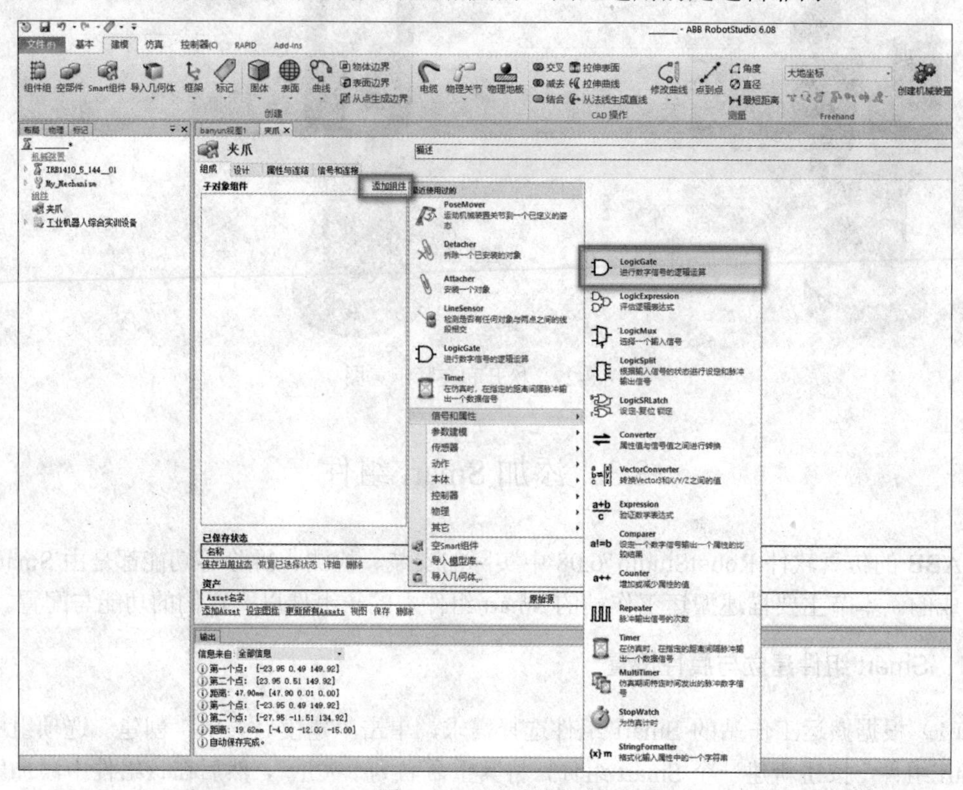

图 8-29　添加逻辑门

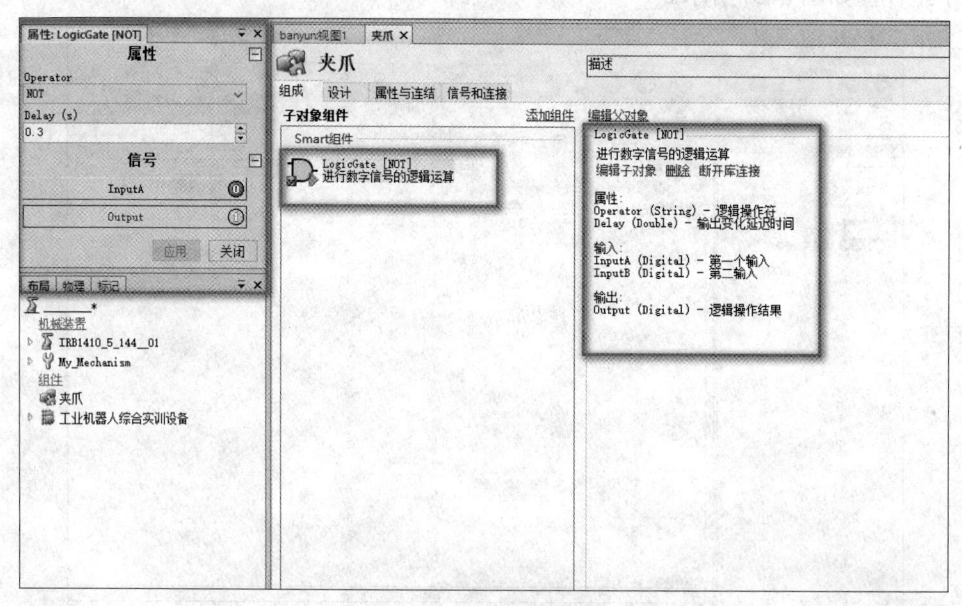

图 8-30　逻辑非门属性

（3）双击 LogicGate 逻辑组件，进入配置窗口进行属性编辑，选择工作站需要的逻辑指令和延迟时间。其中，Operator 中指令代表的含义如下。

① AND（与）：两个输入的信号都为真，输出才为真。

② OR（或）：两个输入的信号一个为真，输出就为真。

③ NOT（反信号）：输入 1，输出 0；输入 0，输出 1。

④ NOP（延时信号）：输入是什么，输出就是什么，可设置间隔时间。

（4）添加 LineSensor（线传感器）逻辑组件，如图 8-31 所示，其属性内容如图 8-32 所示。线传感器用于检测夹爪到位后所要抓取的具体工件。

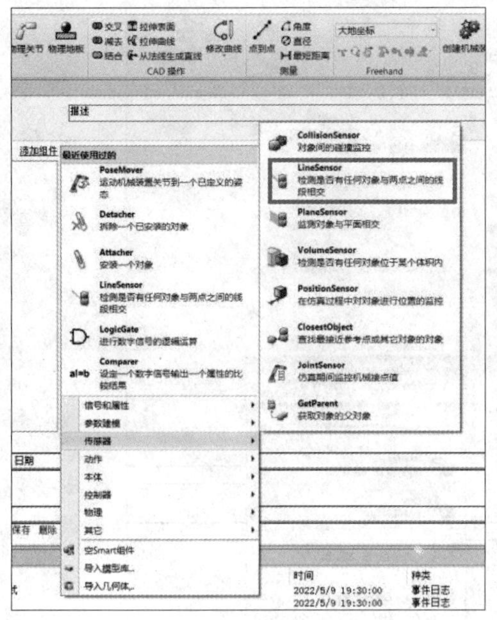

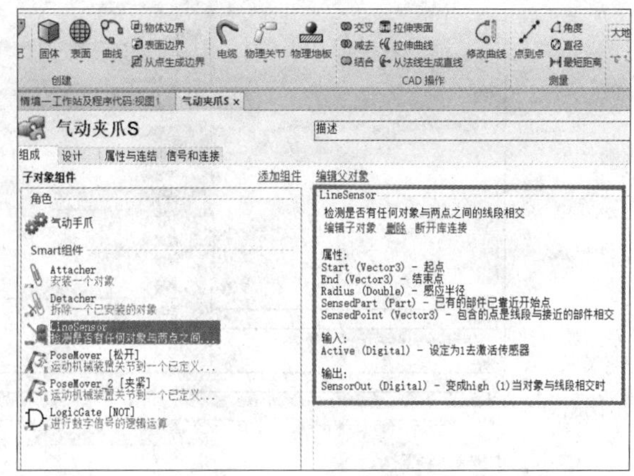

图 8-31　添加线传感器　　　　图 8-32　线传感器属性

（5）双击 LineSensor 逻辑组件，进入配置窗口进行属性编辑。将线传感器的半径设定为 3mm，手动定位线传感器起始端和末端的位置。如果检测到与线传感器相交的工件，SensedPart 就会输出被线传感器检测出的工件。线传感器属性编辑如图 8-33 所示。

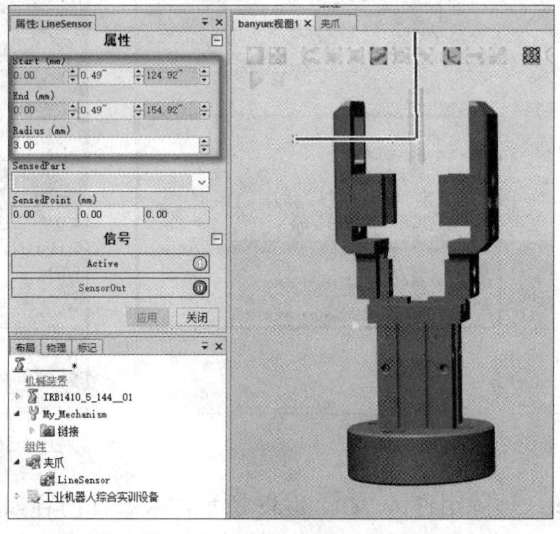

图 8-33　线传感器属性编辑

（6）添加 Attacher（安装组件），如图 8-34 所示，其属性内容如图 8-35 所示。安装组件用于模拟实际气动手爪能抓取工件的动作。在安装组件的属性编辑中，将安装的 Parent（父级）选择为自定义的 Smart 组件“手爪”，Child（子级）安装对象应该是“工件”，但是是由传感器的 SensedPart 端检测出来传送给 Attacher 子组件的 Child 安装对象。安装组件属性编辑如图 8-36 所示。

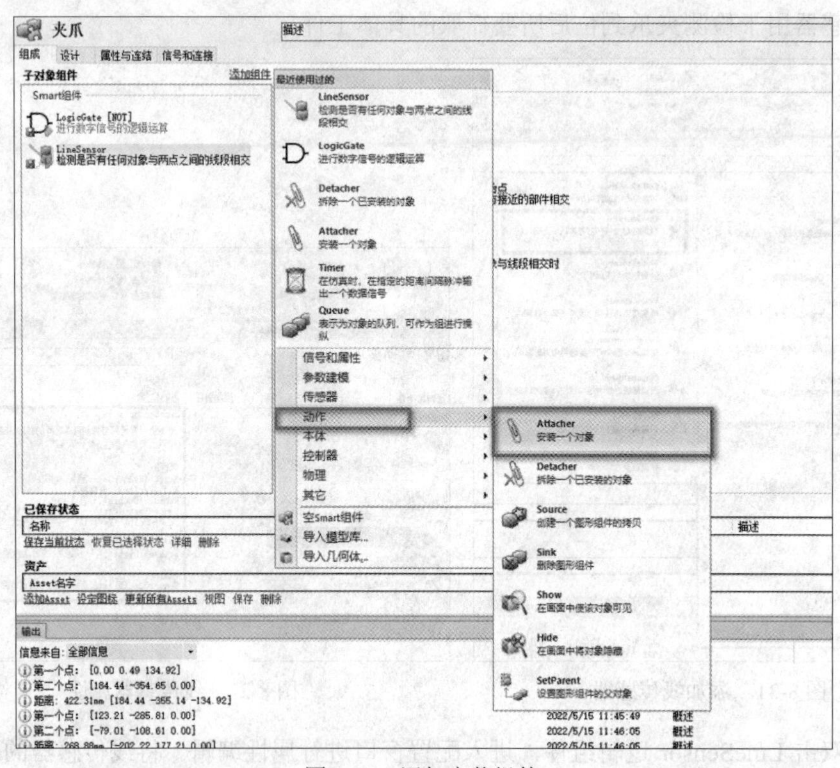

图 8-34 添加安装组件

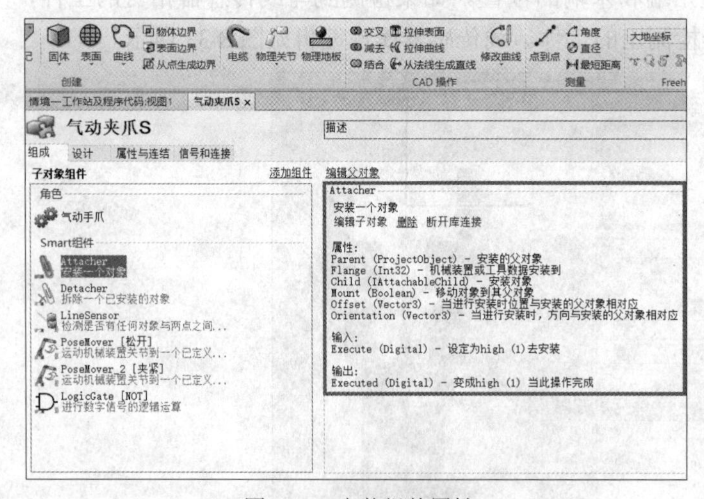

图 8-35 安装组件属性

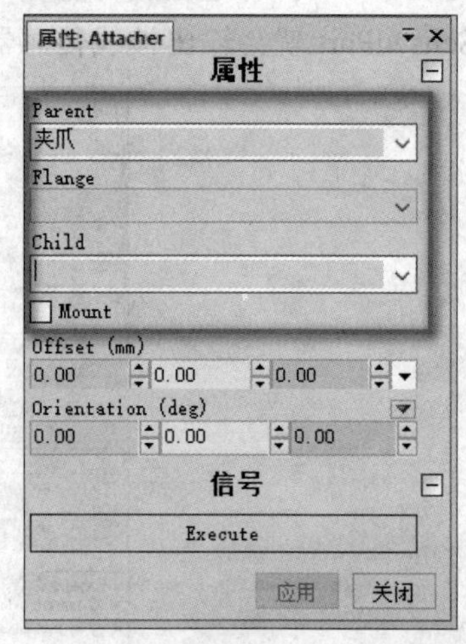

图 8-36 安装组件属性编辑

（7）添加 Detacher（拆除组件），如图 8-37 所示，其属性内容如图 8-38 所示。拆除组件用于模拟实际气动手爪能放下工件的动作。在拆除组件的属性编辑中，Child 拆除对象应该是“工件”，但是是由传感器的 SensedPart 端检测出来传送给 Detacher 子组件的 Child 拆除对象。拆除属性编辑如图 8-39 所示。

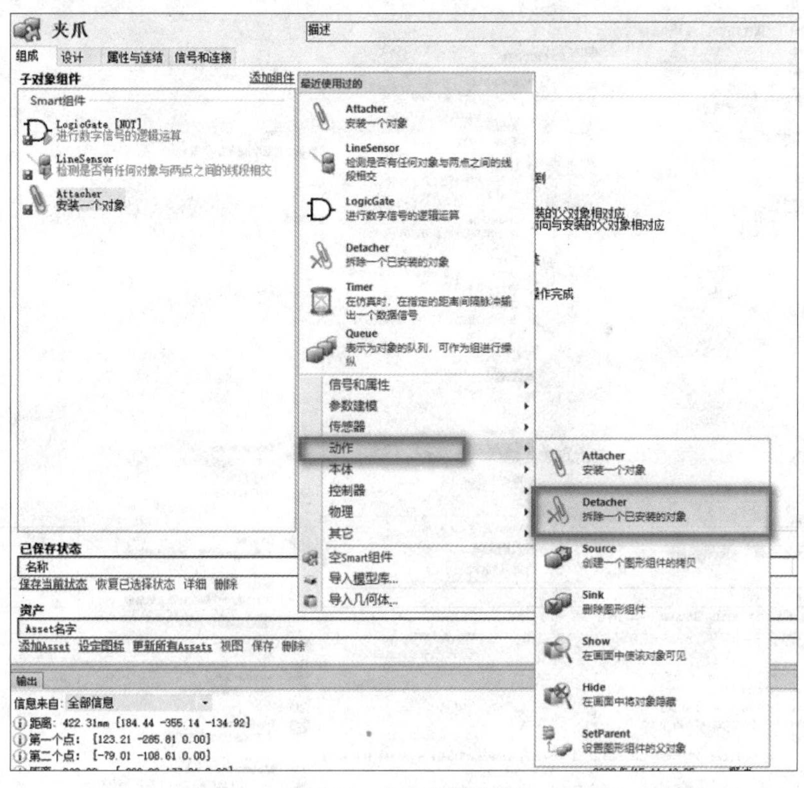

图 8-37　添加拆除组件

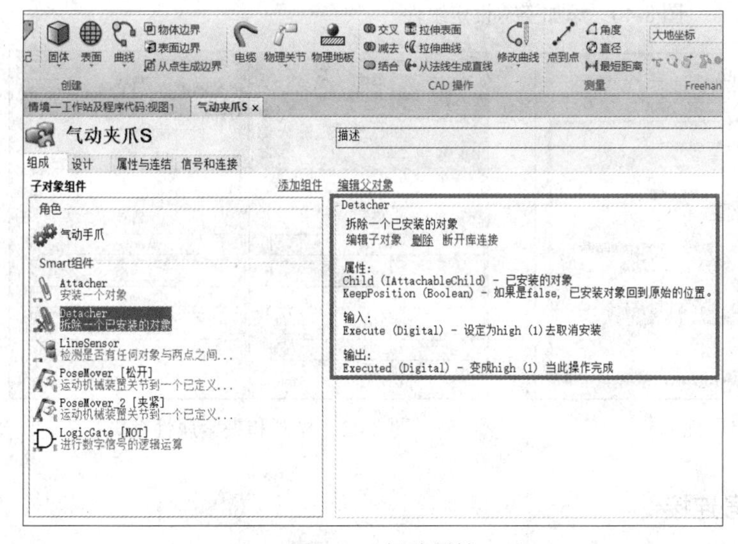

图 8-38　拆除属性

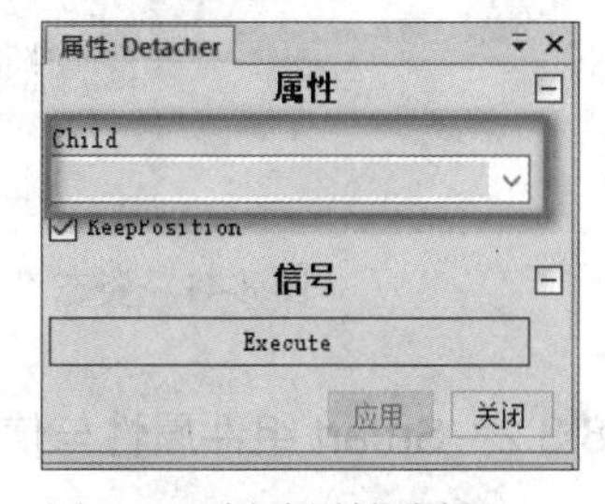

图 8-39　拆除属性编辑

（8）添加两个 PoseMover（姿态设定），如图 8-40 所示，其属性内容如图 8-41 所示。姿态设定组件用于模拟实际气动手爪抓和放的动作中夹爪的实际姿态。在两个姿态设定属性编辑界面中，在移动机械装置 Mechanism 中选择自己定义的手爪的工具坐标数据名称，在姿态设定 Pose 中选择之前定义的“松开”“夹紧”两个姿态，如图 8-42 所示。

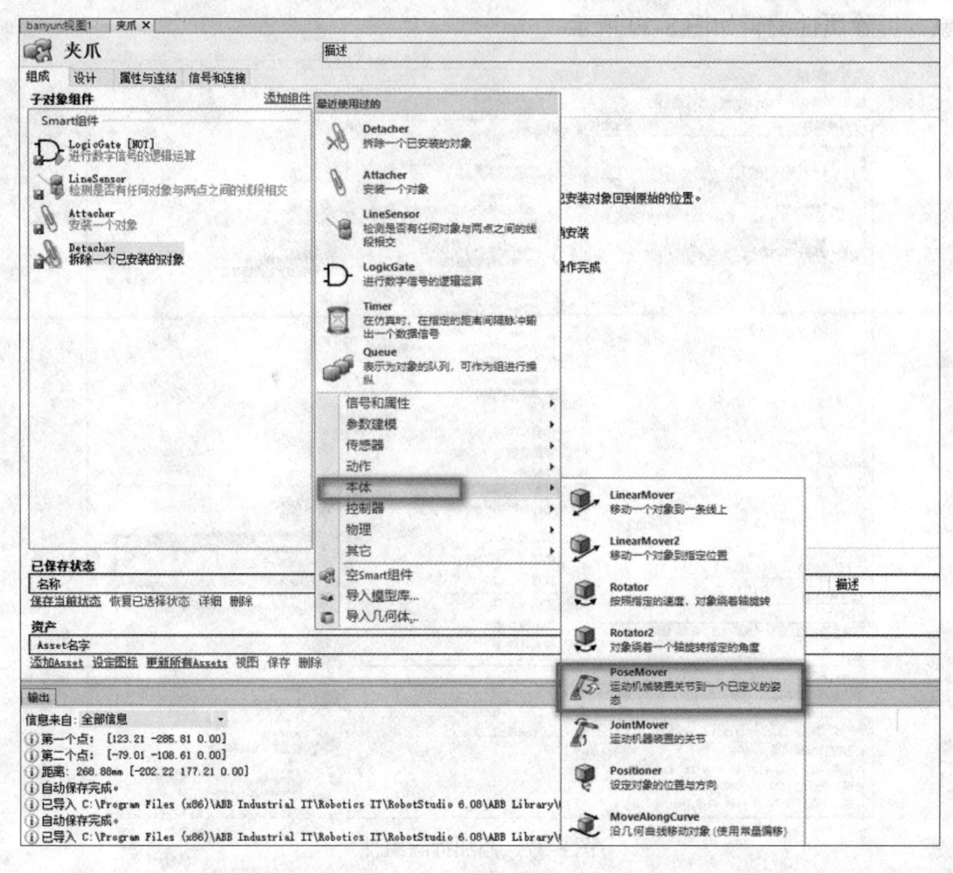

图 8-40 添加姿态设定组件

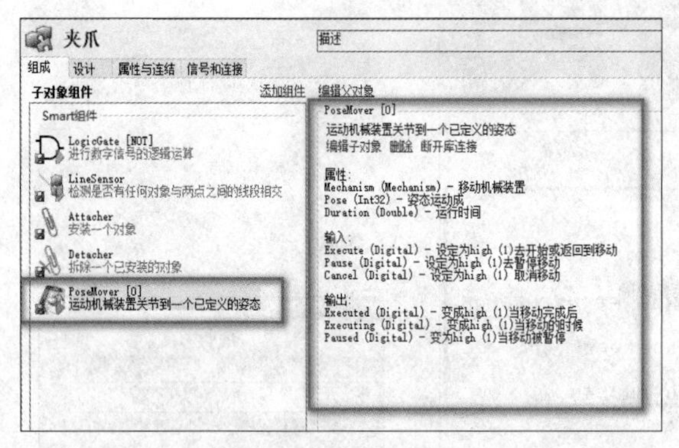

图 8-41 姿态设定属性

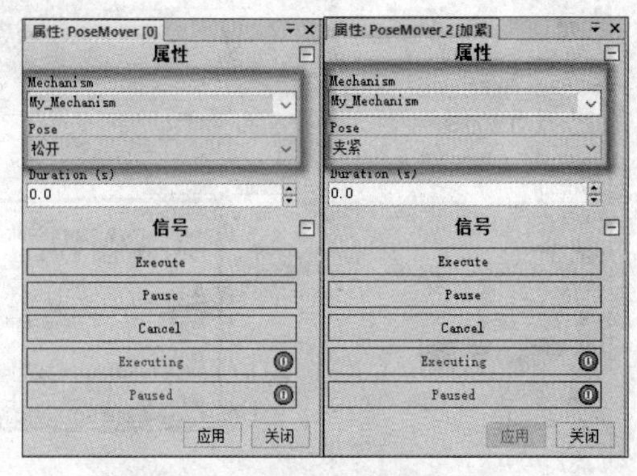

图 8-42 松开和夹紧属性编辑

8.3.2 Smart 组件属性与信号连接

（1）在 Smart 组件编辑窗口中单击“设计”，在设计界面可以设置 Smart 组件中各子组件之间属性的传递关系及信号控制的逻辑关系。在 Smart 组件的“输入”端创建一个组件启动与停止的数字量输入信号，本例中将信号名称设置为 di1，如图 8-43 所示。

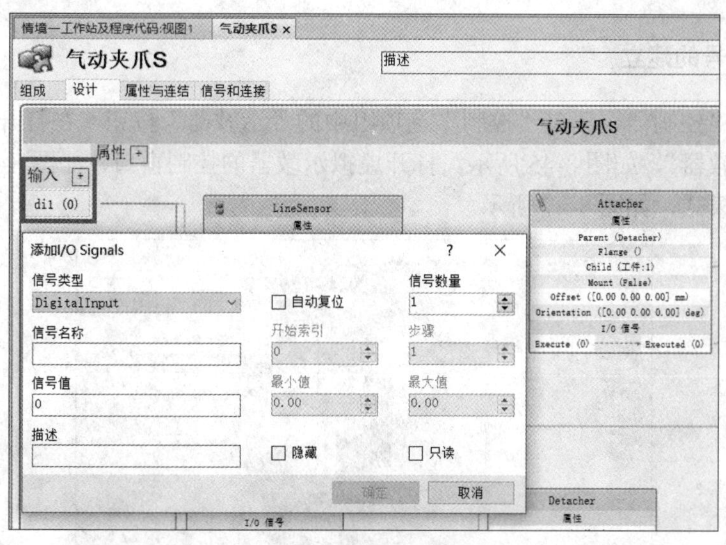

图 8-43　添加 Smart 组件输入信号

（2）将 di1 信号分别与 LineSensor 组件的 Active 端和 LogicGate 组件的 InputA 端连接，LineSensor 组件的 SensedPart 端与 Attacher 组件的 Child 端和 Detacher 组件的 Child 端连接，LineSensor 组件的 SensorOut 端与 Attacher 组件的 Execute 端连接，Attacher 组件的 Executed 端与 PoseMover[夹紧]组件的 Execute 端连接，LogicGate 组件的 Output 端与 Detacher 组件的 Execute 端连接，Detacher 组件的 Executed 端与 PoseMover[松开]组件的 Execute 端连接，如图 8-44 所示。

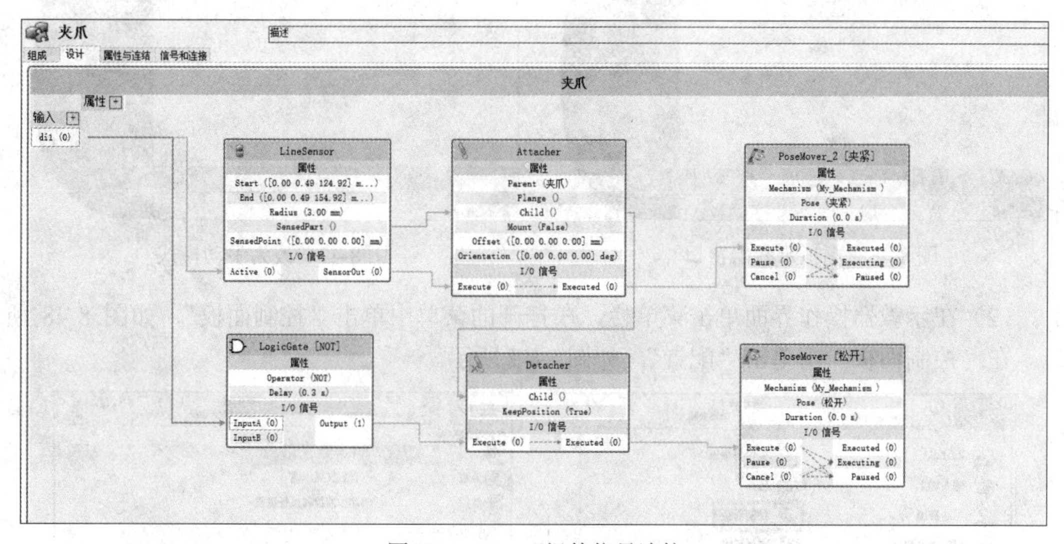

图 8-44　Smart 组件信号连接

8.4　通信信号的建立与连接

在 ABB 的仿真软件 RobotStudio 6.08 中打开虚拟示教器，并在其中新建 board10，然后在 board10 中新建 Signal（信号），并将其与 Smart 组件建立连接。

8.4.1　通信信号的建立

（1）单击“控制器”菜单“控制”选项组中的“示教器”按钮，在打开的下拉菜单中选择“虚拟示教器”，如图 8-45 所示。打开虚拟示教器的控制窗口，如图 8-46 所示。将示教器改为手动模式，如图 8-47 所示。

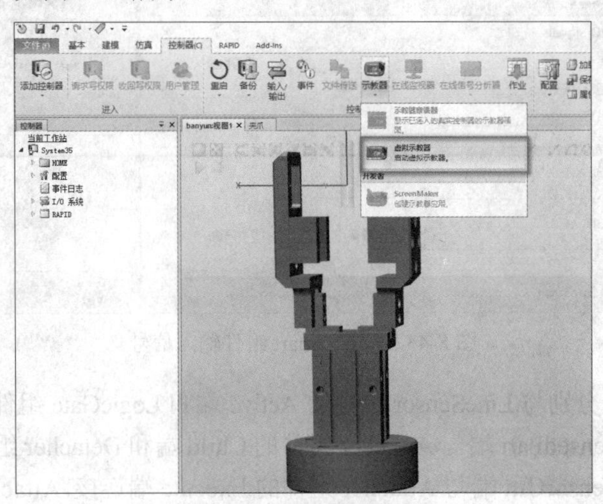

图 8-45　打开虚拟示教器

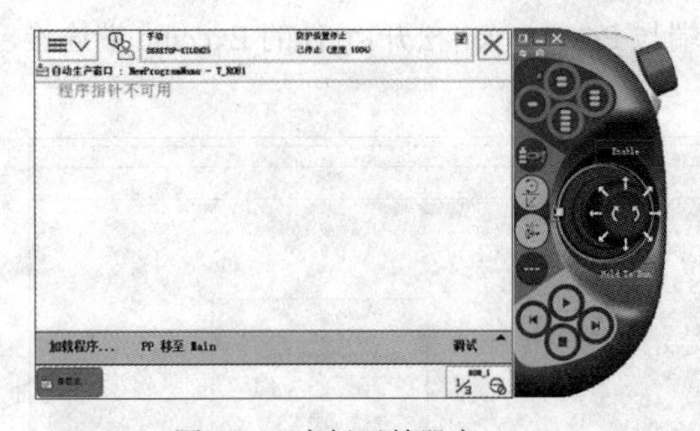

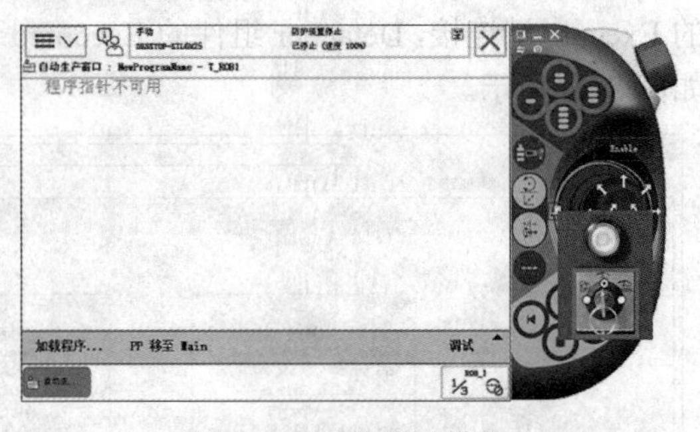

图 8-46　虚拟示教器窗口　　　　图 8-47　改为手动模式

（2）在示教器操作界面单击菜单栏，在打开的菜单中单击“控制面板”，如图 8-48 所示。在“控制面板”中单击“配置”，如图 8-49 所示。

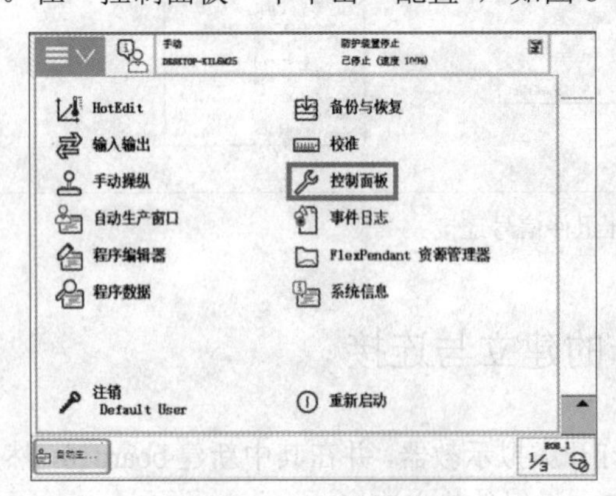

图 8-48　单击控制面板　　　　图 8-49　系统配置

（3）进入“配置”界面，选择总线设备 DeviceNet Device，如图 8-50 所示，进入后新建一个 board10，单击“添加”，如图 8-51 所示。

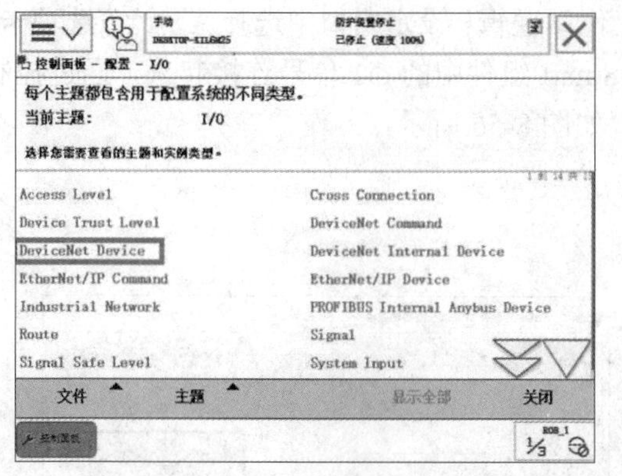

图 8-50　单击 DeviceNet Device

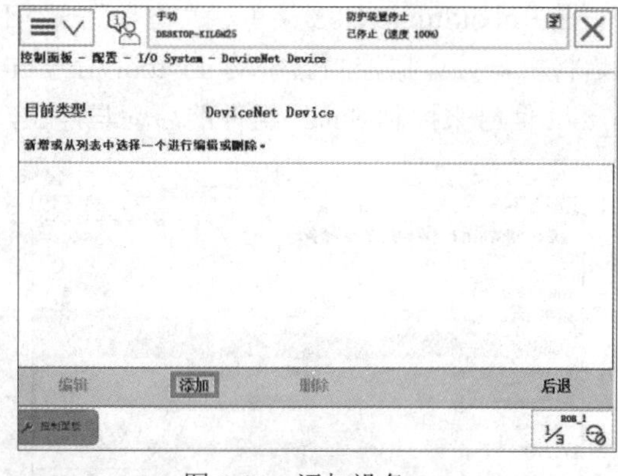

图 8-51　添加设备

（4）选择 DSQC 652 24 VDC I/O Device 板卡，并按要求修改设备参数，此处将 Name 修改为 board10，将 Address 修改为 10，其余使用默认参数，如图 8-52 所示。单击“确定”，重启控制器。

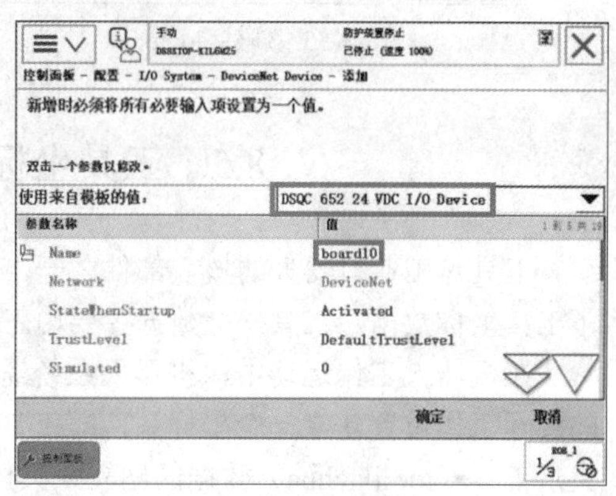

图 8-52　新建 board10

（5）重新进入“配置”界面，选择 Signal（信号），如图 8-53 所示，进入新建信号窗口。将 Name 修改为 di_start，将 Type of Signal（信号类型）修改为 Digital Input（信号输入），将 Assigned to Device（连接设备）修改为 board10，将 Device Mapping（设备映射）修改为 0，其余使用默认参数，单击“确定”，重启控制器，如图 8-54 所示。

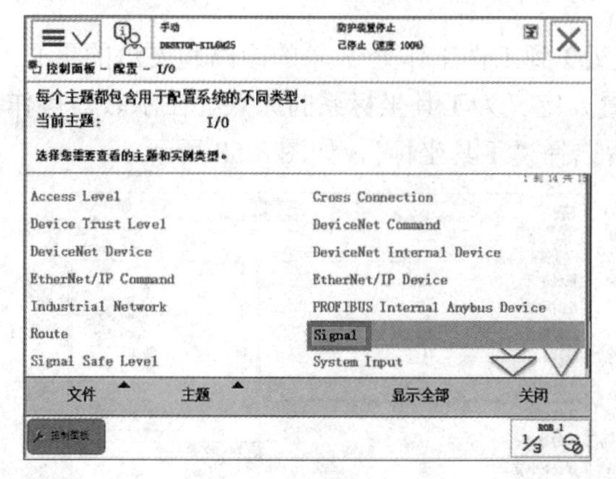

图 8-53　添加信号

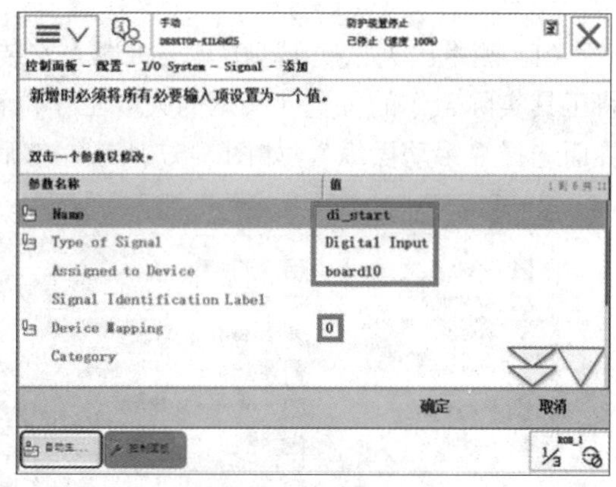

图 8-54　新建 di_start

（6）重新进入“配置”界面，选择 Signal，进入新建信号口。将 Name 修改为 do_tool，将 Type of Signal 修改为 Digital Output，将 Assigned to Device 修改为 board10，将 Device Mapping 修改为 0，其余使用默认参数，单击“确定”，重启控制器，如图 8-55 所示。

8.4.2 通信信号的连接

在 RobotStudio 6.08 菜单栏“仿真”→“工作站逻辑”设定窗口中选择“设计”选项卡，然后将机器人虚拟控制器中的 do_tool 信号与 Smart 组件中的 di1 信号连接起来，通过控制 do_tool 信号来控制 Smart 组件的启动与停止，如图 8-56 所示。

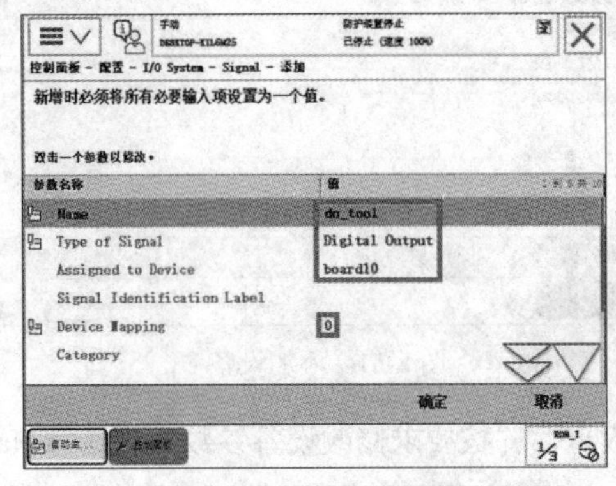

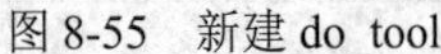
图 8-55 新建 do_tool

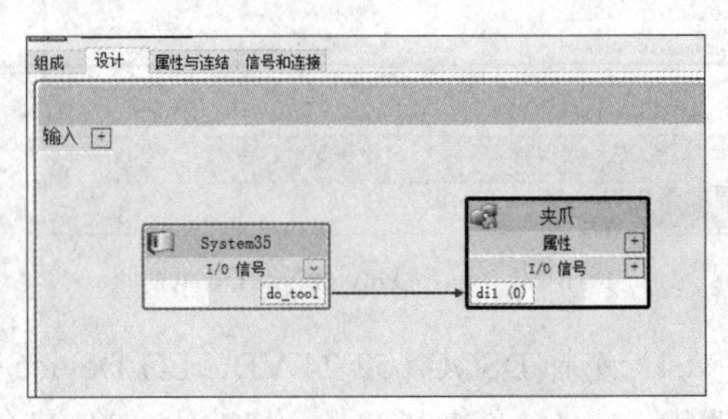

图 8-56 通信信号的连接

8.5 工具坐标数据的建立与定义

工具是工业机器人的核心部件之一。在 RobotStudio 6.08 中为了描述工具的特征，使用了工具坐标数据。工具坐标数据主要由工具坐标系、工具重量和工具重心 3 部分组成。

在机器人工作运动中，机器人系统需要明确其工具的具体工作位置，因此必须在工具的实际工作位置建立一个坐标系，即工具坐标系，用来辅助记录工作位置信息。本例借助夹爪工具（tooljiazhua）数据的创立来具体介绍工具坐标数据。

1. 新建工具坐标

（1）测量出夹爪底部（工具与机器人安装处）到工件工作处 Y 轴的距离和夹爪的重心，将工具实际工作的位置（夹爪的夹取工作位置）定义为工具坐标系的原点。在示教器操作界面选择“手动操纵”，如图 8-57 所示，然后选择“工具坐标”，如图 8-58 所示。

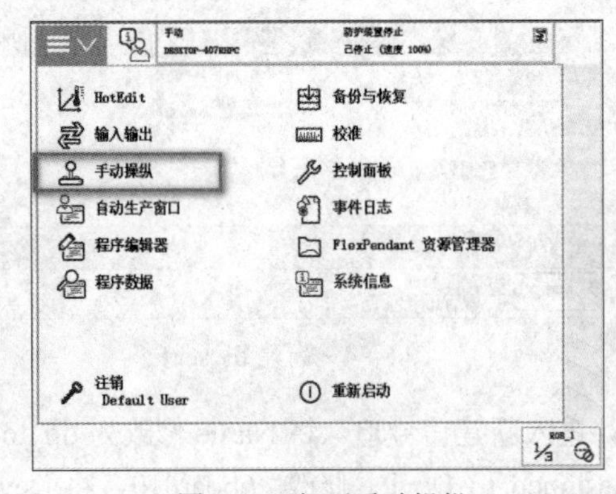

图 8-57 打开手动操纵

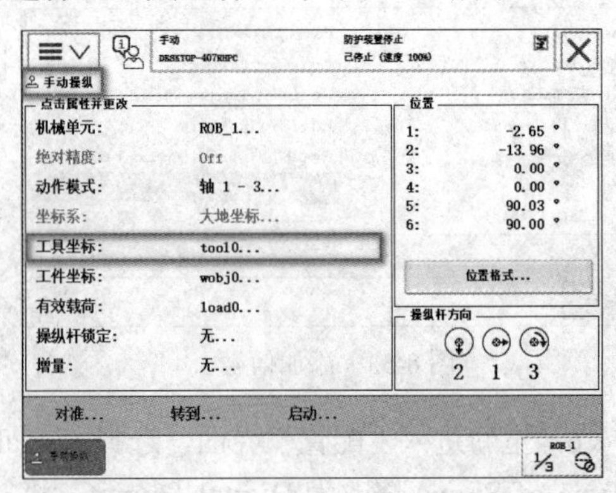

图 8-58 选择工具坐标

（2）单击“新建”新建工具坐标，如图 8-59 所示。将新建夹爪的工具坐标名称改为 tooljiazhua，如图 8-60 所示。单击“初始值”设置工具的坐标、重量、重心，如图 8-61 和图 8-62 所示。

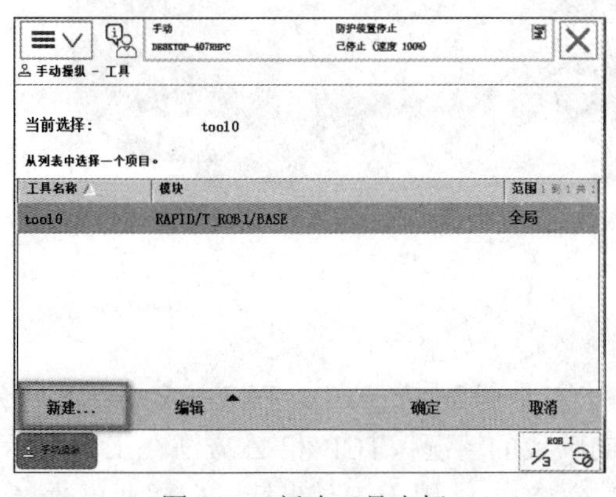

图 8-59　新建工具坐标

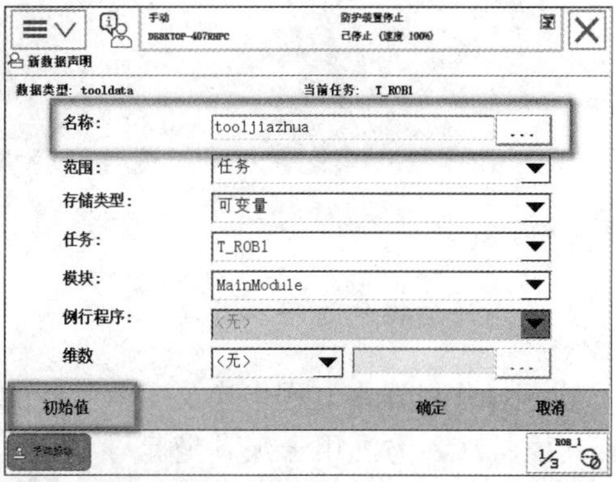

图 8-60　修改工具坐标名称

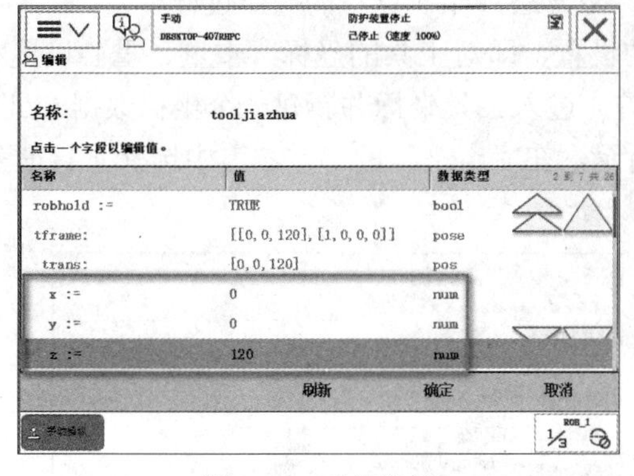

图 8-61　工具坐标

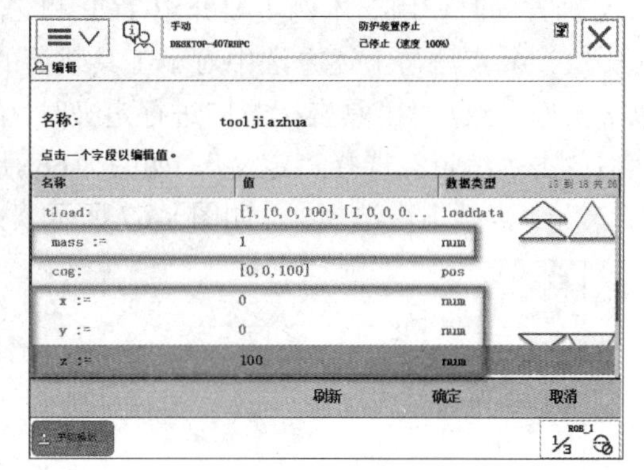

图 8-62　工具重量与重心

（3）新建完工具坐标后，可以通过重定位的方式来确定工具坐标的效果，在“动作模式”中选择“重定位”，如图 8-63 所示，在“工具坐标”中选择 tooljiazhua，如图 8-64 所示，单击“确定”。在示教器中，打开使能键 Enable，手动操作改变机器人姿态，不管机器人姿态如何改变，其对应的工具坐标原点始终保持不变，如图 8-65 所示。

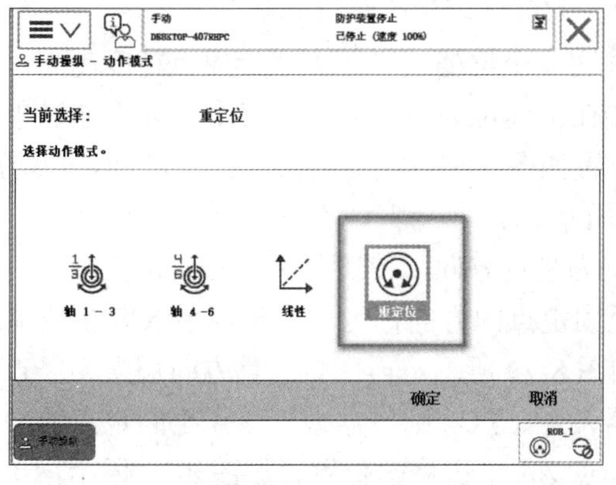

图 8-63　重定位

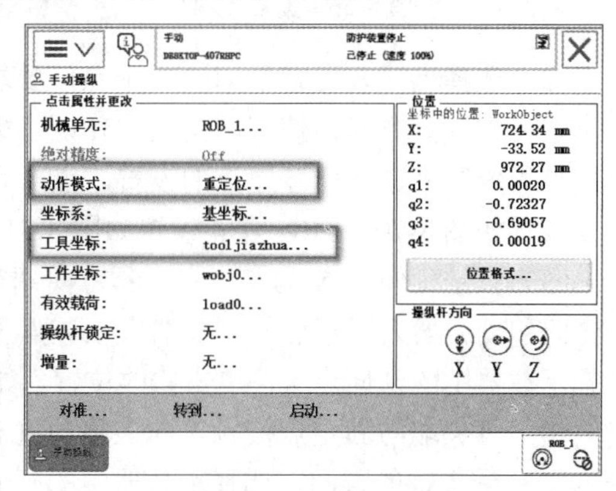

图 8-64　重定位界面

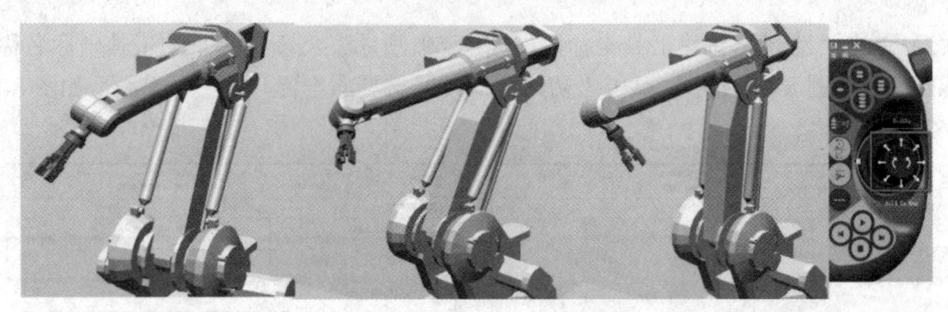

图 8-65　重定位验证工具坐标

2. 6 点法的操作过程

实际操作机器人过程中定义工具坐标的方法主要有 3 种：TCP；TCP 和 Z；TCP 和 Z，X。其中，TCP 方法用于工具坐标与 tool0 方向一致的情况；TCP 和 Z 方法在工具坐标 Z 轴与 tool0 的 Z 轴方向不一致时使用；TCP 和 Z，X 方法用于工具坐标方向需要更改 Z 轴和 X 轴方向时使用。本例主要介绍 TCP 和 Z，X 方法，即 6 点法的操作过程。

（1）6 点法与上述方法中对于工具载荷的设置，即对工具的坐标、重量、重心设置和以上操作一致。对工具坐标方向进行定义时，首先进入工具坐标并新建一个坐标数据 tool3，然后单击“编辑”选择“定义”，如图 8-66 所示，在“定义”的“方法”中选择“TCP 和 Z，X”，“点数”中选择 4，如图 8-67 所示。

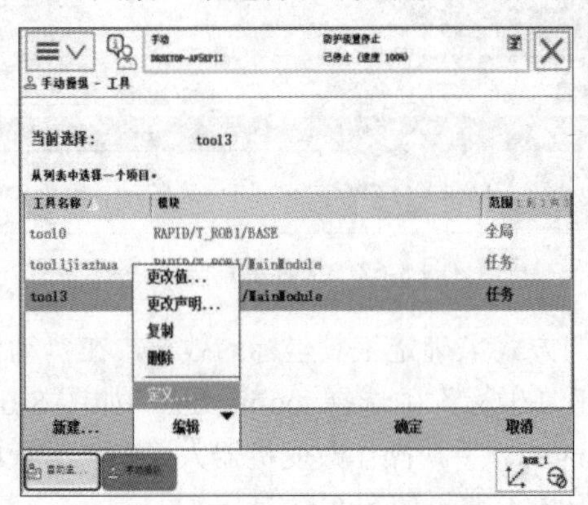

图 8-66　新建 tool3

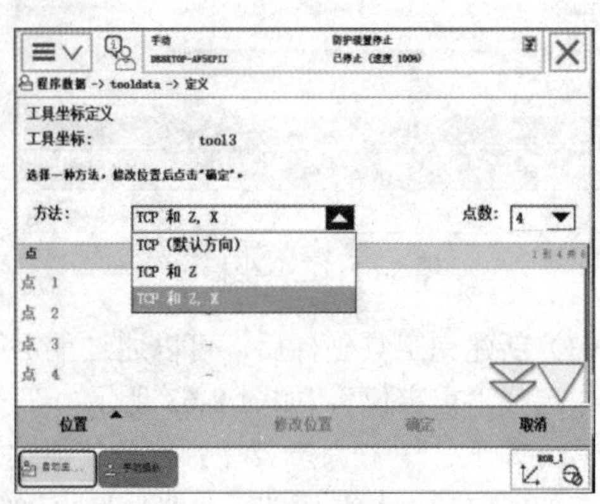

图 8-67　选择 6 点法

（2）选择机器人姿态不同的 4 个点，要求这 4 个位姿差异越大坐标原点精度越高，第 4 个位姿为竖直方向，使工具与某物体两尖端在不同位姿下接触，在每个位姿下通过单击修改点的位置来进行坐标原点的设置。点 1 设置如图 8-68 所示，点 2 设置如图 8-69 所示，点 3 设置如图 8-70 所示，点 4 设置如图 8-71 所示。

（3）设定延伸点 X 与 Z。将工具方向调整为竖直方向，使工具尖端与固定点接触，向 X 方向移动机器人至一点，则机器人以该点至固定点的方向作为工具坐标系 X 轴的方向，选择示教器中的延伸点 X，单击修改位置，如图 8-72 所示。再次将工具方向调整为竖直方向，使工具尖端与固定点接触，向上移动机器人至一点，则机器人以该点至固定点的方向作为坐标系 Z 轴的方向，选择示教器中的延伸点 Z，单击修改位置，如图 8-73 所示，单击“确定”。

（4）定义完工具坐标 tool3 后，可以通过重定位的方式来确定工具坐标的效果，在“动作模式”中选择“重定位”，在“工具坐标”中选择 tool3，如图 8-74 所示。在示教器中，打开使能键 Enable，手动操作改变机器人姿态，不管机器人姿态如何改变，其对应的工具坐标原点始终保持不变，如图 8-75 所示。

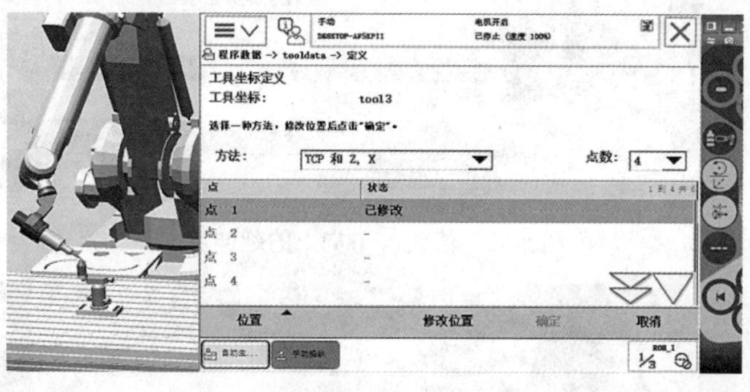

图 8-68　修改点 1

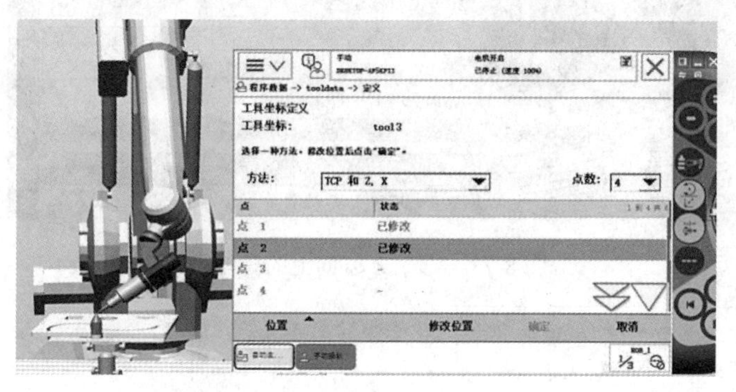

图 8-69　修改点 2

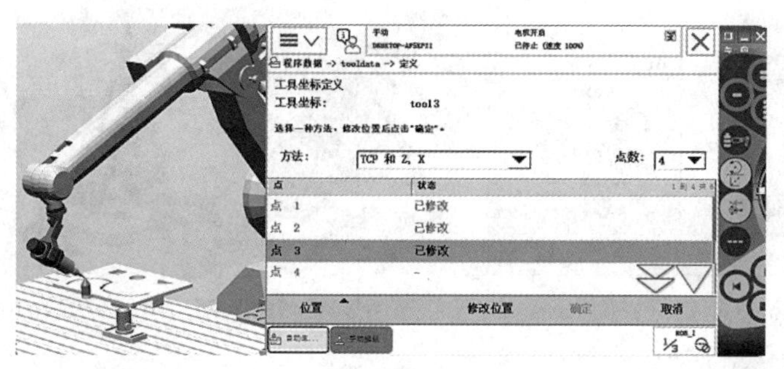

图 8-70　修改点 3

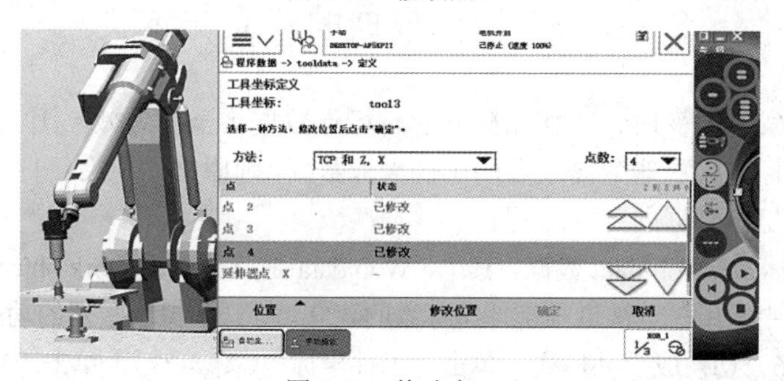

图 8-71　修改点 4

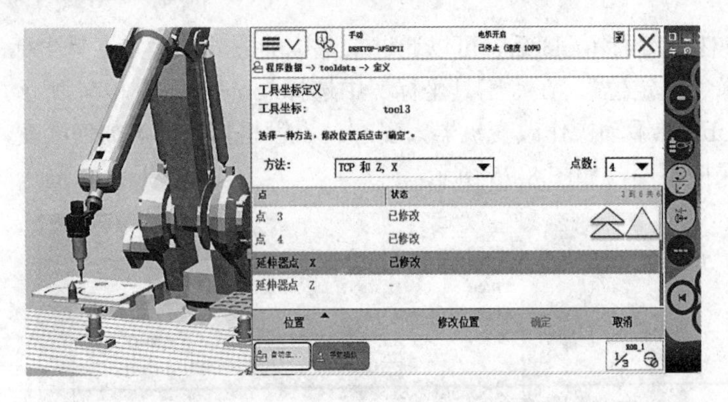

图 8-72 修改 X 方向上的延伸点

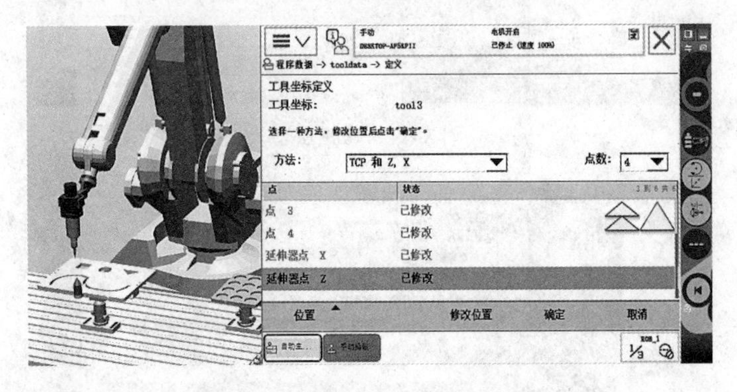

图 8-73 修改 Z 方向上的延伸点

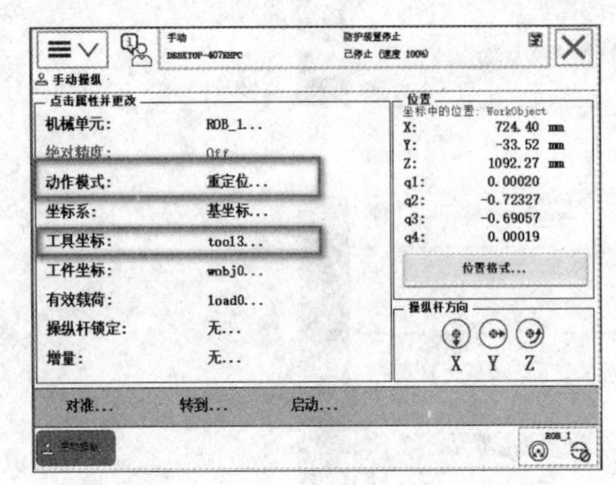

图 8-74 tool3 重定位界面

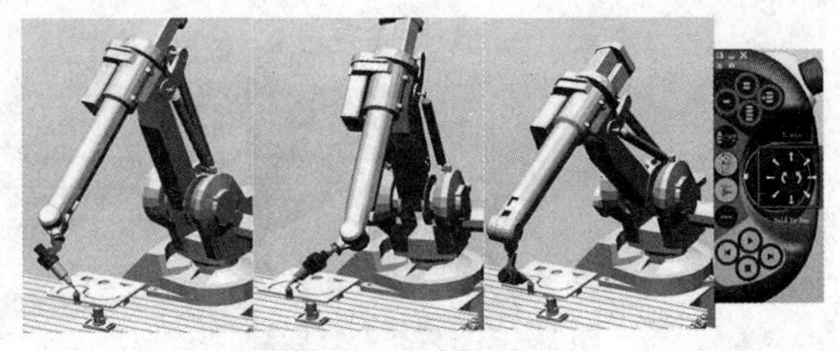

图 8-75 重定位验证 tool3

8.6 工件坐标数据的建立与定义

当工件位置发生改变时，工作站建立的目标点数据将全部失效，因此只需要将工件位置所在的工件坐标数据更新为修改后的工件坐标数据，则原来的所有目标点的数据仍有效，本节将演示工件坐标数据的建立过程。

（1）工件坐标系&Wobjdata 数据。其中，Wobjdata 是英文单词 work object data 的缩写。在 RobotStudio 6.08 中常用 3 点法进行工件坐标系的建立。打开虚拟示教器的功能菜单，单击“手动操纵”（图 8-76）切换成手动模式，单击“工件坐标”（图 8-77），单击“新建”（图 8-78）

新建两个工件坐标系——wobjcsd（传送带）（图 8-79）和 wobjgzt（工作台）（图 8-80）。这两个工件坐标系建立完成的界面如图 8-81 所示。

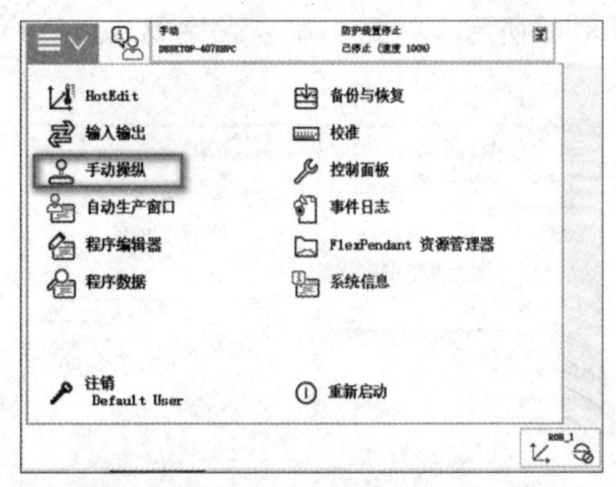

图 8-76　切换手动操作

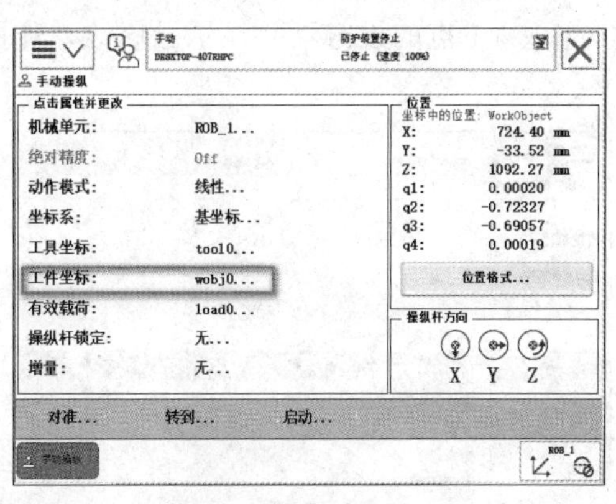

图 8-77　单击工件坐标

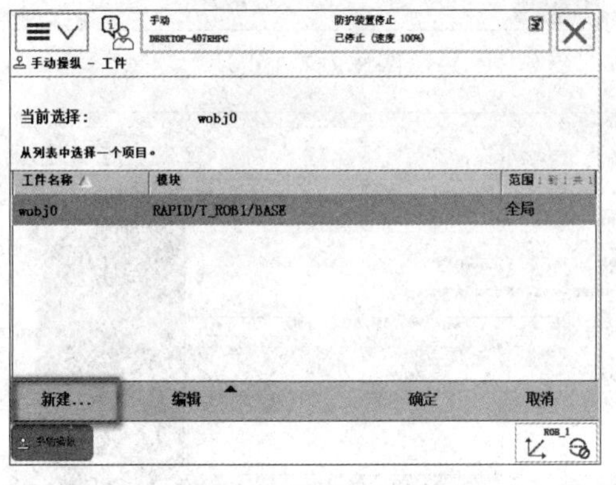

图 8-78　新建工件坐标

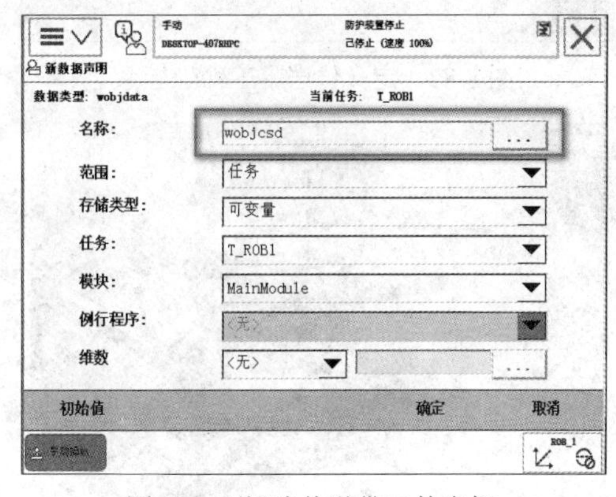

图 8-79　新建传送带工件坐标

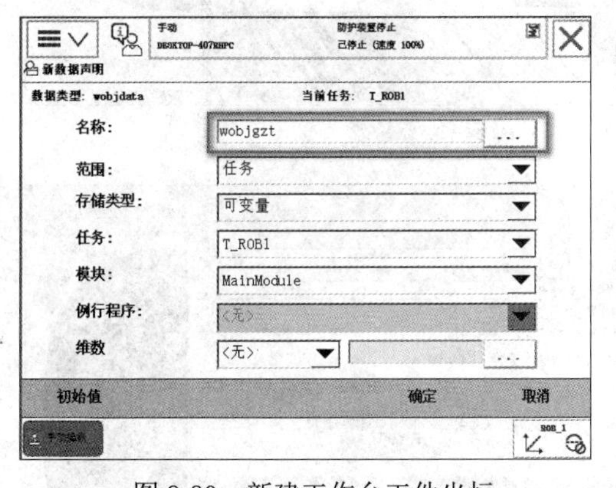

图 8-80　新建工作台工件坐标

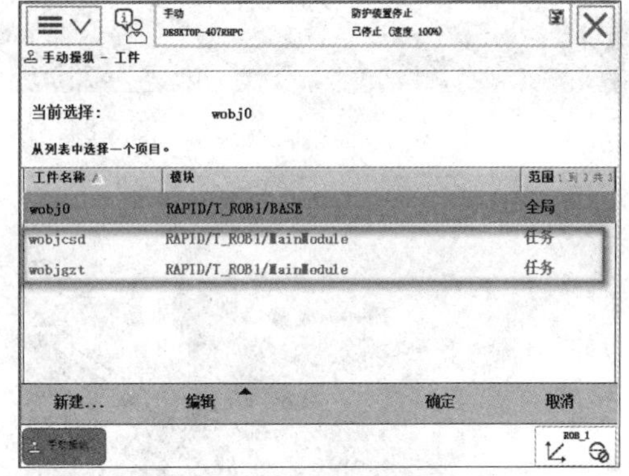

图 8-81　新建工件坐标完成

（2）定义 wobjcsd。选中 wobjcsd，单击“编辑”选择“定义”（图 8-82），在“定义”的“用户方法”中选择“3 点”，如图 8-83 所示。这 3 点分别是 X1、X2、Y1，需要设定位置，即选择 X 轴上的两点和 Y 轴上的一点，并用右手准则建立工件坐标系。将虚拟示教器切换成手动模式，调整右侧的手柄将机器人的手臂移动到工件所在板的角点，调整工具尖点到图中的 X1 点，按下修改位置，完成 X1 点的设定，并显示已修改，如图 8-84

所示；随后调整虚拟示教器手柄将工具尖点移动到工件的下一个 X2 点，按下修改位置，完成 X2 点的设定，并显示已修改，如图 8-85 所示；最后将位置调到 Y1 点，按下修改位置，完成 Y1 点的设定，并显示已修改，如图 8-86 所示。单击“确定”，完成 wobjcsd 的定义。

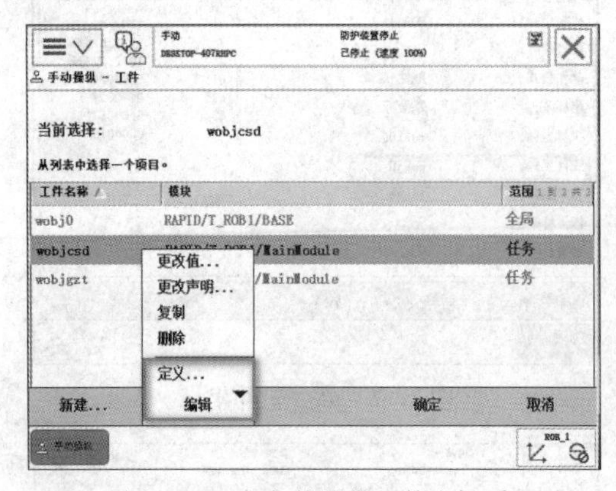

图 8-82　定义传送带工件坐标系

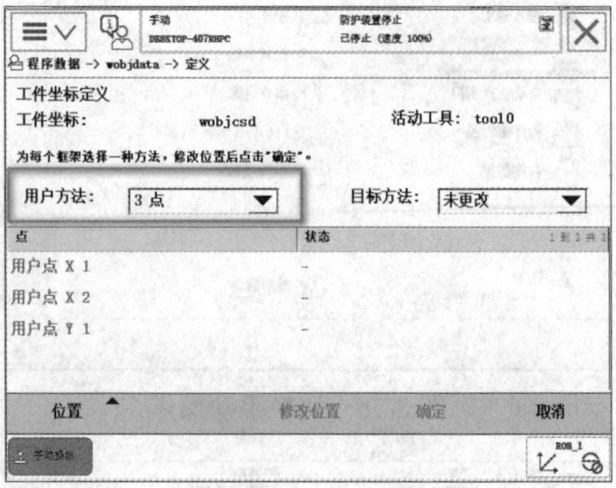

图 8-83　3 点法

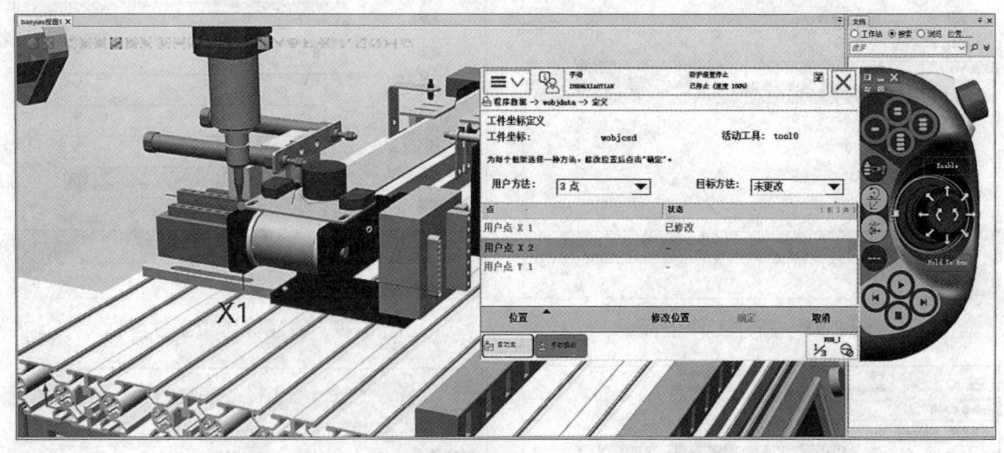

图 8-84　修改 X1 点位置

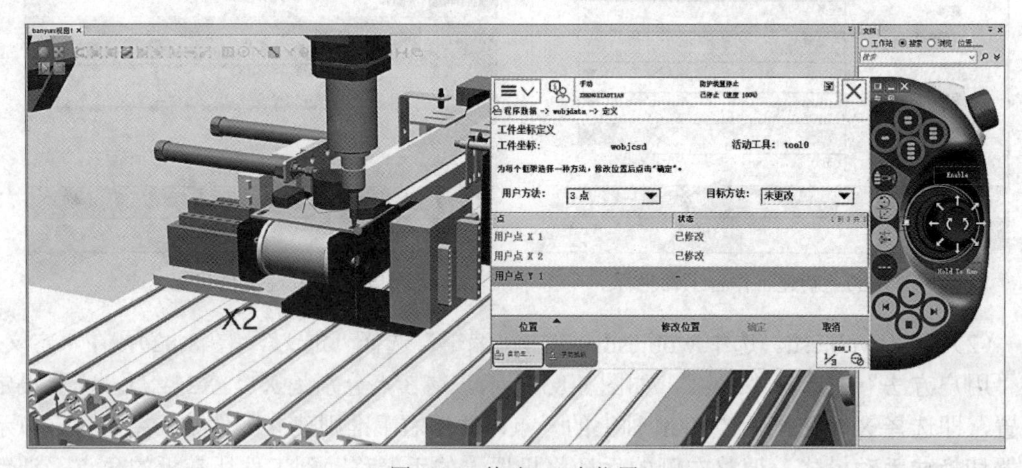

图 8-85　修改 X2 点位置

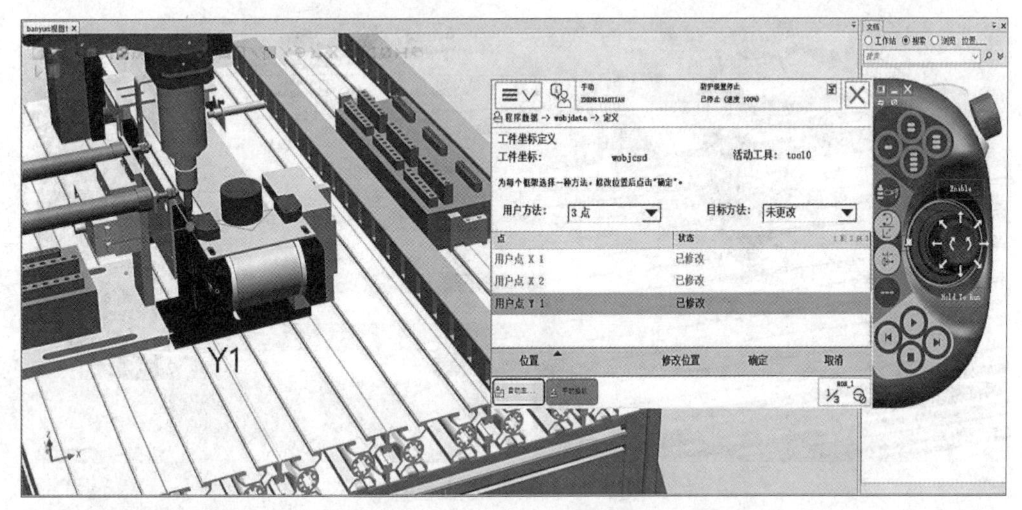

图 8-86　修改 Y1 点位置

（3）定义 wobjgzt。选中 wobjgzt，wobjgzt 的定义方法与 wobjcsd 相同，具体过程如图 8-87～图 8-91 所示。单击“确定”，完成 wobjgzt 的定义。

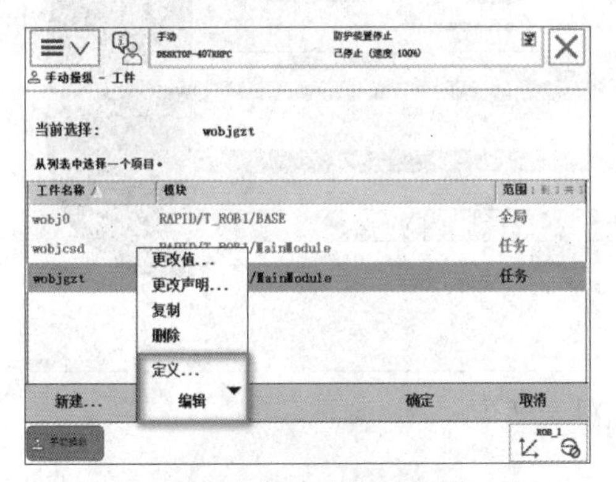

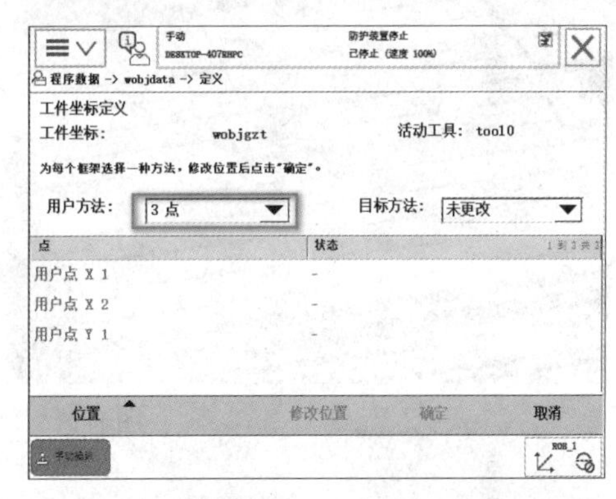

图 8-87　定义工作台工件坐标系　　　　图 8-88　3 点法

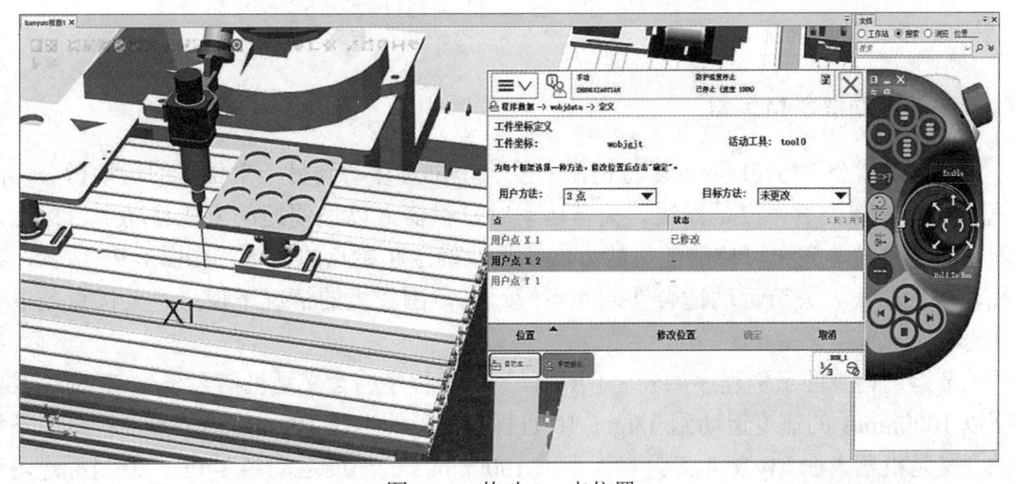

图 8-89　修改 X1 点位置

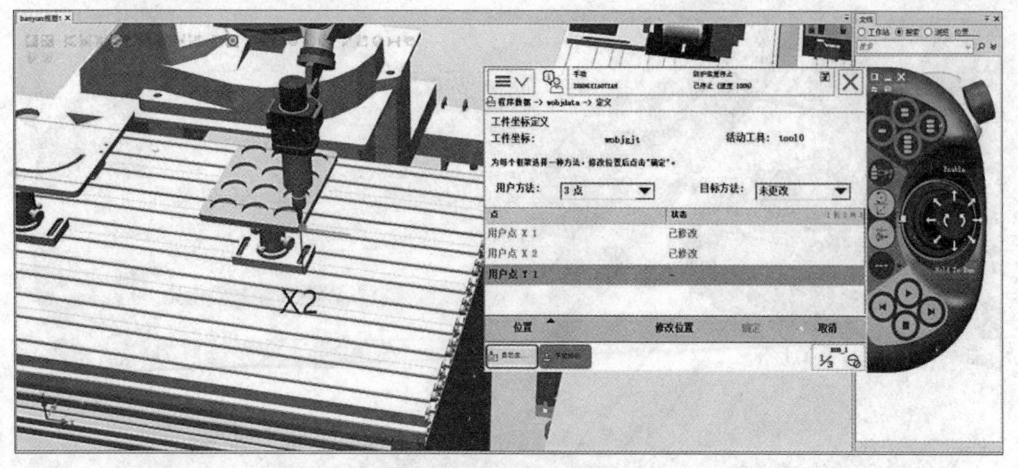

图 8-90　修改 X2 点位置

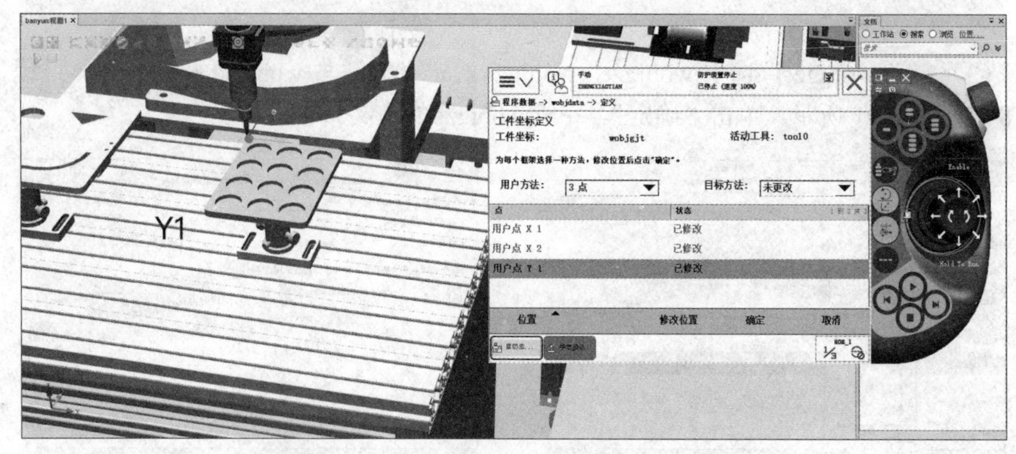

图 8-91　修改 Y1 点位置

8.7　搬运工作站指令

8.7.1　关节运动指令 MoveJ

关节运动指令 MoveJ 是可以将机器人从一个位置移动到另一个位置的运动指令，两个位置之间的路径不一定是直线。关节运动时，机器人以最便捷的方式移动至目标点，机器人的轨迹是非完全可控的随机的方向，只能确定起始点的位置，如图 8-92 所示，其路径是一条曲线。关节运动适合在起始点较远、范围较大的情况下使用，其优点是很少出现奇异点。

关节运动指令的示例程序如表 8-1 所示。第 1 条程序的含义是机器人在 MyTool 工具坐标下以 1000mm/s 的速度运动到 Target_10 目标点附近的半径 100mm 内的点上；第 2 条程序的含义是机器人在 MyTool 工具坐标下以 1000mm/s 的速度运动到 Target_20 目标点附近的半径 100mm 内的点上。其中各项参数和说明如图 8-93 和表 8-2 所示。

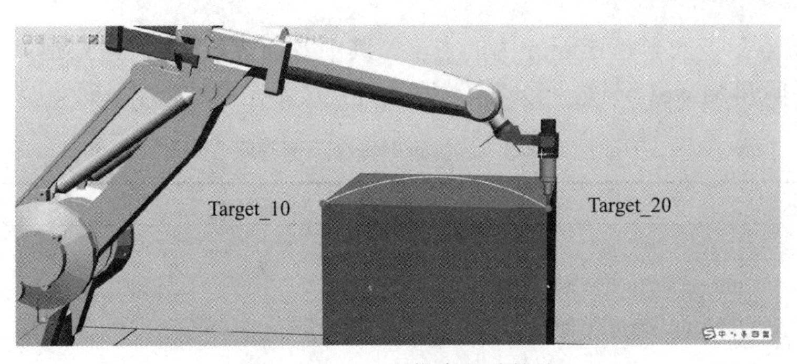

图 8-92　MoveJ 指令运动轨迹

表 8-1　关节运动指令示例程序

示例程序
PROC Path_10() 　　MoveJ Target_10,v1000,z100,MyTool\WObj:=wobj0; 　　MoveJ Target_20,v1000,z100,MyTool\WObj:=wobj0; ENDPROC

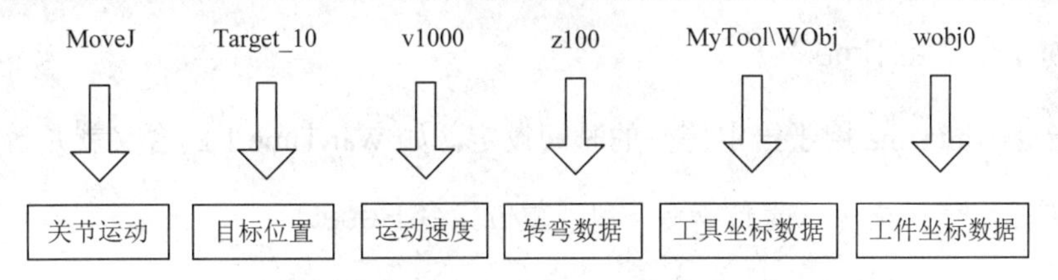

图 8-93　MoveJ 指令参数说明

表 8-2　关节运动指令说明

数据	定义
目标位置	定义机器人 TCP 的运动目标，可在示教器中单击“修改位置”进行修改
运动速度	定义速度（mm/s），在手动状态下所有运动速度被限制在 250mm/s
转弯数据	定义转弯半径的大小（mm），设置为 fine 表示机器人 TCP 到达目标点的速度为零
工具坐标数据	定义当前指令使用的工具坐标
工件坐标数据	定义当前指令使用的工件坐标，如果使用 wobj0，可省略不写

8.7.2　线性运动指令 MoveL

线性运动指令 MoveL 是可以保持机器人从起点到终点的运动路径始终是直线的运动指令，如图 8-94 所示。以起始点和终点的连线为路径进行运动，机器人的运动状态可以控制，路径唯一，起始点和终点位置不宜过远，否则会出现奇异点。MoveL 常用于工作路径的运动设置。

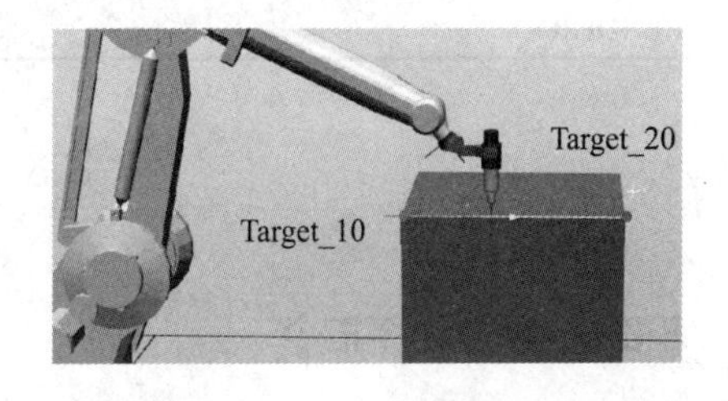

图 8-94　MoveL 指令运动轨迹

线性运动指令的示例程序如表 8-3 所示，第 1 条程序的含义是机器人在 MyTool 工具坐标下以 100mm/s 的速度运动到 Target_10 目标点附近的半径 50mm 内的点上；第 2 条程序的含义是机器人在 MyTool 工具坐标下以 100mm/s 的速度运动到

Target_20 目标点附近的半径 50mm 内的点上。其中各项参数如图 8-95 所示，MoveL 程序的各项参数说明和 MoveJ 一致，至少运动路径是直线不是曲线。

表 8-3　线性运动指令示例程序

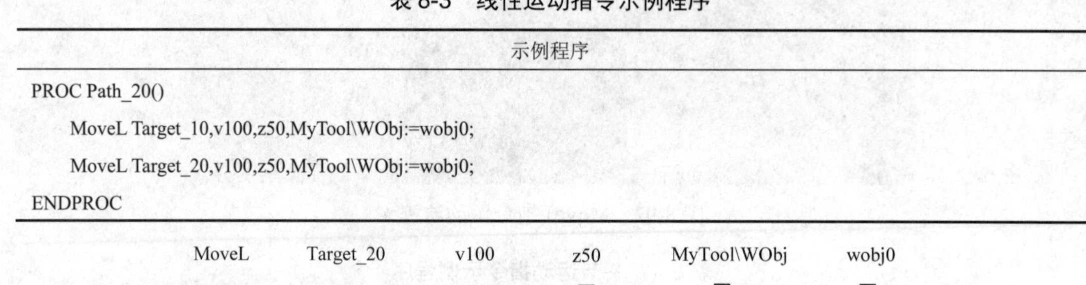

示例程序
PROC Path_20() 　MoveL Target_10,v100,z50,MyTool\WObj:=wobj0; 　MoveL Target_20,v100,z50,MyTool\WObj:=wobj0; ENDPROC

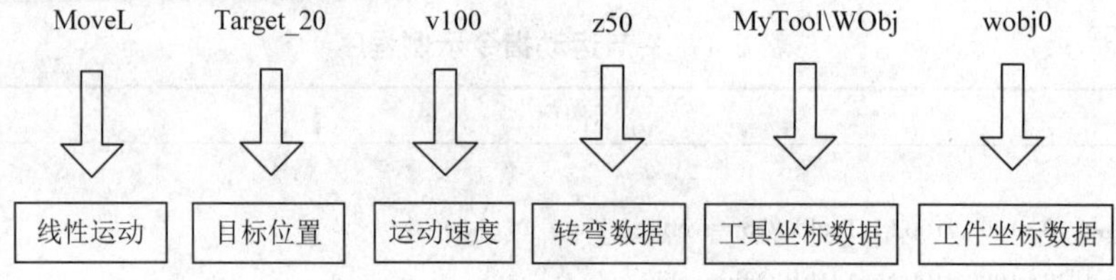

图 8-95　MoveL 指令参数说明

8.7.3　延时指令 WaitTime

延时指令 WaitTime 用于给定等待的时间设定，如 WaitTime 1 的含义就是等待 1s。

8.7.4　控制输出信号指令（置位指令 Set、复位指令 Reset）

置位指令 Set 将输出信号置为 1，复位指令 Reset 将输出信号置为 0。具体含义如表 8-4 所示。

表 8-4　置位/复位示例程序

示例程序	注释
PROC Path_10()	Path_10 程序开始
MoveJ Target_10,v200,fine,My_Mechanism_1\WObj:=wobj0;	机器人在 My_Mechanism_1 的工具坐标、wobj0 的工件坐标下，以 200mm/s 的速度曲线运动到 Target_10 目标点
Set do0;	将输出信号 do0 置 1，本例可以实现将夹爪夹紧
MoveL Target_20,v200,z100,My_Mechanism_1\WObj:=wobj0;	机器人在 My_Mechanism_1 的工具坐标、wobj0 的工件坐标下，以 200mm/s 的速度直线运动到 Target_20 目标点附近的半径 100mm 的目标点
WaitTime 1;	等待 1s
Reset do0;	将输出信号 do0 置 0，本例可以实现将夹爪松开
ENDPROC	Path_10 程序结束

8.8　调试搬运工作站

8.8.1　添加程序指令

本节将演示机器人调试过程，打开虚拟示教器的功能菜单，单击“程序编辑器”

（图 8-96），在“程序编辑器”中添加任务，如图 8-97 所示。在任务中新建程序模块 MainModule 用于存放例行程序，其中程序模块 CalibData 用于存放新建的工具坐标数据，如图 8-98 所示。在模块中新建主程序 main，如图 8-99 所示，然后单击显示主程序，如图 8-100 所示。在主程序 main 中添加指令 MoveJ，如图 8-101 所示，双击 MoveJ 行程序中的目标点、速度、转弯半径、工具坐标，将它们修改为实际需要的参数，如图 8-102 所示。如需将工件坐标显示在程序上，则双击整行程序，单击“可选变量”，如图 8-103 所示，将[\WObj]改为“使用”，如图 8-104 所示。MoveJ 的程序行如图 8-105 所示。

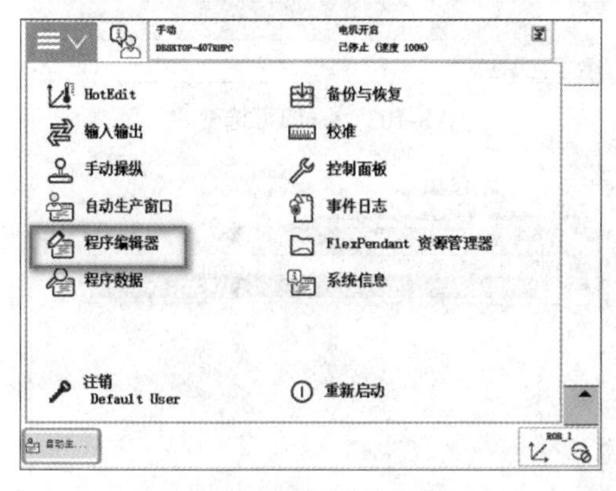

图 8-96　程序编辑器

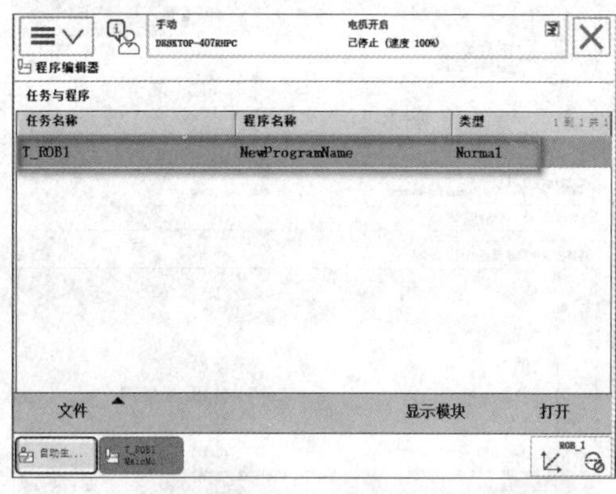

图 8-97　新建任务

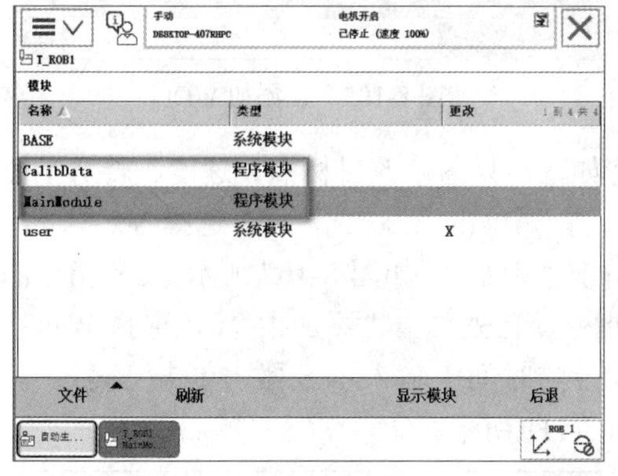

图 8-98　新建程序模块

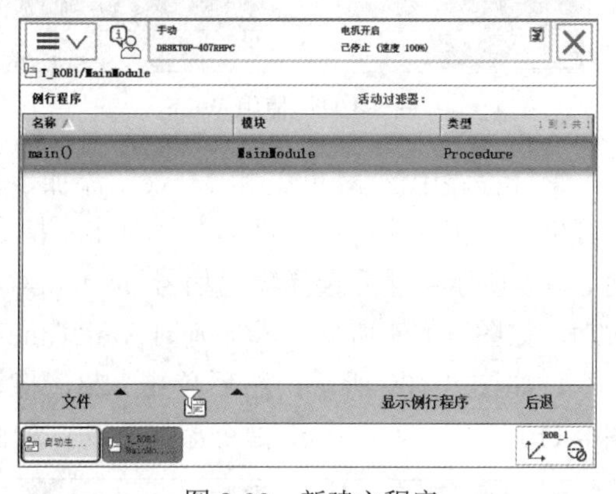

图 8-99　新建主程序

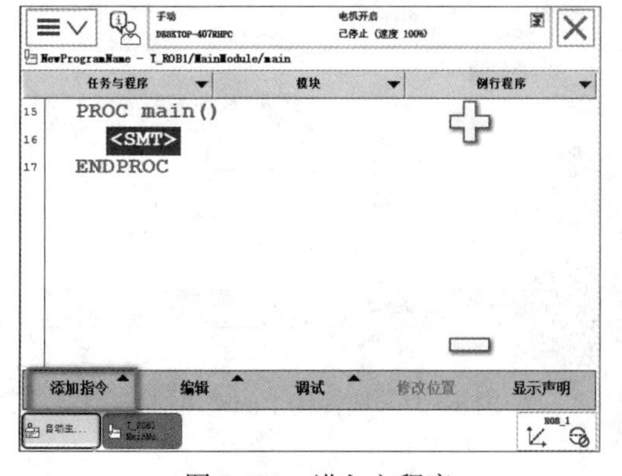

图 8-100　进入主程序

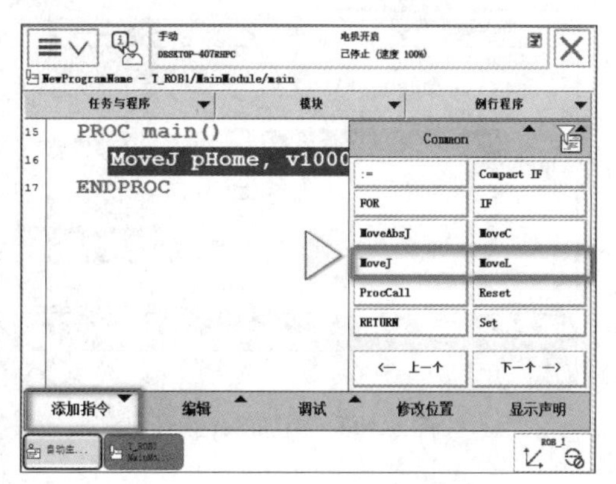

图 8-101　在主程序中添加指令

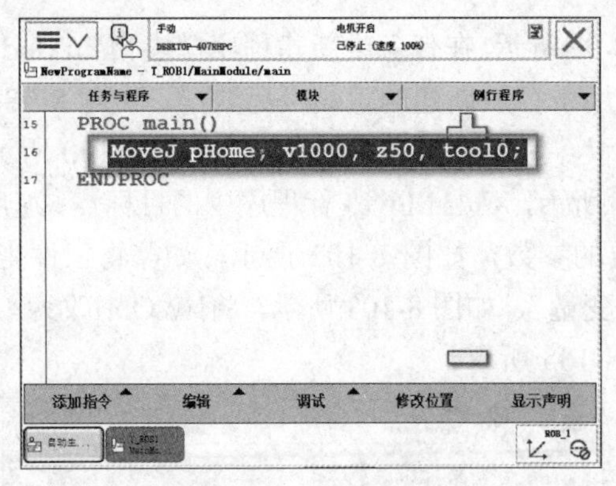

图 8-102　修改程序

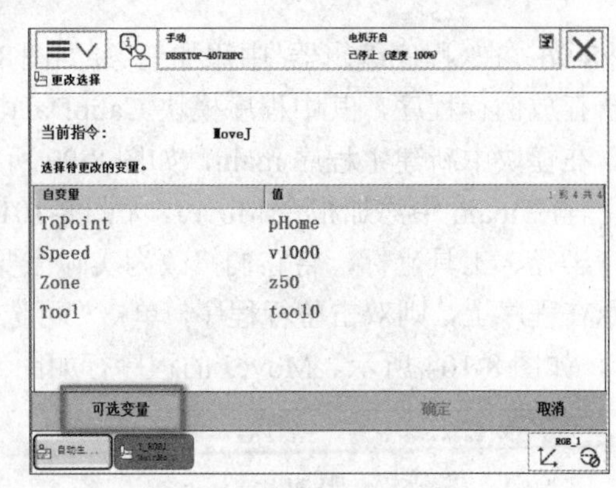

图 8-103　添加可选变量

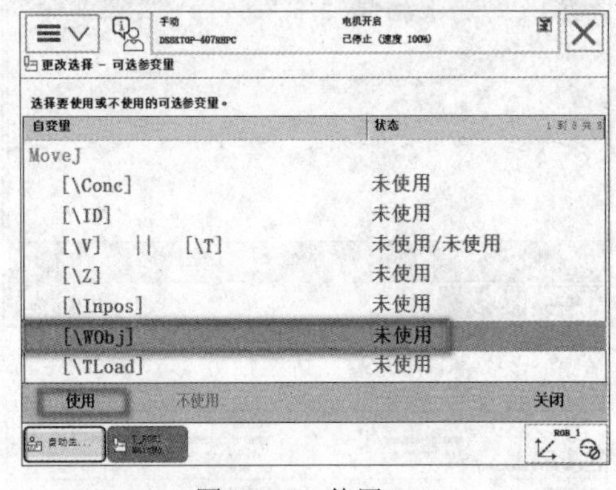

图 8-104　使用 WObj

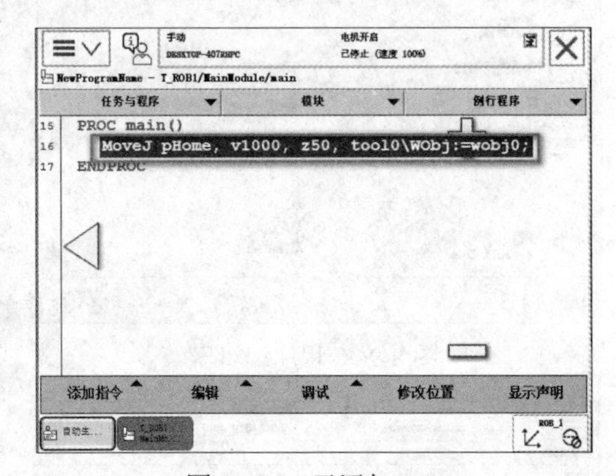

图 8-105　已添加 WObj

每行程序中的 MoveJ 和 MoveL 添加步骤如上，只需修改目标点、速度、转弯半径、工具坐标、工件坐标参数即可。添加 Set 指令，首先单击“添加指令”，选择 Set 指令，如图 8-106 所示；然后选择输出信号 do_tool，单击“确定”，如图 8-107 所示。Set 指令添加成功，如图 8-108 所示。添加延时 WaitTime 指令，首先单击“添加指令”，选择 WaitTime 指令，如图 8-109 所示；然后单击 123，将设定的时间 1 输入示教器，单击“确定”，如图 8-110 所示。WaitTime 指令添加成功，如图 8-111 所示。

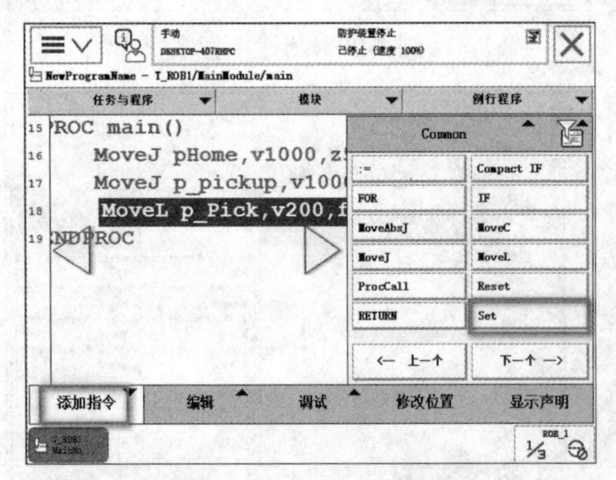

图 8-106　添加 Set 指令

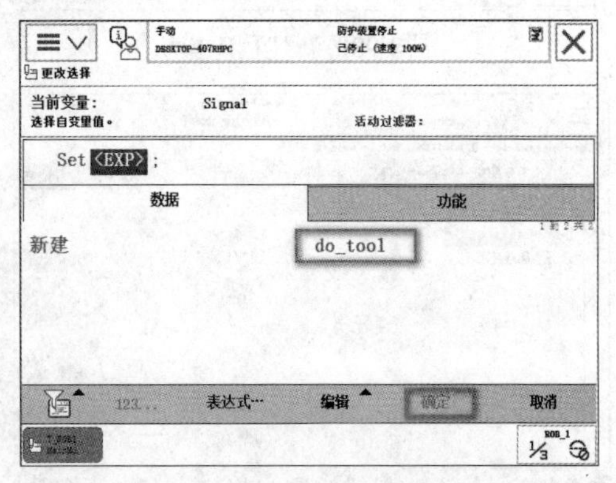

图 8-107　选择置 1 的输出信号

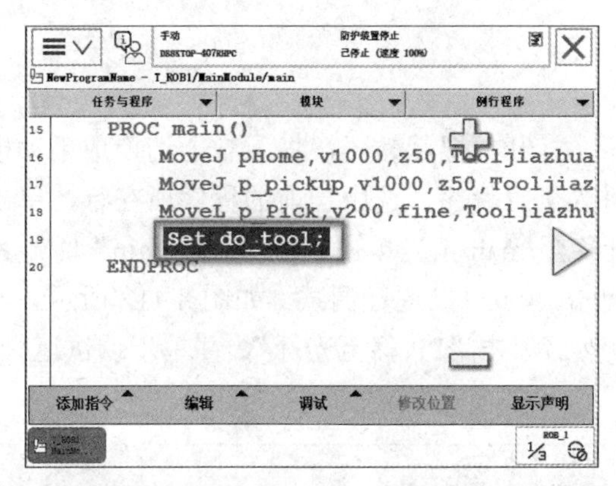

图 8-108　Set 指令添加成功

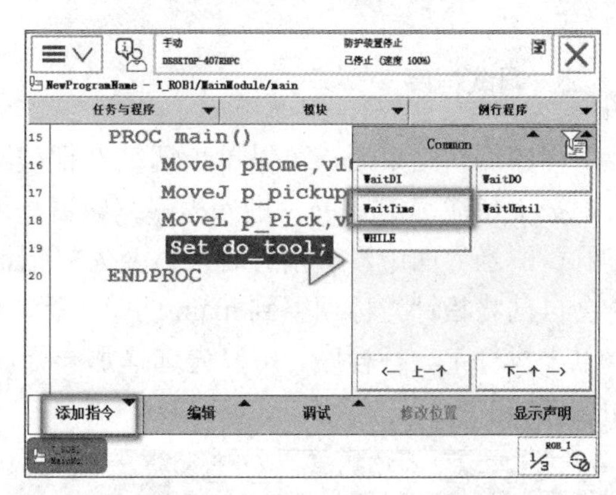

图 8-109　添加 WaitTime 指令

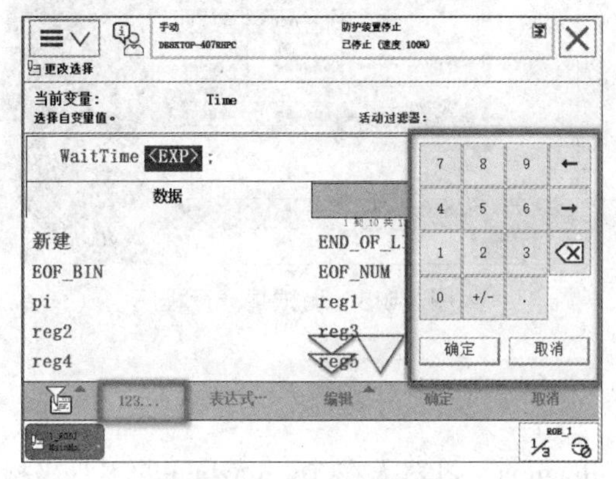

图 8-110　输入延时时间

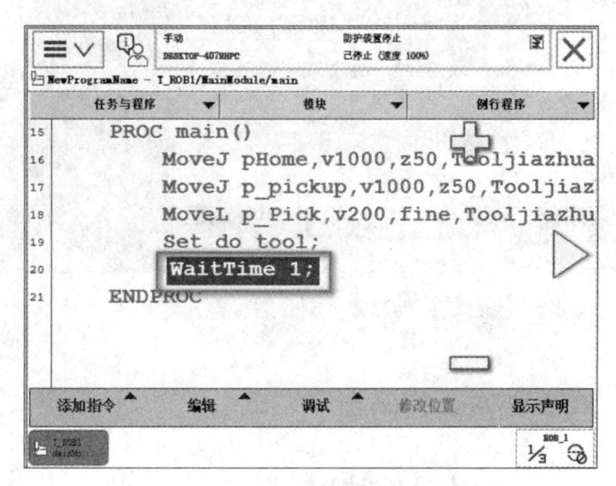

图 8-111　WaitTime 指令添加成功

搬运工作站的程序和注释如表 8-5 所示。

表 8-5　搬运工作站的程序和注释

程序	注释
PROC main( )	主程序开始
MoveJ pHome,v1000,z50,tooljiazhua;	关节运动到原点，速度 1000mm/s，转弯半径 50mm
MoveJ p_pickup,v1000,z50,tooljiazhua\WObj:=wobjcsd;	关节运动到抓取点上方，速度 1000mm/s，转弯半径 50mm
MoveL p_Pick,v200,fine,tooljiazhua\WObj:=wobjcsd;	线性运动抓取点，速度 200mm/s，准确到达
Set do_tool;	手爪抓紧
WaitTime 1;	延时 1s
MoveJ p_pickup,v1000,z50,tooljiazhua\WObj:=wobjcsd;	关节运动到抓取点上方，速度 1000mm/s，转弯半径 50mm
MoveJ p_putup,v1000,z50,tooljiazhua\WObj:=wobjgzt;	关节运动到放置点上方，速度 1000mm/s，转弯半径 50mm
MoveJ p_put,v200,fine,tooljiazhua\WObj:=wobjgzt;	关节运动到放置点，速度 200mm/s，准确到达
Reset do_tool;	手爪放开
WaitTime 1;	延时 1s
MoveJ p_putup,v1000,z50,tooljiazhua\WObj:=wobjgzt;	关节运动到放置点上方，速度 1000mm/s，转弯半径 50mm
MoveJ pHome,v1000,z50,tooljiazhua;	关节运动到原点，速度 1000mm/s，转弯半径 50mm
ENDPROC	主程序结束

8.8.2 调试程序

程序编辑结束后，可以单步调试例行程序。打开虚拟示教器，将示教器切换成手动模式，按下使能键 Enable，进入程序编辑器，进入例行程序，选中当前的程序所在行，单击“调试”，当界面中没有指针时，需要先将指针移至 main，当单击“PP 移至 main”时，系统会自动将指针光标调整到 main 的第一行，单击单步可以逐行调试，如图 8-112 所示。如需单步执行某一行程序，可以先选择那一行，然后单击“PP 移至光标”，并单步调试运行，如图 8-113 所示。

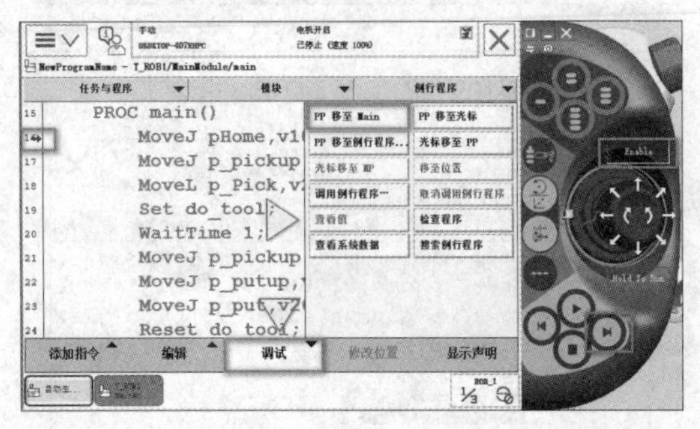

图 8-112 调试主程序

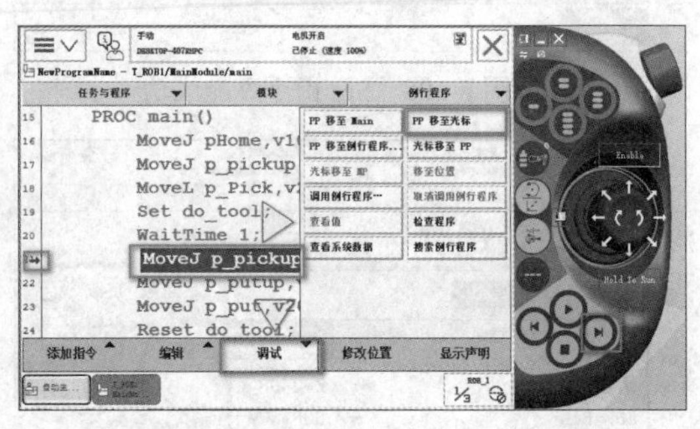

图 8-113 调试某一行程序

8.8.3 搬运工作站程序调试

程序第 1 行：MoveJ pHome,v1000,z50,Tooljiazhua。机器人在 Tooljiazhua 的工具坐标、wobj0 的工件坐标下，以 1000mm/s 的速度、转弯半径 50mm 的关节曲线运动到原点 pHome 处，如图 8-114 所示。

程序第 2 行：MoveJ p_pickup,v1000,z50,Tooljiazhua\WObj:=wobjcsd。机器人在 Tooljiazhua 的工具坐标、wobjcsd 的工件坐标下，以 1000mm/s 的速度、转弯半径 50mm 的关节曲线运动到点 p_pickup 处，如图 8-115 所示。

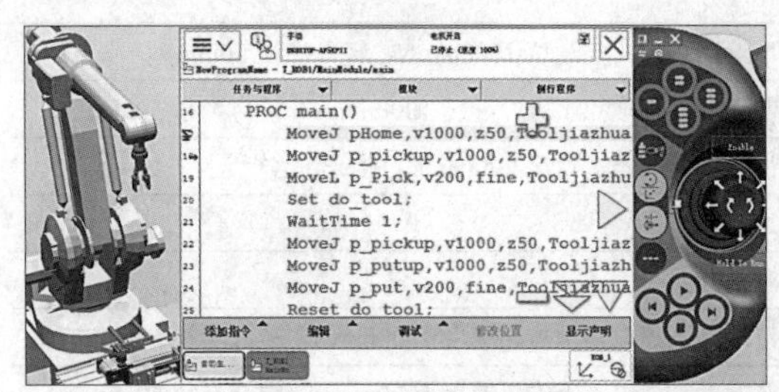

图 8-114 调试第 1 行程序

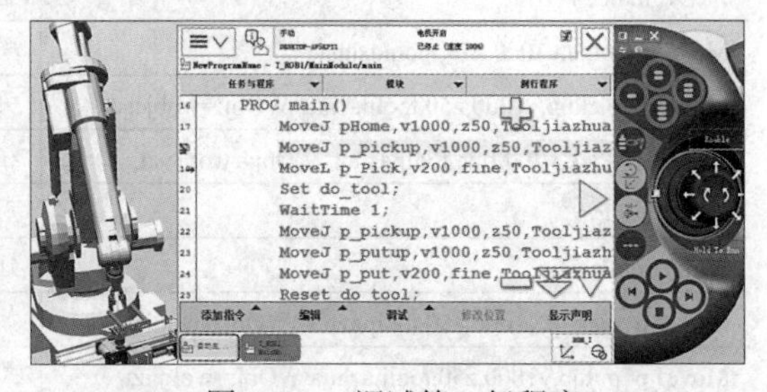

图 8-115 调试第 2 行程序

程序第 3 行：MoveL p_Pick,v200,fine,Tooljiazhua\WObj:=wobjcsd。机器人在 Tooljiazhua 的工具坐标、wobjcsd 的工件坐标下，以 200mm/s 的速度、线性运动到点 p_Pick 处，如图 8-116 所示。

程序第 4、5 行：Set do_tool;WaitTime 1。到抓取点 p_Pick 后执行抓取动作指令，并延时等待 1s，如图 8-117 所示。

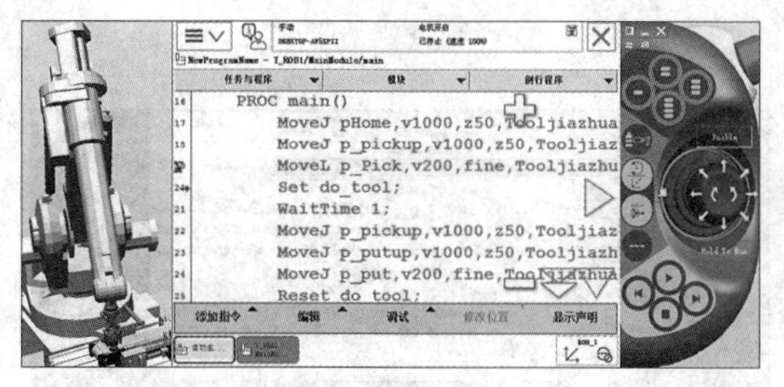

图 8-116　调试第 3 行程序

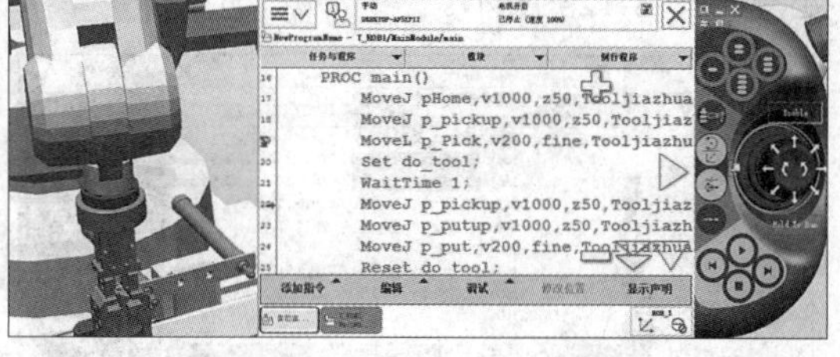

图 8-117　调试第 4、5 行程序

程序第 6 行：MoveJ p_pickup,v1000,z50,Tooljiazhua\WObj:=wobjcsd。机器人抓着工件在 Tooljiazhua 的工具坐标、wobjcsd 的工件坐标下，以 1000mm/s 的速度、转弯半径 50mm 的关节曲线运动到点 p_pickup 处，如图 8-118 所示。

程序第 7 行：MoveJ p_putup,v1000,z50,Tooljiazhua\WObj:=wobjgjt。机器人抓着工件在 Tooljiazhua 的工具坐标、wobjgjt 的工件坐标下，以 1000mm/s 的速度、转弯半径 50mm 的关节曲线运动到点 p_putup 处，如图 8-119 所示。

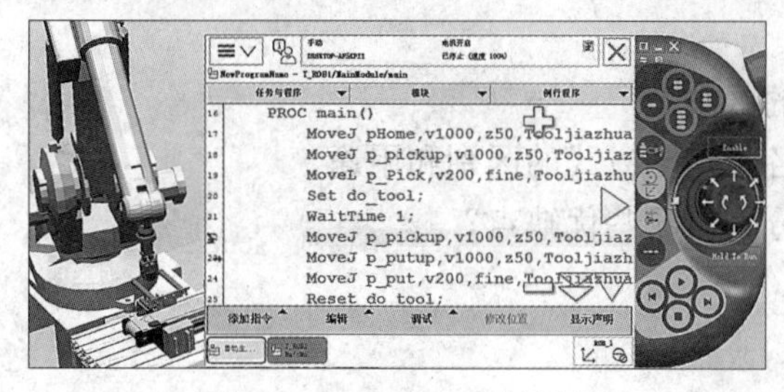

图 8-118　调试第 6 行程序

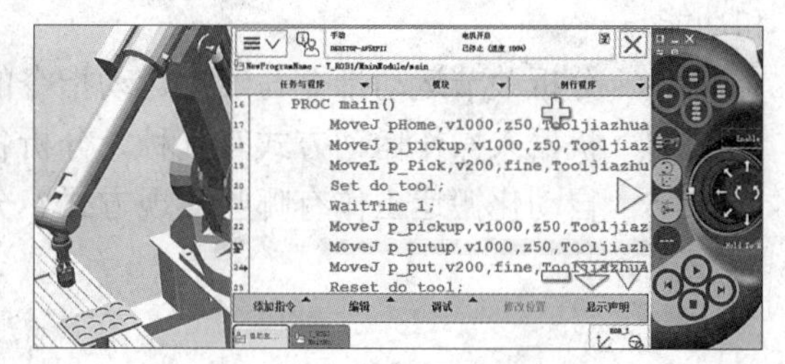

图 8-119　调试第 7 行程序

程序第 8 行：MoveJ p_put,v200,fine,Tooljiazhua\WObj:=wobjgjt。机器人抓着工件在 Tooljiazhua 的工具坐标、wobjgjt 的工件坐标下，以 200mm/s 的速度、关节曲线运动到点 p_put 处，如图 8-120 所示。

程序第 9、10 行：Reset do_tool;WaitTime 1。到放置点 p_put 后执行夹爪放开指令，并延时等待 1s，如图 8-121 所示。

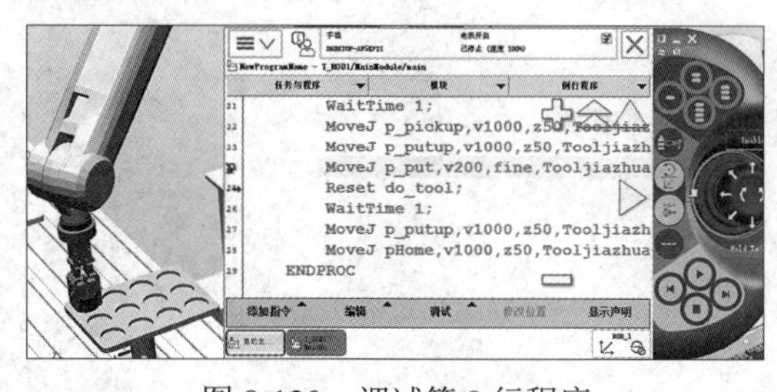

图 8-120　调试第 8 行程序

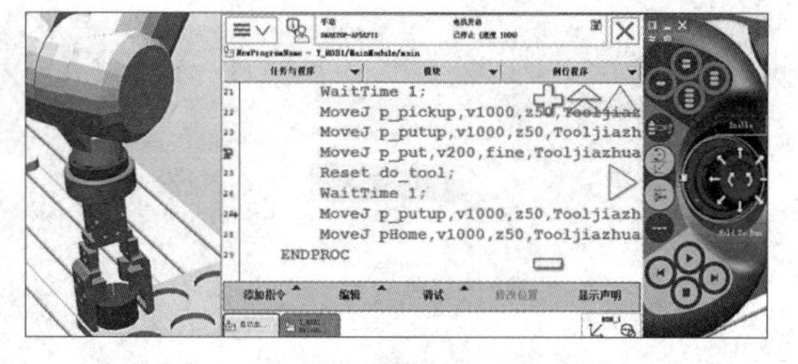

图 8-121　调试第 9、10 行程序

程序第 11 行：MoveJ p_putup,v1000,z50,Tooljiazhua\WObj:=wobjgjt。机器人在 Tooljiazhua 的工具坐标、wobjgjt 的工件坐标下，以 1000mm/s 的速度、转弯半径 50mm 关节曲线运动到点 p_putup 处，如图 8-122 所示。

程序第 12 行：MoveJ pHome,v1000,z50,Tooljiazhua。机器人在 Tooljiazhua 的工具坐标、wobj0 的工件坐标下，以 1000mm/s 的速度、转弯半径 50mm 关节曲线运动到原点 pHome

处，如图 8-123 所示。

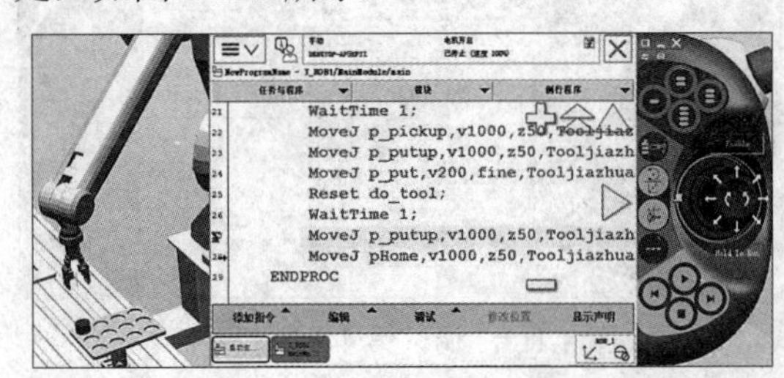

图 8-122　调试第 11 行程序

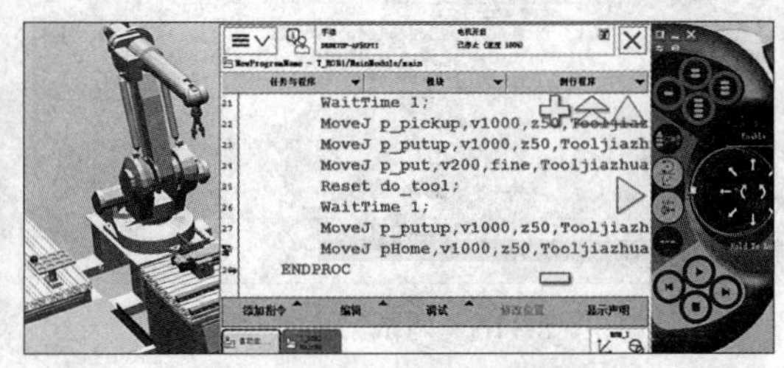

图 8-123　调试第 12 行程序

习　题

8-1　简述机器人搬运工作站的主要构成及特点。

8-2　ABB 机器人常用的标准 I/O 板有哪些类型？举例说明几种常见标准 I/O 板的分区和功能。

8-3　分析关节运动指令与线性运动指令的区别。

8-4　机器人操作运动方式有几种？分析各种运动方式的区别和用途。

8-5　自动化搬运工作有哪些实现方式？分别有哪些优缺点？

第9章 码垛工作站的编程与操作

码垛工作站运用机器人吸盘工具对传动带上物料进行固定轨迹搬运且摆放设定位置工作。码垛机器人能够节省人工劳动，且码垛位置精度高、从事工作强度大。码垛机器人在运输行业中有大量的应用。

9.1 搬运工作站介绍

码垛工作站主要由码垛机器人模块（IRB 2600）、物料、传送带和码垛盘组成，如图 9-1 所示。在码垛作业时，传送带向码垛机器人匀速运输物料，待物料运动到码垛吸盘吸取位置后，传送带停止运动等待吸盘吸取物料后继续匀速运料。机器人吸盘工具吸取物料将其以每层 5 个的方式放置在码垛盘上，奇数层与偶数层以正反交错式码垛方式摆放，以提高码垛的稳定性。

码垛工作站选用的是 IRB 2600 机器人。ABB IRB 2600 机器人机身紧凑，负载能力强，设计优化，主要适用于弧焊、物料搬运、上下料等目标应用。IRB 2600 型号的机器人有 3 种不同的配置，可灵活选择落地、壁挂、支架、斜置、倒装等安装方式。

码垛工作站选择真空吸盘作为码垛机器人的工具。真空吸盘材料上有氟橡胶、硅橡胶等，吸附面积较小，一般用于表面平整没有凹凸、无孔不透气的物料，由硅胶制成的吸盘可用于抓取表面粗糙的物料，由氟橡胶、聚氨酯制成的吸盘则结实耐用。真空吸盘主要用于吸取覆膜包装盒、听装啤酒箱、塑料箱、纸箱等，其主要结构由连接法兰、主体框架板和吸取单元（吸盘）组成，如图 9-2 所示。

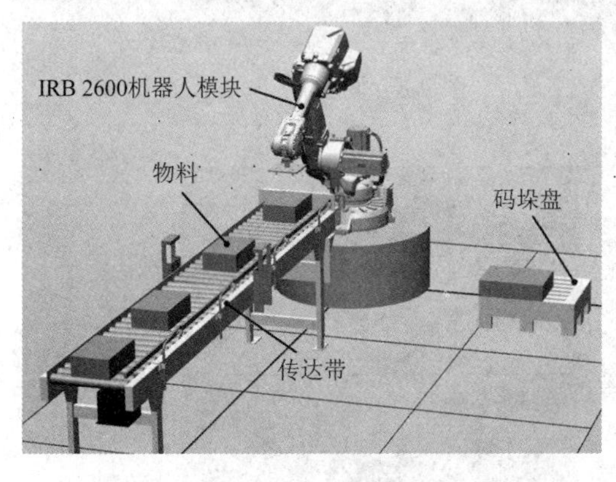

图 9-1 码垛工作站

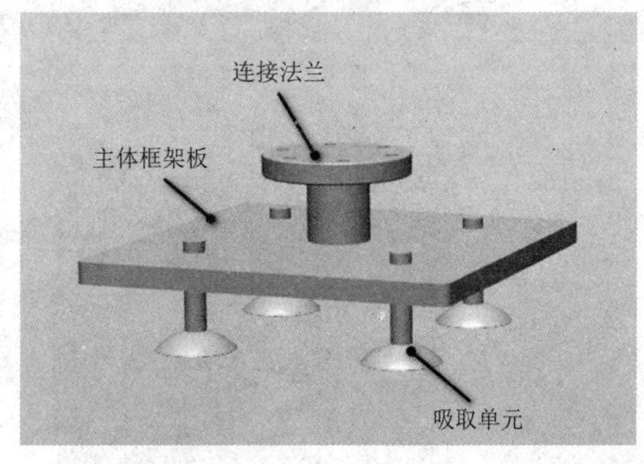

图 9-2 真空吸盘模型示意图

由于真空吸盘的特殊结构，在与物体接触后会形成一个临时性的密闭空间，通过抽气可稀薄密闭空间中的空气，使密闭空间中的气压低于外界的大气压，这样在内外压力差的作用下，物体与吸盘牢牢地吸附在一起。完成吸取物料的动作如图 9-3 所示。在被吸取物料移动到放置位置后，往吸盘内注入气体，内外压力差逐渐消失，物体与吸盘不再吸附，完成放置动作，如图 9-4 所示。

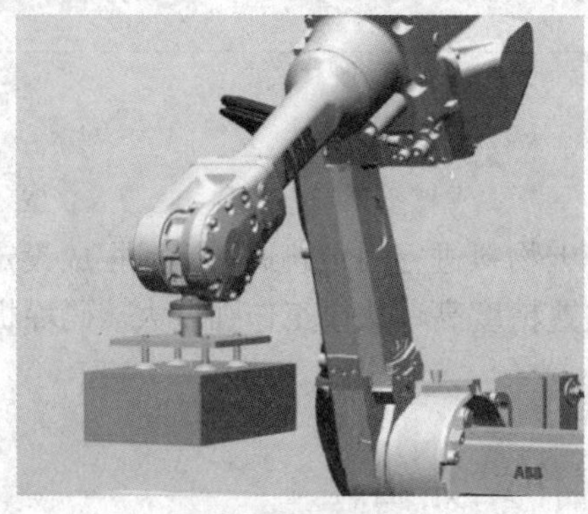

图 9-3　吸取物料

图 9-4　放置物料

本例中码垛物料靠传送带匀速传送，在物料被传送到吸取位置时停止传送，等待吸盘吸取物料并且搬运后继续传送，到达吸取位置后再停止，如此往复运动，如图 9-5 所示。摆放物料的是码垛盘，如图 9-6 所示，其尺寸参数为 600mm×500mm×200mm。物料的尺寸参数为 300mm×200mm×100mm。码垛盘的摆放方式为奇偶层交错摆放，每层放 5 个物料，奇数层的摆放方式如图 9-7 所示，偶数层的摆放方式如图 9-8 所示。

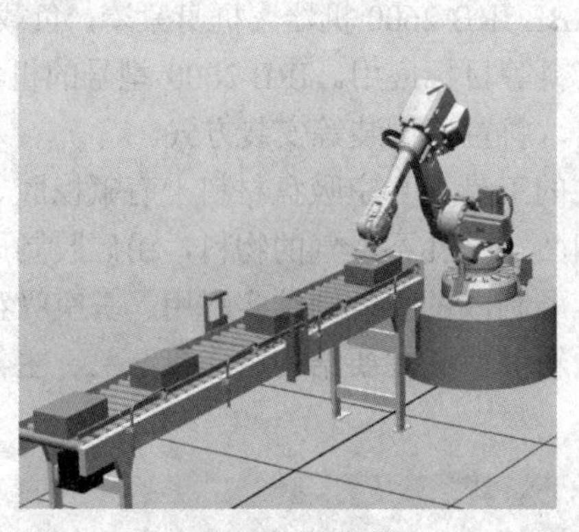

图 9-5　传送带

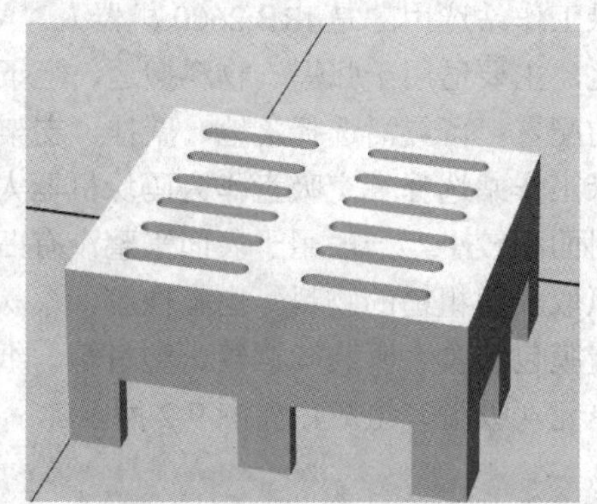

图 9-6　码垛盘

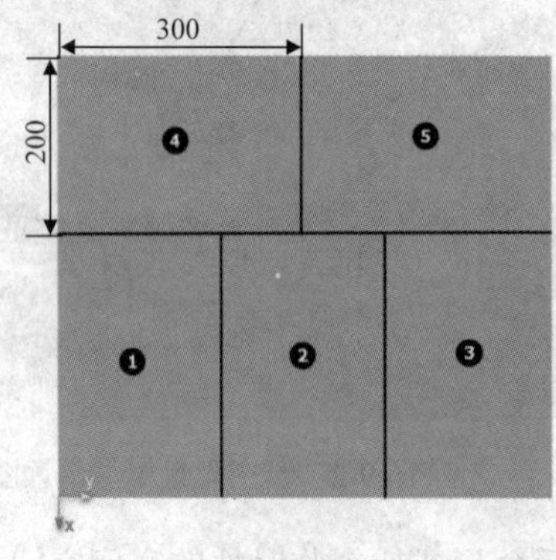

图 9-7　奇数层摆放方式

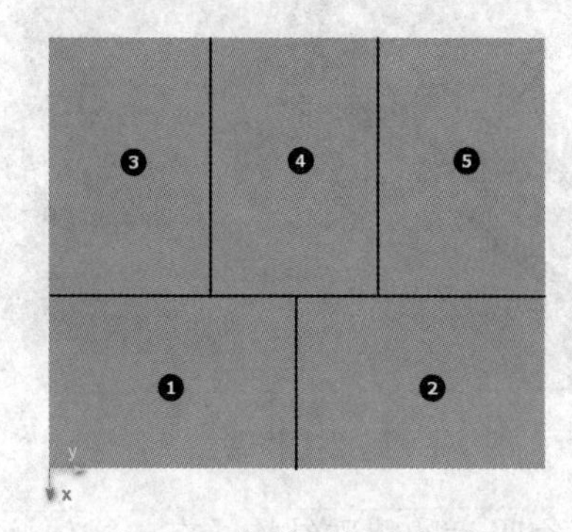

图 9-8　偶数层摆放方式

9.2　编译机械装置

码垛工作站的末端执行是吸盘，属于不可动工具，因此吸盘的工具（如涂胶枪等）采用直接创建工具的方式创建。

（1）在 RobotStudio 6.08 菜单栏“建模”的“机械”选项组中单击“创建工具”按钮，如图 9-9 所示。

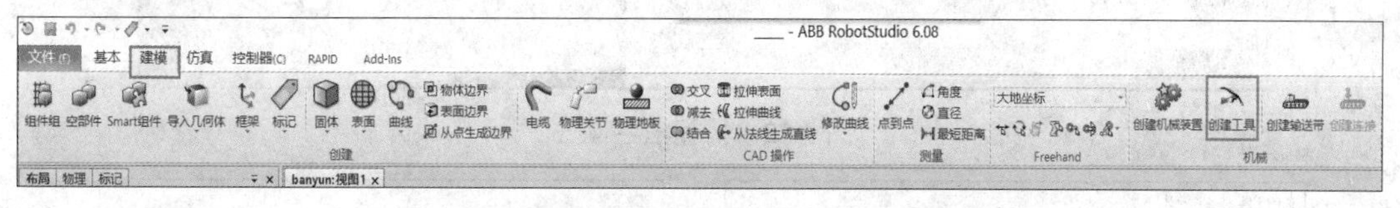

图 9-9　不可动工具创建

（2）打开“创建工具”对话框，在该对话框中设置工具信息。其中，“Tool 名称”（工具模型名称）默认是 MyNewTool，这里将其重命名为 Toolxipan；由于涂胶枪模型已导入 RobotStudio 6.08 中，因此在“选择组件”中选中“使用已有的部件”单选按钮，并在其下的下拉列表中选择“吸盘”；将“重量”设为 1kg，“重心”设为（0,0,40），无转动惯量，设置完成后单击“下一个”按钮，如图 9-10 所示。完成选择工具后，接下来创建 TCP 坐标数据。在 TCP 信息界面中设定工具坐标原点的位置和坐标方向，如图 9-11 所示。

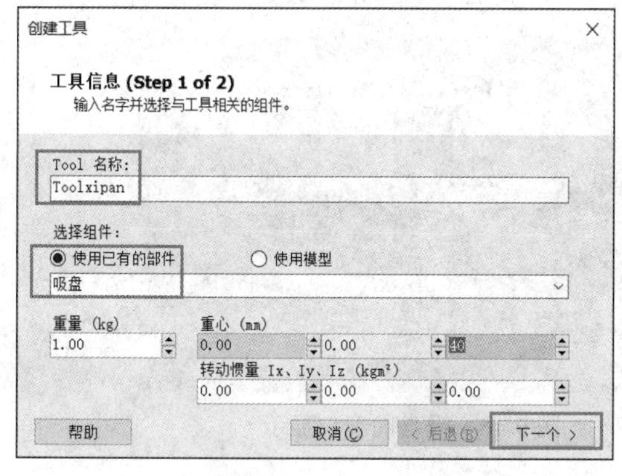

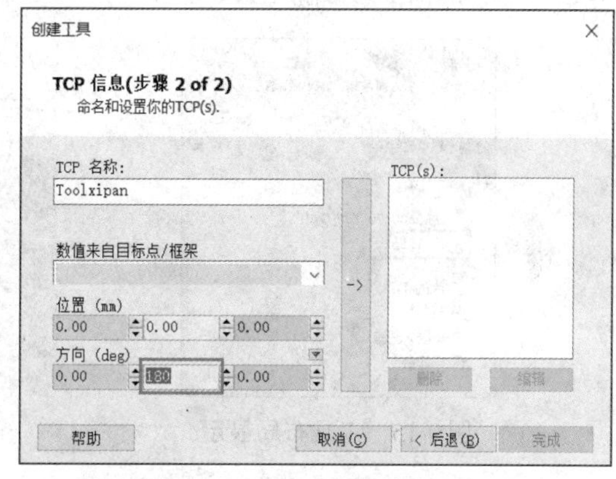

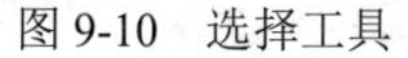

图 9-10　选择工具　　图 9-11　设定工具数据坐标

（3）将工具坐标原点设定在码垛吸盘的 4 个吸取单元的中点处，与连接法兰盘圆心在同一 Z 轴，通过测量得到连接法兰圆心与吸取单元之间的距离为 83.59mm。双击位置激活，捕捉连接法兰的圆心点，如图 9-12 所示，捕捉到圆心点后在 Z 轴栏中对比原来数据减去 83.95，如图 9-13 所示。单击导入按钮导入该 TCP 位置与方向参数，完成工具数据的创建，如图 9-14 所示。完成后的工具布局显示如图 9-15 所示，吸盘的窗口显示如图 9-16 所示。

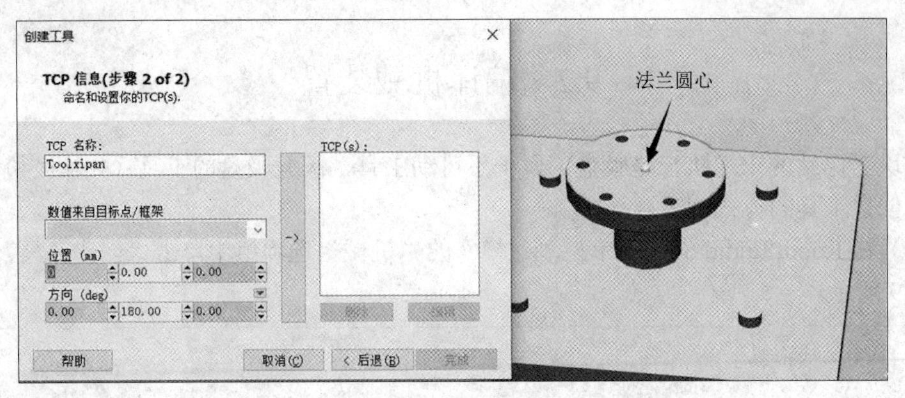

图 9-12 捕捉法兰圆心

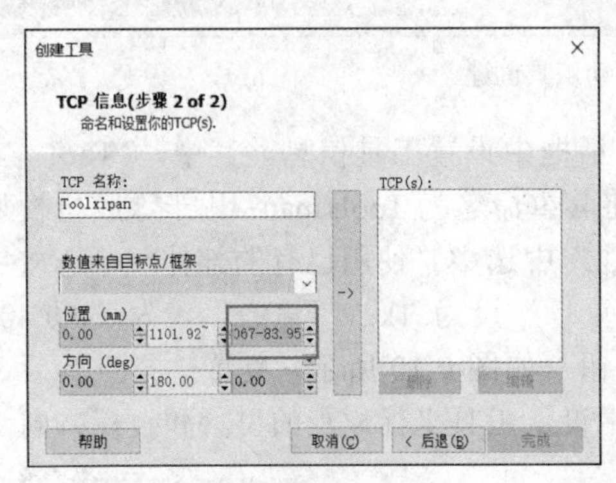

图 9-13 输入 TCP 位置

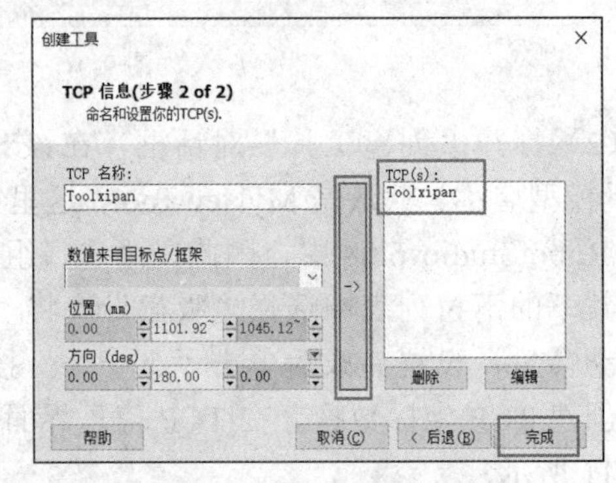

图 9-14 导入 TCP 参数

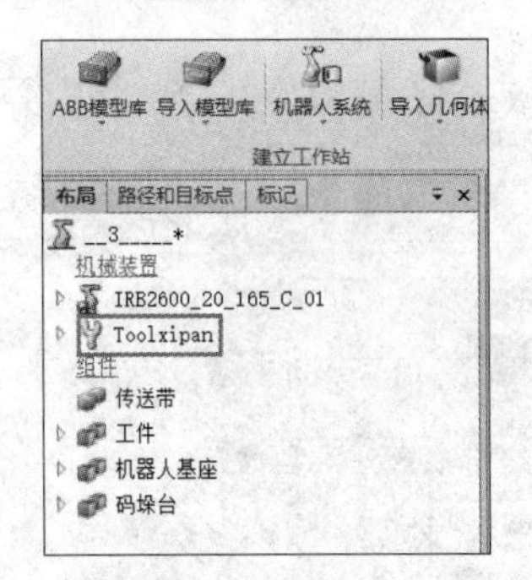

图 9-15 工具布局显示

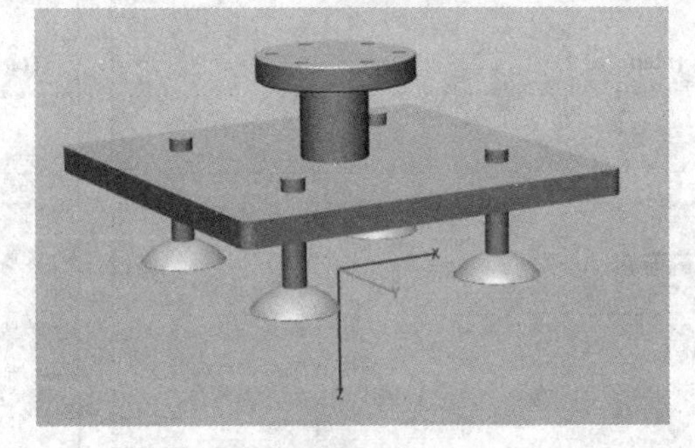

图 9-16 吸盘的窗口显示

9.3 添加 Smart 组件

ABB 的仿真软件 RobotStudio 6.08 中实际的码垛、传输等功能由 Smart 组件来完成。本节主要描述码垛工作站的Smart组件中的吸盘组件和传送带组件以及它们的功能与配置。

9.3.1 吸盘 Smart 组件建立与属性设置

（1）根据码垛工作站的 Smart 组件选择需求，在 RobotStudio 6.08 菜单栏“建模”的“创建”选项组中单击“Smart 组件”按钮，新建一个 Smart 组件，将其重命名为“吸盘”，然后在其中添加所需要的子组件，如图 9-17 所示。

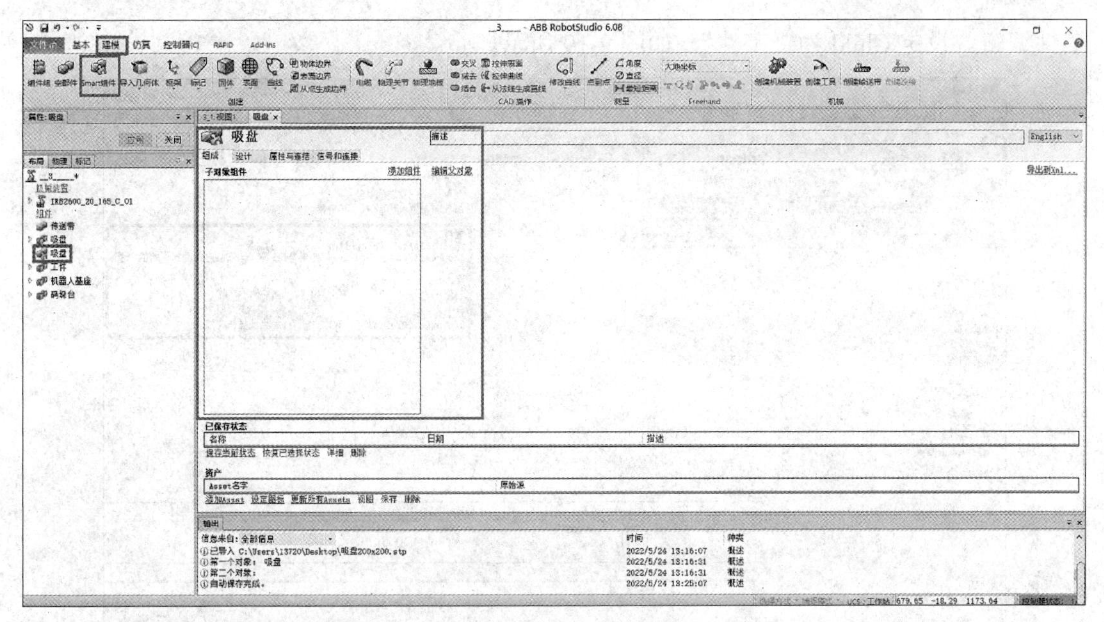

图 9-17　新建 Smart 组件

（2）添加 Attacher（安装组件），由于本例要实现工件被吸盘吸取的动作状态，因此选用的是 Attacher，在吸取过程中将工件安装在吸盘上，添加 Attacher 的方法与图 8-34 一致。双击 Attacher，进入配置窗口进行属性编辑。选择工作站需要的 Parent（父级）和 Child（子级），其中 Parent 选择“吸盘”，Child 选择“工件”，如图 9-18 所示。

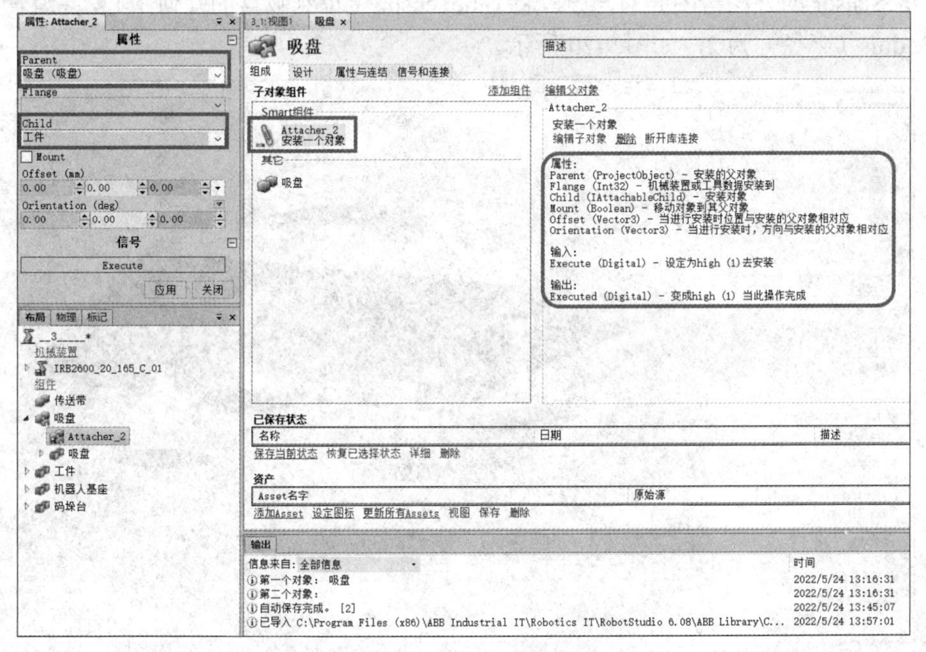

图 9-18　Attacher 属性编辑

（3）添加 Detacher（拆卸组件），当工件被摆放到码垛盘后，需要从吸盘上拆除，因此要添加 Detacher，添加 Detacher 的方法与图 8-37 一致。双击 Detacher，进入配置窗口进行属性编辑。设定 Child 为“工件”，如图 9-19 所示。

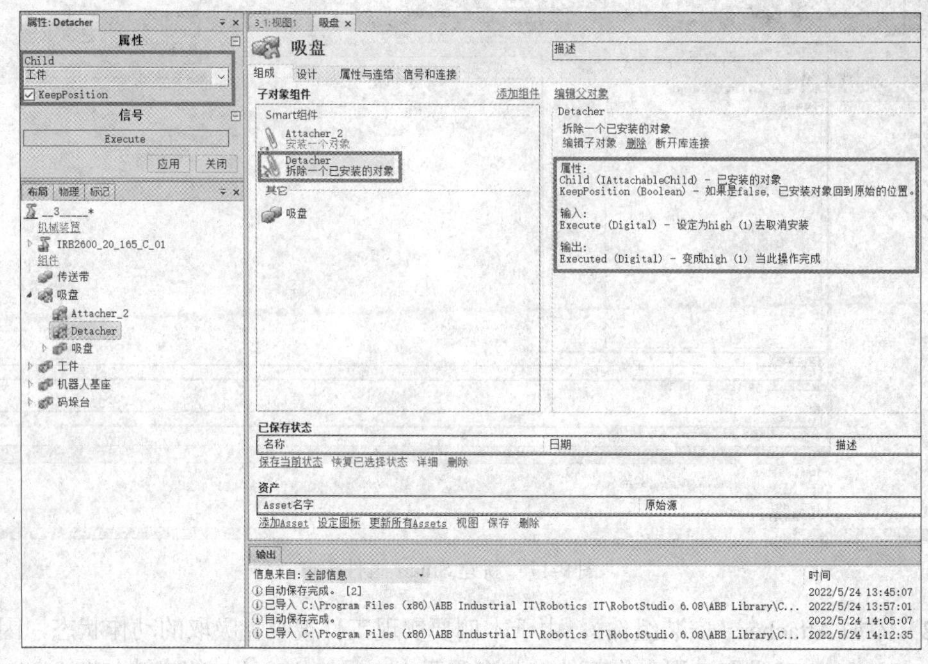

图 9-19　Detacher 属性编辑

（4）添加 LineSensor（线传感器），线传感器用于捕捉吸盘到位后所要吸取的具体工件，添加 LineSensor 的方法与图 8-31 一致。将 LineSensor 定位到吸盘的几何中心，并编辑属性，定义 Radius（半径）为 2，如图 9-20 所示。

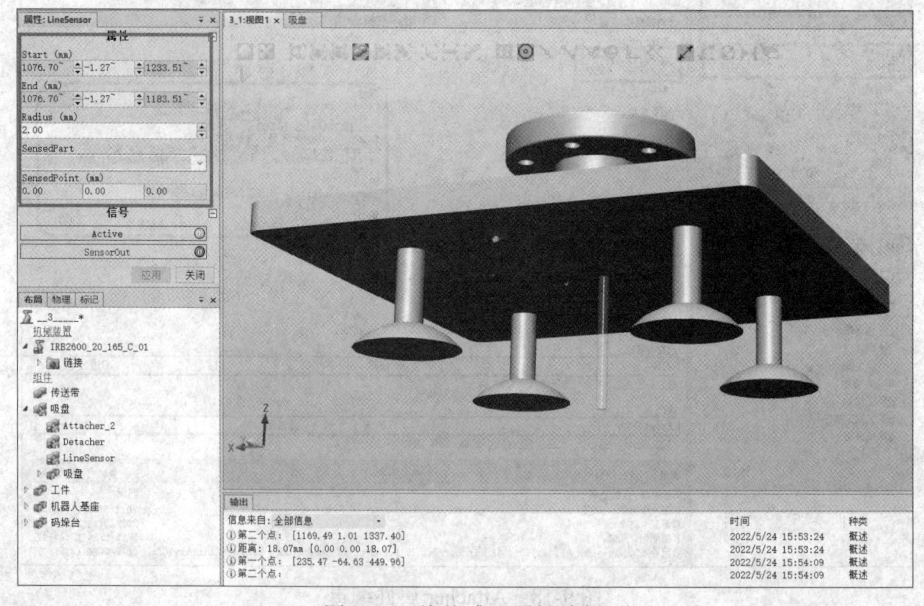

图 9-20　线传感器属性编辑

（5）添加 LogicGate（逻辑门），添加 LogicGate 的方法与图 8-29 一致，其属性内容如图 9-21 所示。由于本例中安装和拆除信号的逻辑关系是相反的，因此选用的是逻辑非门。

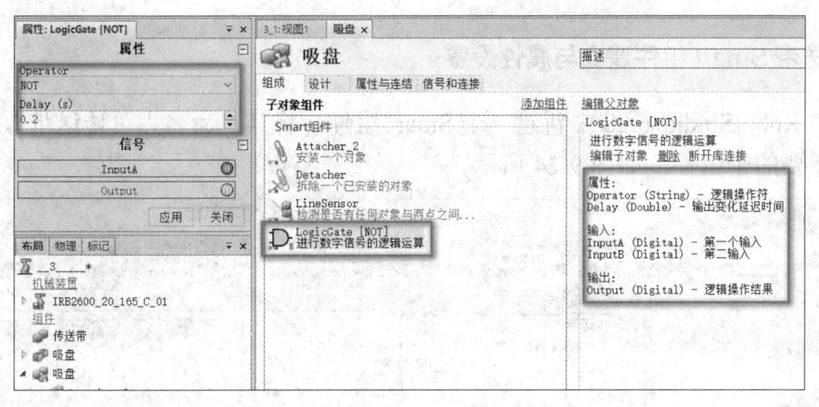

图 9-21　逻辑非门属性编辑

9.3.2　吸盘 Smart 组件属性与信号连接

（1）在吸盘 Smart 组件编辑窗口中单击“设计”，在设计界面中设置 Smart 组件中各子组件之间属性的传递关系以及信号控制的逻辑关系。在吸盘 Smart 组件“输入”端创建一个组件启动与停止的数字量输入信号，本例中信号名称设置为 di1，如图 9-22 所示。

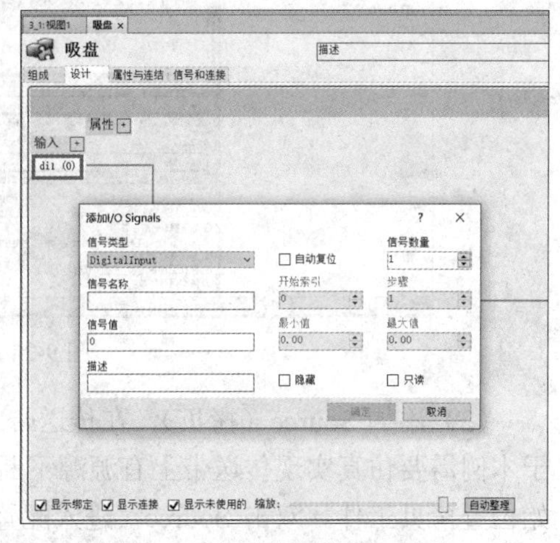

图 9-22　添加吸盘组件输入信号 di1

（2）将 di1 信号分别与 LineSensor 组件的 Active 端和 LogicGate 组件的 InputA 端连接，LineSensor 组件的 SensorOut 端与 Attacher 组件的 Execute 端连接，LogicGate 组件的 Output 端与 Detacher 组件的 Execute 端连接，LineSensor 组件的 SensedPart 端与 Attacher 组件的 Child 端和 Detacher 组件的 Child 端连接，如图 9-23 所示。

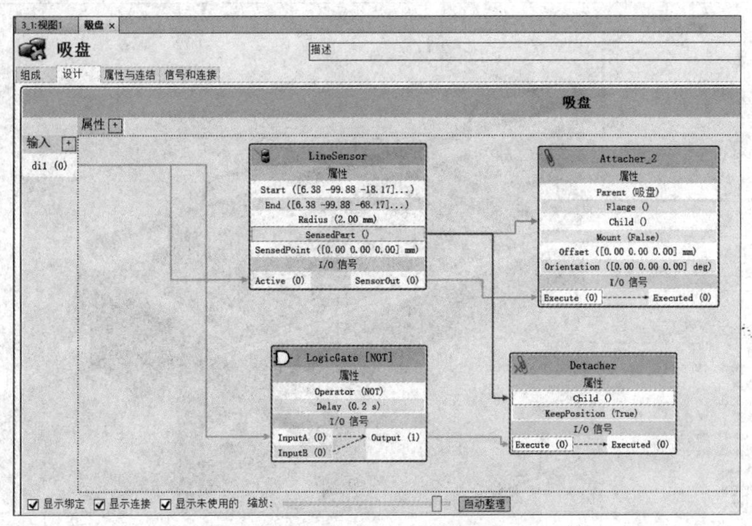

图 9-23　吸盘 Smart 组件信号连接

9.3.3 传送带 Smart 组件建立与属性设置

（1）在 RobotStudio 6.08 中新建一个 Smart 组件，将其重命名为“传送带”，然后在其中添加所需要的子组件，如图 9-24 所示。

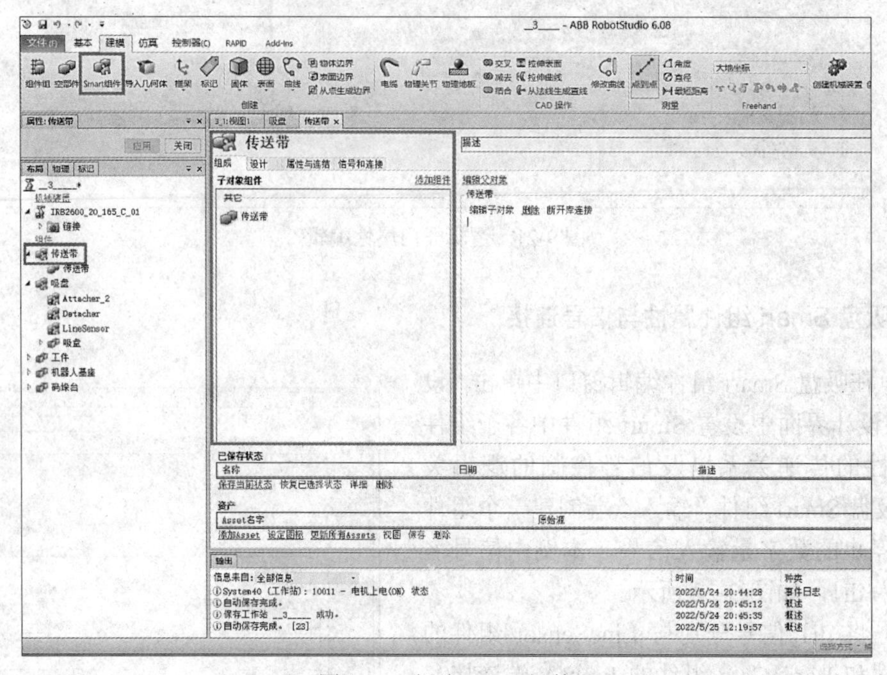

图 9-24 新建 Smart 组件

（2）添加 Source（拷贝），在传送带 Smart 组件中添加动作类中的 Source 子组件。由于本例需要仿真实现传送带上有源源不断的工件传送的状态，因此选用 Source 在传送带初始位置拷贝工件。双击 Source，进入配置窗口进行属性编辑。选择需要拷贝的部件为“工件”，利用“捕捉对象本地原点”指令来设定 Position，其他无须更改，如图 9-25 所示。

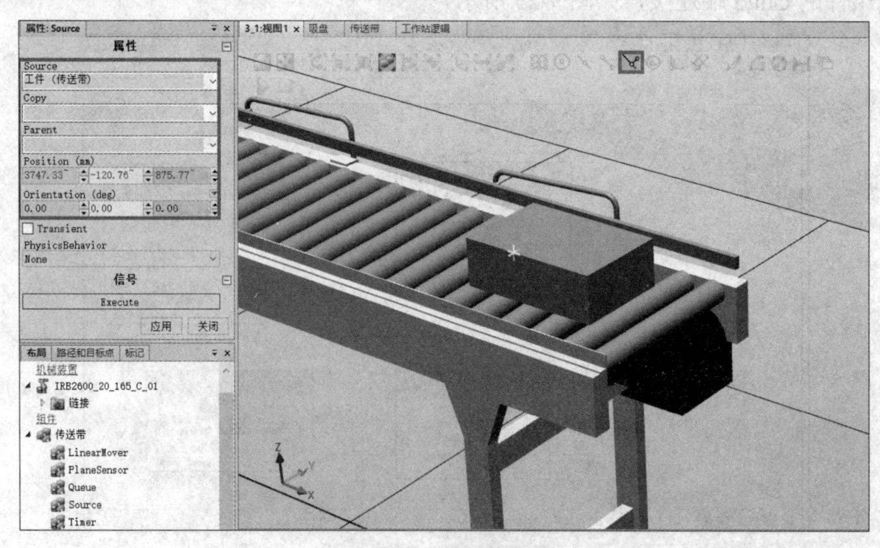

图 9-25 编辑属性

（3）添加 LinerMover（直线移动），如图 9-26 所示，其属性内容如图 9-27 所示。由于本例需要实现工件在传送带上的直线移动，因此选用的是 LinerMover。

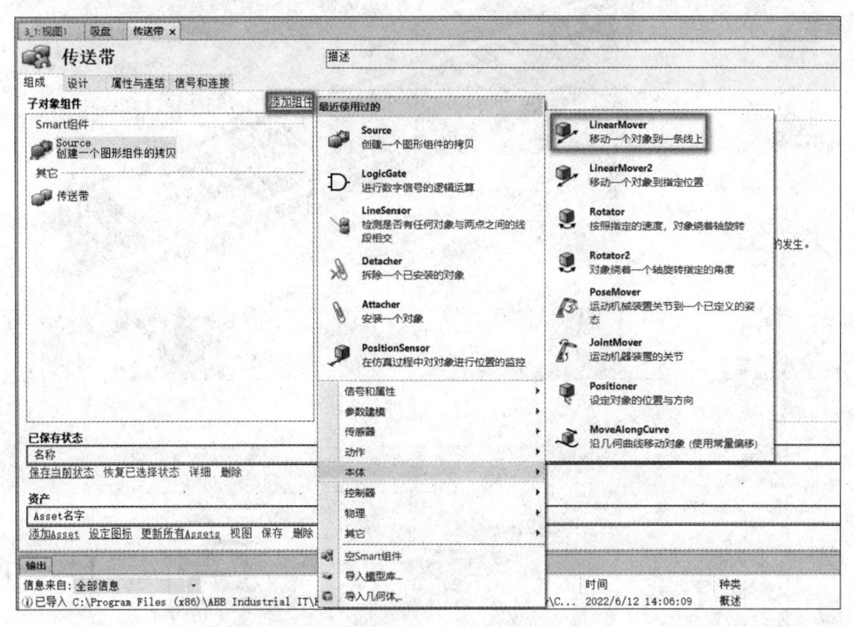

图 9-26　添加 LinerMover

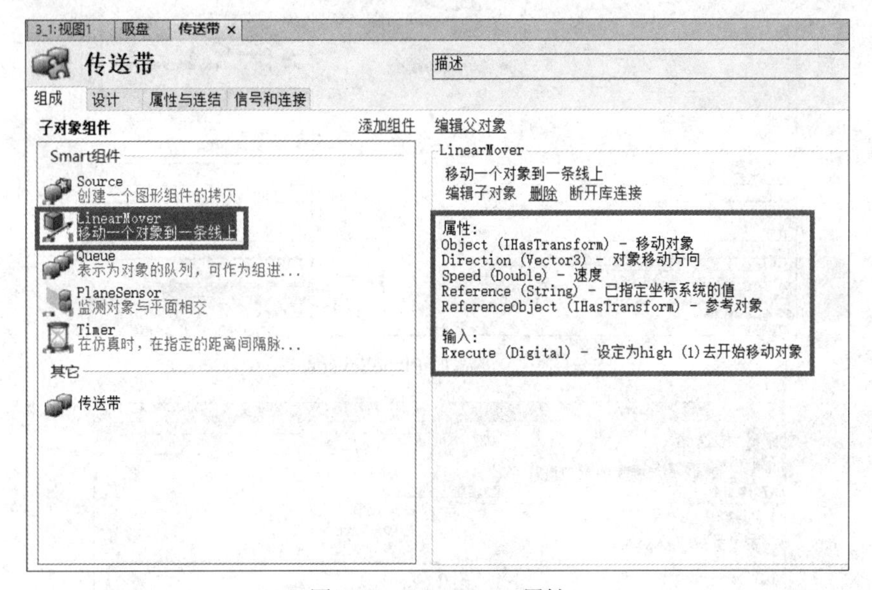

图 9-27　LinerMover 属性

双击 LinerMover，进入配置窗口进行属性编辑。设置 Object（目标）为 queue（传送带）、Direction（方向）为 X 轴负方向、Speed（速度）为 200，单击“应用”按钮，如图 9-28 所示。

（4）添加 PlaneSensor（面传感器），如图 9-29 所示，其属性内容如图 9-30 所示。当工件移动至传送带末端时，由传感器感知工件的位置状态，然后把信号传递给机器人系统执行下一步指令，因此选用的是平面传感器 PlaneSensor。

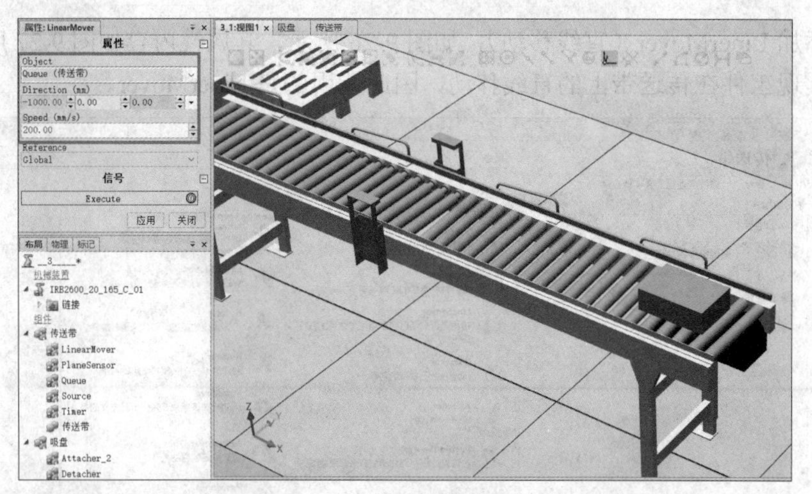

图 9-28 属性编辑

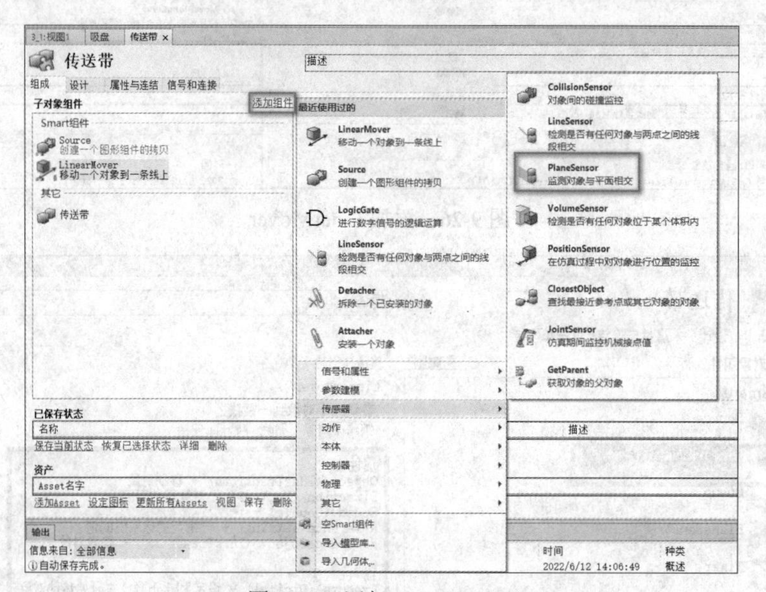

图 9-29 添加 PlaneSensor

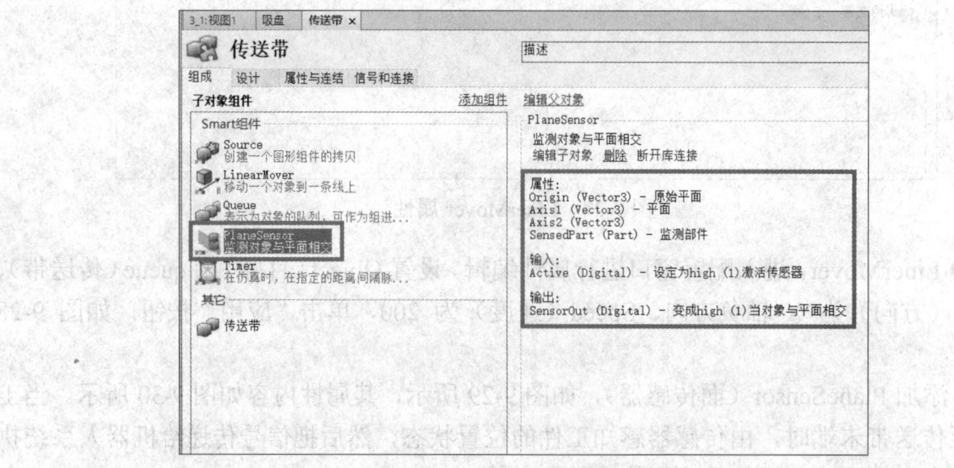

图 9-30 PlaneSensor 属性

双击 PlaneSensor，进入配置窗口进行属性编辑。利用“边缘捕捉”确定 Origin（起始点），然后确定 Axisl（轴方向），此处为 Y 轴负方向和 Z 轴正方向，单击“应用”按钮，如图 9-31 所示。

注意：需将传送带的“可由传感器检测”关闭，防止传感器检测到传送带而不是工件，以防发生错误检测。

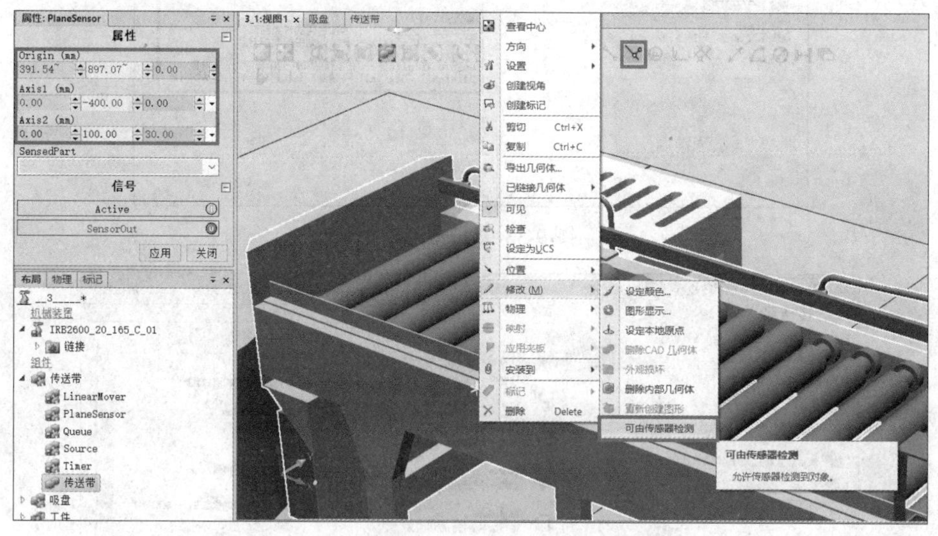

图 9-31　属性编辑

（5）添加 Queue（队列），如图 9-32 所示，其属性内容如图 9-33 所示。由于在工件移动过程中需要同时移动多个物体，即需要将传送带上所有拷贝过的工件同时作为队列移动，因此选用 Queue。在打开属性窗口后，无须进行编辑，直接单击“应用”按钮。

（6）添加 Timer（时钟），如图 9-34 所示，其属性内容如图 9-35 所示。由于在拷贝工件的过程中需要给定一个时间间隔，每隔一段时间发出一个脉冲信号给 Source，进行拷贝作业，因此选用 Timer。双击 Timer，进入配置窗口进行属性编辑。为了让拷贝没有延迟，设定 StartTime（开始时间）为 0.12s、Interval（时间间隔）为 4.8s。

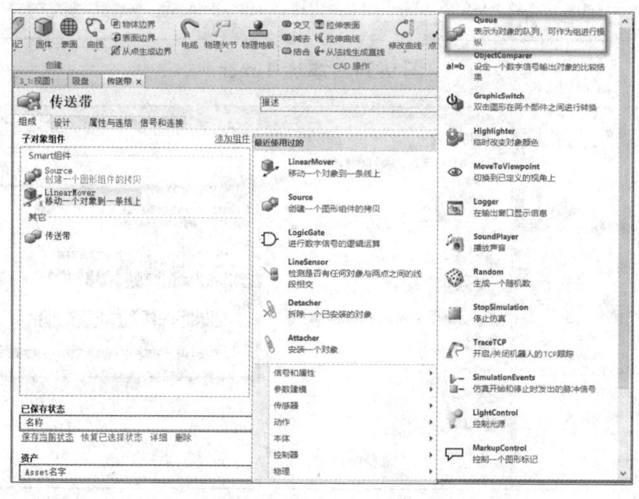

图 9-32　添加 Queue

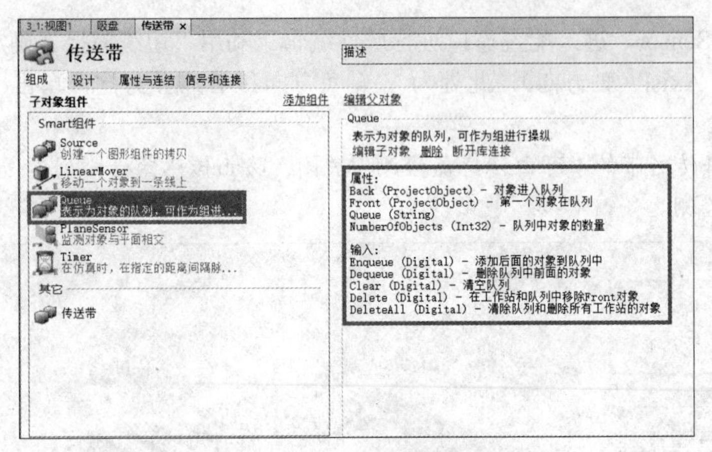

图 9-33　Queue 属性

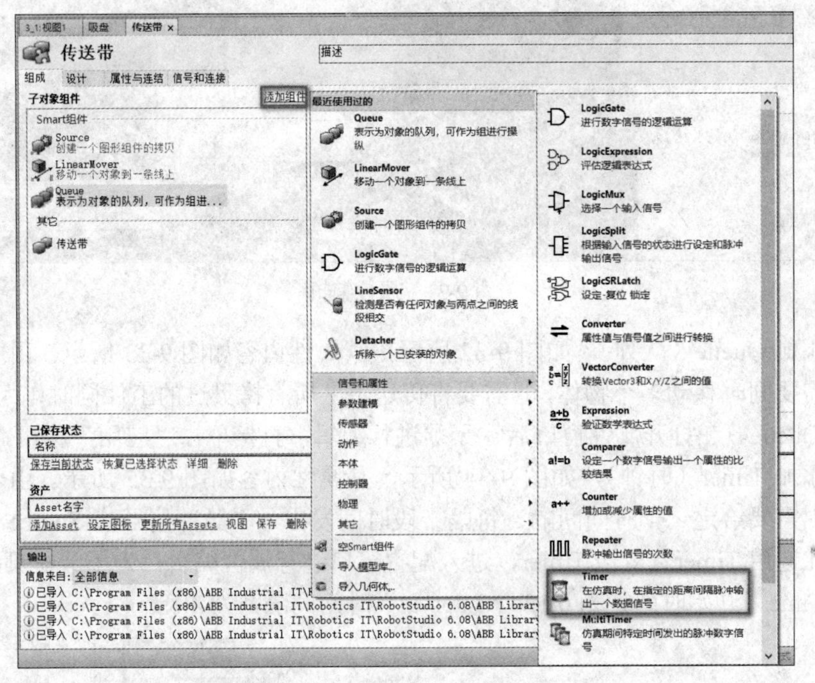

图 9-34　添加 Timer

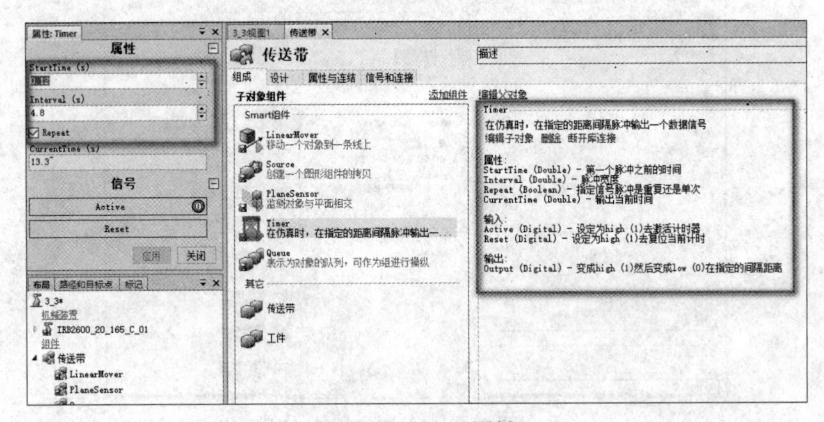

图 9-35　Timer 属性

（7）添加 LogicGate，其属性内容如图 9-36 所示。通过用逻辑非门来处理 PlaneSensor 所获取的信号，进而对 LinerMover 进行控制。双击 LogicGate，进入配置窗口进行属性编辑，将 Operator 设定为 NOT，单击“应用”按钮。

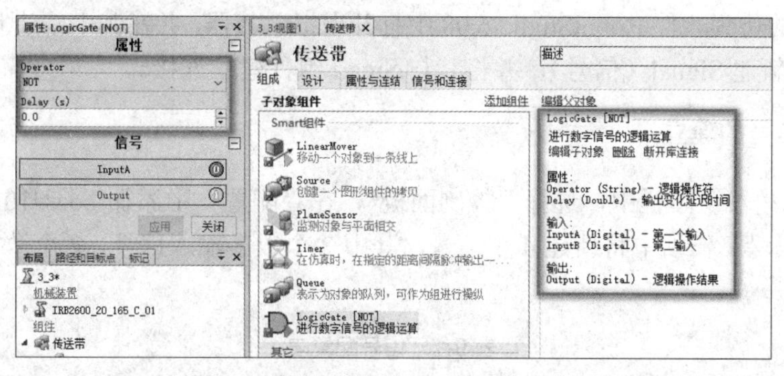

图 9-36　LogicGate 属性

9.3.4　传送带 Smart 组件属性与信号连接

（1）在传送带 Smart 组件编辑窗口中单击“设计”，在设计界面中设置 Smart 组件中各子组件之间属性的传递关系以及信号控制的逻辑关系。在传送带 Smart 组件的“输出”端，创建一个名为 do1 的输出信号，如图 9-37 所示。

（2）将 Timer 组件的 Output 端与 Source 组件的 Execute 端连接，Source 组件的 Executed 端与 Queue 组件的 Enqueue 端连接，PlaneSensor 组件的 SensorOut 端分别与 LogicGate 组件的 InputA 端、Queue 组件的 Dequeue 端及输出端 do1 连接，LogicGate 组件的 Output 端与 LinerMover 组件的 Execute 端和 Timer 组件的 Active 端连接，Source 组件的 Copy 端与 Queue 组件的 Back 端连接，如图 9-38 所示。

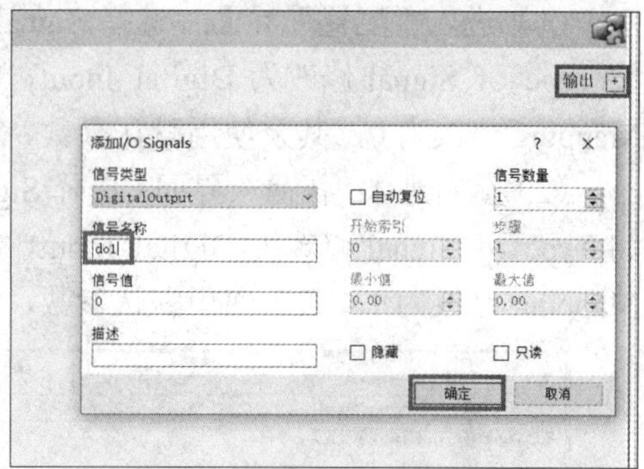

图 9-37　添加输出信号 do1

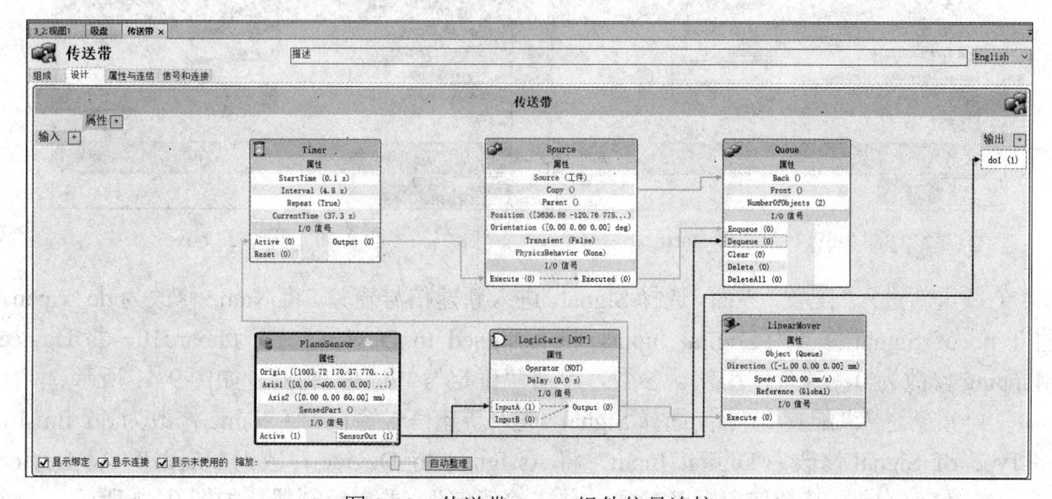

图 9-38　传送带 Smart 组件信号连接

9.4 通信信号的建立与连接

在 ABB 的仿真软件 RobotStudio 6.08 中打开虚拟示教器，并在其中新建 board10，然后在 board10 中新建 Signal（信号），并将其与 Smart 组件建立连接。

9.4.1 通信信号的建立

在虚拟示教器菜单栏中，选择“控制面板”，在“配置”中添加 board10，具体步骤见 8.4.1 节。本码垛工作站中将新建 4 个信号，其中 2 个数字输入信号、2 个数字输出信号，如表 9-1 所示。

表 9-1 信号配置表

序号	信号名称	信号类型	所属板卡	地址	备注
1	di_start	数字输入信号	board10	0	运行启动信号
2	di_box	数字输入信号	board10	1	物料到位信号
3	do_xipan	数字输出信号	board10	0	吸盘控制信号
4	do_finish	数字输出信号	board10	1	码垛完成信号

（1）进入“配置”界面，选择 Signal，进入新建信号窗口。将 Name 修改为 di_start，将 Type of Signal 修改为 Digital Input，将 Assigned to Device 修改为 board10，将 Device Mapping 修改为 0，其余使用默认参数，单击“确定”，重启控制器，如图 9-39 所示。

（2）重新进入“配置”界面，选择 Signal，进入新建信号窗口。将 Name 修改为 di_box，将 Type of Signal 修改为 Digital Input，将 Assigned to Device 修改为 board10，将 Device Mapping 修改为 1，其余使用默认参数，单击“确定”，重启控制器，如图 9-40 所示。

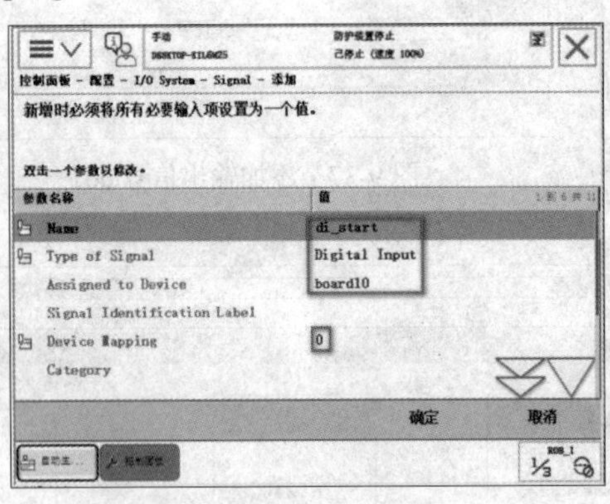

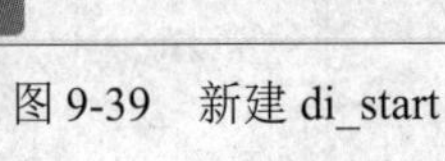
图 9-39 新建 di_start

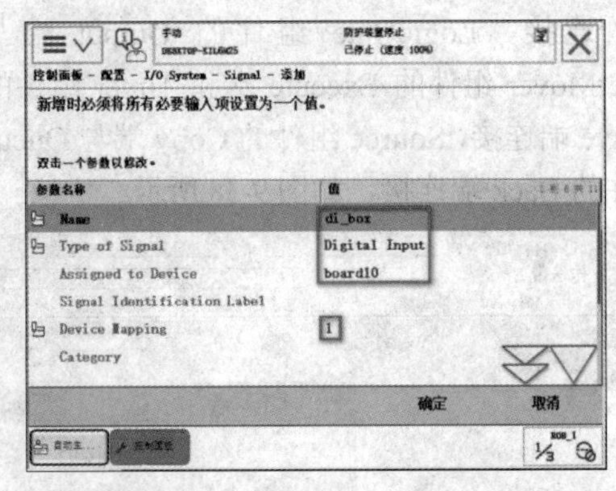

图 9-40 新建 di_box

（3）重新进入“配置”界面，选择 Signal，进入新建信号窗口。将 Name 修改为 do_xipan，将 Type of Signal 修改为 Digital Input，将 Assigned to Device 修改为 board10，将 Device Mapping 修改为 0，其余使用默认参数，单击“确定”，重启控制器，如图 9-41 所示。

（4）重新进入“配置”界面，选择 Signal，进入新建信号窗口。将 Name 修改为 do_finish，将 Type of Signal 修改为 Digital Input，将 Assigned to Device 修改为 board10，将 Device Mapping 修改为 1，其余使用默认参数，单击“确定”，重启控制器，如图 9-42 所示。

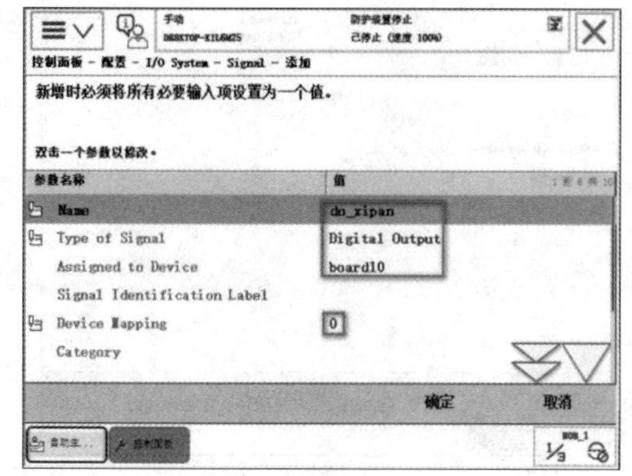

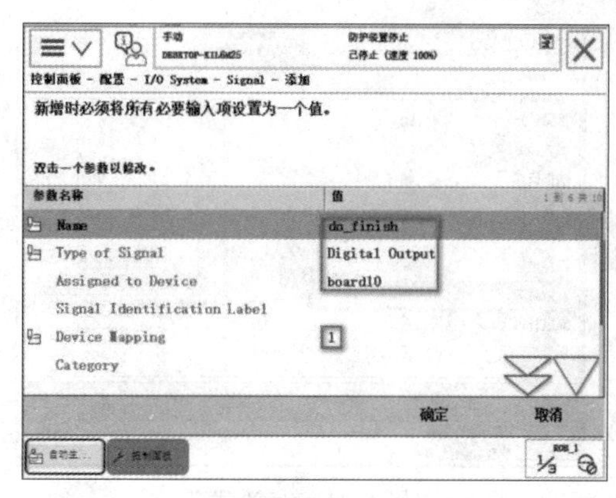

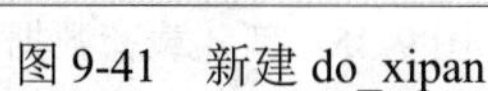

图 9-41　新建 do_xipan　　　　图 9-42　新建 do_finish

9.4.2　通信信号的连接

在 RobotStudio 6.08 菜单栏“仿真”→“工作站逻辑”设定窗口中选择“设计”选项卡，然后将机器人虚拟控制器中的 do_xipan 信号与吸盘 Smart 组件中的 di1 信号连接起来，将传送带 Smart 组件中的 do1 与机器人系统的 di_box 连接起来。通过控制 do1 来控制机器人系统的启停，机器人系统又通过 do_xipan 来控制吸盘的启动，如图 9-43 所示。

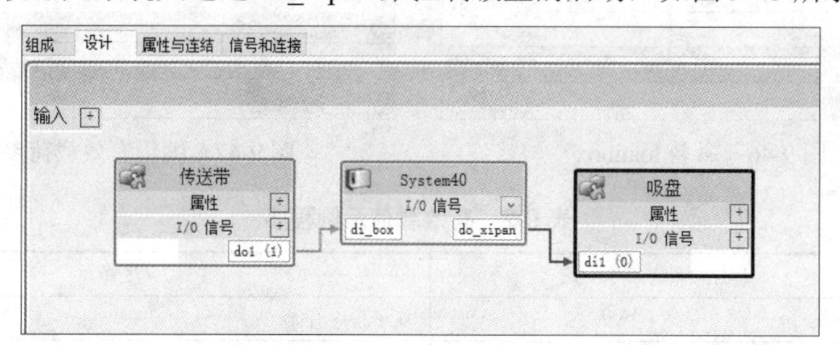

图 9-43　通信信号的连接

9.5　载荷数据的建立与定义

对于码垛机器人，当末端执行器上夹持的工件较重时，需设定工件质量和重心等数据，通过有效载荷数据 loaddata 设定。当工业机器人作业时，通过更新载荷数据，确保使用精确的力与力矩，从而得到精准位置。

打开虚拟示教器菜单中的“手动操纵”，在界面中选择“有效载荷”（图 9-44），单击左下角的“新建”（图 9-45），设置有效载荷数据名称为 loadbox，单击“确定”，如图 9-46 所示。单击“初始值”，根据实际情况对有效载荷数据进行设定，将“重量”设为 5kg，将“重心”相对 TCP 在 Z 方向上的偏移量设为 50，如图 9-47 所示。

有效载荷 loadbox 创建完毕后，当机器人末端工具吸取工件后，添加有效载荷 loadbox，当工件放到设定位置，松开工件后取消有效载荷 loadbox，变为最初空载时的载荷数据 load0。设定和取消均采用 GripLoad 指令，示例程序如表 9-2 所示。

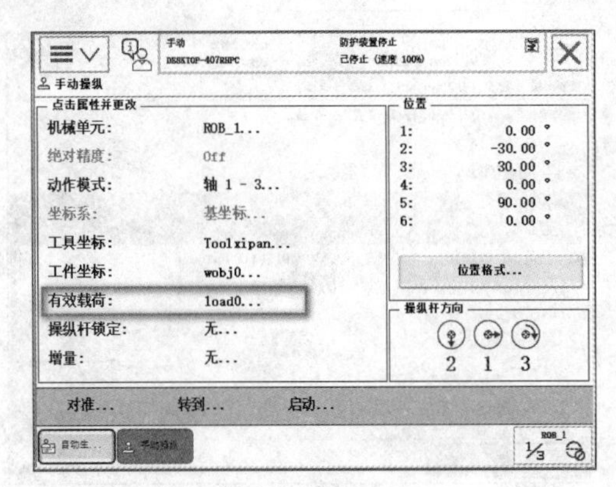

图 9-44　有效载荷

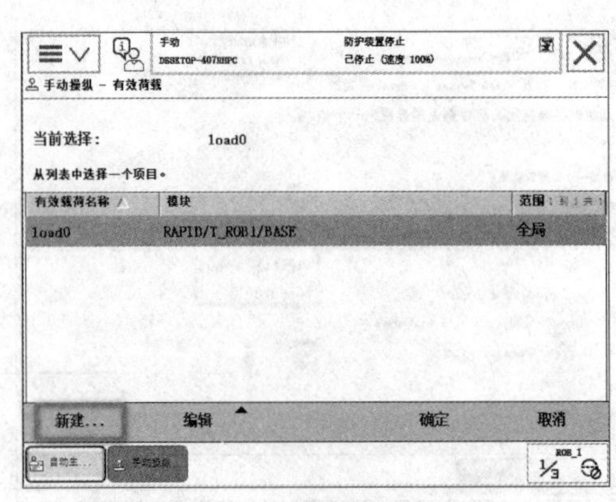

图 9-45　新建载荷数据

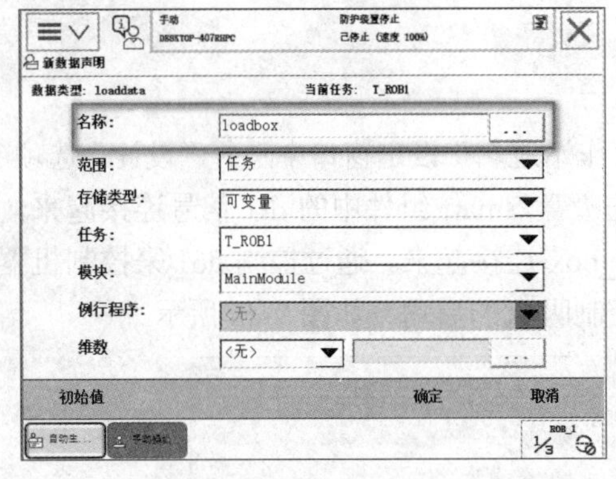

图 9-46　命名 loadbox

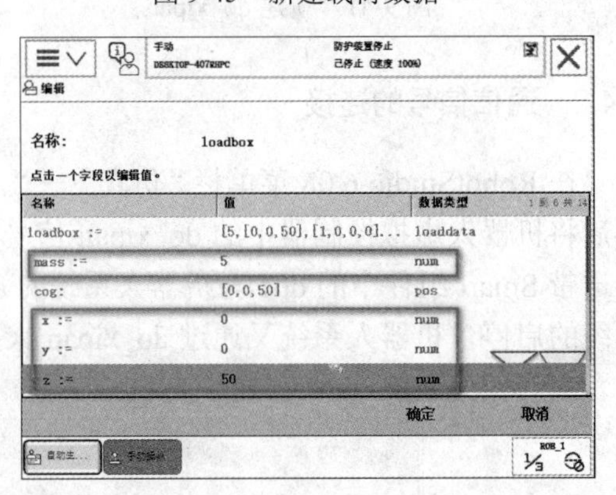

图 9-47　编辑有效载荷参数

表 9-2　有效载荷示例程序

程序	注释
PROC r_pick()	抓子程序开始
……	
Set do1;	吸取工件
GripLoad loadbox;	添加有效载荷 loadbox
……	
Reset do1;	放下工件
GripLoad load0;	取消有效载荷 loadbox
ENDPROC	结束抓子程序

9.6　码垛工作站指令

9.6.1　绝对位置运动指令 MoveAbsJ

绝对位置运动指令 MoveAbsJ 的作用是将机器人各关节轴运动至给定位置。工业机器人的运动使用 6 个轴和外轴的角度值来定义目标位置数据。运动时机器人的运动姿态不可控，MoveAbsJ 指令常在机器人恢复为某一姿态时使用。当执行绝对位置运动指令后，机器人的 6 个关节位置变为绝对位置，如图 9-48 所示。

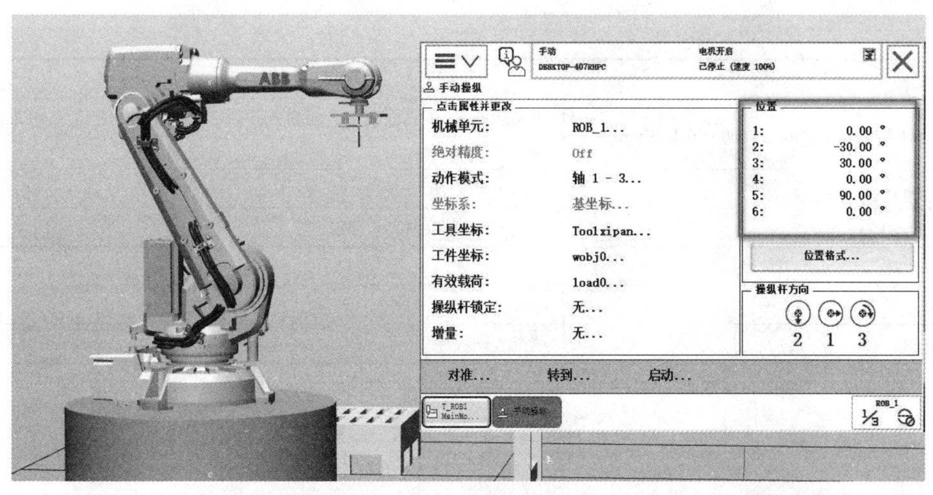

图 9-48　机器人 MoveAbsJ 指令状态图

绝对位置运动指令的示例程序如表 9-3 所示，第 1 条程序的含义是机器人在 Toolxipan 工具坐标下以速度 1000mm/s、转弯半径 50mm、无轴监控条件下运动到 jhome 绝对位置；第 2 条程序的含义是吸盘执行松开命令；第 3 条程序的含义是结束命令清零。其中各项参数和说明如图 9-49 所示，其中的目标位置必须为 jointtarget 数据。

表 9-3　绝对位置运动指令示例程序

示例程序
PROC r_initial() 　　MoveAbsJ jhome\NoEOffs,v1000,z50,Toolxipan; 　　Reset do_xipan; 　　Reset do_finish; ENDPROC

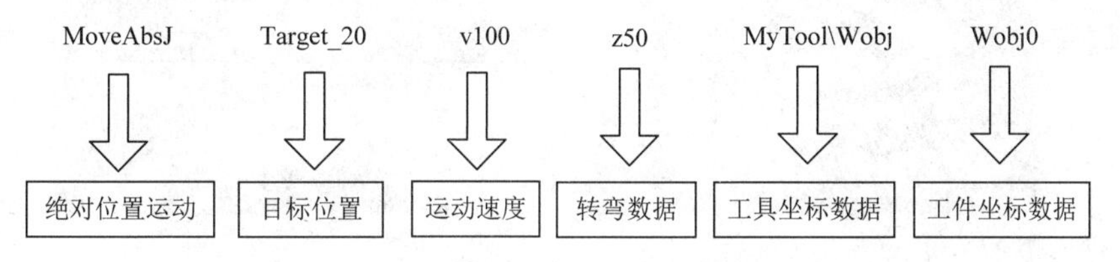

图 9-49　MoveAbsJ 指令参数说明

9.6.2　加 1 指令 Incr

加 1 指令 Incr 是指在原来的变量上加 1，增量值为 1，常用于循环语句中，在搬运程序中的 IF 判断语句用来增加循环的基数。加 1 指令的示例程序如表 9-4 所示。

表 9-4　加 1 指令示例程序

程序	注释
PROC r_place()	放子程序开始
MoveL Offs(p_place,0,0,300),v100,z50,Toolxipan;	在 Toolxipan 工具坐标下，线性运动到抓取点上方 300mm 处，速度为 100mm/s，转弯半径为 50mm

续表

程序	注释
MoveAbsJ jhome\NoEOffs,v1000,z50,Toolxipan;	在 Toolxipan 工具坐标下，回到机械原点 jhome 点，速度为 1000mm/s，转弯半径为 50mm
Incr nCount;	nCount 数据加 1
if nCount>20 THEN	如果 nCount 数据大于 20 成立
Set do_finish;	则执行结束指令
ENDIF	结束 IF 判断语句
ENDPROC	结束放子程序

9.7　计算码垛位置

摆放物料的码垛盘是奇偶交错的，其尺寸参数为 600mm×500mm×200mm。物料的尺寸参数是 300mm×200mm×100mm。奇数层的摆放方式如图 9-50 所示，图中有 5 个摆放位置点，其中 1、2、3 号位置是竖着摆放，不需要旋转；4、5 号位置是横着摆放，需要将工件旋转 90°。偶数层的摆放方式如图 9-51 所示，图中有 5 个摆放位置点，其中 1、2 号位置是横着摆放，需要将工件旋转 90°；3、4、5 号位置是竖着摆放，不需要旋转。将第 1 层 1 号位置设定为不需要旋转位置的参考点 p_place0，将第 1 层 4 号位置设定为需要旋转 90°位置的参考点 p_place90，因此将 1～4 层每层的摆放点与 p_place0、p_place90 摆放点作对比，计算出参考点的偏移值的坐标（X, Y, Z），如表 9-5 所示。

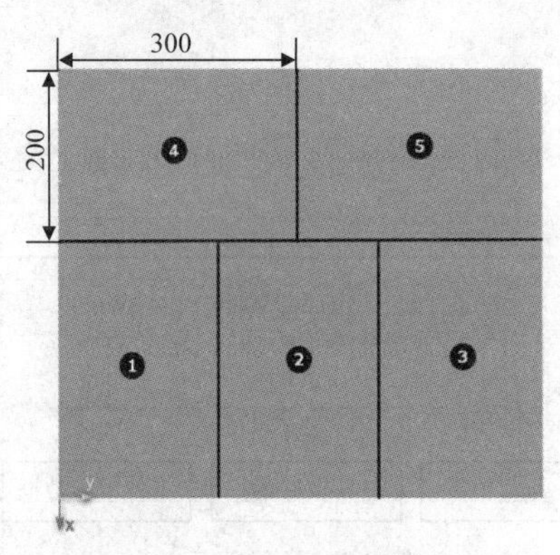

图 9-50　奇数层摆放方式

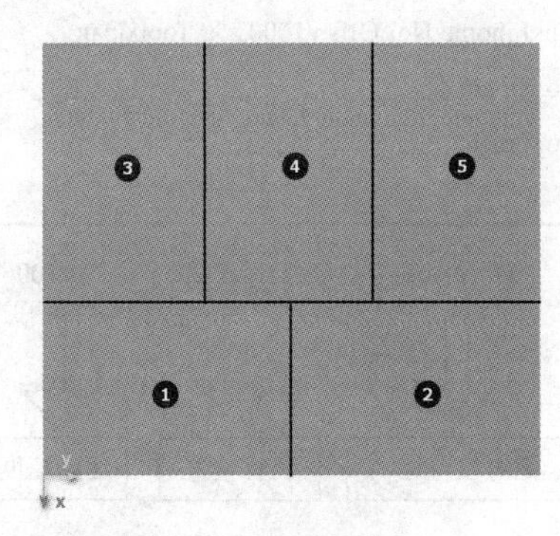

图 9-51　偶数层摆放方式

表 9-5　奇偶层摆放位置计算

奇数层											
	序号	参考点	X	Y	Z		序号	参考点	X	Y	Z
一层	1	p_place0	0	0	0	三层	11	p_place0	0	0	200
	2	p_place0	0	200	0		12	p_place0	0	200	200
	3	p_place0	0	400	0		13	p_place0	0	400	200
	4	p_place90	0	0	0		14	p_place90	0	0	200
	5	p_place90	0	300	0		15	p_place90	0	300	200

续表

偶数层											
	序号	参考点	X	Y	Z		序号	参考点	X	Y	Z
二层	6	p_place90	300	0	100	四层	16	p_place90	300	0	300
	7	p_place90	300	300	100		17	p_place90	300	300	300
	8	p_place0	−200	0	100		18	p_place0	−200	0	300
	9	p_place0	−200	200	100		19	p_place0	−200	200	300
	10	p_place0	−200	400	100		20	p_place0	−200	400	300

通过计算工件数 ncount 的值，将 ncount 的值转为对应的行数数值与摆放点数值。如表 9-6 所示，序号 1～5 通过((ncount−1) DIV 5)+1 得行数为 1，通过((ncount−1) MOD 5)+1 得摆放点数值 1～5；序号 6～10 通过((ncount−1) DIV 5)+1 得行数为 2，通过((ncount−1) MOD 5)+1 得摆放点数值 1～5；序号 11～15 通过((ncount−1) DIV 5)+1 得行数为 3，通过((ncount−1) MOD 5)+1 得摆放点数值 1～5；序号 16～20 通过((ncount−1) DIV 5)+1 得行数为 4，通过((ncount−1) MOD 5)+1 得摆放点数值 1～5。

表 9-6　计算行数与摆放点

序号	奇数	1	2	3	4	5	11	12	13	14	15	
	DIV 5	0	0	0	0	1	2	2	2	2	3	不满足
	−1	0	1	2	3	4	10	11	12	13	14	
	DIV 5	0	0	0	0	0	2	2	2	2	2	不满足
行数	+1	1	1	1	1	1	3	3	3	3	3	满足
	MOD 5	1	2	3	4	0	1	2	3	4	0	不满足
	−1	0	1	2	3	4	10	11	12	13	14	
	MOD 5	0	1	2	3	4	0	1	2	3	4	不满足
摆放点	+1	1	2	3	4	5	1	2	3	4	5	满足
序号	偶数	6	7	8	9	10	16	17	18	19	20	
	DIV 5	1	1	1	1	2	3	3	3	3	4	不满足
	−1	5	6	7	8	9	15	16	17	18	19	
	DIV 5	1	1	1	1	1	3	3	3	3	3	不满足
行数	+1	2	2	2	2	2	4	4	4	4	4	满足
	MOD 5	1	2	3	4	0	1	2	3	4	0	不满足
	−1	5	6	7	8	9	15	16	17	18	19	
	MOD 5	0	1	2	3	4	0	1	2	3	4	不满足
摆放点	+1	1	2	3	4	5	1	2	3	4	5	满足

计算工件具体摆放位置子程序和注释如表 9-7 所示，定义 3 个数值型数据，存储类型为可变量。其中，no_place 为每层的摆放位置点，no_tier 为层数，ncount 为工件数。计算码垛摆放点子程序中通过第一级判断 no_tier 层数的数值，如果是 1 或 3 层则执行奇数层摆放方式，如果是 2 或 4 层则执行偶数层摆放方式。在第二级判断 no_place 摆放点数值，奇数层中 no_place 摆放点数值为 1、2 或 3 时，工件竖着摆放，no_place 摆放点数值为 4 或 5 时，工件横着摆放，再对比参考点进行坐标偏移计算；偶数层中 no_place 摆放点数值为 1

或2时，工件横着摆放，no_place 摆放点数值为3或4或5时，工件竖着摆放，再对比参考点进行坐标偏移计算。

表9-7 计算工件具体摆放位置子程序和注释

程序	注释
PROC r_calposition()	计算码垛摆放点子程序开始
no_tier:=((ncount-1) DIV 5)+1;	no_tier 数值换算
no_place:=((ncount-1) MOD 5)+1;	no_place 数值换算
TEST no_tier	判断 no_tier 的值
CASE 1,3:	当 no_tier 为 1 或 3 时
TPWrite "Current palletizing odd numberlayer!";	执行写屏指令，虚拟示教器显示“Current palletizing odd numberlayer!”
TEST no_place	判断 no_place 的值
CASE 1,2,3:	当 no_place 为 1、2 或 3 时
p_place:=p_place0;	将 p_place 位置改为参考点 p_place0 位置
p_place.trans.y:=p_place0.trans.y+(no_place-1)*200;	将 p_place 的 Y 值进行偏移计算
CASE 4,5:	当 no_place 为 4 或 5 时
p_place:=p_place90;	将 p_place 位置改为参考点 p_place90 位置
p_place.trans.y:=p_place90.trans.y+(no_place-4)*300;	将 p_place 的 Y 值进行偏移计算
DEFAULT:	其余
TPWrite "Palletizing position error!";	执行写屏指令，虚拟示教器显示“Palletizing position error!”
ENDTEST	结束判断指令
CASE 2,4:	当 no_tier 为 2 或 4 时
TPWrite "Current palletizing even number layer!";	执行写屏指令，虚拟示教器显示“Current palletizing even number layer!”
TEST no_place	判断 no_place 的值
CASE 1,2:	当 no_place 为 1 或 2 时
p_place:=p_place90;	将 p_place 位置改为参考点 p_place90 位置
p_place.trans.x:=p_place90.trans.x+300;	将 p_place 的 X 值进行偏移计算
p_place.trans.y:=p_place90.trans.y+(no_place-1)*300;	将 p_place 的 Y 值进行偏移计算
CASE 3,4,5:	当 no_place 为 3、4 或 5 时
p_place:=p_place0;	将 p_place 位置改为参考点 p_place0 位置
p_place.trans.x:=p_place0.trans.x-200;	将 p_place 的 X 值进行偏移计算
p_place.trans.y:=p_place0.trans.y+(no_place-3)*200;	将 p_place 的 Y 值进行偏移计算
DEFAULT:	其余
TPWrite "Palletizing position error!";	执行写屏指令，虚拟示教器显示“Palletizing position error!”
ENDTEST	结束判断指令
ENDTEST	结束判断指令
p_place.trans.z:=p_place.trans.z+(no_tier-1)*100;	将 p_place 的 Z 值进行偏移计算
ENDPROC	结束子程序

9.8　调试码垛工作站

9.8.1　码垛工作站例行程序

码垛工作站共有 5 个例行程序：主程序 main、初始化子程序 r_initial、吸取物料子程序 r_pick、放置物料子程序 r_place 和计算码垛放置点子程序 r_calposition，如图 9-52 所示。

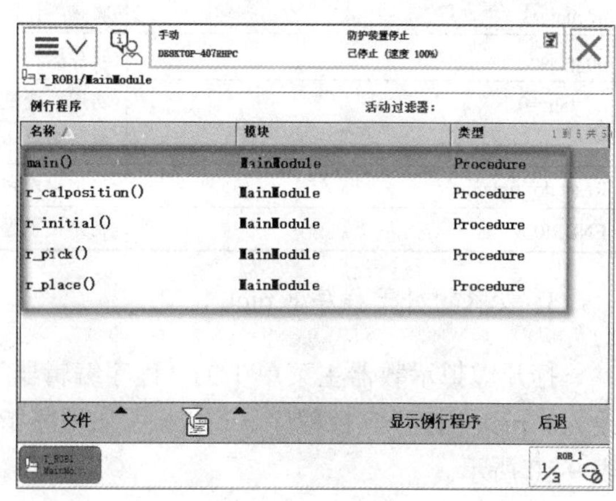

图 9-52　例行程序

1. 主程序 main

打开虚拟示教器主菜单中的“程序编辑器”，在模块中新建例行程序，将例行程序名称改为 main，打开主程序 main，添加程序指令。主程序的作用是等待开始命令后，先调用初始化子程序 r_initial，在循环语句中执行调用吸取物料子程序 r_pick，随后通过调用计算码垛放置点子程序 r_calposition 得到放置位置，最后再执行调用放置物料子程序 r_place，使物料进行码垛作业。码垛工作站的主程序和注释如表 9-8 所示。

表 9-8　码垛工作站主程序和注释

程序	注释
PROC main()	主程序开始
WaitDI di_start,1;	等待 di_start 信号为 1
r_initial;	调用初始化子程序
WHILE TRUE DO	使用循环将初始化子程序与其他程序隔开
r_pick;	调用吸取子程序
r_calposition;	调用计算放置位置子程序
r_place;	调用放置子程序
WaitTime 1;	等待 1s
ENDWHILE	结束循环
ENDPROC	主程序结束

2. 初始化子程序 r_initial

打开虚拟示教器主菜单中的“程序编辑器”，在模块中新建例行程序，将例行程序名称改为 r_initial，打开例行程序 r_initial，添加程序指令。初始化子程序的作用是将机器人恢复到工作前的初始化状态，包括回安全点、将数值型数据清零、复位输出信号等。码垛工作站的初始化子程序和注释如表 9-9 所示。

表 9-9　码垛工作站初始化子程序和注释

程序	注释
PROC r_initial()	初始化子程序开始
MoveAbsJ jhome\NoEOffs,v1000,z50,Toolxipan;	在 Toolxipan 工具坐标下，回到机械原点 jhome 点，速度为 1000mm/s，转弯半径为 50mm
ncount:=1;	将物料计数变量赋值为 1
no_place:=0;	将每层物料放置点变量赋值为 0
no_tier:=0;	将层数变量赋值为 0
Reset do_xipan;	复位吸盘控制信号
Reset do_finish;	复位码垛完成信号
ENDPROC	初始化子程序结束

3. 吸取物料子程序 r_pick

打开虚拟示教器主菜单中的“程序编辑器”，在模块中新建例行程序，将例行程序名称改为 r_pick，打开例行程序 r_pick，添加程序指令。码垛工作站的吸取物料子程序和注释如表 9-10 所示。

表 9-10　码垛工作站吸取物料子程序和注释

程序	注释
PROC r_pick()	吸取物料子程序开始
GripLoad load0;	有效载荷设定为 load0
MoveJ Offs(p_pick,0,0,150),v1000,fine,Toolxipan;	选用 Toolxipan 工具数据，关节运动到 p_pick 的 Z 轴上方 150mm 点处，速度为 1000mm/s
WaitDI di_box,1;	等待传送带上物料到达抓取位置
MoveL p_pick,v300,fine,Toolxipan;	选用 Toolxipan 工具数据，线性运动到 p_pick 点处，速度为 300mm/s
Set do_xipan;	开启吸盘吸取物料
WaitTime 1;	延时 1s
GripLoad loadbox;	有效载荷设定为 loadbox
MoveL Offs(p_pick,0,0,150),v300,z100,Toolxipan;	选用 Toolxipan 工具数据，线性运动到 p_pick 的 Z 轴上方 150mm 点处，速度为 300mm/s
MoveAbsJ jhome\NoEOffs,v1000,z100,Toolxipan;	在 Toolxipan 工具坐标下，回到机械原点 jhome 点，速度为 1000mm/s，转弯半径为 100mm
ENDPROC	吸取物料子程序结束

4. 放置物料子程序 r_place

打开虚拟示教器主菜单中的“程序编辑器”，在模块中新建例行程序，将例行程序名称改为 r_place，打开例行程序 r_place，添加程序指令。码垛工作站的放置物料子程序和注释如表 9-11 所示。

表 9-11　码垛工作站放置物料子程序和注释

程序	注释
PROC r_place()	放置物料子程序开始

续表

程序	注释
MoveJ Offs(p_place,0,0,300),v1000,fine,Toolxipan;	选用 Toolxipan 工具数据，关节运动到 p_place 的 Z 轴上方 300mm 点处，速度为 1000mm/s
MoveL p_place,v300,fine,Toolxipan;	选用 Toolxipan 工具数据，线性运动到 p_place 点处，速度为 300mm/s
Reset do_xipan;	关闭吸盘放置物料
WaitTime 1;	延时 1s
GripLoad load0;	有效载荷设定为 load0
MoveL Offs(p_place,0,0,300),v1000,z100,Toolxipan;	选用 Toolxipan 工具数据，关节运动到 p_place 的 Z 轴上方 300mm 点处，速度为 1000mm/s，转弯半径为 100mm
MoveAbsJ jhome\NoEOffs,v1000,z100,Toolxipan;	在 Toolxipan 工具坐标下，回到机械原点 jhome 点，速度为 1000mm/s，转弯半径为 100mm
Incr ncount;	ncount 数值+1
IF ncount>20 THEN	选择语句判断 ncount 数值>20
Set do_finish;	置位码垛完成信号
ENDIF	结束判断语句
ENDPROC	放置物料子程序结束

5. 计算码垛放置点子程序 r_calposition

打开虚拟示教器主菜单中的“程序编辑器”，在模块中新建例行程序，将例行程序名称改为 r_calposition，打开例行程序 r_calposition，添加程序指令。码垛工作站的计算码垛放置点子程序和注释如表 9-7 所示。

9.8.2　添加码垛工作站例行程序

1. 主程序 main

（1）在模块中新建例行程序 main，单击“添加指令”，等待收到开始信号为 1 后，开始执行主程序后面的指令。在“添加指令”里面选择 WaitDI，如图 9-53 所示，在 WaitDI 信号中选择 di_start，如图 9-54 所示。

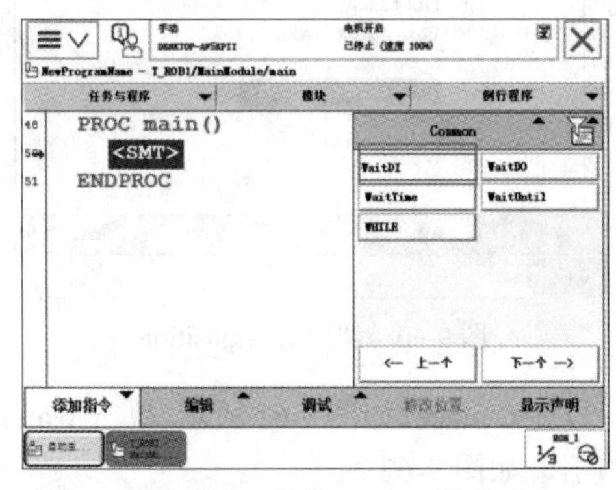

图 9-53　编辑 WaitDI 指令

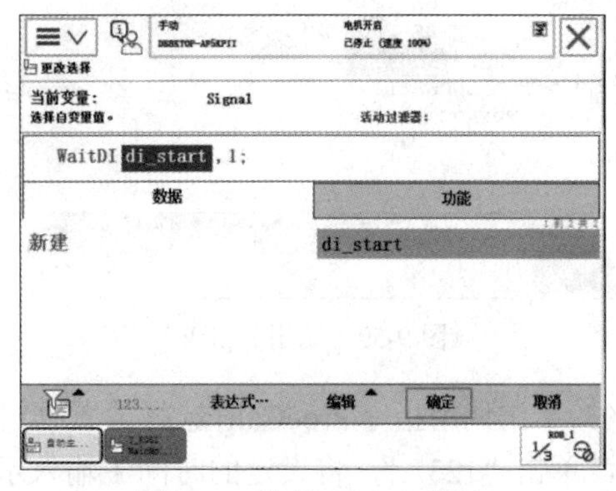

图 9-54　选择 di_start 信号

（2）单击调用指令 ProcCall，选择初始化子程序 r_initial，如图 9-55 所示。在“添加指令”里面单击循环指令 WHILE，如图 9-56 所示，整个 WHILE 循环指令如图 9-57 所示。将<EXP>设定为 TRUE，如图 9-58 所示。在<SMT>处添加调用指令 ProcCall，选择吸取物料子程序 r_pick，如图 9-59 所示。单击调用指令 ProcCall，选择计算码垛放置点子程序 r_calposition，如图 9-60 所示。

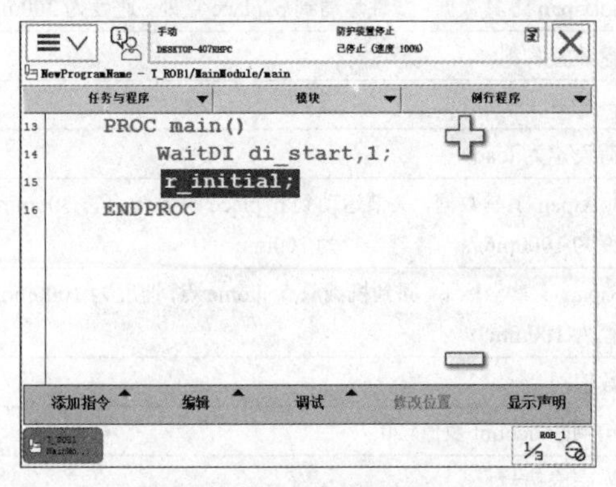

图 9-55 调用初始化子程序

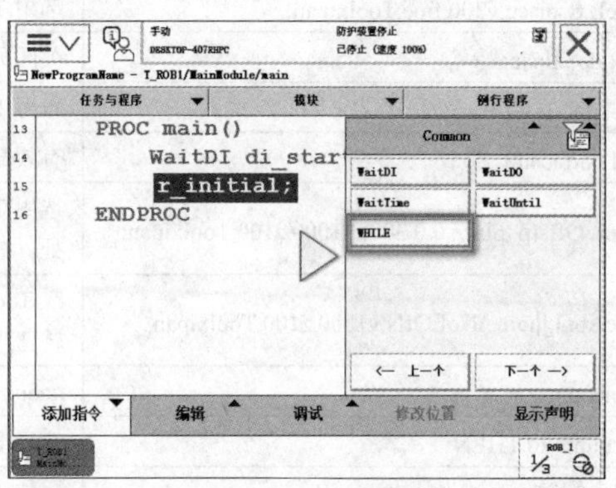

图 9-56 添加 WHILE 指令

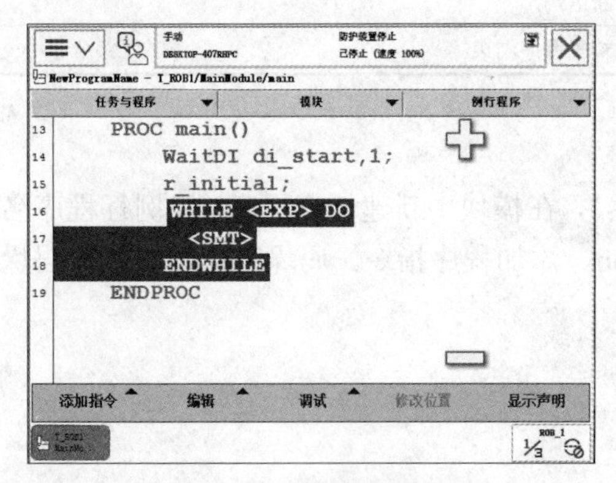

图 9-57 WHILE 指令语句

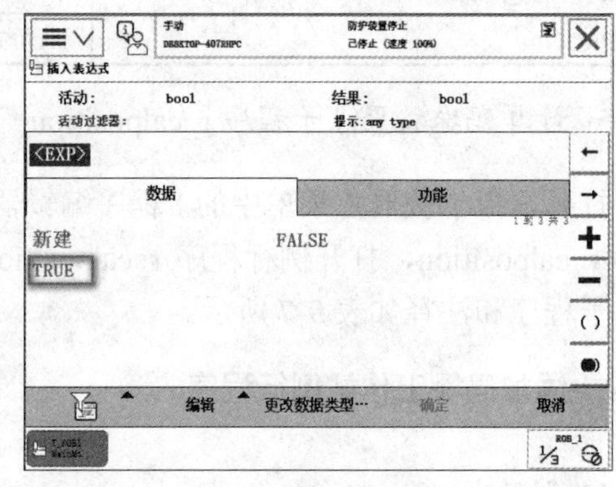

图 9-58 将<EXP>设定为 TRUE

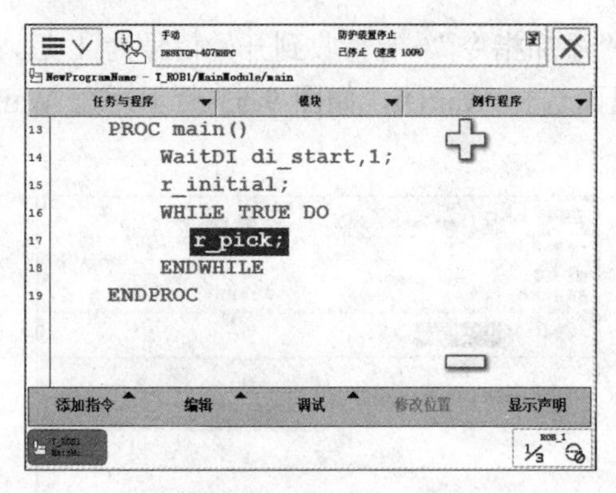

图 9-59 调用 r_pick

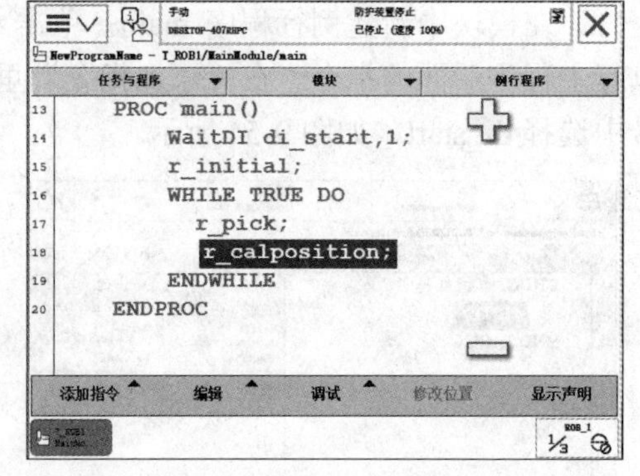

图 9-60 调用 r_calposition

（3）单击调用指令 ProcCall，选择放置物料子程序 r_place，如图 9-61 所示。单击 WaitTime 指令，单击“123...”，将设定的时间 1 输入示教器，如图 9-62 所示。

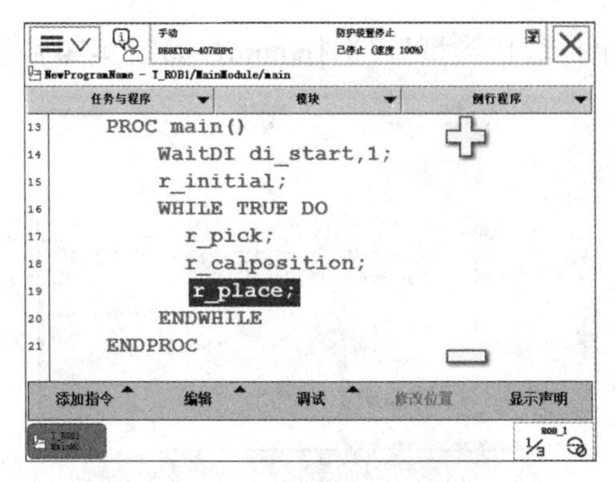

图 9-61　调用 r_place

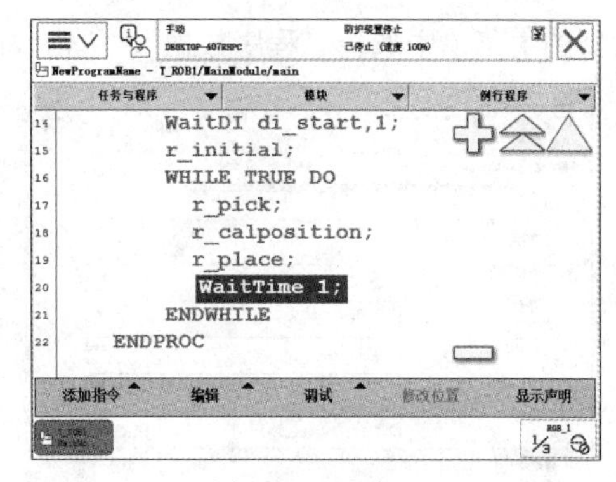

图 9-62　延时 1s

2. 初始化子程序 r_initial

（1）在模块中新建例行程序 r_initial，单击“添加指令”，选择 MoveAbsJ，如图 9-63 所示，添加完绝对位置指令后如图 9-64 所示。在虚拟示教器的主菜单中选择“程序数据”，单击“全部数据类型”，选择 jointtarget，如图 9-65 所示。新建 jointtarget 数据类型，如图 9-66 所示。

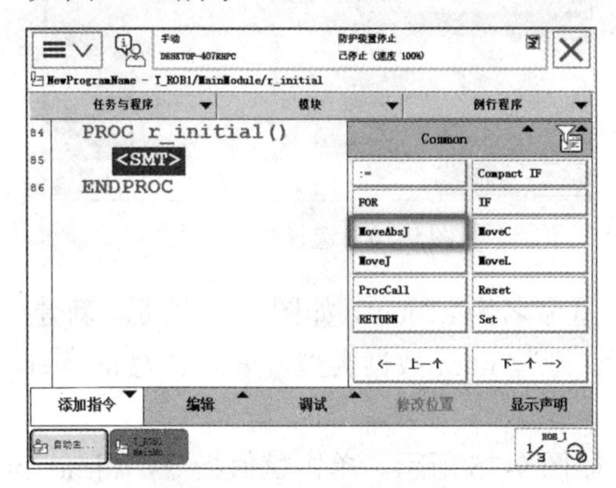

图 9-63　添加 MoveAbsJ

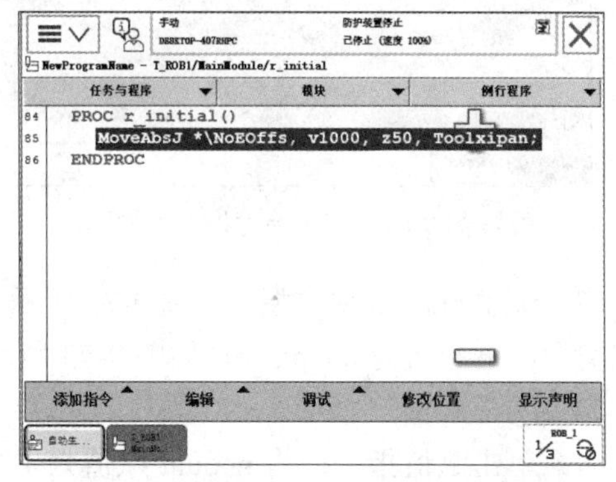

图 9-64　绝对位置指令

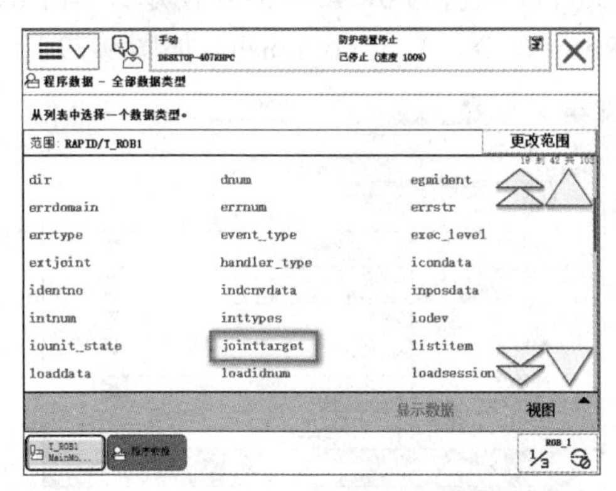

图 9-65　选择数据类型

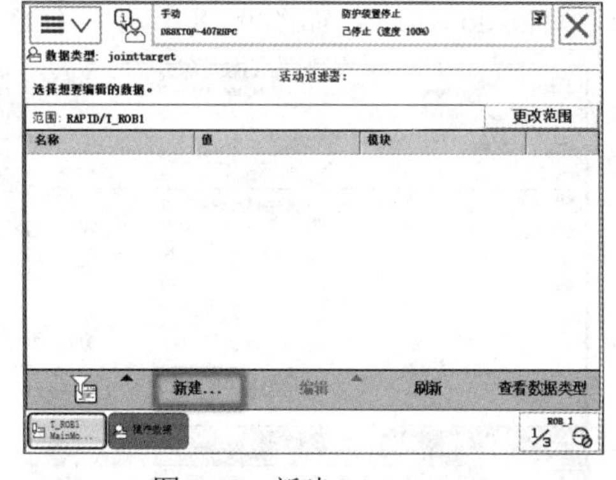

图 9-66　新建 jointtarget

（2）将 jointtarget 重命名为 jhome，如图 9-67 所示。单击“初始值”，设置机器人 6 个轴的数据，如图 9-68 所示。将绝对位置指令中的*号改为 jhome，如图 9-69 所示。在虚拟示教器的主菜单中选择“程序数据”，单击“全部数据类型”，选择 num，如图 9-70 所示。

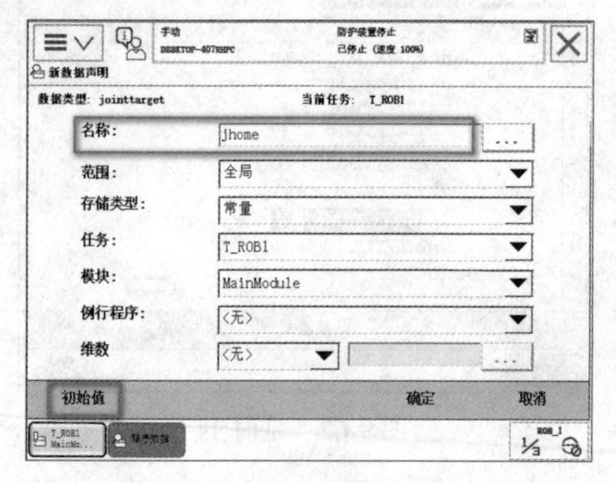

图 9-67　设定 jhome

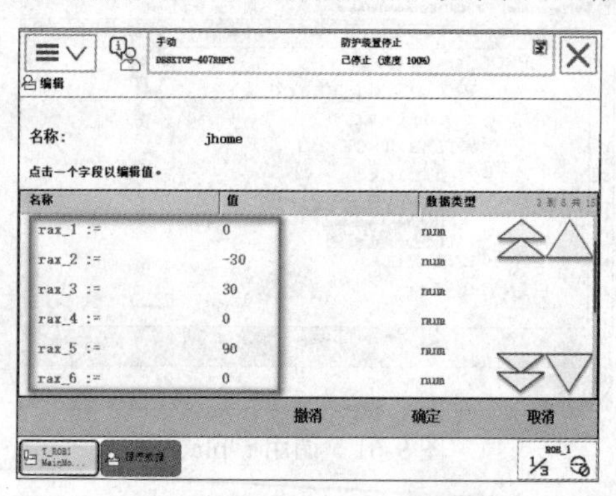

图 9-68　定义 jhome

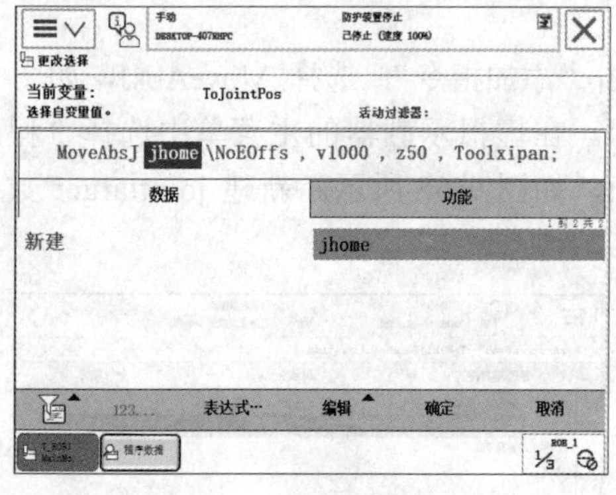

图 9-69　完成绝对指令添加

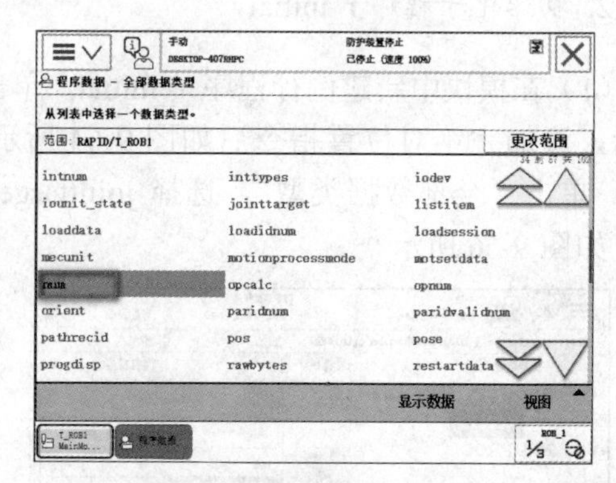

图 9-70　选择数据类型

（3）新建 num 数据类型，如图 9-71 所示，重命名为 ncount，如图 9-72 所示。新建 num 数据类型，重命名为 no_place，如图 9-73 所示。新建 num 数据类型，重命名为 no_tier，如图 9-74 所示。

（4）单击赋值指令，将 ncount 赋值为 1，如图 9-75 所示。单击赋值指令，将 no_place 赋值为 0，如图 9-76 所示。单击赋值指令，将 no_tier 赋值为 0，如图 9-77 所示。单击 Reset 指令，复位 do_xipan，如图 9-78 所示。单击 Reset 指令，复位 do_finish，如图 9-79 所示。

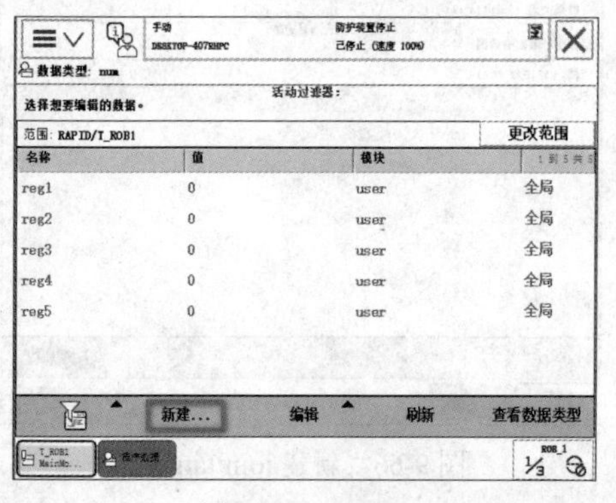

图 9-71　新建 num

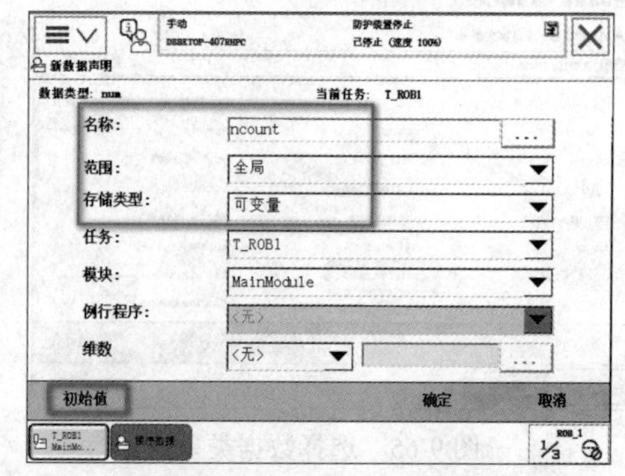

图 9-72　设定 ncount

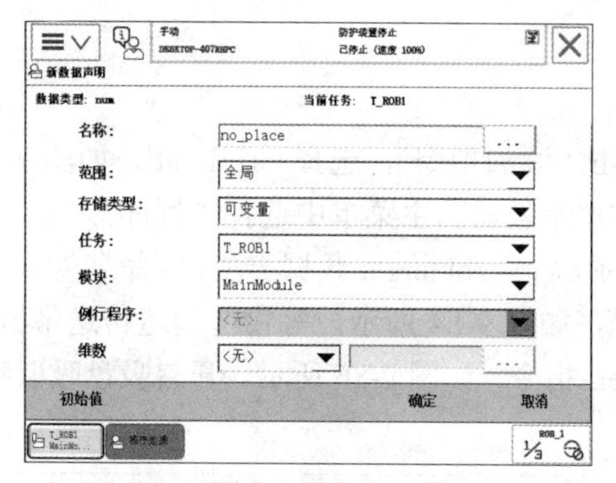

图 9-73　设定 no_place

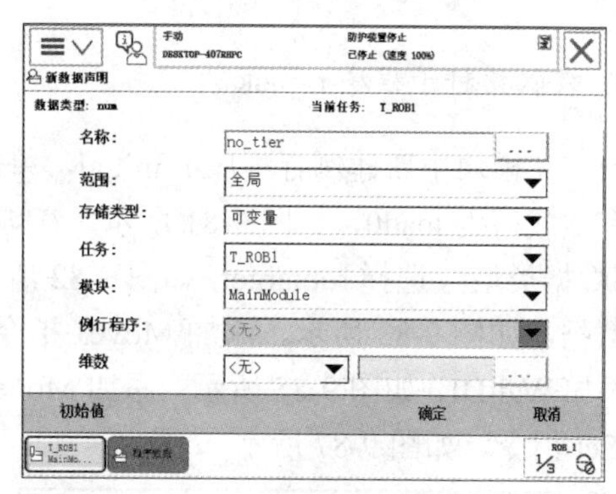

图 9-74　设定 no_tier

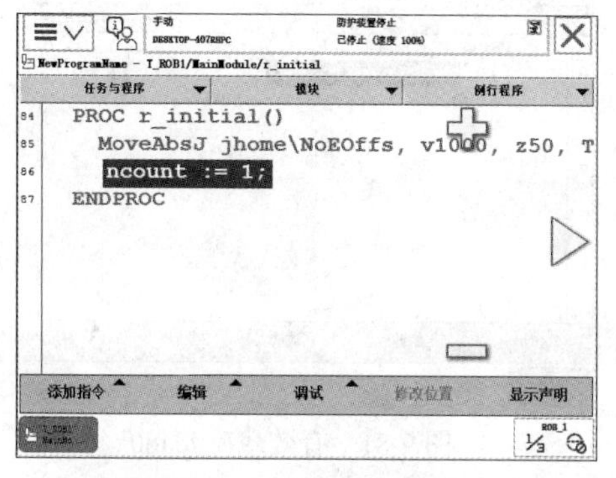

图 9-75　将 ncount 赋值为 1

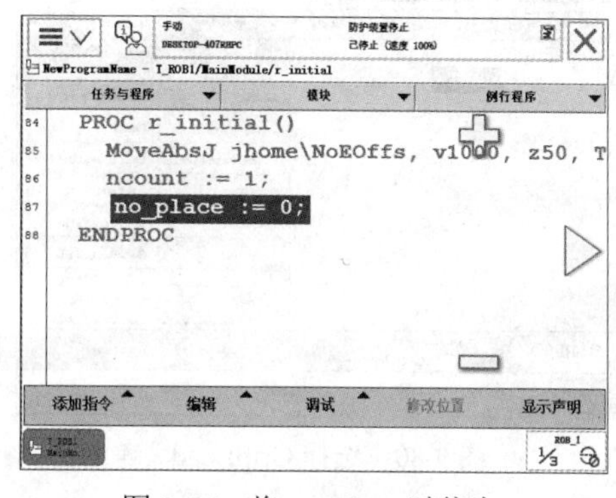

图 9-76　将 no_place 赋值为 0

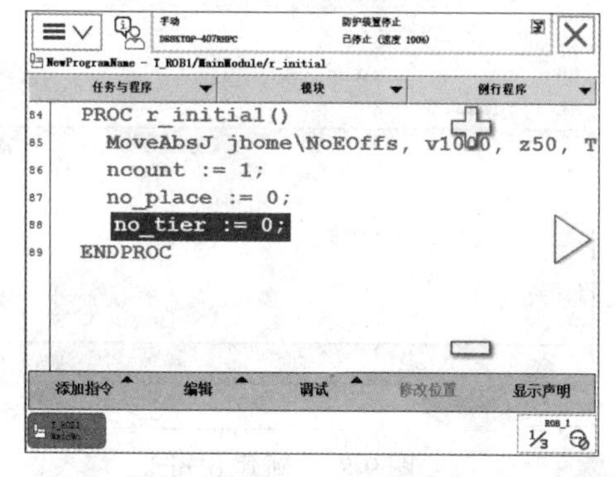

图 9-77　将 no_tier 赋值为 0

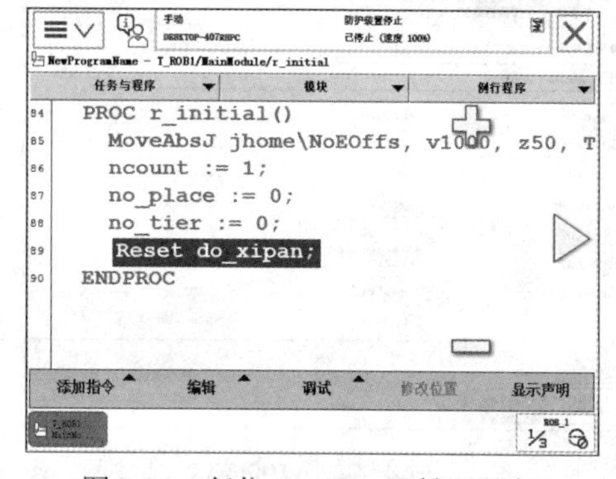

图 9-78　复位 do_xipan（松开吸盘）

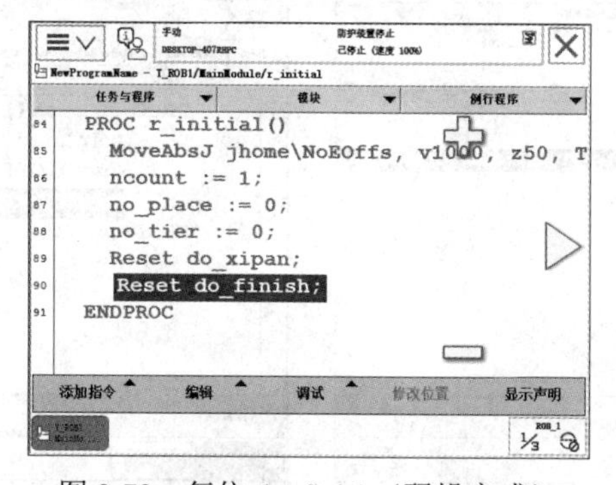

图 9-79　复位 do_finish（码垛完成）

3. 吸取物料子程序 r_pick

（1）在模块中新建例行程序 r_initial，单击“添加指令”，选择 GripLoad，如图 9-80 所示，有效载荷为 load0，如图 9-81 所示。在虚拟示教器的主菜单中选择“程序数据”，单击“全部数据类型”，选择 robtarget，如图 9-82 所示。新建 robtarget 数据类型，重命名为 p_pick，设定数据，如图 9-83 所示。添加 MoveJ 指令，如图 9-84 所示。等物料到达传送带检测位置，添加 WaitDI，如图 9-85 所示。添加 MoveL 指令，如图 9-86 所示。开启吸盘吸取物料，添加 Set 指令，如图 9-87 所示。

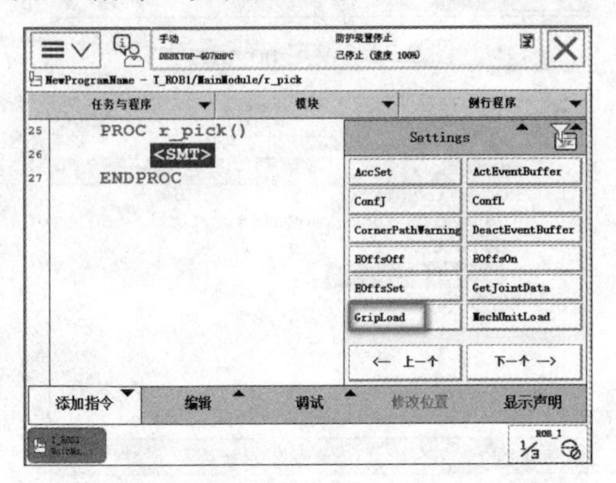

图 9-80　选择 GripLoad

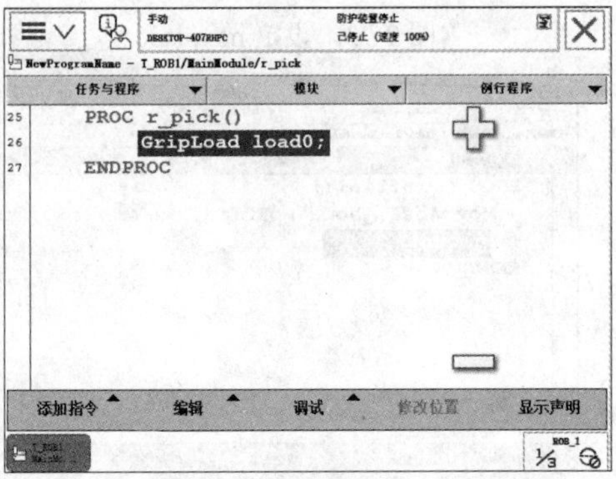

图 9-81　有效载荷 load0

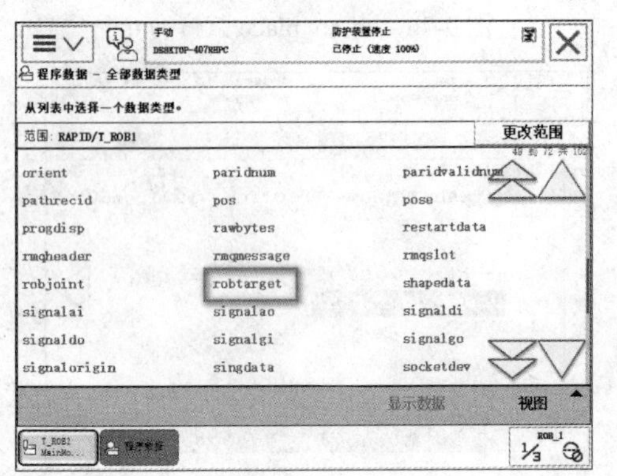

图 9-82　选择 robtarget

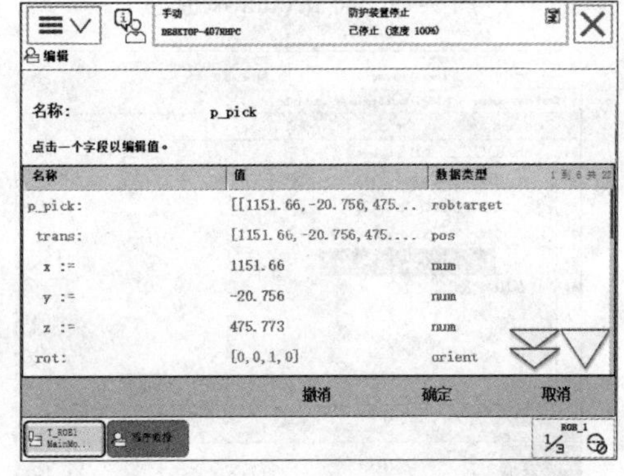

图 9-83　新建 p_pick

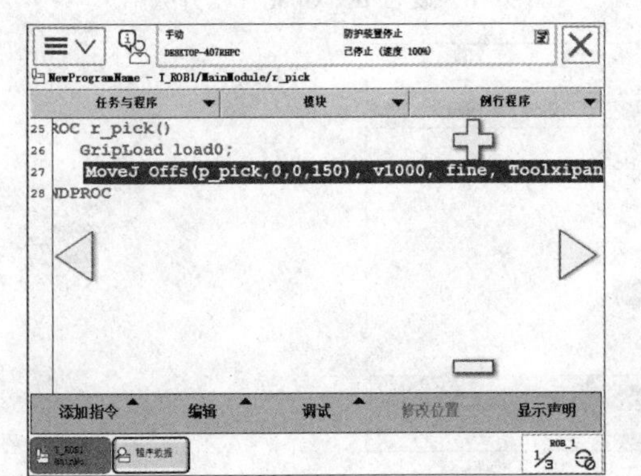

图 9-84　添加 MoveJ

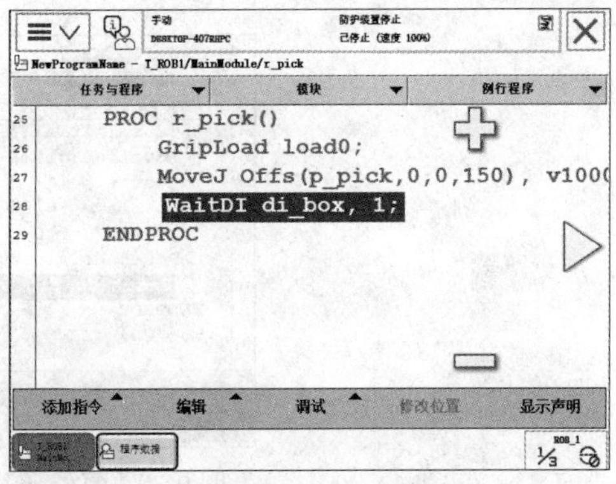

图 9-85　添加 WaitDI

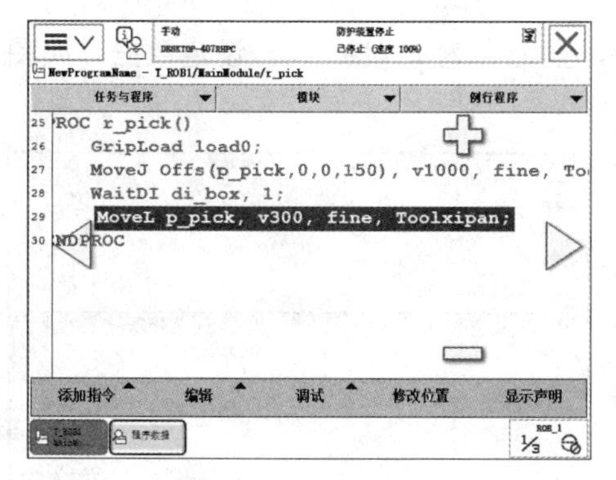

图 9-86　添加 MoveL

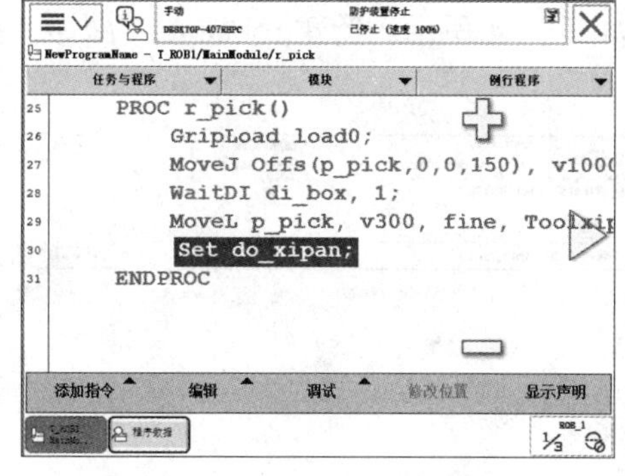

图 9-87　添加 Set 开启吸盘

（2）添加延时指令 WaitTime，如图 9-88 所示。单击 GripLoad，将有效载荷改为 loadbox，如图 9-89 所示。添加 MoveL 指令，如图 9-90 所示。添加 MoveAbsJ 指令，如图 9-91 所示。

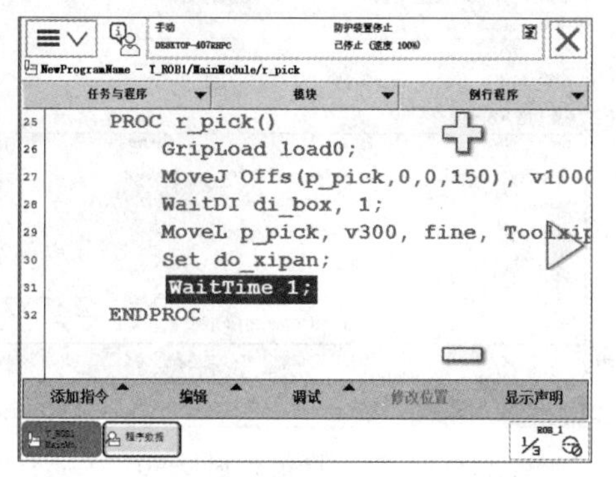

图 9-88　延时 1s

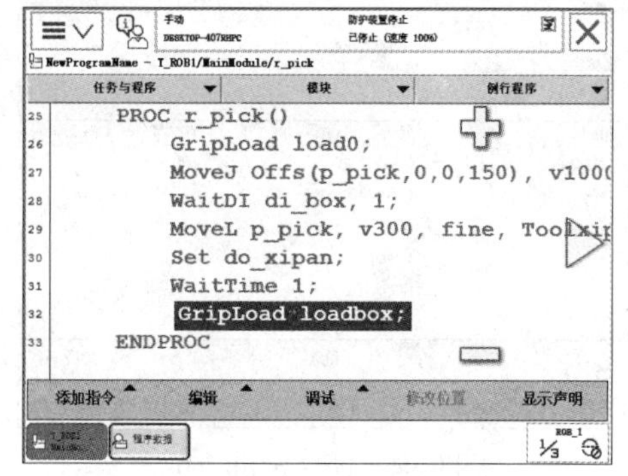

图 9-89　将有效载荷改为 loadbox

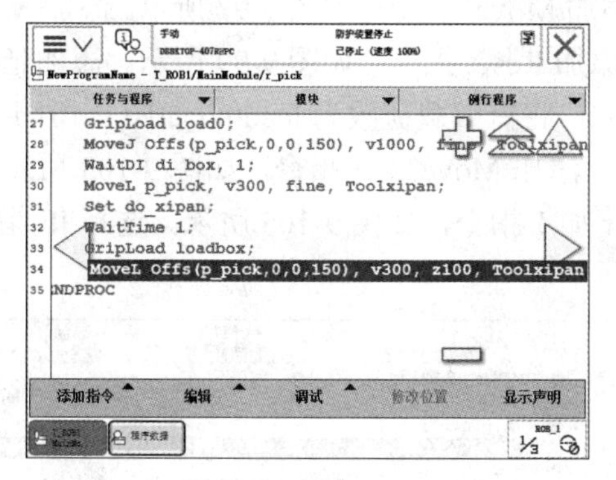

图 9-90　添加 MoveL

图 9-91　添加 MoveAbsJ

4. *放置物料子程序* r_place

（1）在模块中新建例行程序 r_place，在虚拟示教器的主菜单中选择“程序数据”，单击“全部数据类型”，选择 robtarget，如图 9-92 所示。新建 robtarget 数据类型，重命名为 p_place，设定数据，如图 9-93 所示。新建 robtarget 数据类型，重命名为 p_place0，设定数据，如图 9-94 所示。新建 robtarget 数据类型，重命名为 p_place90，设定数据，如图 9-95 所示。

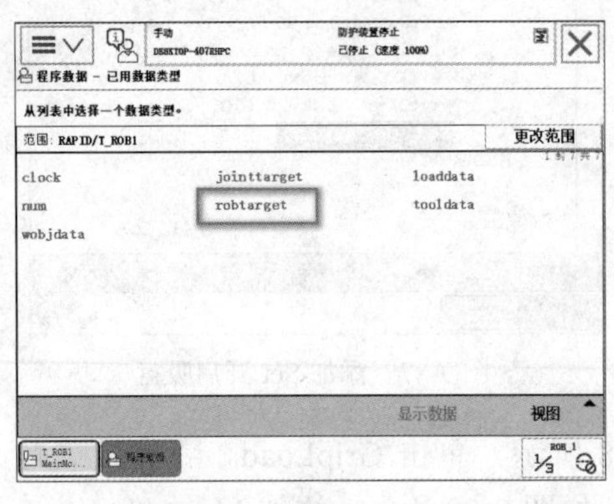

图 9-92　选择 robtarget

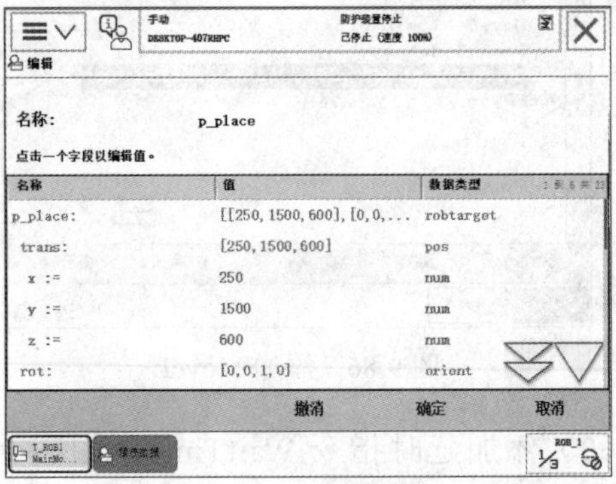

图 9-93　设定 p_place

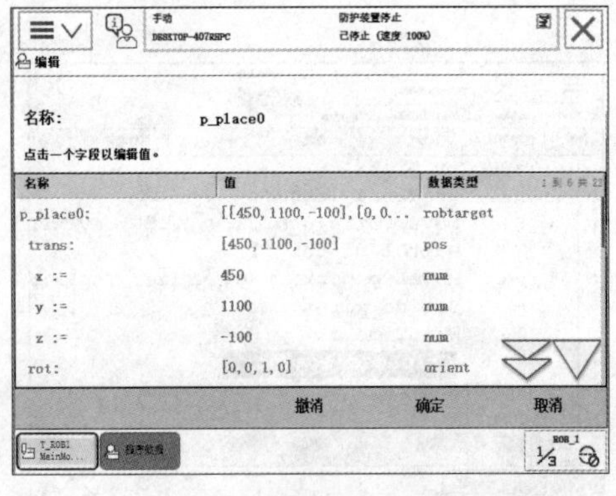

图 9-94　设定 p_place0

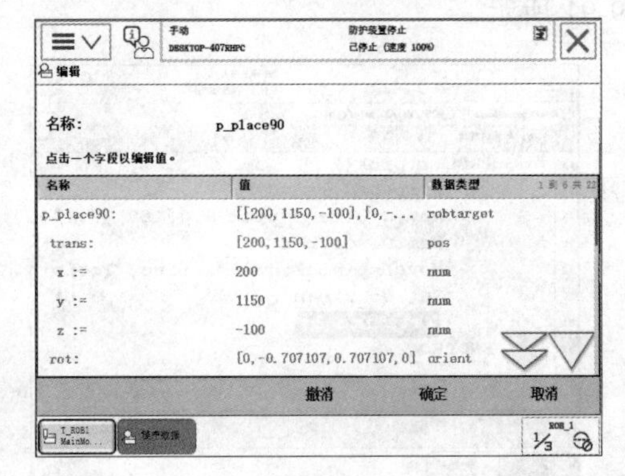

图 9-95　设定 p_place90

（2）选择 MoveJ 指令，如图 9-96 所示。添加 MoveJ 指令，如图 9-97 所示。添加 MoveL 指令，如图 9-98 所示。关闭吸盘放置物料，添加 Reset 指令，如图 9-99 所示。添加延时指令 WaitTime，如图 9-100 所示。单击 GripLoad，将有效载荷改为 load0，如图 9-101 所示。

（3）添加 MoveL 指令，如图 9-102 所示。添加 MoveAbsJ 指令，如图 9-103 所示。选择 Incr 加 1 指令，如图 9-104 所示。添加 Incr 加 1 指令，如图 9-105 所示。选择 IF 指令，如图 9-106 所示。添加 IF 指令，如图 9-107 所示。

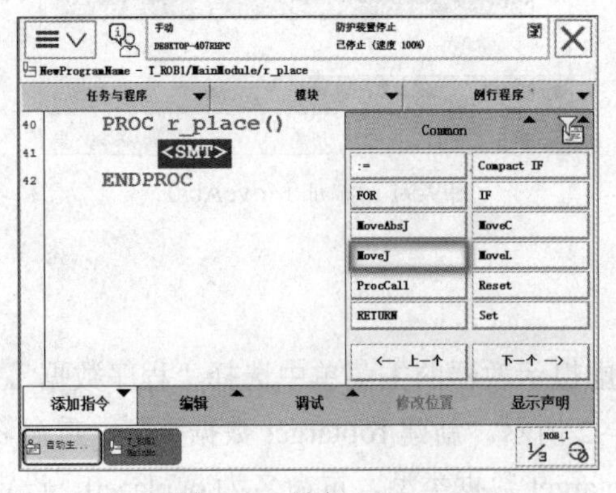

图 9-96　选择 MoveJ

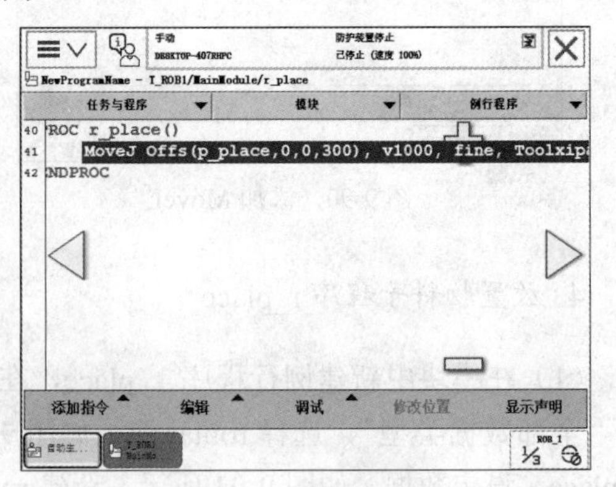

图 9-97　添加 MoveJ

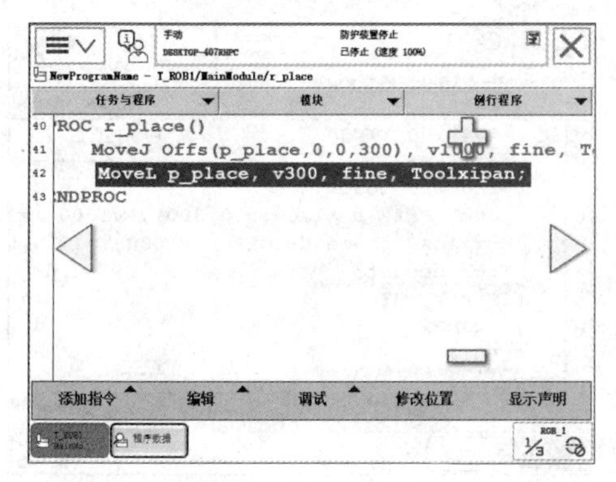

图 9-98　添加 MoveL

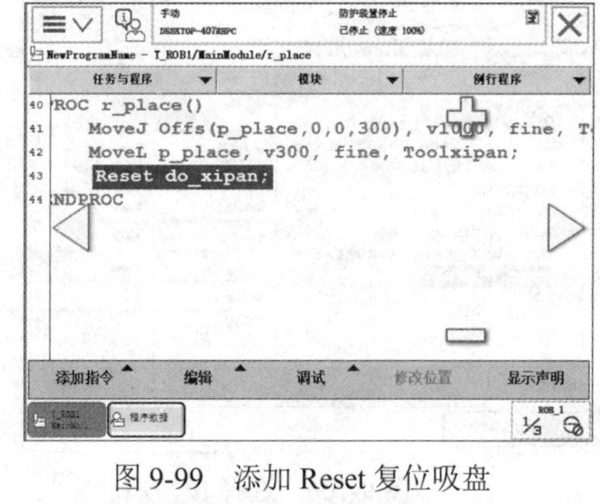

图 9-99　添加 Reset 复位吸盘

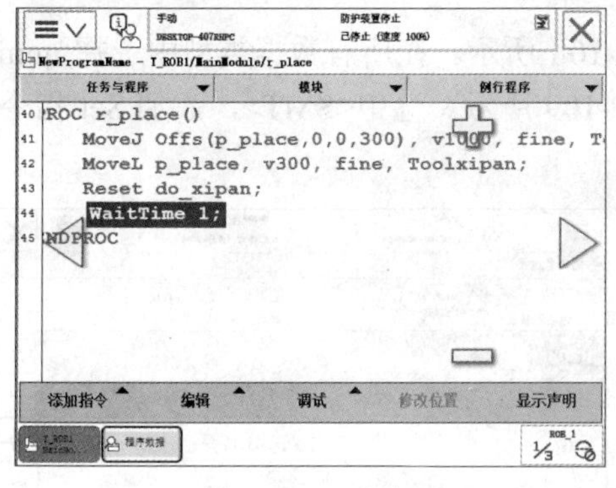

图 9-100　延时 1s

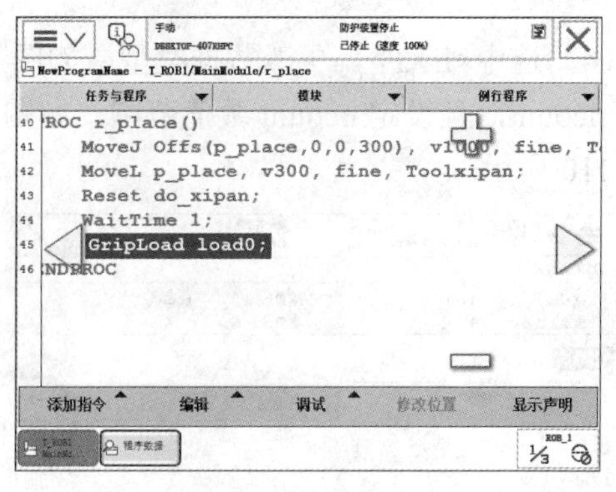

图 9-101　将有效载荷改为 load0

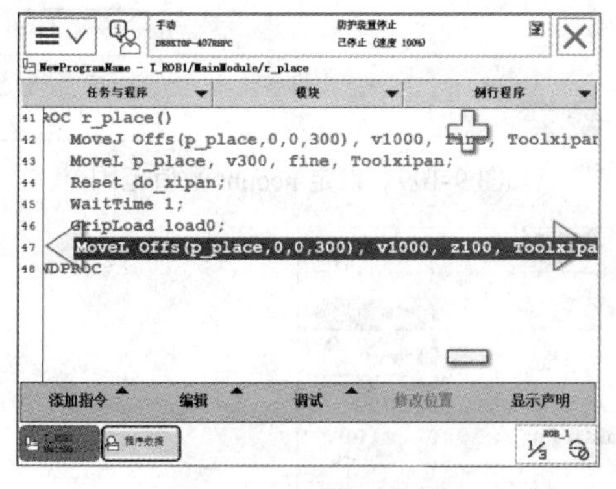

图 9-102　添加 MoveL

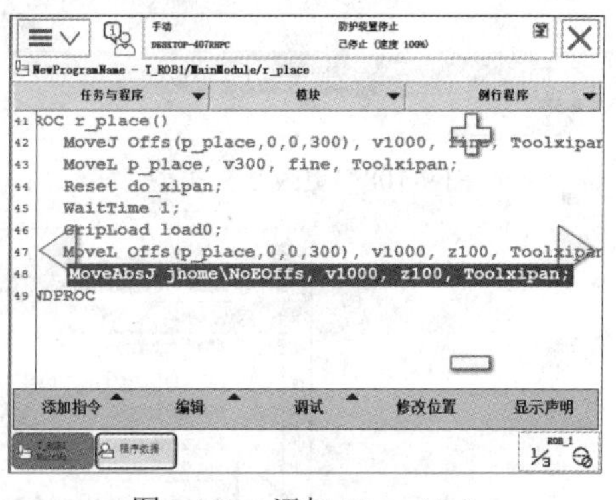

图 9-103　添加 MoveAbsJ

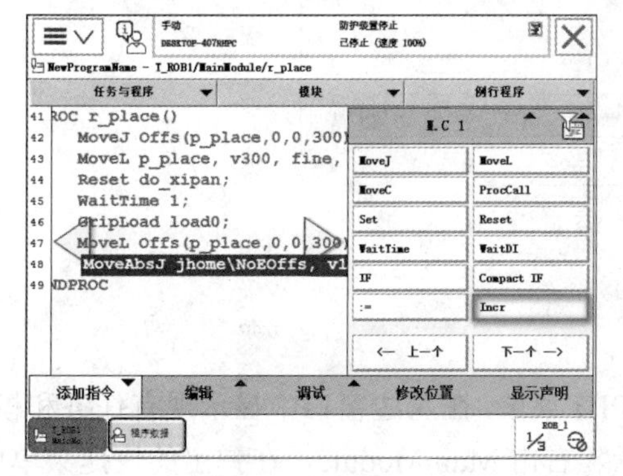

图 9-104　选择 Incr

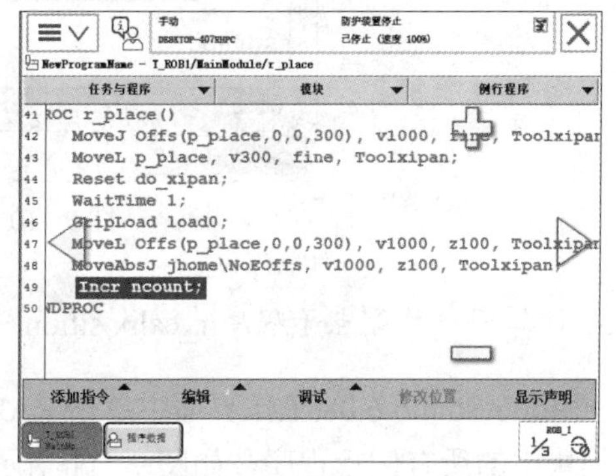

图 9-105　添加 Incr

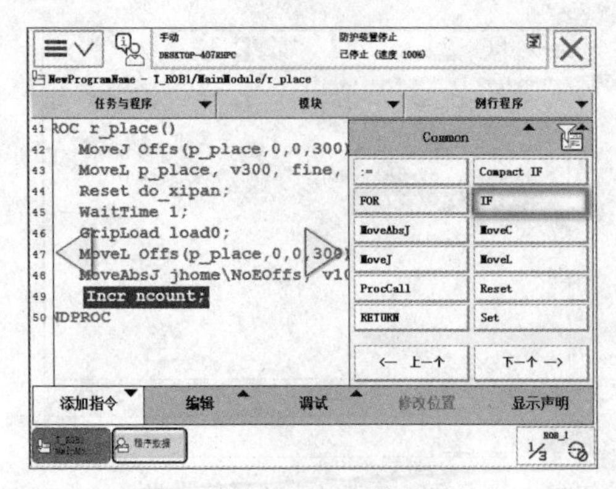

图 9-106 选择 IF

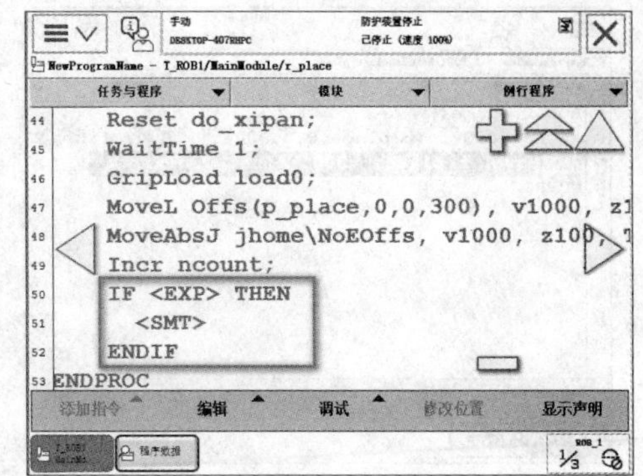

图 9-107 添加 IF

（4）选中<EXP>，更改数据类型，如图 9-108 所示。在所有数据类型中选择 num，再选择 ncount，且设定 ncount 数值范围，如图 9-109 所示。选中<SMT>，添加 Set 指令，如图 9-110 所示。

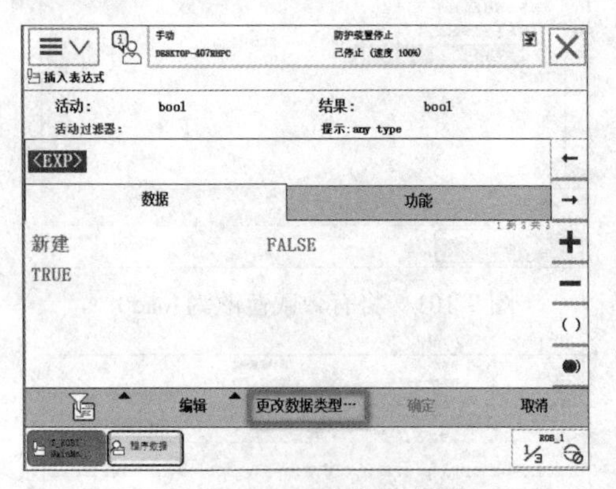

图 9-108 更改数据类型

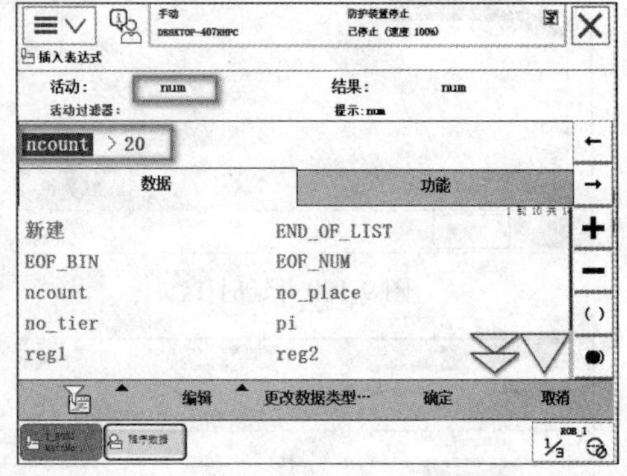

图 9-109 设定 ncount 数值范围

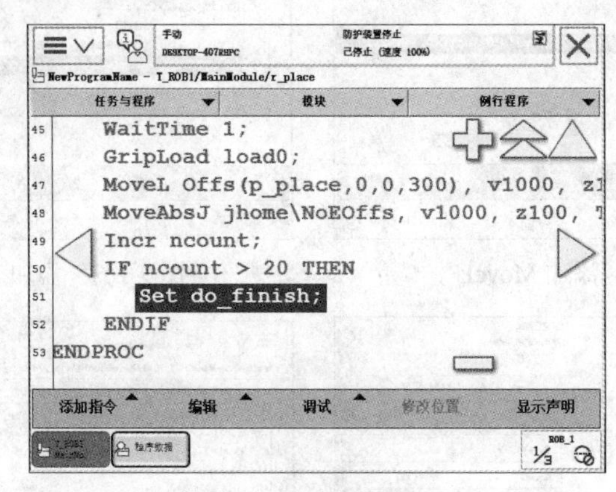

图 9-110 添加 Set

5. 计算码垛放置点子程序 r_calposition

在 RobotStudio 6.08 工作界面中单击 RAPID 菜单，在左边窗口中显示现有任务和模块，以及模块中的所有例行程序，如图 9-111 所示。右击 MainModule，在弹出的快捷菜单中选择“RAPID 编辑器”，如图 9-112 所示。在“RAPID 编辑器”中输入计算码垛放置点子程序 r_calposition，如图 9-113 所示。

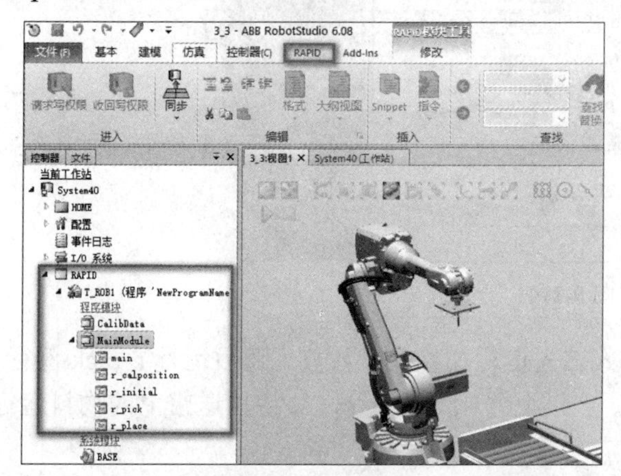

图 9-111　RAPID 界面

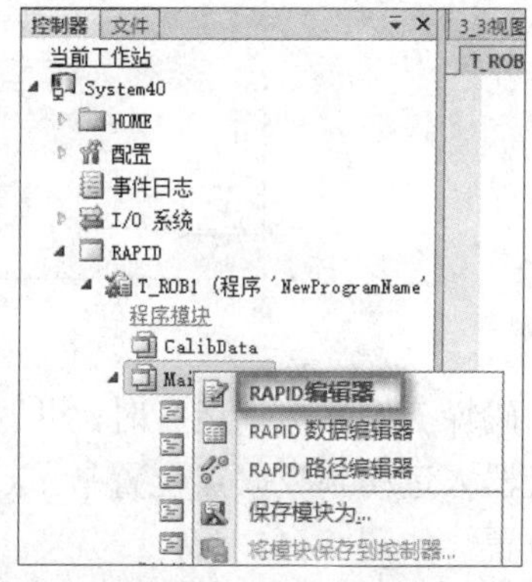

图 9-112　RAPID 编辑器

```
3_3:视图1  System40 (工作站) ×
T_ROB1/MainModule ×
49          Incr ncount;
50          IF ncount > 20 THEN
51              Set do_finish;
52          ENDIF
53      ENDPROC
54
55      PROC r_calposition()
56          no_tier:=((ncount-1) DIV 5)+1;
57          no_place:=((ncount-1) MOD 5)+1;
58          TEST no_tier
59          CASE 1,3:
60              TPWrite "Current palletizing odd numberlayer!";
61              TEST no_place
62              CASE 1,2,3:
63                  p_place:=p_place0;
64                  p_place.trans.y:=p_place0.trans.y+(no_place-1)*200;
65              CASE 4,5:
66                  p_place:=p_place90;
67                  p_place.trans.y:=p_place90.trans.y+(no_place-4)*300;
68              DEFAULT:
69                  TPWrite "Palletizing position error!";
70              ENDTEST
71          CASE 2,4:
72              TPWrite "Current palletizing even numberlayer!";
73              TEST no_place
74              CASE 1,2:
75                  p_place:=p_place90;
76                  p_place.trans.x:=p_place90.trans.x+300;
77                  p_place.trans.y:=p_place90.trans.y+(no_place-1)*300;
78              CASE 3,4,5:
79                  p_place:=p_place0;
80                  p_place.trans.x:=p_place0.trans.x-200;
81                  p_place.trans.y:=p_place0.trans.y+(no_place-3)*200;
82              DEFAULT:
83                  TPWrite "Palletizing position error!";
84              ENDTEST
85          ENDTEST
86          p_place.trans.z:=p_place.trans.z+(no_tier-1)*100;
87      ENDPROC
88  ENDMODULE
```

图 9-113　计算码垛放置点子程序

9.8.3　码垛工作站程序调试

将仿真 di_start 的值设置为 1，进行码垛工作站调试。打开虚拟示教器，将示教器切换成手动模式，按下使能键 Enable。在示教器菜单栏目中单击“程序编辑器”，进入“程序编辑器”后单击“调试”，并单击“PP 移至 Main”，将指针光标调整到 main 的第一行，如图 9-114 所示。

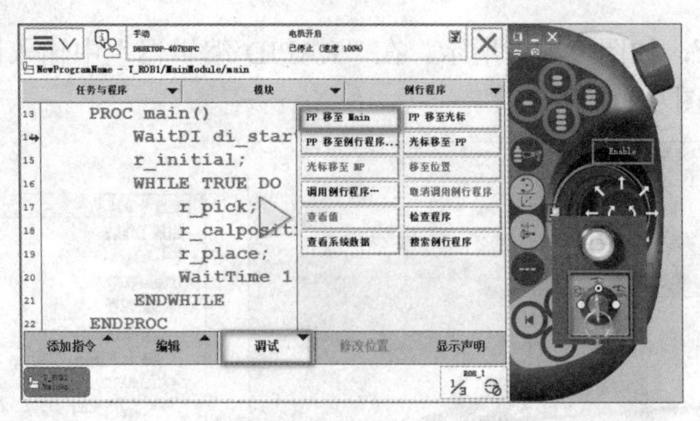

图 9-114　开始调试

当码垛工作站仿真运行时，机器人首先运行初始化子程序，随后运行 r_pick 例行程序，此时机器人运动到吸取点位置 p_pick 点正上方 150mm 处，等待传送带上的物料运行到传感器位置，如图 9-115 所示。

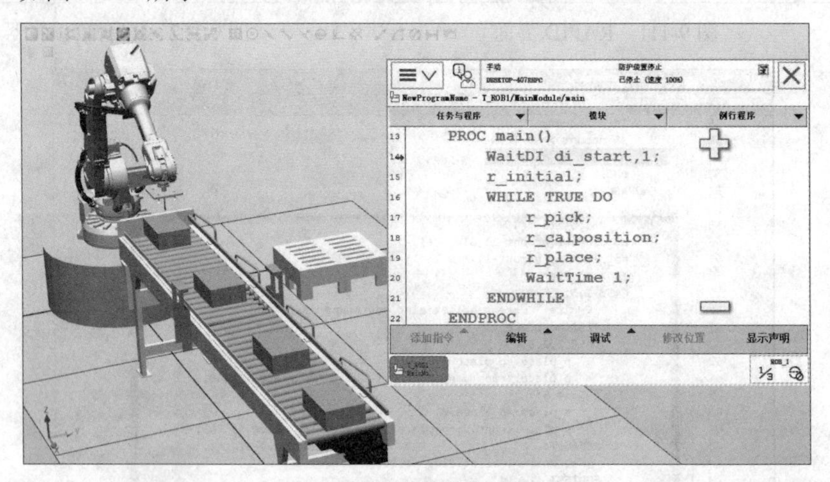

图 9-115　等待物料到位

当传送带上物料达到传感器位置，通过调用计算码垛放置点子程序 r_calposition 计算当前物料所在位置，随后调用 r_place 例行程序。码垛工作站仿真运行时，机器人首先运行初始化子程序，随后运行 r_pick 例行程序，摆放第 1 层的第 1 个物料到码垛盘对应位置，如图 9-116 所示。

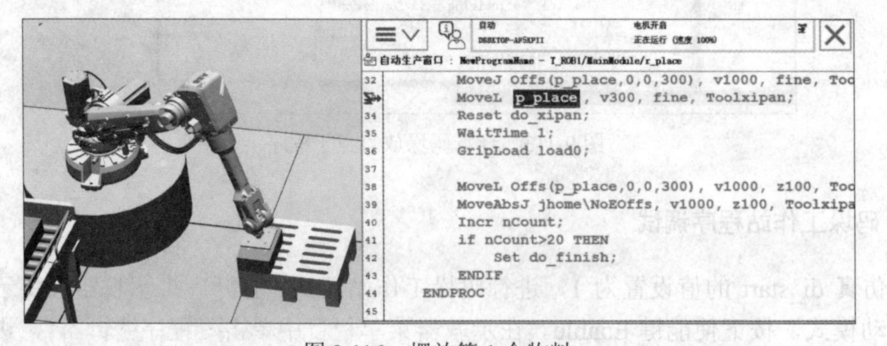

图 9-116　摆放第 1 个物料

摆放第 1 层的第 2 个物料到码垛盘对应位置，如图 9-117 所示。

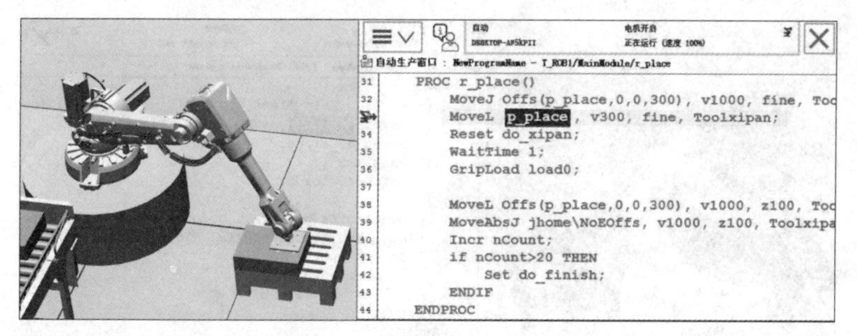

图 9-117　摆放第 2 个物料

摆放第 1 层的第 3 个物料到码垛盘对应位置，如图 9-118 所示。

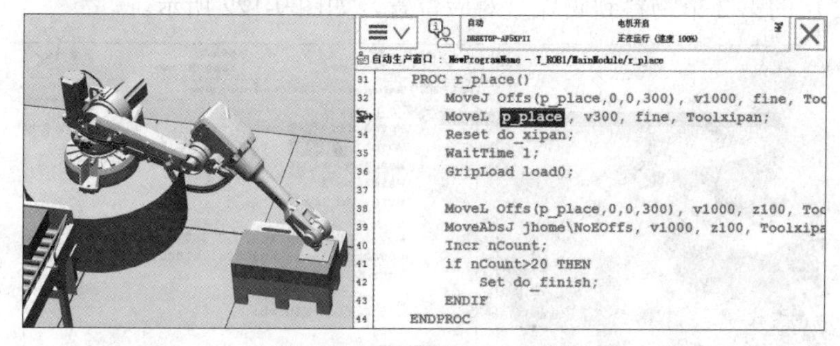

图 9-118　摆放第 3 个物料

摆放第 1 层的第 4 个物料到码垛盘对应位置，如图 9-119 所示。

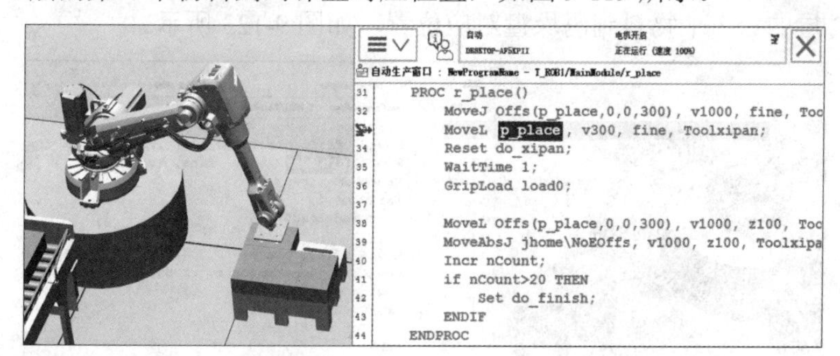

图 9-119　摆放第 4 个物料

摆放第 1 层的第 5 个物料到码垛盘对应位置，如图 9-120 所示。

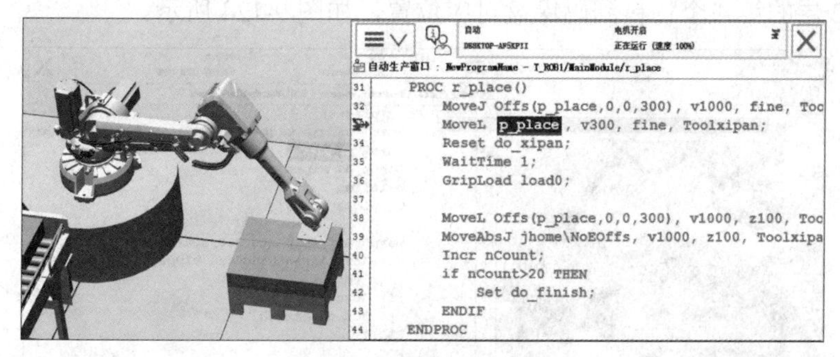

图 9-120　摆放第 5 个物料

摆放第 2 层的第 1 个物料到码垛盘对应位置，如图 9-121 所示。

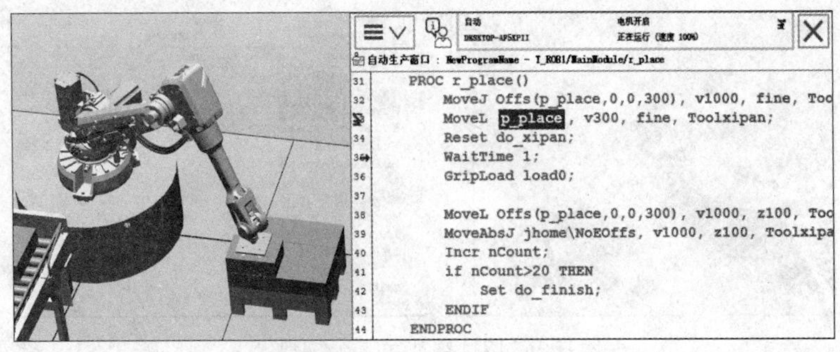

图 9-121　摆放第 6 个物料

摆放第 2 层的第 2 个物料到码垛盘对应位置，如图 9-122 所示。

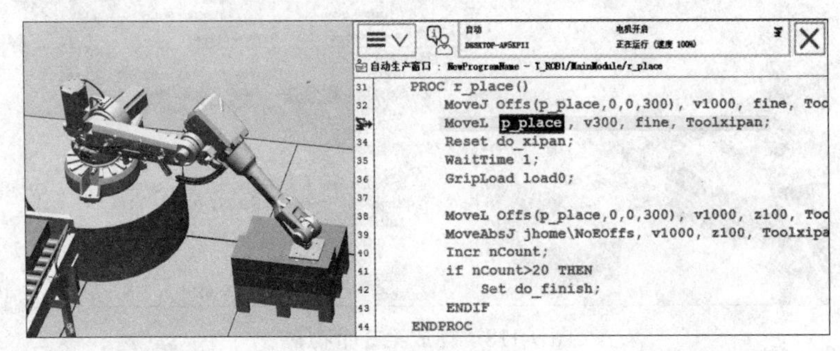

图 9-122　摆放第 7 个物料

摆放第 2 层的第 3 个物料到码垛盘对应位置，如图 9-123 所示。

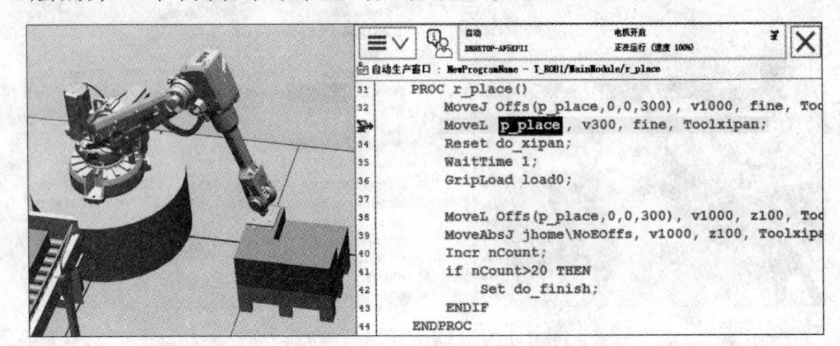

图 9-123　摆放第 8 个物料

摆放第 2 层的第 4 个物料到码垛盘对应位置，如图 9-124 所示。

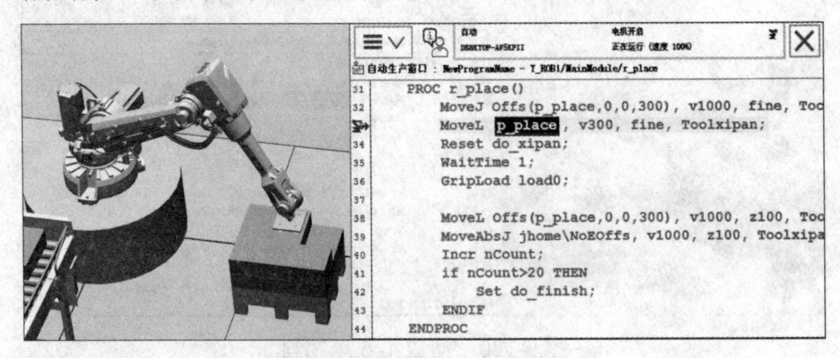

图 9-124　摆放第 9 个物料

摆放第 2 层的第 5 个物料到码垛盘对应位置，如图 9-125 所示。

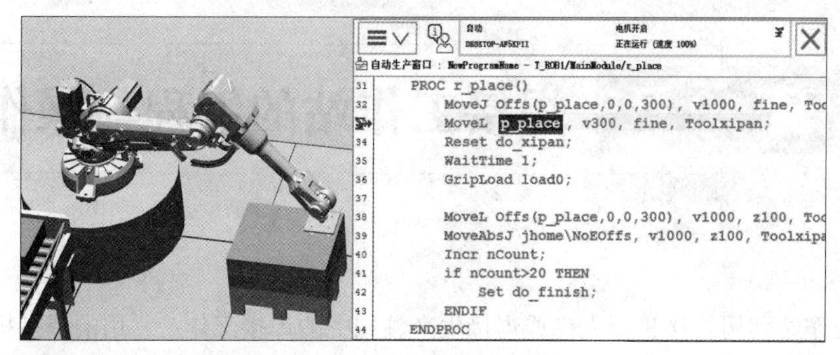

图 9-125 摆放第 10 个物料

第 3 层的摆放方式与第 1 层的摆放方式一致，第 4 层的摆放方式与第 2 层的摆放方式一致，因此当码垛完成后，共 20 个物料摆放在码垛盘上，如图 9-126 所示。

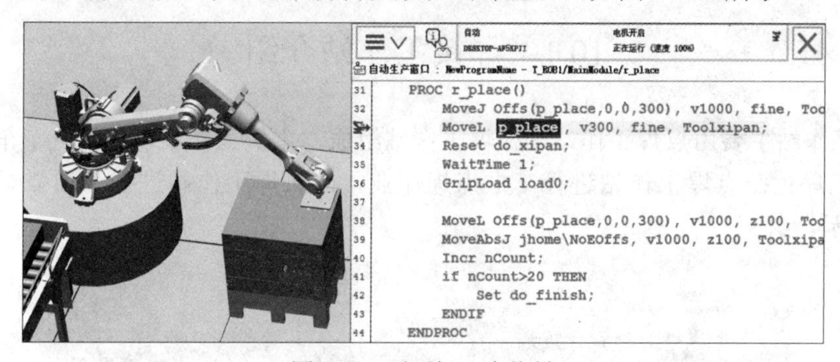

图 9-126 摆放 20 个物料

习　题

9-1 什么是有效载荷？如何创建？

9-2 条件判断指令有哪些？举例说明。

9-3 简述机器人绝对位置运动指令的格式与参数含义。

9-4 绘制码垛工作站的工作流程图。

9-5 试用自己的方法编写计算码垛放置点例行程序。

第 10 章 焊接工作站的编程与操作

焊接工作站利用焊接机器人完成焊接生产领域中的焊接工作。常用的焊接机器人主要有弧焊机器人和点焊机器人。焊接机器人可以提高和稳定焊接质量，具有提高劳动生产率、改善工人劳动强度、可在有害环境中工作等优点。焊接机器人主要应用于汽车行业、电子工程行业、钣金加工行业等。

10.1 焊接工作站介绍

焊接工作站主要由点焊工作站和弧焊工作站组成，本例工作站以焊接汽车车身为例，分为两个工序：在点焊工作站进行车框点焊作业，在弧焊工作站进行车顶弧焊作业，如图 10-1 所示。

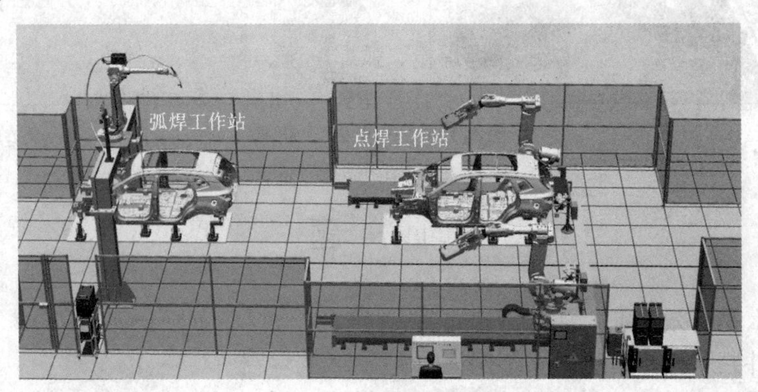

图 10-1 焊接工作站

1. 点焊作业

点焊工作站由点焊机器人、点焊焊钳、焊接控制器、水冷机、气路水路组合体、修磨器等组成。点焊机器人选用的是 6640-205 机器人。ABB IRB 6640 机器人加长了上臂可以结合多种手腕模块，载荷能力强，主要适用于点焊、物料搬运、上下料等作业应用。IRB 6640 型号机器人有 7 种不同的配置，所有型号都可以额外增加荷重，安装方式为落地式。

点焊机器人焊钳从外形结构上分为 C 型和 X 型两种，本工作站选用的是 C 型焊钳，用于点焊垂直或近于垂直倾斜位置的焊点焊接。根据阻焊变压器和焊钳的结构关系，点焊机器人焊钳可以分为分离式焊钳、内藏式焊钳、一体式焊钳 3 种。本工作站选用的是一体式焊钳，将阻焊变压器和钳体安装在一起，共同固定在点焊机器人的法兰盘上，如图 10-2 所示。

焊接控制器的功能是完成点焊时的焊接参数输入、点焊程序控制、焊接电流控制、焊接系统故障自诊断，并实现与点焊机器人控制器、示教器的通信联系，如图 10-3 所示。

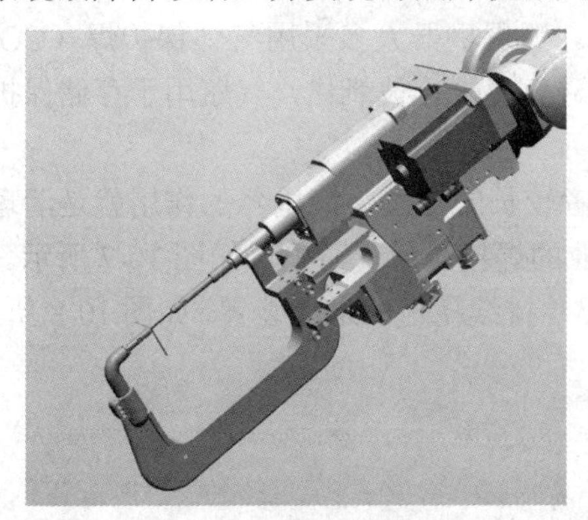

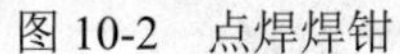

图 10-2　点焊焊钳

图 10-3　焊接控制器

在连续点焊焊接过程中，焊接电极由于热负荷和机械负荷的合成作用，电极或电极帽上会产生相应的介质，这种介质将随着焊点数量的增加而累积。焊接电极端面的洁净程度将直接影响焊接质量，焊钳修磨器（图 10-4）可以修磨不同角度、不同锥度的电极，使焊钳电极表面光洁、端面平整，可以保证焊接质量、延长电极及电极帽的使用寿命，降低成本的同时也能降低劳动强度。

2. 弧焊作业

弧焊工作站由弧焊机器人、弧焊焊枪、弧焊电源、气瓶、送丝机、焊枪清洁器等组成。弧焊机器人选用的是 4600-20 机器人。ABB IRB 4600 机器人占地面积小、上下臂小巧、手腕紧凑，是轻巧型机器人，尤其适合切削、点胶、装配及弧焊应用。IRB 6640 型号机器人有 4 种不同配置，该型号机器人可灵活采用落地、斜置、半支架、倒置等安装方式。

弧焊焊枪的形状像枪，前端有喷嘴，喷出高温火焰作为热源，是弧焊工作站中执行焊接操作的部分，焊枪使用灵活，方便快捷且工艺简单。弧焊焊枪利用高电流和高电压产生热量聚集在焊枪终端，加热焊丝使熔化的焊丝渗透到需要焊接的部位，冷却后将被焊接的物体焊接为一体，如图 10-5 所示。

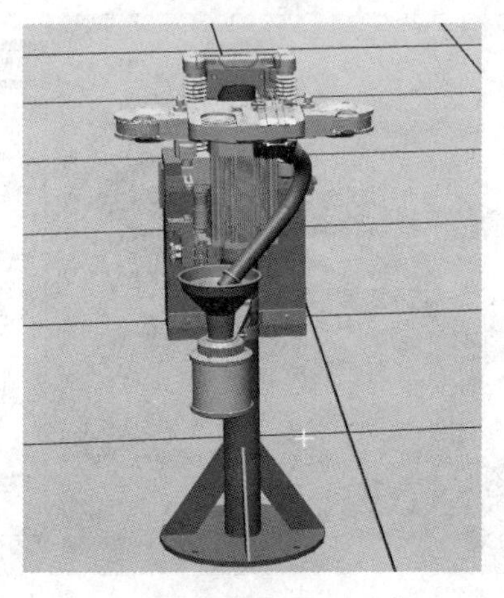

图 10-4　焊钳修磨器

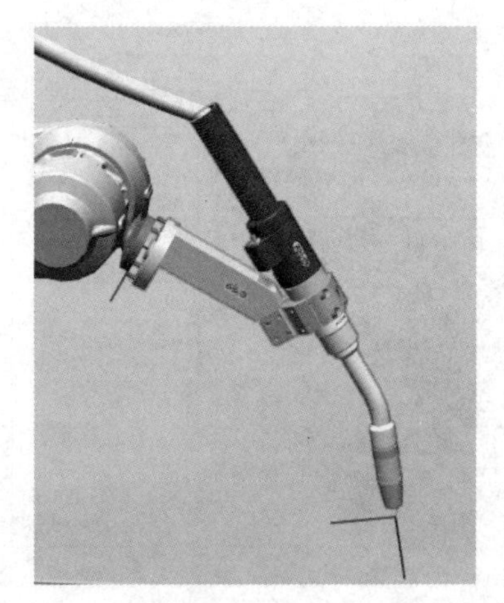

图 10-5　弧焊焊枪

弧焊系统除了焊枪以外主要由弧焊电源、送丝机、气瓶、清枪器等组成。弧焊电源是向焊接电弧提供电能的装置，是弧焊的核心部分。弧焊机器人多采用气体保护焊（CO_2、MIG、TIG 等），供气的目的是生成气体保护圈，避免焊接处被氧化，气瓶用于存储保护气体。气瓶和弧焊电源在焊接小车中，如图 10-6 所示。

在弧焊焊接过程中焊枪中会经常出现杂质或者较长的焊丝，清枪器的作用就是清理焊枪内的杂质和剪断较长的焊丝，保证后续焊接作业的焊接质量，清枪器如图 10-7 所示。送丝机安装在弧焊机器人的上臂上，送丝机是保证焊丝持续稳定的送丝装置，如图 10-8 所示。

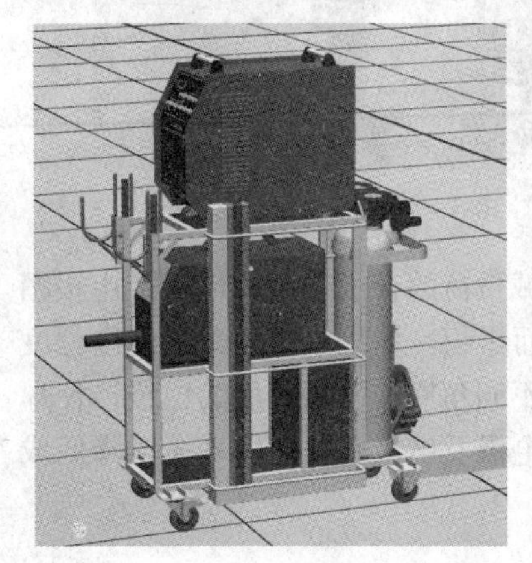

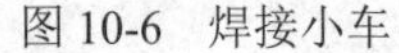

图 10-6　焊接小车

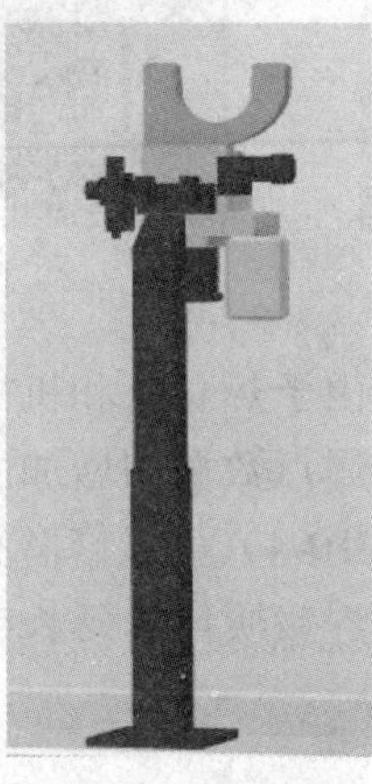

图 10-7　清枪器

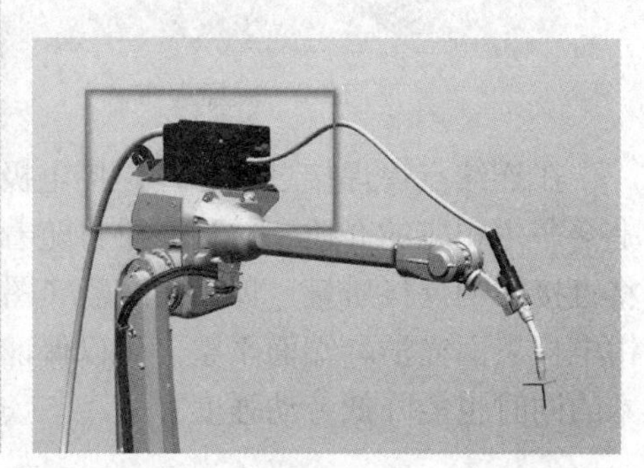

图 10-8　送丝机

10.2　编译机械装置

本弧焊工作站分为点焊工作站和弧焊工作站，弧焊机器人的弧焊焊枪工具为 RobotStudio 6.08 系统设备中自带的工具，焊枪的工具坐标数据由系统同步到 RAPID 中。点焊焊钳需要编译机械装置，编译机械装置后需要添加两个姿态：点焊焊钳打开状态和点焊焊钳关闭状态。两台点焊机器人配有两把点焊焊钳：点焊工具 A 和点焊工具 B。它们的添加方法一致，打开姿态如图 10-9 所示，关闭姿态如图 10-10 所示。

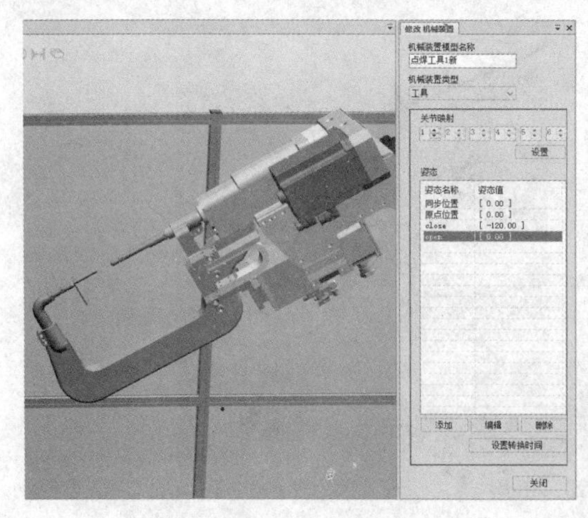

图 10-9　焊钳打开

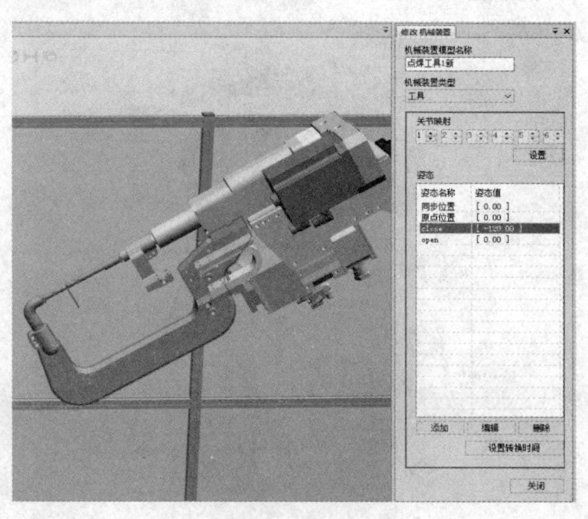

图 10-10　焊钳关闭

10.3　添加 Smart 组件

ABB 的仿真软件 RobotStudio 6.08 中实际的焊接光线、点焊焊钳动作等功能由 Smart 组件来完成。本节主要描述焊接工作站的 Smart 组件中的子组件以及它们的功能与配置。

10.3.1　弧焊工作站 Smart 组件建立与属性设置

弧焊机器人工作时，为了模拟弧焊效果，在弧焊枪口处添加点光，当焊接工作时，打开点光，焊接停止时关闭点光。

（1）打开 RobotStudio 6.08 工作界面，在菜单栏“文件”的“图形”选项组中单击“图形工具”按钮，如图 10-11 所示。

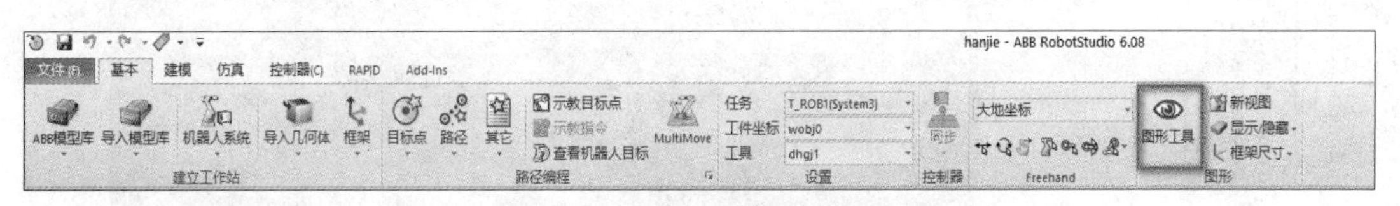

图 10-11　图形工具

（2）进入“图形工具”的“视图”界面，单击“视图”选项组中的“高级照明”按钮，如图 10-12 所示。然后单击“光线”选项组中的“创建光线”按钮，在打开的下拉菜单中选择“点光”，如图 10-13 所示。

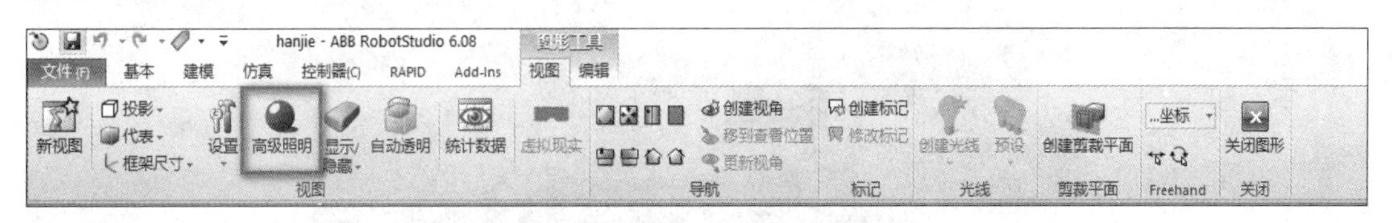

图 10-12　高级照明

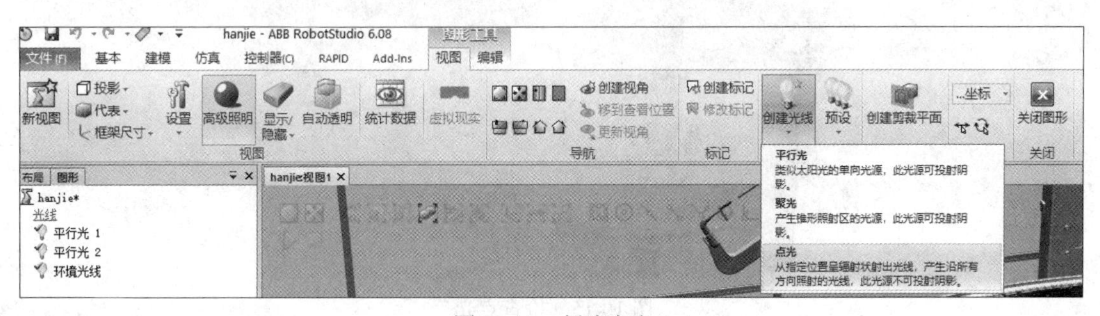

图 10-13　创建点光

（3）在“光线属性”中设定点光，在“颜色”中选择绿色，将“漫射强度”调整到最大，将“高光强度”调整到最小，单击“位置”处，将点光位置放置到焊枪的端面，如图 10-14 所示。单击左侧“图形”界面的点光，检查点光的位置是否正确，如图 10-15 所示。

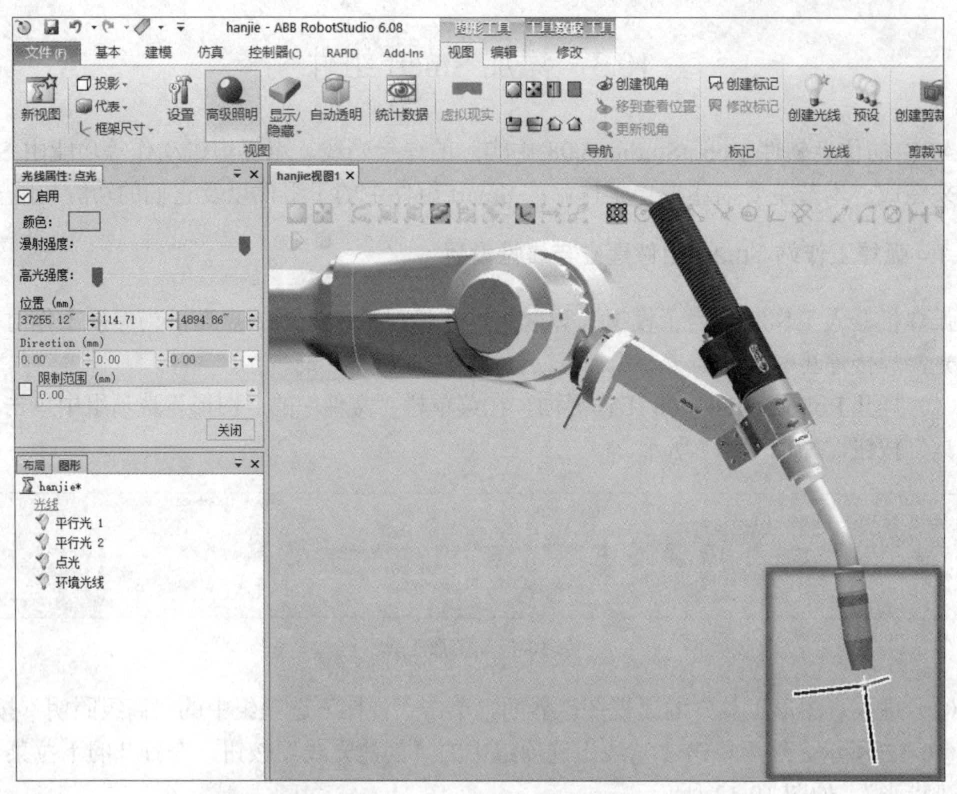

图 10-14　放置点光位置

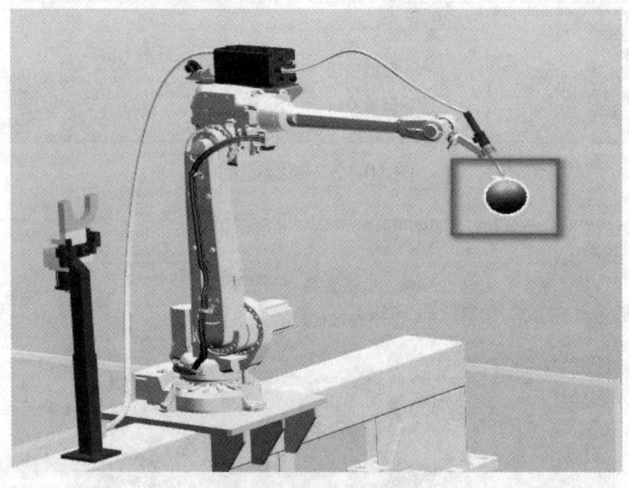

图 10-15　检查点光

（4）打开 RobotStudio 6.08 中的“建模”菜单，单击“创建”选项组中的“Smart 组件”按钮，新建一个 Smart 组件，将其重命名为“SC_弧焊”。在“SC_弧焊”中添加组件，在“其他”中选择“LightControl（控制光源）”组件，如图 10-16 所示。

（5）双击“LightControl（控制光源）”组件，进入配置窗口进行属性编辑。选择弧焊工作站需要的“点光”，如图 10-17 所示。

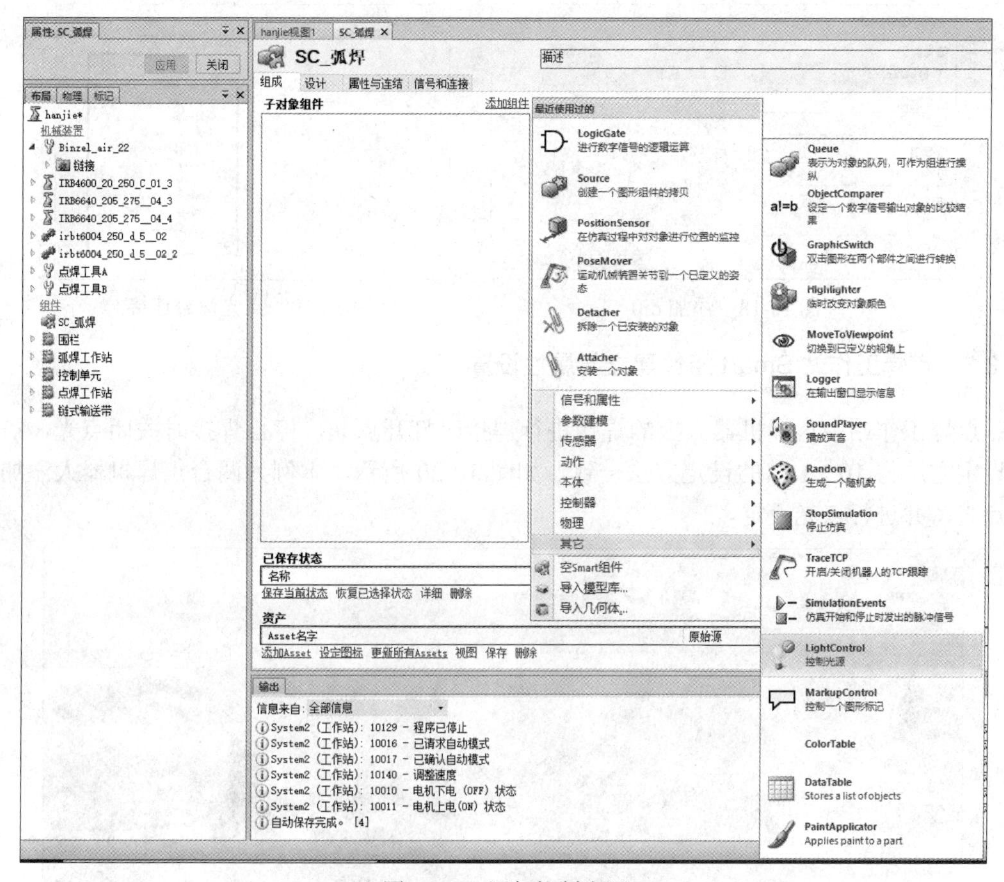

图 10-16　添加控制光源

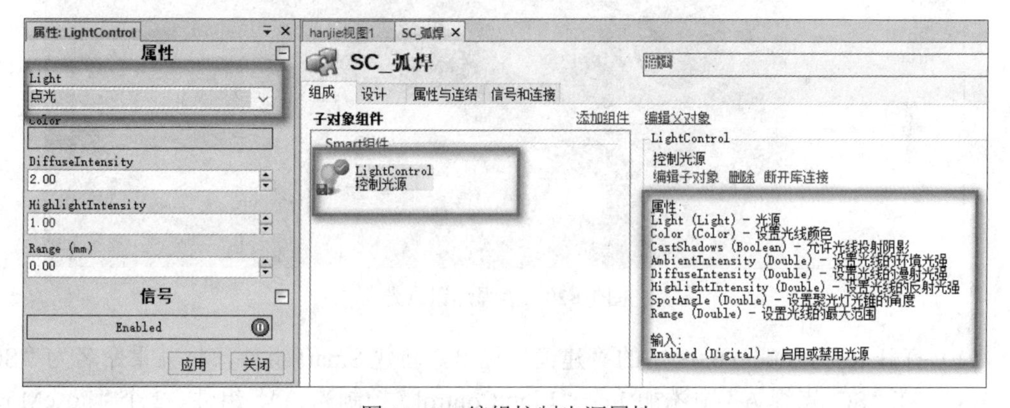

图 10-17　编辑控制光源属性

10.3.2　弧焊工作站 Smart 组件属性与信号连接

在“SC_弧焊”Smart 组件编辑窗口中单击“设计”，在设计界面可以设置弧焊组件中各子组件之间属性的传递关系以及信号控制的逻辑关系。在“SC_弧焊”Smart 组件的“输入”端创建一个组件启动与停止的数字量输入信号，本例中信号名称设置为 di0，如图 10-18 所示。将输入信号的 di0 端与 LightControl 组件的 Enabled 端连接，如图 10-19 所示。

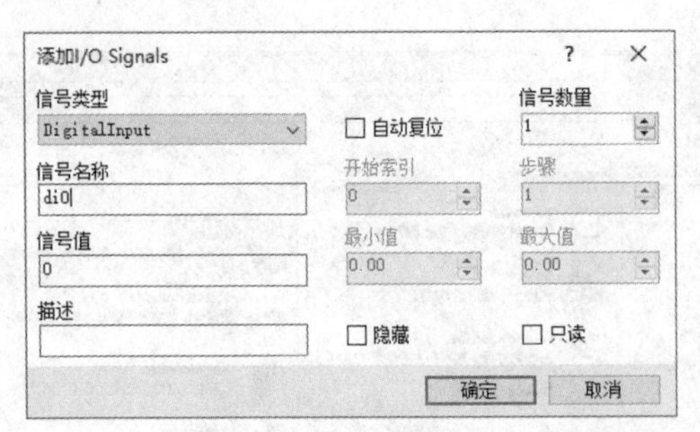

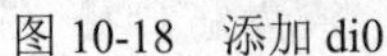
图 10-18　添加 di0

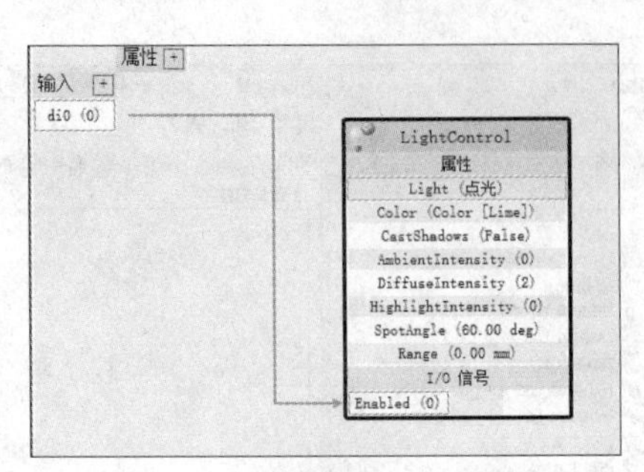

图 10-19　点光信号连接

10.3.3　点焊工作站 Smart 组件建立与属性设置

点焊工作站中点焊机器人上的焊钳进行焊接时打开点光，停止焊接时关闭点光，点光的设定方法与 10.3.1 节的设定方法一致，如图 10-20 所示。本例为两台点焊机器人添加两个点光，并进行点光设定。

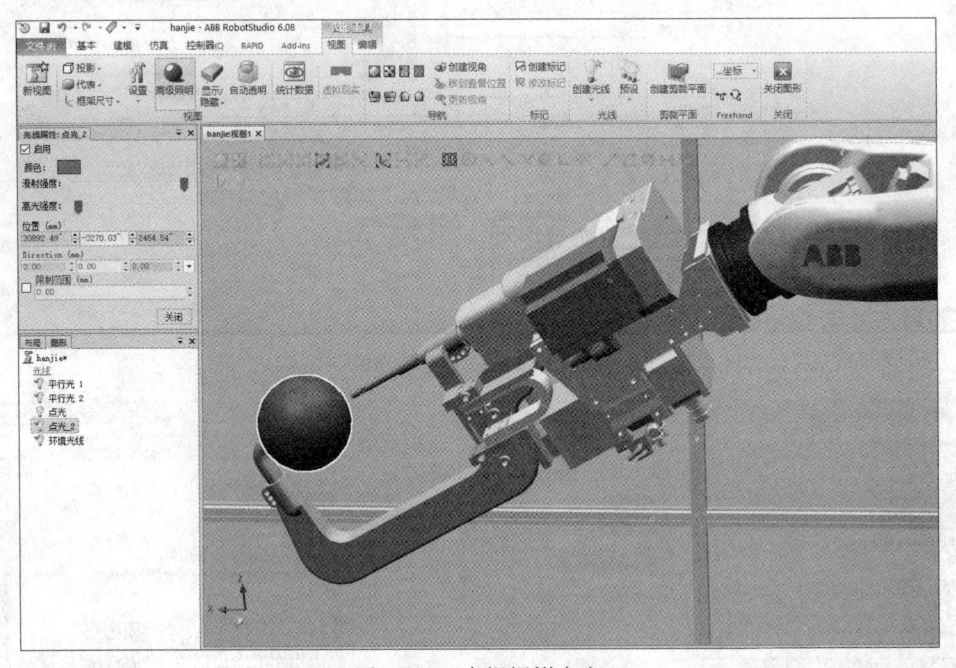

图 10-20　点焊焊钳点光

（1）打开 RobotStudio 6.08 中的“建模”菜单，新建 Smart 组件，将其重命名为“SC_点焊 A”。在“SC_点焊 A”中添加 1 个“LightControl（控制光源）”组件、2 个“PoseMover（定义姿态）”组件、1 个“LogicGate（逻辑运算）”组件。

（2）双击“LightControl（控制光源）”组件，进入配置窗口进行属性编辑。选择点焊工作站需要的“点光”，如图 10-21 所示。

（3）双击“PoseMover（定义姿态）”组件，进入配置窗口进行属性编辑。选择点焊焊钳的 open，如图 10-22 所示。

（4）双击“PoseMover（定义姿态）”组件，进入配置窗口进行属性编辑。选择点焊焊钳的 close，如图 10-23 所示。

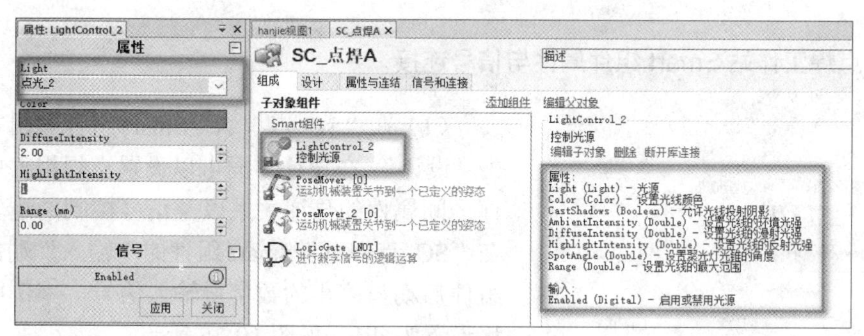

图 10-21　编辑控制光源属性

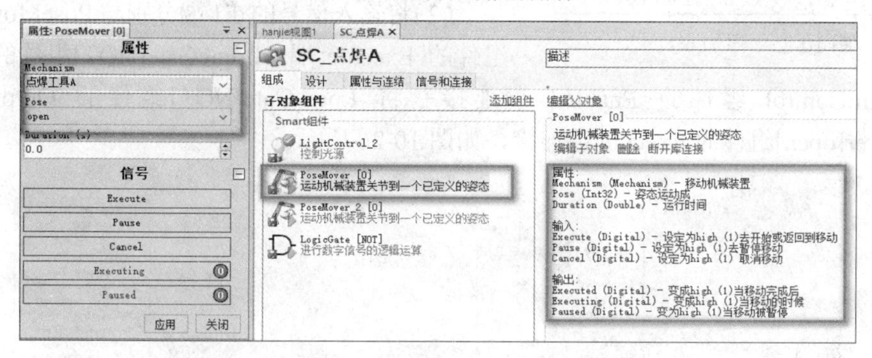

图 10-22　编辑焊钳打开姿态属性

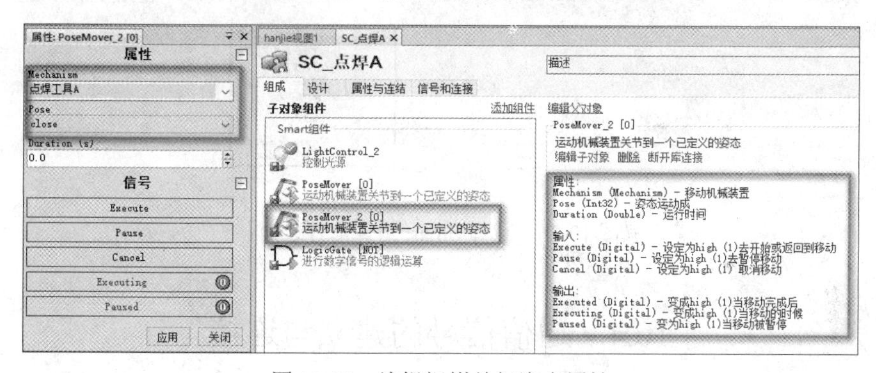

图 10-23　编辑焊钳关闭姿态属性

（5）双击“LogicGate（逻辑运算）”组件，进入配置窗口进行属性编辑。选择逻辑非门，如图 10-24 所示。

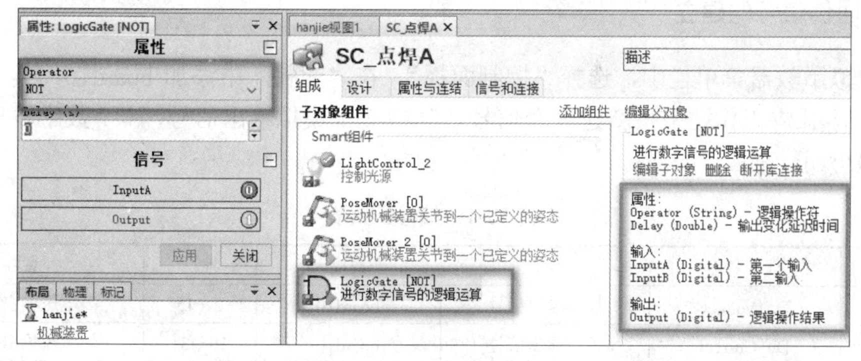

图 10-24　编辑逻辑门属性

10.3.4 点焊工作站 Smart 组件属性与信号连接

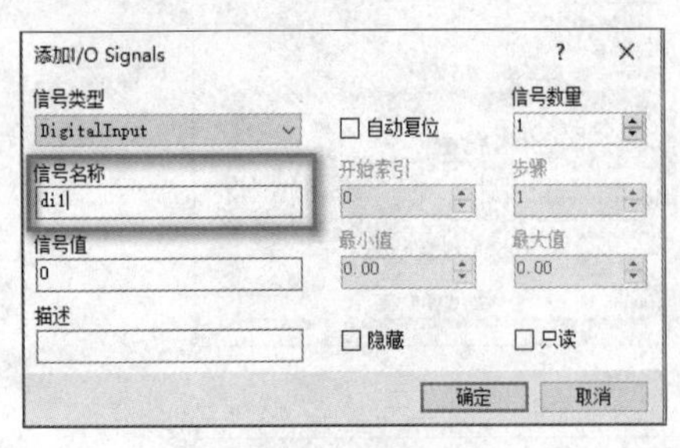

图 10-25 添加 di1

（1）在“SC_点焊 A”Smart 组件编辑窗口中单击“设计”，在设计界面可以设置点焊组件中各子组件之间属性的传递关系以及信号控制的逻辑关系。在“SC_点焊 A”Smart 组件的“输入”端创建一个组件启动与停止的数字量输入信号，本例中信号名称设置为 di1，如图 10-25 所示。

（2）将输入信号的 di1 端分别与 PoseMover[close]组件的 Execute 端、LogicGate[NOT]组件的 InputA 端、LightControl 组件的 Enabled 端连接。将 LogicGate[NOT]组件的 Output 端与 PoseMover[open]组件的 Execute 端连接，如图 10-26 所示。

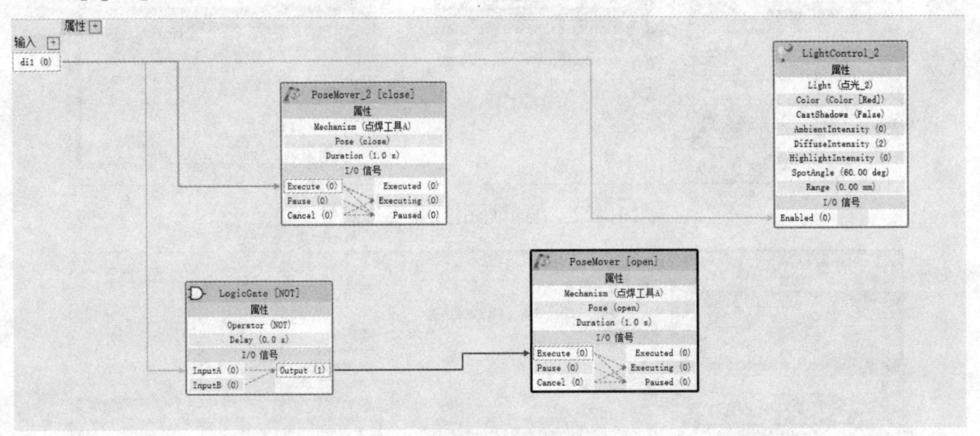

图 10-26 点焊 Smart 组件信号连接

10.4 通信信号的建立与连接

在 ABB 的仿真软件 RobotStudio 6.08 中打开虚拟示教器，在其中新建 board10，然后在 board10 中新建 Signal（信号），并将其与 Smart 组件建立连接。

10.4.1 通信信号的建立

在虚拟示教器菜单栏中，选择“控制面板”，在“配置”中添加 board10，具体步骤见 8.4.1 节。本弧焊工作站中将新建 5 个信号，其中 2 个模拟输出信号，3 个数字输出信号，如表 10-1 所示。

表 10-1 信号配置表

序号	信号名称	信号类型	所属板卡	地址	备注
1	Do_Voltage	模拟输出信号	board10	0～15	电压输出信号
2	Do_Current	模拟输出信号	board10	16～31	电流输出信号

续表

序号	信号名称	信号类型	所属板卡	地址	备注
3	Do_Gas	数字输出信号	board10	32	打开保护气信号
4	Do_Weld	数字输出信号	board10	33	焊接启动信号
5	Do_Feed	数字输出信号	board10	34	送丝信号

（1）进入“配置”界面，选择总线设备 DeviceNet Device，单击“添加”，选择 DSQC 651 Combi I/O Device 板卡，并按要求修改设备参数，此处将 Name 修改为 board10，将 Address 修改为 10，单击“确定”，重启控制器。

（2）重新进入“配置”界面，选择 Signal（信号），进入新建信号窗口。将 Name 修改为 Do_Voltage，将 Type of Signal（信号类型）修改为 Analog Output（模拟信号输出），将 Assigned to Device（连接设备）修改为 board10，将 Device Mapping（设备映射）修改为 0～15，其余使用默认参数，单击“确定”，重启控制器，如图 10-27 所示。

（3）单击“添加”新建信号，将 Name 修改为 Do_Current，将 Type of Signal 修改为 Analog Output，将 Assigned to Device 修改为 board10，将 Device Mapping 修改为 16～31，其余使用默认参数，单击“确定”，重启控制器，如图 10-28 所示。

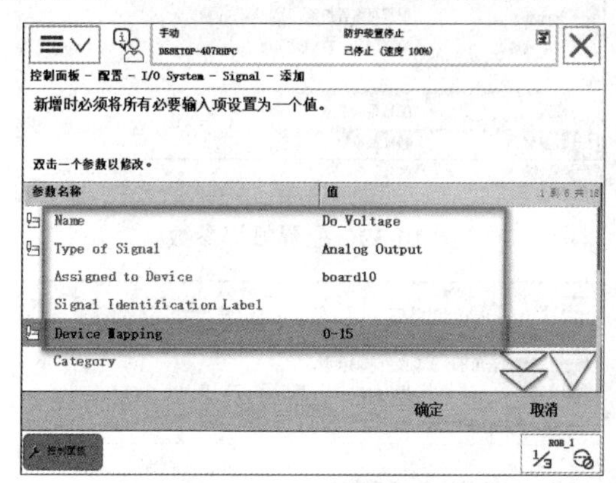

图 10-27　新建 Do_Voltage

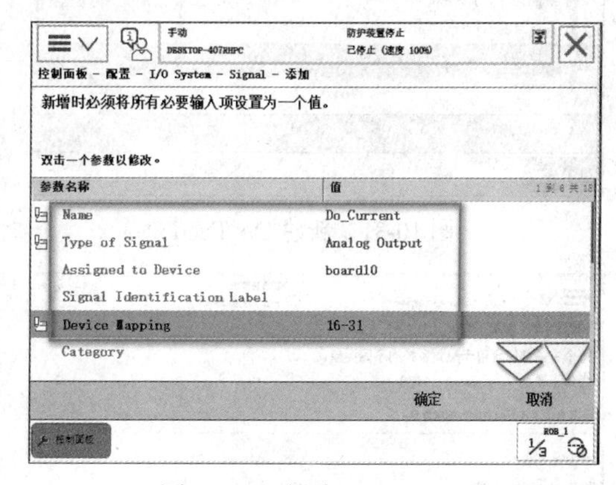

图 10-28　新建 Do_Current

（4）单击“添加”新建信号，将 Name 修改为 Do_Gas，将 Type of Signal 修改为 Digital Output（数字信号输出），将 Assigned to Device 修改为 board10，将 Device Mapping 修改为 32，其余使用默认参数，单击“确定”，重启控制器，如图 10-29 所示。

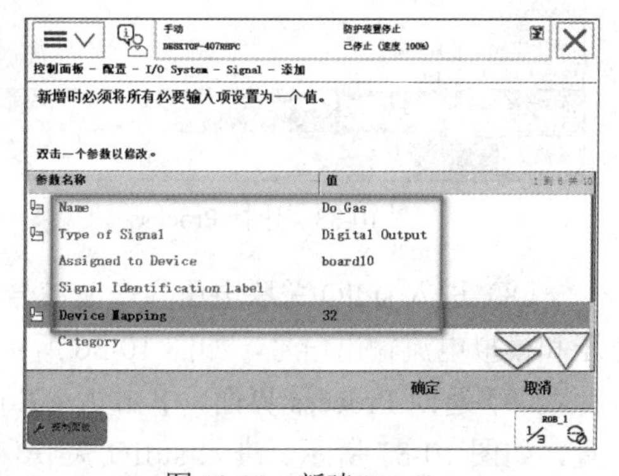

图 10-29　新建 Do_Gas

（5）单击“添加”新建信号，将 Name 修改为 Do_Weld，将 Type of Signal 修改为 Digital Output，将 Assigned to Device 修改为 board10，将 Device Mapping 修改为 33，其余使用默认参数，单击“确定”，重启控制器，如图 10-30 所示。

（6）单击“添加”新建信号，将 Name 修改为 Do_Feed，将 Type of Signal 修改为 Digital

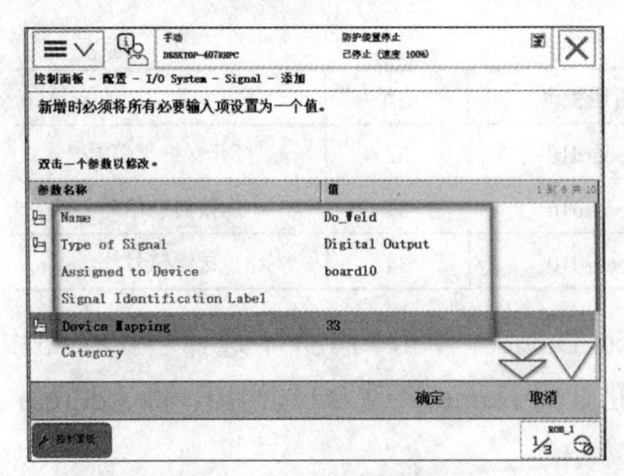

图 10-30　新建 Do_Weld

Output，将 Assigned to Device 修改为 board10，将 Device Mapping 修改为 34，其余使用默认参数，单击“确定”，重启控制器，如图 10-31 所示。

（7）打开虚拟示教器，配置弧焊信号。打开“控制面板”，进入“配置”界面（图 10-32），单击“主题”，在打开的菜单中选择 Process（图 10-33），在 Process 界面中单击 Arc Equipment Analogue Output 进行弧焊模拟输出信号配置，如图 10-34 所示。

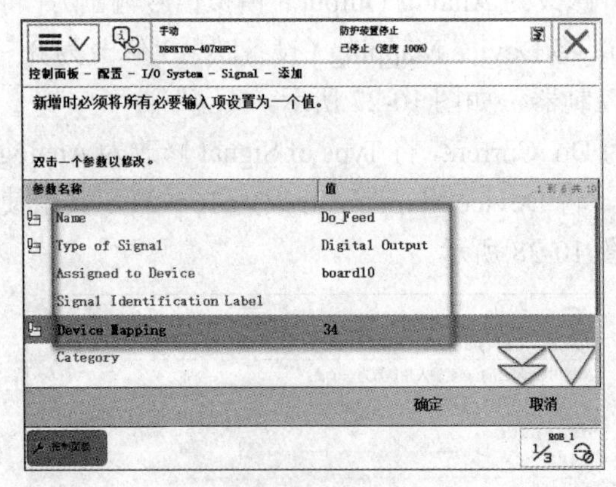

图 10-31　新建 Do_Feed

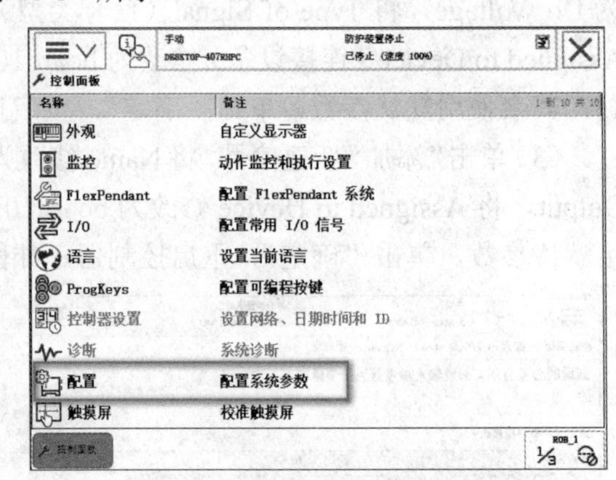

图 10-32　配置弧焊参数

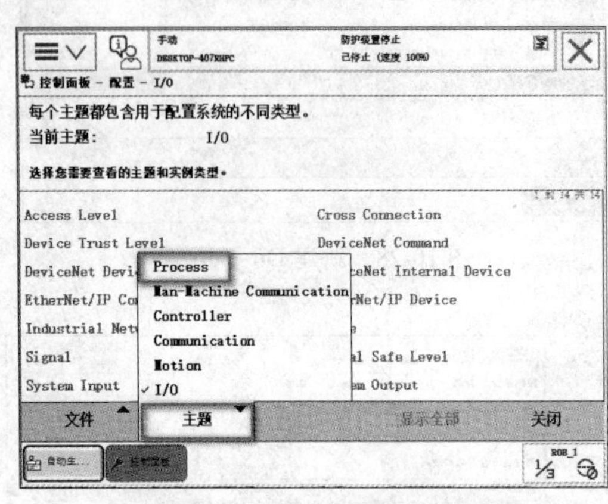

图 10-33　选择 Process

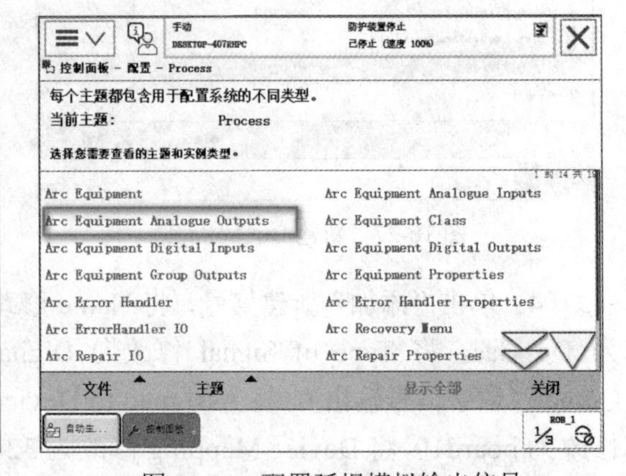

图 10-34　配置弧焊模拟输出信号

（8）进入 stdIO 关联电压与电流信号，如图 10-35 所示。选择 board10 中新建的模拟电压和模拟电流输出信号，如图 10-36 所示。

（9）返回 Process 界面，单击 Arc Equipment Digital Output 进行弧焊数字输出信号配置，如图 10-37 所示。进入 stdIO 关联保护气信号、焊接信号以及送丝信号，如图 10-38 所示。

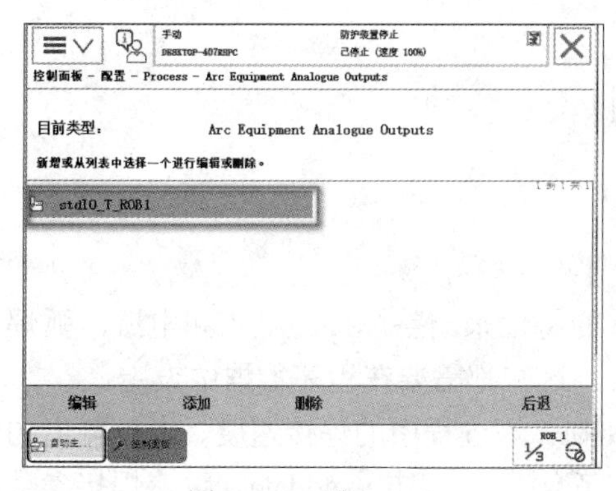

图 10-35　进入 stdIO

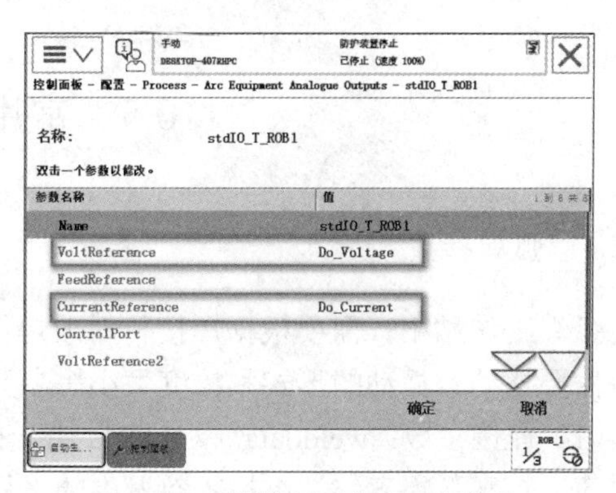

图 10-36　关联电压电流输出信号

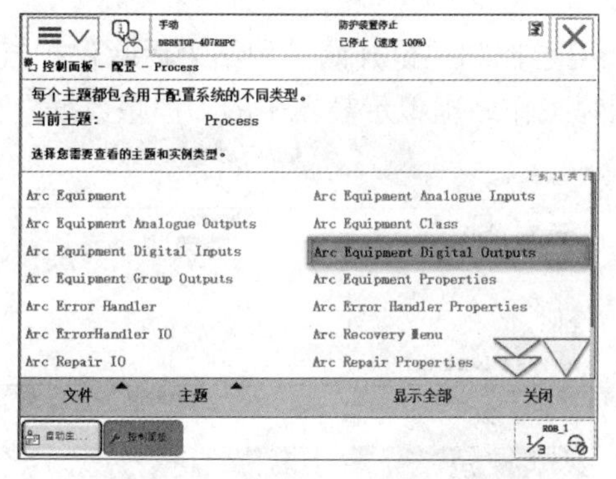

图 10-37　配置弧焊数字输出信号

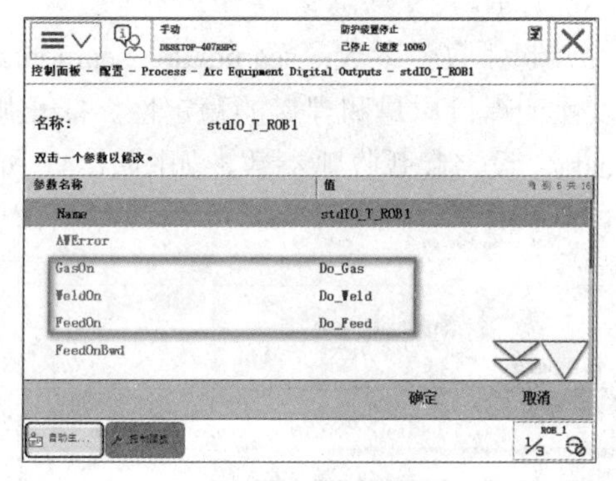

图 10-38　关联保护气、焊接、送丝信号

10.4.2　通信信号的连接

在 RobotStudio 6.08 菜单栏“仿真”→“工作站逻辑”设定窗口中选择“设计”选项卡，然后将 System1 中的 Do_Weld 信号与弧焊工作站 Smart 组件中的 di0 信号连接起来，通过控制 Do_Weld 信号来控制弧焊工作站 Smart 组件的启动与停止；将 System2 中的 doCloseGun 信号与点焊工作站 A 的 Smart 组件中的 di1 信号连接起来，通过控制 doCloseGun 信号来控制点焊工作站 A 的 Smart 组件的启动与停止；将 System3 中的 doCloseGun 信号与点焊工作站 B 的 Smart 组件中的 di2 信号连接起来，通过控制 doCloseGun 信号来控制点焊工作站 B 的 Smart 组件的启动与停止，如图 10-39 所示。

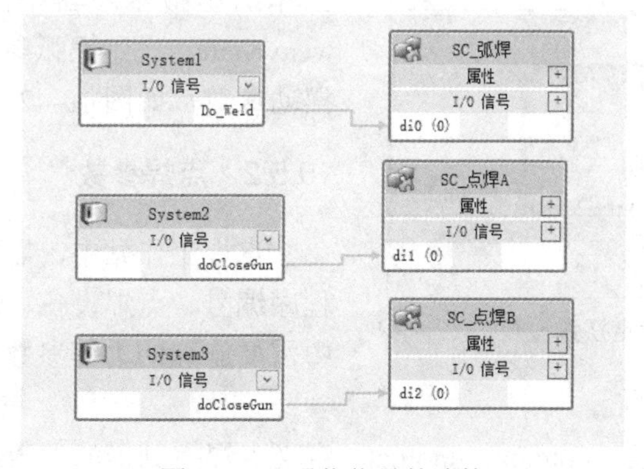

图 10-39　通信信号的连接

10.5 常用焊接参数

10.5.1 弧焊参数

弧焊工作站中，需要根据焊接材料或焊缝的特性来调整焊接的电压和电流，弧焊焊钳是否需要摆动、摆动的形式和幅度大小等参数，这些都需要在程序数据中设定。

（1）焊接参数：welddata。welddata 用于控制弧焊过程中的焊接速度、焊机输出的电压和电流。打开弧焊工作站虚拟示教器中的“程序数据”，双击 welddata，设定焊接参数，如图 10-40 所示。

（2）起弧收弧参数：seamdata。seamdata 用于控制焊枪开始前和结束后吹保护气的时间，以保证焊接质量和焊接的稳定性。打开弧焊工作站虚拟示教器中的“程序数据”，双击 seamdata，设定起弧收弧参数，如图 10-41 所示。

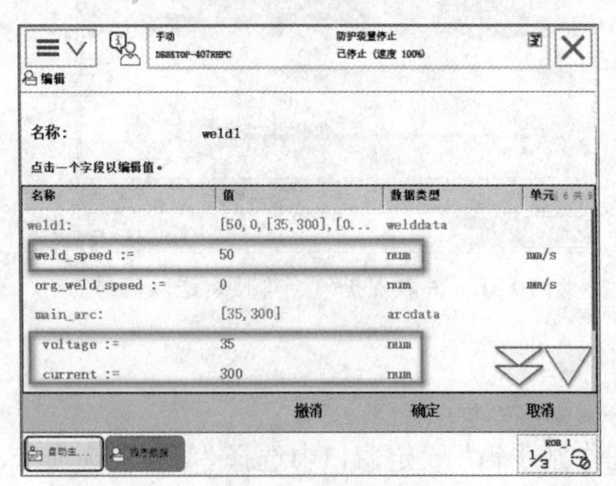

图 10-40　设定焊接参数

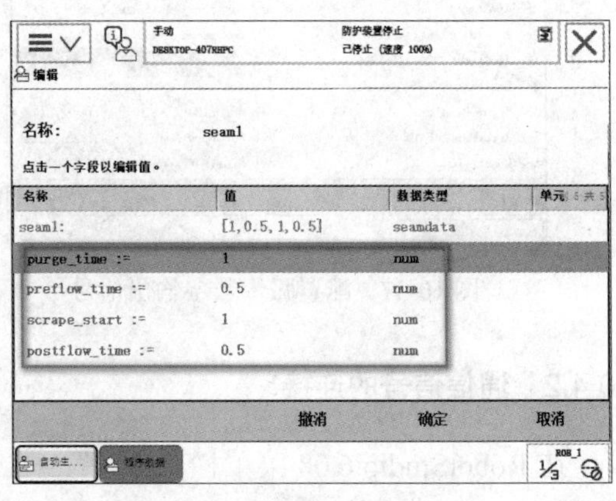

图 10-41　设定起弧收弧参数

（3）摆弧参数：weavedata。weavedata 用于控制弧焊焊枪的摆动，当焊缝的宽度超过焊丝直径较多时，需通过焊枪的摆动来填充焊缝。摆弧参数可以设置焊枪摆动的形状、模式、一个周期前进距离、宽度和高度等。打开弧焊工作站虚拟示教器中的“程序数据”，双击 weavedata，设定摆弧参数，本弧焊工作站没有摆动参数，如图 10-42 所示。

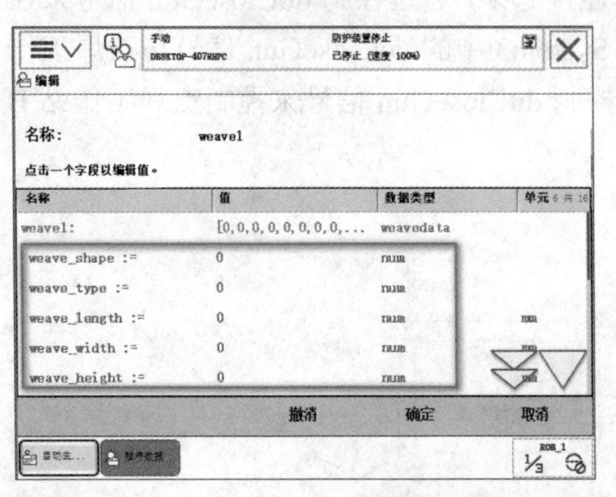

图 10-42　设定摆弧参数

10.5.2 点焊参数

点焊工作站中，需要设定点焊工艺、焊接程序编号、点焊设备、焊接计数器和点焊过程中需要施加的力等参数，这些都需要在点焊工作站的示教器中设定。

（1）点焊工艺参数：spotdata。spotdata 定义点焊控制器的参数组编号和焊钳压力。打开点焊工作站虚拟示教器中的“程序数据”，双击 spotdata，设定点焊工艺参数，如图 10-43

所示。

（2）点焊设备参数：gundata。gundata 定义钳名称、焊点计数、最大焊点数。打开点焊工作站虚拟示教器中的“程序数据”，双击 gundata，设定点焊设备参数，如图 10-44 所示。

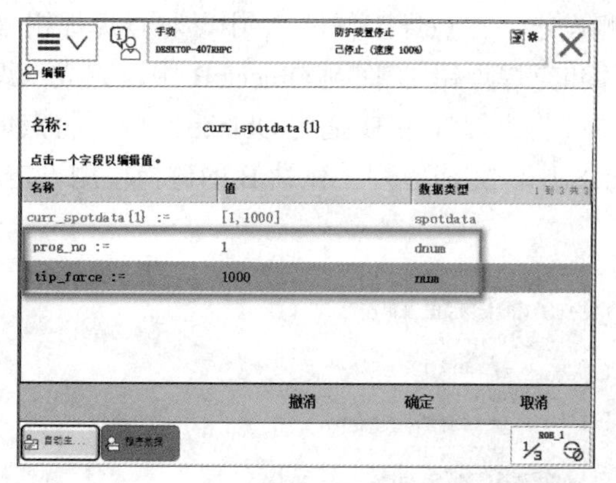

图 10-43　设定点焊工艺参数

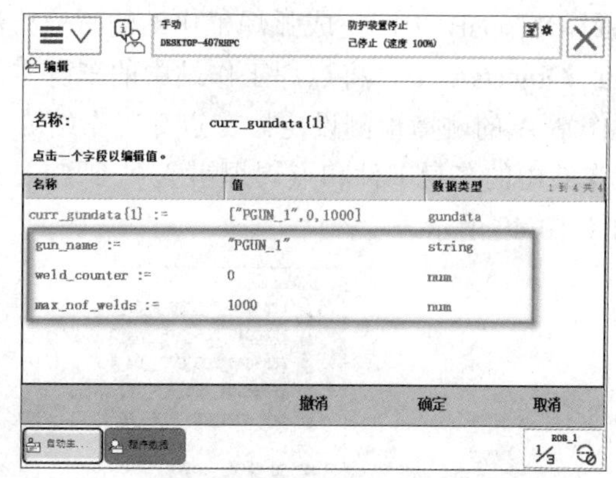

图 10-44　设定点焊设备参数

（3）点焊枪压力参数：forcedata。forcedata 定义点焊焊钳关闭压力和关闭时间。打开点焊工作站虚拟示教器中的“程序数据”，双击 forcedata，设定点焊枪压力参数，如图 10-45 所示。

（4）点焊仿真参数：simdata。simdata 定义仿真点焊焊钳的打开和关闭时间。打开点焊工作站虚拟示教器中的“程序数据”，双击 simdata，设定点焊仿真参数，如图 10-46 所示。

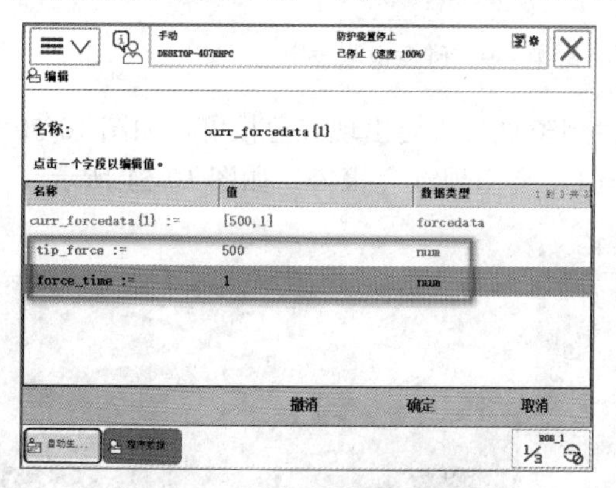

图 10-45　设定点焊枪压力参数

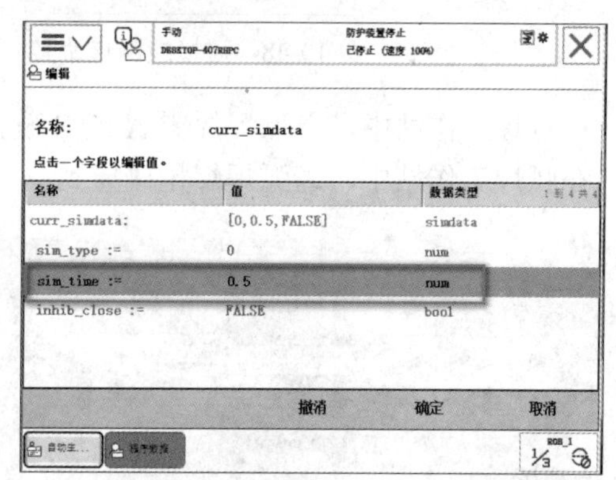

图 10-46　设定点焊仿真参数

10.6　创建碰撞监控

打开 RobotStudio 6.08 工作界面，在菜单栏“仿真”的“碰撞监控”选项组中单击“创建碰撞监控”按钮，如图 10-47 所示。

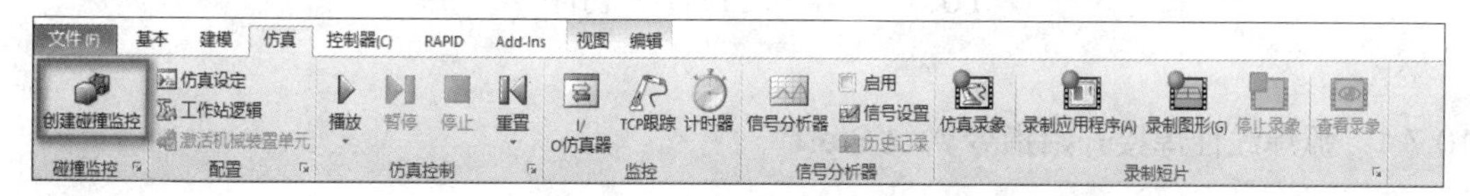

图 10-47　创建碰撞监控

在软件左侧布局界面中会出现3个碰撞检测设定，将其重命名为弧焊和点焊，如图10-48所示。

在弧焊工作站中，将弧焊焊枪拖到ObjectsA中，将弧焊工作站中的车身零件和龙门架拖到ObjectsB中，完成弧焊工作站的碰撞检测设定。在点焊工作站A中，将点焊焊钳A拖到ObjectsA中，将点焊工作站中的车身零件和点焊焊钳B拖到ObjectsB中，完成点焊工作站A的碰撞检测设定。在点焊工作站B中，将点焊焊钳B拖到ObjectsA中，将点焊工作站中的车身零件和点焊焊钳A拖到ObjectsB中，完成点焊工作站B的碰撞检测设定，如图10-49所示。

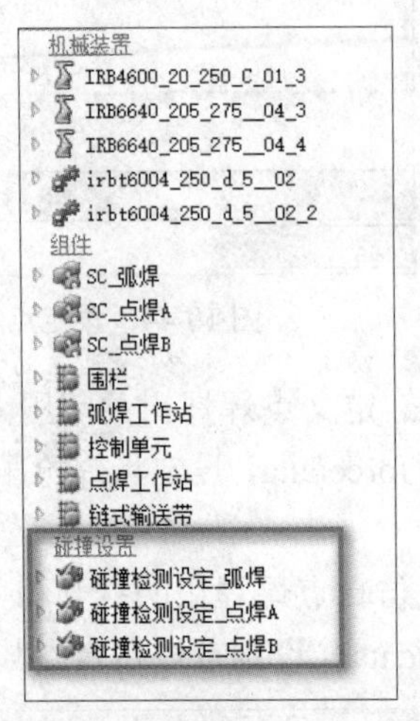

图10-48 碰撞检测重命名

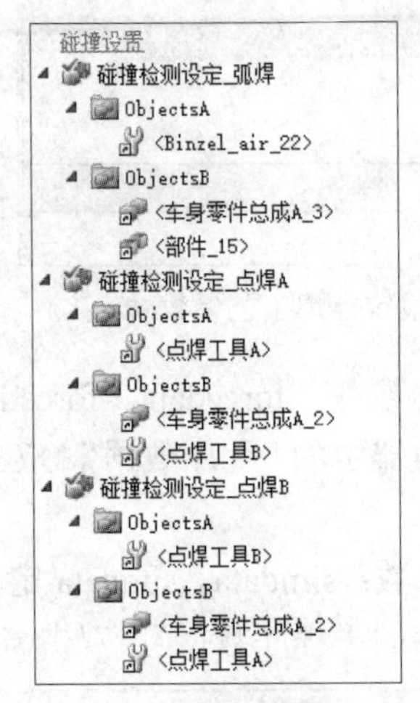

图10-49 碰撞检测设定

在点焊工作站中，当点焊焊钳A或B碰撞到车身时，会出现红色报警，如图10-50所示。在弧焊工作站中，当弧焊焊枪碰撞到车身时，会出现红色报警，如图10-51所示。

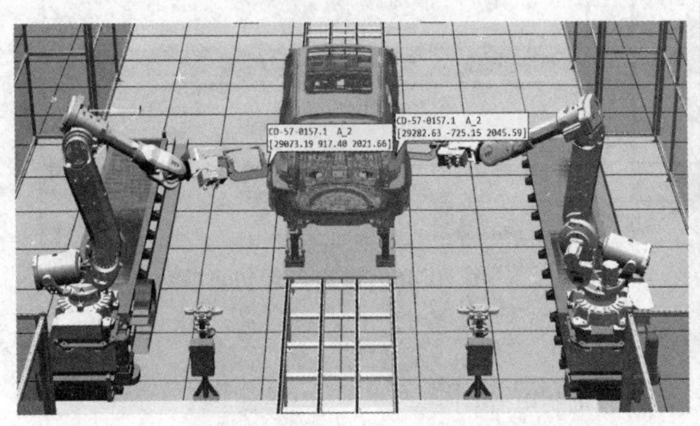

图10-50 点焊工作站碰撞报警

图10-51 弧焊工作站碰撞报警

10.7 焊接工作站指令

10.7.1 弧焊线性焊接开始指令ArcLStart

弧焊系统需要经过特殊的引弧、熄弧、送丝、退丝、剪丝等控制指令和焊接电流、电压等模拟量的自动调节，因此，需要一些弧焊控制专用指令。开始弧焊作业必须以 ArcLStart 或者 ArcCStart 开始，ArcLStart 用于直线焊缝的开始，工具线性移动到目标点，整条程序控制焊接参数。ArcLStart 线性焊接开始指令运动轨迹如图 10-52 所示。

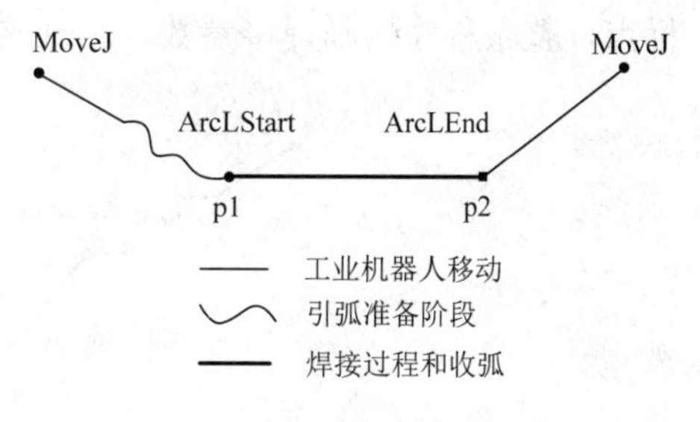

图 10-52　线性焊接开始指令运动轨迹

程序开始时弧焊枪 gun1 关节运动到 p0 点，随后进行引弧准备，到 p1 点时开始线性焊接作业，其中焊接速度为 100mm/s、引弧熄弧参数为 seam1、焊接参数为 weld5，示例程序如表 10-2 所示。ArcLStart 程序中各项参数说明如图 10-53 所示。

表 10-2　线性焊接开始指令示例程序

示例程序
PROC Path_10() 　MoveJ p0, v1000, z50, gun1; 　ArcLStart p1, v100, seam1, weld5, fine, gun1; ENDPROC

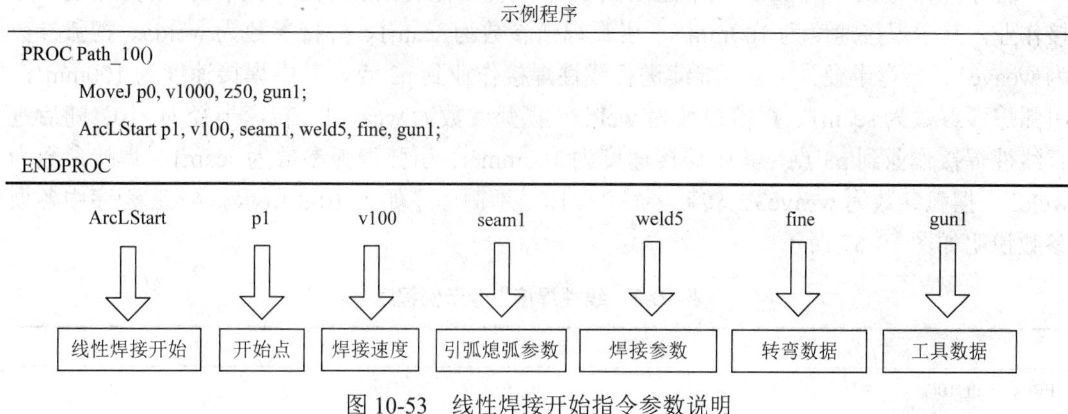

图 10-53　线性焊接开始指令参数说明

添加 ArcLStart 线性焊接开始指令，打开弧焊工作站的虚拟示教器，切换成手动模式，进入“程序编辑器”，打开所需添加指令的例行程序，单击“添加指令”，选择弧焊指令 Arc 中的 ArcLStart，如图 10-54 所示。线性焊接开始指令添加完成，如图 10-55 所示。

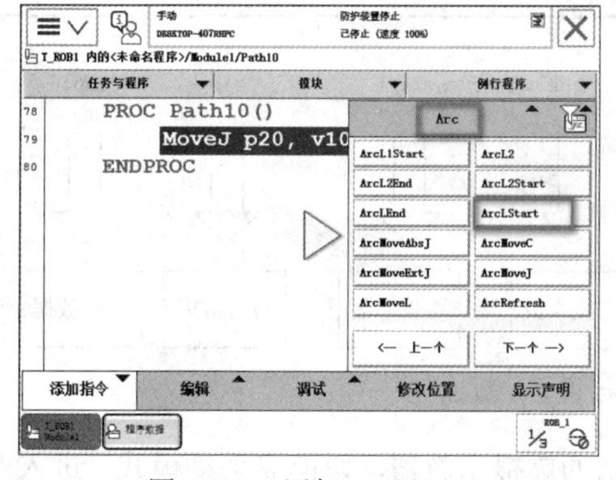

图 10-54　添加 ArcLStart

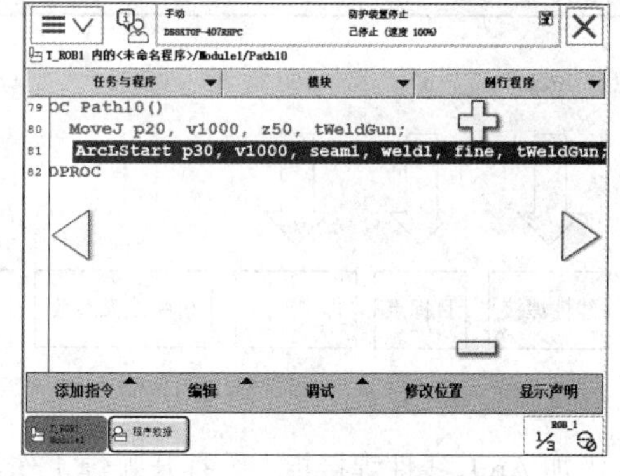

图 10-55　ArcLStart 添加完成

10.7.2　弧焊线性焊接指令 ArcL

线性焊接过程的中间点用 ArcL 语句，ArcL 用于直线焊缝的焊接，工具线性移动到目标点，整条程序控制焊接参数。ArcL 线性焊接指令运动轨迹如图 10-56 所示。

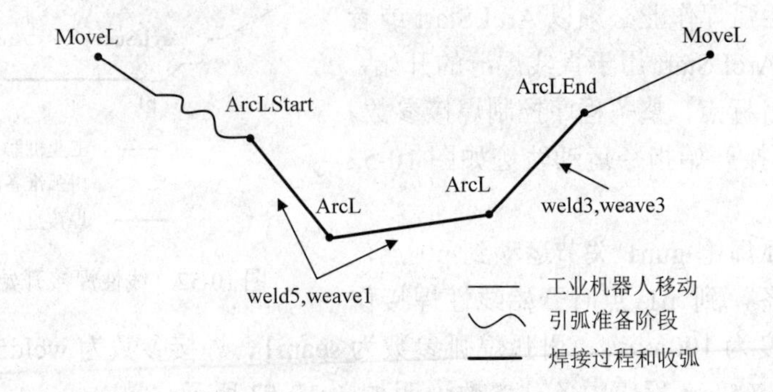

图 10-56　线性焊接指令运动轨迹

程序开始时弧焊枪 gun1 关节运动到 p0 点，随后进行引弧准备，到 p1 点时开始线性焊接作业，其中焊接速度为 100mm/s、引弧熄弧参数为 seam1、焊接参数为 weld5、摆弧参数为 weave1、转弯半径为 z10；继续进行线性焊接作业到 p2 点，其中焊接速度为 100mm/s、引弧熄弧参数为 seam1、焊接参数为 weld5、摆弧参数为 weave1、转弯半径为 z10；随后进行线性焊接作业到 p3 点，其中焊接速度为 100mm/s、引弧熄弧参数为 seam1、焊接参数为 weld3、摆弧参数为 weave3、转弯半径为 z10，示例程序如表 10-3 所示。ArcL 程序中各项参数说明如图 10-57 所示。

表 10-3　线性焊接指令示例程序

示例程序
PROC Path_10()
MoveJ p0, v1000, z50, gun1;
ArcLStart p1, v100, seam1, weld5\weave:=weave1, z10, gun1;
ArcL p2, v100, seam1, weld5\weave:=weave1, z10, gun1;
ArcL p3, v100, seam1, weld3\weave:=weave3, z10, gun1;
ENDPROC

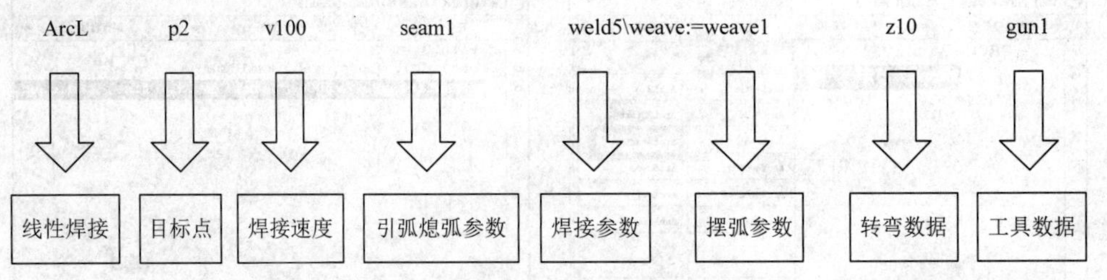

图 10-57　线性焊接指令参数说明

添加 ArcL 线性焊接指令，打开弧焊工作站的虚拟示教器，切换成手动模式，进入“程序编辑器”，打开所需添加指令的例行程序，单击“添加指令”添加指令，选择弧焊指令 Arc 中的 ArcL，如图 10-58 所示。线性焊接指令添加完成，如图 10-59 所示。

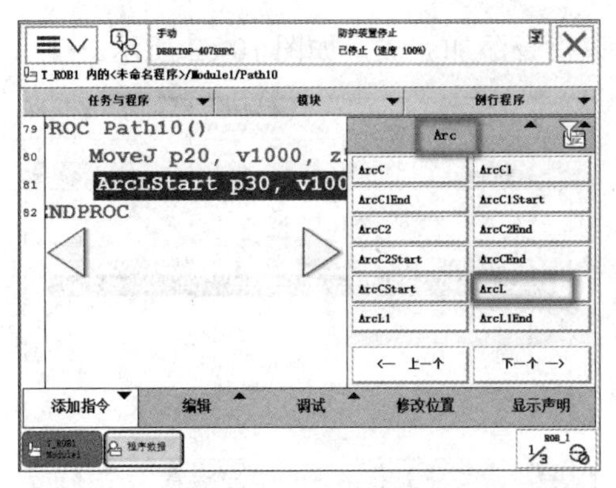

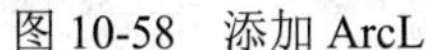
图 10-58　添加 ArcL

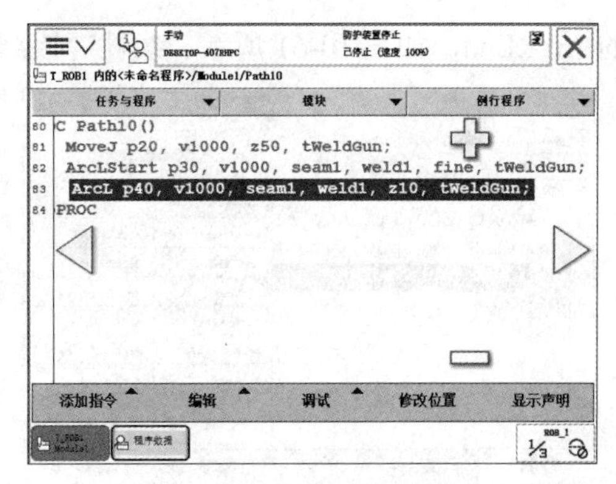

图 10-59　ArcL 添加完成

10.7.3　弧焊线性焊接结束指令 ArcLEnd

线性焊接结束用 ArcLEnd 语句，ArcLEnd 用于直线焊缝的焊接结束，工具线性移动到目标点，整条程序控制焊接参数。ArcLEnd 线性焊接结束指令运动轨迹如图 10-60 所示。

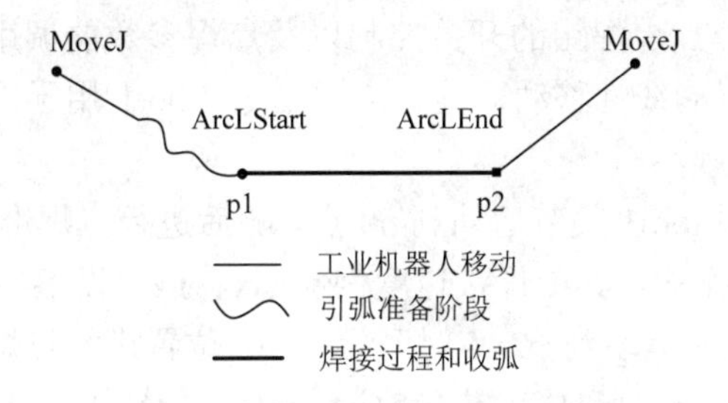

图 10-60　线性焊接结束指令运动轨迹

程序开始时弧焊枪 gun1 关节运动到 p0 点，随后进行引弧准备，到 p1 点时开始线性焊接作业，其中焊接速度为 100mm/s、引弧熄弧参数为 seam1、焊接参数为 weld5；继续进行线性焊接作业到 p2 点，其中焊接速度为 100mm/s、引弧熄弧参数为 seam1、焊接参数为 weld5、摆弧参数为 weave1、转弯半径为 z10；最后线性焊接作业到结束点 p3，其中焊接速度为 100mm/s、引弧熄弧参数为 seam1、焊接参数为 weld5，示例程序如表 10-4 所示。

表 10-4　线性焊接开始指令示例程序

示例程序
PROC Path_10()
MoveJ p0, v1000, z50, gun1;
ArcLStart p1, v100, seam1, weld5, fine, gun1;
ArcL p2, v100, seam1, weld5\weave:=weave1, z10, gun1;
ArcLEnd p3, v100, seam1, weld5, fine, gun1;
ENDPROC

添加 ArcLEnd 线性焊接结束指令，打开弧焊工作站的虚拟示教器，切换成手动模式，进入“程序编辑器”，打开所需添加指令的例行程序，单击“添加指令”，选择弧焊指令 Arc

中的 ArcLEnd，如图 10-61 所示。线性焊接结束指令添加完成，如图 10-62 所示。

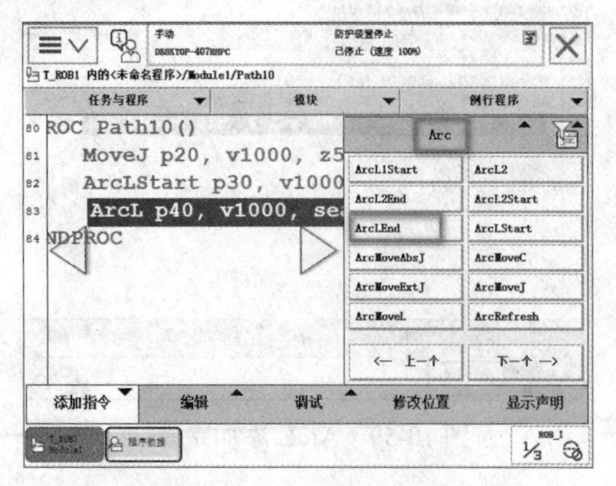

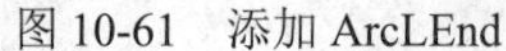
图 10-61　添加 ArcLEnd

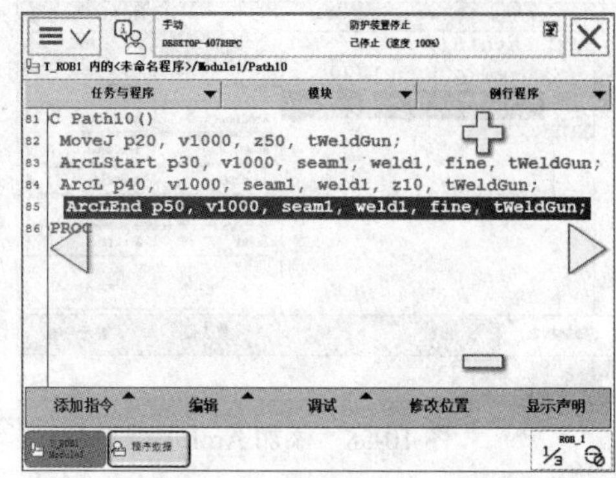

图 10-62　ArcLEnd 添加完成

10.7.4　线性/关节点焊指令 SpotL/SpotJ

点焊系统进行点焊工艺时用线性/关节点焊指令 SpotL/SpotJ 完成点焊机器人的运动控制，包括机器人的移动、点焊焊钳的开关控制以及点焊参数的调用。线性点焊指令 SpotL 用于焊钳在点焊目标位置的线性移动，关节点焊指令 SpotJ 用于焊钳在点焊目标位置的关节运动。

程序开始时点焊焊钳 tool1 关节运动到 p0 点，随后进行点焊准备，线性运动到 p1 点时开始在 p1 位置进行点焊作业，其中焊接速度为 vmax、点焊设备参数为 gun1、焊接工艺参数为 spot1，等待 1s；线性运动到 p2 点时开始在 p2 位置进行点焊作业，其中焊接速度为 vmax、点焊设备参数为 gun1、焊接工艺参数为 spot1，等待 1s，示例程序如表 10-5 所示。SpotL/SpotJ 程序中各项参数说明如图 10-63 所示。

表 10-5　点焊指令示例程序

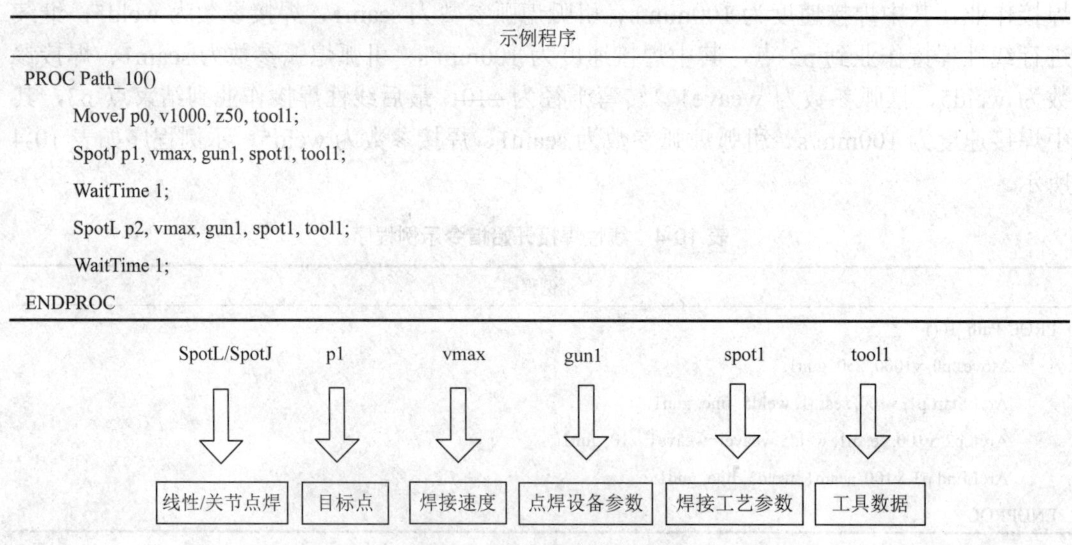

示例程序
PROC Path_10()
MoveJ p0, v1000, z50, tool1;
SpotJ p1, vmax, gun1, spot1, tool1;
WaitTime 1;
SpotL p2, vmax, gun1, spot1, tool1;
WaitTime 1;
ENDPROC

图 10-63　点焊指令参数说明

添加 SpotJ 关节点焊指令，打开点焊工作站的虚拟示教器，切换成手动模式，进入“程序编辑器”，打开所需添加指令的例行程序，单击“添加指令”，选择点焊指令 SpotWeld 中的 SpotJ，如图 10-64 所示。

添加 SpotL 线性点焊指令，打开点焊工作站的虚拟示教器，切换成手动模式，进入“程序编辑器”，打开所需添加指令的例行程序，单击“添加指令”，选择点焊指令 SpotWeld 中的 SpotL，如图 10-65 所示。

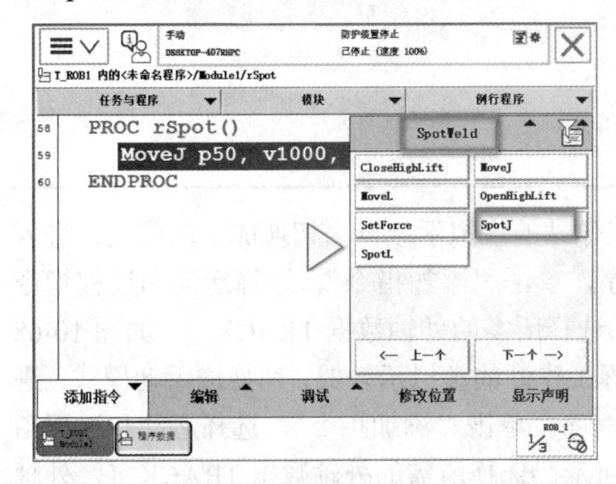

图 10-64　添加 SpotJ

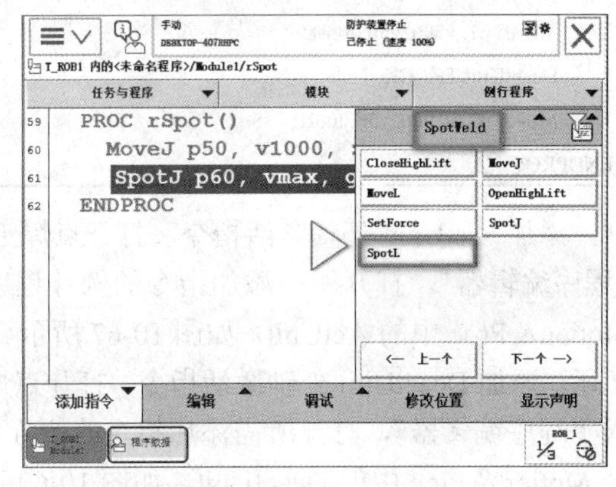

图 10-65　添加 SpotL

10.7.5　外轴激活指令 ActUnit 和 DeactUnit

点焊工作站中两台点焊机器人的基座都安装在对应的行走轴上，如图 10-66 所示。通过外轴激活指令 ActUnit 将行走轴激活。

图 10-66　点焊机器人安装

程序开始时点焊焊钳 tool1 关节运动到 p0 点，其中速度为 1000mm/s、转弯半径为 z50，此时外轴没有参与运动。随后激活外轴 TRACK_1，随后线性运动到 p1 点，其中速度为 500mm/s、转弯半径为 z50，此时外轴与点焊机器人联动配合到 p1 点。随后关闭外轴 TRACK_1，线性运动到 p2 点，其中速度为 1000mm/s、转弯半径为 z50，此时外轴没有参与运动。外轴激活指令示例程序如表 10-6 所示。

表 10-6　外轴激活指令示例程序

示例程序
PROC Path_10()
MoveJ p0, v1000, z50, tool1;
ActUnit TRACK_1;
MoveJ p1, v500, z50, tool1;
DeactUnit TRACK_1;
MoveJ p2, v1000, z50, tool1;
ENDPROC

添加 ActUnit 外轴激活指令，打开点焊工作站的虚拟示教器，切换成手动模式，进入“程序编辑器”，打开所需添加指令的例行程序，单击“添加指令”，选择运动和过程指令 Motion＆Proc 中的 ActUnit，如图 10-67 所示。选择所需的外轴数据 TRACK_1，如图 10-68 所示。添加 DeactUnit 外轴激活指令，打开点焊工作站的虚拟示教器，切换成手动模式，进入“程序编辑器”，打开所需添加指令的例行程序，单击“添加指令”，选择运动和过程指令 Motion＆Proc 中的 DeactUnit，如图 10-69 所示。选择所需的外轴数据 TRACK_1，外轴数据关闭，如图 10-70 所示。

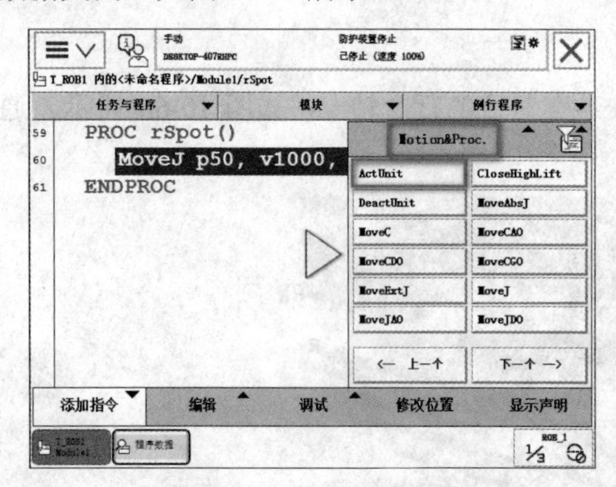

图 10-67　添加 ActUnit

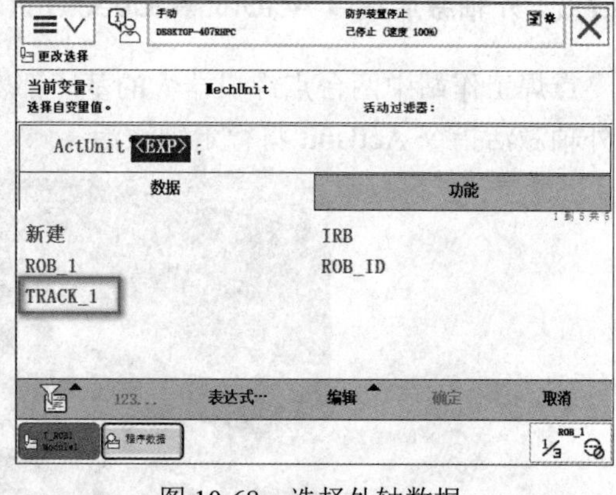

图 10-68　选择外轴数据

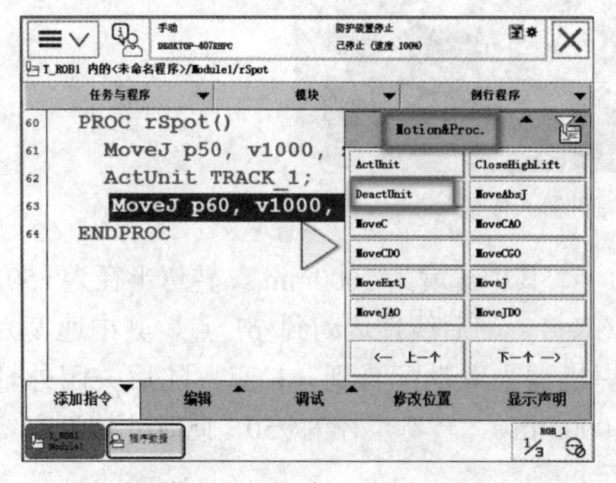

图 10-69　添加 DeactUnit

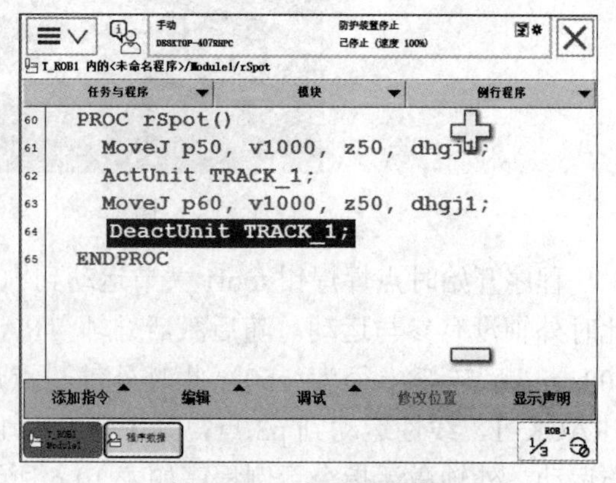

图 10-70　完成外轴数据

10.8　调试焊接工作站

焊接工作站分为两个工位，分别是点焊工作站和弧焊工作站。弧焊工作站中有一台弧焊机器人，负责车身中车顶左右两边的弧焊焊接作业，点焊工作站中有两台点焊机器人，分别负责车身的左右两侧车框的点焊焊接作业。

10.8.1　弧焊工作站例行程序

弧焊工作站 System1 中共有 4 个例行程序：主程序 main、初始化子程序 r_initial、左侧车顶弧焊子程序 r_Weld1 和右侧车顶弧焊子程序 r_Weld2，如图 10-71 所示。

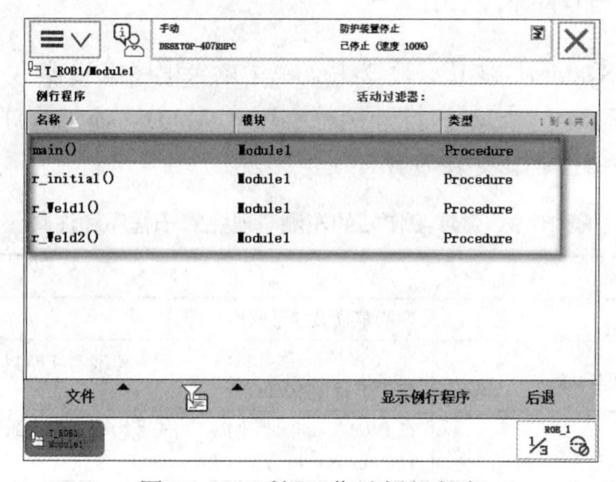

图 10-71　弧焊工作站例行程序

1. 主程序 main

打开弧焊工作站 System1 虚拟示教器主菜单中的“程序编辑器”，在模块中新建例行程序，将例行程序名称改为 main，打开主程序 main，添加程序指令。主程序中先调用初始化子程序 r_initial，然后调用左侧车顶弧焊子程序 r_Weld1 和右侧车顶弧焊子程序 r_Weld2。弧焊工作站的主程序和注释如表 10-7 所示。

表 10-7　弧焊工作站主程序和注释

程序	注释
PROC main()	主程序开始
r_initial;	调用初始化子程序
r_Weld1;	调用左侧车顶弧焊子程序
r_Weld2;	调用右侧车顶弧焊子程序
ENDPROC	主程序结束

2. 初始化子程序 r_initial

打开弧焊工作站 System1 虚拟示教器主菜单中的“程序编辑器”，在模块中新建例行程序，将例行程序名称改为 r_initial，打开例行程序 r_initial，添加程序指令。初始化例行程序的作用是将保护气信号、焊接启动信号、送丝信号复位。弧焊工作站的初始化子程序和注释如表 10-8 所示。

表 10-8 弧焊工作站的初始化子程序和注释

程序	注释
PROC r_initial()	初始化子程序开始
Reset Do_Feed;	复位打开保护气信号
Reset Do_Gas;	复位焊接启动信号
Reset Do_Weld;	复位送丝信号
ENDPROC	初始化子程序结束

3. 左侧车顶弧焊子程序 r_Weld1

打开弧焊工作站 System1 虚拟示教器主菜单中的“程序编辑器”，在模块中新建例行程序，将例行程序名称改为 r_Weld1，打开例行程序 r_Weld1，添加程序指令。弧焊工作站的左侧车顶弧焊子程序和注释如表 10-9 所示。

表 10-9 弧焊工作站的左侧车顶弧焊子程序和注释

程序	注释
PROC r_Weld1()	左侧车顶弧焊子程序开始
MoveJ pHome,v1000,z50,tWeldGun;	在 tWeldGun 工具坐标下，关节运动到原点 pHome 点，速度为 1000mm/s，转弯半径为 50mm
MoveJ pWait1,v1000,z50,tWeldGun;	在 tWeldGun 工具坐标下，关节运动到等待弧焊开始点 pWait1 点，速度为 1000mm/s，转弯半径为 50mm
ArcLStart p1,v1000,seam1,weld1,z0,tWeldGun;	在 tWeldGun 工具坐标下，到弧焊开始点 p1 点，速度为 1000mm/s，起弧收弧参数为 seam1，焊接参数为 weld1，转弯半径为 0mm
ArcL p2,v1000,seam1,weld1,z0,tWeldGun;	在 tWeldGun 工具坐标下，线性运动到弧焊中间点 p2 点，速度为 1000mm/s，起弧收弧参数为 seam1，焊接参数为 weld1，转弯半径为 0mm
ArcL p3,v1000,seam1,weld1,z0,tWeldGun;	在 tWeldGun 工具坐标下，线性运动到弧焊中间点 p3 点，速度为 1000mm/s，起弧收弧参数为 seam1，焊接参数为 weld1，转弯半径为 0mm
ArcL p4,v1000,seam1,weld1,z0,tWeldGun;	在 tWeldGun 工具坐标下，线性运动到弧焊中间点 p4 点，速度为 1000mm/s，起弧收弧参数为 seam1，焊接参数为 weld1，转弯半径为 0mm
ArcL p5,v1000,seam1,weld1,z0,tWeldGun;	在 tWeldGun 工具坐标下，线性运动到弧焊中间点 p5 点，速度为 1000mm/s，起弧收弧参数为 seam1，焊接参数为 weld1，转弯半径为 0mm
ArcL p6,v1000,seam1,weld1,z0,tWeldGun;	在 tWeldGun 工具坐标下，线性运动到弧焊中间点 p6 点，速度为 1000mm/s，起弧收弧参数为 seam1，焊接参数为 weld1，转弯半径为 0mm
ArcL p7,v1000,seam1,weld1,z0,tWeldGun;	在 tWeldGun 工具坐标下，线性运动到弧焊中间点 p7 点，速度为 1000mm/s，起弧收弧参数为 seam1，焊接参数为 weld1，转弯半径为 0mm
ArcL p8,v1000,seam1,weld1,z0,tWeldGun;	在 tWeldGun 工具坐标下，线性运动到弧焊中间点 p8 点，速度为 1000mm/s，起弧收弧参数为 seam1，焊接参数为 weld1，转弯半径为 0mm
ArcLEnd p9,v1000,seam1,weld1,z0,tWeldGun;	在 tWeldGun 工具坐标下，线性运动到弧焊结束点 p9 点，速度为 1000mm/s，起弧收弧参数为 seam1，焊接参数为 weld1，转弯半径为 0mm
MoveJ p10,v1000,fine,tWeldGun;	在 tWeldGun 工具坐标下，关节运动到过渡点 p10 点，速度为 1000mm/s
MoveJ p11,v1000,fine,tWeldGun;	在 tWeldGun 工具坐标下，关节运动到过渡点 p11 点，速度为 1000mm/s
MoveJ pHome,v1000,z50,tWeldGun;	在 tWeldGun 工具坐标下，关节运动回到原点 pHome 点，速度为 1000mm/s，转弯半径为 50mm
ENDPROC	左侧车顶弧焊子程序结束

4. 右侧车顶弧焊子程序 r_Weld2

打开弧焊工作站 System1 虚拟示教器主菜单中的程序编辑器，在模块中新建例行程序，将例行程序名称改为 r_Weld2，打开例行程序 r_Weld2，添加程序指令。弧焊工作站的右侧车顶弧焊子程序和注释如表 10-10 所示。

表 10-10 弧焊工作站的右侧车顶弧焊子程序和注释

程序	注释
PROC r_Weld2()	右侧车顶弧焊子程序开始
MoveJ pHome,v1000,z50,tWeldGun;	在 tWeldGun 工具坐标下，关节运动到原点 pHome 点，速度为 1000mm/s，转弯半径为 50mm
MoveJ pWait2,v1000,z50,tWeldGun;	在 tWeldGun 工具坐标下，关节运动到等待弧焊开始点 pWait2 点，速度为 1000mm/s，转弯半径为 50mm
ArcLStart p12,v1000,seam1,weld1,z0,tWeldGun;	在 tWeldGun 工具坐标下，到弧焊开始点 p12 点，速度为 1000mm/s，起弧收弧参数为 seam1，焊接参数为 weld1，转弯半径为 0mm
ArcL p13,v1000,seam1,weld1,z0,tWeldGun;	在 tWeldGun 工具坐标下，线性运动到弧焊中间点 p13 点，速度为 1000mm/s，起弧收弧参数为 seam1，焊接参数为 weld1，转弯半径为 0mm
ArcL p14,v1000,seam1,weld1,z0,tWeldGun;	在 tWeldGun 工具坐标下，线性运动到弧焊中间点 p14 点，速度为 1000mm/s，起弧收弧参数为 seam1，焊接参数为 weld1，转弯半径为 0mm
ArcL p15,v1000,seam1,weld1,z0,tWeldGun;	在 tWeldGun 工具坐标下，线性运动到弧焊中间点 p15 点，速度为 1000mm/s，起弧收弧参数为 seam1，焊接参数为 weld1，转弯半径为 0mm
ArcL p16,v1000,seam1,weld1,z0,tWeldGun;	在 tWeldGun 工具坐标下，线性运动到弧焊中间点 p16 点，速度为 1000mm/s，起弧收弧参数为 seam1，焊接参数为 weld1，转弯半径为 0mm
ArcL p17,v1000,seam1,weld1,z0,tWeldGun;	在 tWeldGun 工具坐标下，线性运动到弧焊中间点 p17 点，速度为 1000mm/s，起弧收弧参数为 seam1，焊接参数为 weld1，转弯半径为 0mm
ArcL p18,v1000,seam1,weld1,z0,tWeldGun;	在 tWeldGun 工具坐标下，线性运动到弧焊中间点 p18 点，速度为 1000mm/s，起弧收弧参数为 seam1，焊接参数为 weld1，转弯半径为 0mm
ArcL p19,v1000,seam1,weld1,z0,tWeldGun;	在 tWeldGun 工具坐标下，线性运动到弧焊中间点 p19 点，速度为 1000mm/s，起弧收弧参数为 seam1，焊接参数为 weld1，转弯半径为 0mm
ArcLEnd p20,v1000,seam1,weld1,z0,tWeldGun;	在 tWeldGun 工具坐标下，线性运动到弧焊结束点 p20 点，速度为 1000mm/s，起弧收弧参数为 seam1，焊接参数为 weld1，转弯半径为 0mm
MoveJ p21,v1000,fine,tWeldGun;	在 tWeldGun 工具坐标下，关节运动到过渡点 p21 点，速度为 1000mm/s
MoveJ p22,v1000,fine,tWeldGun;	在 tWeldGun 工具坐标下，关节运动到过渡点 p22 点，速度为 1000mm/s
MoveJ pHome,v1000,z50,tWeldGun;	在 tWeldGun 工具坐标下，关节运动回到原点 pHome 点，速度为 1000mm/s，转弯半径为 50mm
ENDPROC	右侧车顶弧焊子程序结束

10.8.2 点焊工作站例行程序

点焊工作站 System2 中共 3 个例行程序：主程序 main、左侧后门车框点焊子程序 rSpot1 和左侧前门车框点焊子程序 rSpot2，如图 10-72 所示。本节以点焊工作站 System2 为例，点焊工作站 System3 中例行程序添加与调试同点焊工作站 System2。

注意：*为了避免点焊焊钳 A 和点焊焊钳 B 碰撞，点焊工作站 System3 中的 rSpot1 为右侧前门车框点焊子程序，rSpot2 为右侧后门车框点焊子程序。*

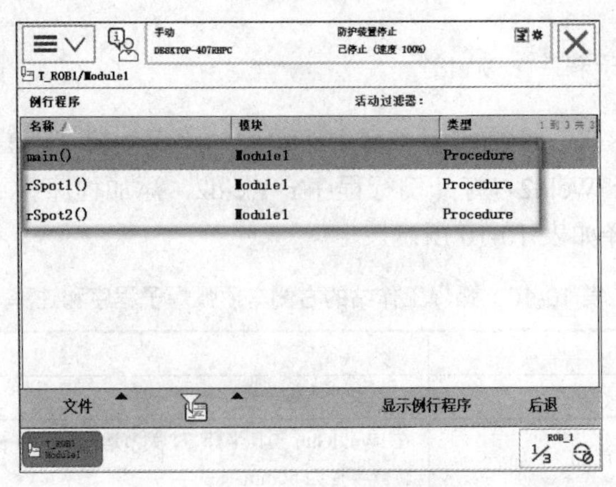

图 10-72　点焊工作站例行程序

1. 主程序 main

打开点焊工作站 System2 虚拟示教器主菜单中的“程序编辑器”，在模块中新建例行程序，将例行程序名称改为 main，打开主程序 main，添加程序指令。主程序中将点焊工作站的点焊焊钳复位，然后调用左侧后门车框点焊子程序 rSpot1 和左侧前门车框点焊子程序 rSpot2。点焊工作站的主程序和注释如表 10-11 所示。

表 10-11　点焊工作站主程序和注释

程序	注释
PROC main()	主程序开始
Reset doCloseGun;	复位点焊焊钳
rSpot1;	左侧后门车框点焊子程序
rSpot2;	左侧前门车框点焊子程序
ENDPROC	主程序结束

2. 左侧后门车框点焊子程序 rSpot1

打开点焊工作站 System2 虚拟示教器主菜单中的“程序编辑器”，在模块中新建例行程序，将例行程序名称改为 rSpot1，打开例行程序 rSpot1，添加程序指令。点焊工作站左侧后门车框点焊子程序和注释如表 10-12 所示。

表 10-12　点焊工作站左侧后门车框点焊子程序和注释

程序	注释
PROC rSpot1()	左侧后门车框点焊子程序开始
MoveJ pHome,v1000,z100,dhgj1\WObj:=wobj0;	在 dhgj1 工具坐标下，关节运动到原点 pHome 点，速度为 1000mm/s，转弯半径为 100mm
ActUnit TRACK_1;	激活外轴 TRACK_1
MoveJ p1,v1000,z100,dhgj1\WObj:=wobj0;	在 dhgj1 工具坐标下，关节运动到过渡点 p1 点，速度为 1000mm/s，转弯半径为 100mm
MoveJ p2,v1000,z100,dhgj1\WObj:=wobj0;	在 dhgj1 工具坐标下，关节运动到过渡点 p2 点，速度为 1000mm/s，转弯半径为 100mm

续表

程序	注释
SpotL p3,vmax,gun1,spot1,dhgj1\WObj:=wobj0;	在 dhgj1 工具坐标下，线性运动到点焊点 p3 点，速度为 vmax，点焊设备参数为 gun1，点焊工艺参数为 spot1
WaitTime 1;	等待 1s
SpotL p4,vmax,gun1,spot1,dhgj1\WObj:=wobj0;	在 dhgj1 工具坐标下，线性运动到点焊点 p4 点，速度为 vmax，点焊设备参数为 gun1，点焊工艺参数为 spot1
WaitTime 1;	等待 1s
SpotL p5,vmax,gun1,spot1,dhgj1\WObj:=wobj0;	在 dhgj1 工具坐标下，线性运动到点焊点 p5 点，速度为 vmax，点焊设备参数为 gun1，点焊工艺参数为 spot1
WaitTime 1;	等待 1s
SpotL p6,vmax,gun1,spot1,dhgj1\WObj:=wobj0;	在 dhgj1 工具坐标下，线性运动到点焊点 p6 点，速度为 vmax，点焊设备参数为 gun1，点焊工艺参数为 spot1
WaitTime 1;	等待 1s
MoveL p7,v1000,z100,dhgj1\WObj:=wobj0;	在 dhgj1 工具坐标下，线性运动到过渡点 p7 点，速度为 1000mm/s，转弯半径为 100mm
MoveL p8,v1000,z100,dhgj1\WObj:=wobj0;	在 dhgj1 工具坐标下，线性运动到过渡点 p8 点，速度为 1000mm/s，转弯半径为 100mm
SpotL p9,vmax,gun1,spot1,dhgj1\WObj:=wobj0;	在 dhgj1 工具坐标下，线性运动到点焊点 p9 点，速度为 vmax，点焊设备参数为 gun1，点焊工艺参数为 spot1
WaitTime 1;	等待 1s
SpotL p10,vmax,gun1,spot1,dhgj1\WObj:=wobj0;	在 dhgj1 工具坐标下，线性运动到点焊点 p10 点，速度为 vmax，点焊设备参数为 gun1，点焊工艺参数为 spot1
WaitTime 1;	等待 1s
SpotL p11,vmax,gun1,spot1,dhgj1\WObj:=wobj0;	在 dhgj1 工具坐标下，线性运动到点焊点 p11 点，速度为 vmax，点焊设备参数为 gun1，点焊工艺参数为 spot1
WaitTime 1;	等待 1s
MoveL p12,v1000,z100,dhgj1\WObj:=wobj0;	在 dhgj1 工具坐标下，线性运动到过渡点 p12 点，速度为 1000mm/s，转弯半径为 100mm
SpotL p13,vmax,gun1,spot1,dhgj1\WObj:=wobj0;	在 dhgj1 工具坐标下，线性运动到点焊点 p13 点，速度为 vmax，点焊设备参数为 gun1，点焊工艺参数为 spot1
WaitTime 1;	等待 1s
MoveL p14,v1000,z100,dhgj1\WObj:=wobj0;	在 dhgj1 工具坐标下，线性运动到过渡点 p14 点，速度为 1000mm/s，转弯半径为 100mm
MoveL p15,v1000,z100,dhgj1\WObj:=wobj0;	在 dhgj1 工具坐标下，线性运动到过渡点 p15 点，速度为 1000mm/s，转弯半径为 100mm
MoveL p16,v1000,z100,dhgj1\WObj:=wobj0;	在 dhgj1 工具坐标下，线性运动到过渡点 p16 点，速度为 1000mm/s，转弯半径为 100mm
ENDPROC	左侧后门车框点焊子程序结束

3. 左侧前门车框点焊子程序 rSpot2

打开点焊工作站 System2 虚拟示教器主菜单中的“程序编辑器”，在模块中新建例行程序，将例行程序名称改为 rSpot2，打开例行程序 rSpot2，添加程序指令。点焊工作站左侧前门车框点焊子程序和注释如表 10-13 所示。

表 10-13　点焊工作站左侧前门车框点焊子程序和注释

程序	注释
PROC rSpot2()	左侧前门车框点焊子程序开始
MoveJ p17,v1000,z100,dhgj1\WObj:=wobj0;	在 dhgj1 工具坐标下，关节运动到过渡点 p17 点，速度为 1000mm/s，转弯半径为 100mm
MoveL p18,v1000,z100,dhgj1\WObj:=wobj0;	在 dhgj1 工具坐标下，线性运动到过渡点 p18 点，速度为 1000mm/s，转弯半径为 100mm
SpotL p19,vmax,gun1,spot1,dhgj1\WObj:=wobj0;	在 dhgj1 工具坐标下，线性运动到点焊点 p19 点，速度为 vmax，点焊设备参数为 gun1，点焊工艺参数为 spot1
WaitTime 1;	等待 1s
SpotL p20,vmax,gun1,spot1,dhgj1\WObj:=wobj0;	在 dhgj1 工具坐标下，线性运动到点焊点 p20 点，速度为 vmax，点焊设备参数为 gun1，点焊工艺参数为 spot1
WaitTime 1;	等待 1s
SpotL p21,vmax,gun1,spot1,dhgj1\WObj:=wobj0;	在 dhgj1 工具坐标下，线性运动到点焊点 p21 点，速度为 vmax，点焊设备参数为 gun1，点焊工艺参数为 spot1
WaitTime 1;	等待 1s
MoveL p22,v1000,z100,dhgj1\WObj:=wobj0;	在 dhgj1 工具坐标下，线性运动到过渡点 p22 点，速度为 1000mm/s，转弯半径为 100mm
MoveL p23,v1000,z100,dhgj1\WObj:=wobj0;	在 dhgj1 工具坐标下，线性运动到过渡点 p23 点，速度为 1000mm/s，转弯半径为 100mm
MoveL p24,v1000,z100,dhgj1\WObj:=wobj0;	在 dhgj1 工具坐标下，线性运动到过渡点 p24 点，速度为 1000mm/s，转弯半径为 100mm
SpotL p25,vmax,gun1,spot1,dhgj1\WObj:=wobj0;	在 dhgj1 工具坐标下，线性运动到点焊点 p25 点，速度为 vmax，点焊设备参数为 gun1，点焊工艺参数为 spot1
WaitTime 1;	等待 1s
SpotL p26,vmax,gun1,spot1,dhgj1\WObj:=wobj0;	在 dhgj1 工具坐标下，线性运动到点焊点 p26 点，速度为 vmax，点焊设备参数为 gun1，点焊工艺参数为 spot1
WaitTime 1;	等待 1s
SpotL p27,vmax,gun1,spot1,dhgj1\WObj:=wobj0;	在 dhgj1 工具坐标下，线性运动到点焊点 p27 点，速度为 vmax，点焊设备参数为 gun1，点焊工艺参数为 spot1
WaitTime 1;	等待 1s
SpotL p28,vmax,gun1,spot1,dhgj1\WObj:=wobj0;	在 dhgj1 工具坐标下，线性运动到点焊点 p28 点，速度为 vmax，点焊设备参数为 gun1，点焊工艺参数为 spot1
WaitTime 1;	等待 1s
MoveL p29,v1000,z100,dhgj1\WObj:=wobj0;	在 dhgj1 工具坐标下，线性运动到过渡点 p29 点，速度为 1000mm/s，转弯半径为 100mm
WaitTime 1;	等待 1s
MoveL p30,v1000,z100,dhgj1\WObj:=wobj0;	在 dhgj1 工具坐标下，线性运动到过渡点 p30 点，速度为 1000mm/s，转弯半径为 100mm
MoveJ pHome,v1000,z100,dhgj1\WObj:=wobj0;	在 dhgj1 工具坐标下，线性运动回到原点 pHome 点，速度为 1000mm/s，转弯半径为 100mm
DeactUnit TRACK_1;	关闭外轴 TRACK_1
ENDPROC	左侧前门车框点焊子程序结束

10.8.3　弧焊工作站程序调试

打开 RobotStudio 6.08 工作界面，在菜单栏“仿真”的“配置”选项组中单击“仿真设定”按钮，如图 10-73 所示。在仿真设定中选中 3 个 Smart 组件和弧焊系统 System1 以及点焊系统 System2 和 System3，如图 10-74 所示。单击“仿真控制”选项组中的“播放”按钮就可以检查弧焊点焊工作站中的路径点。

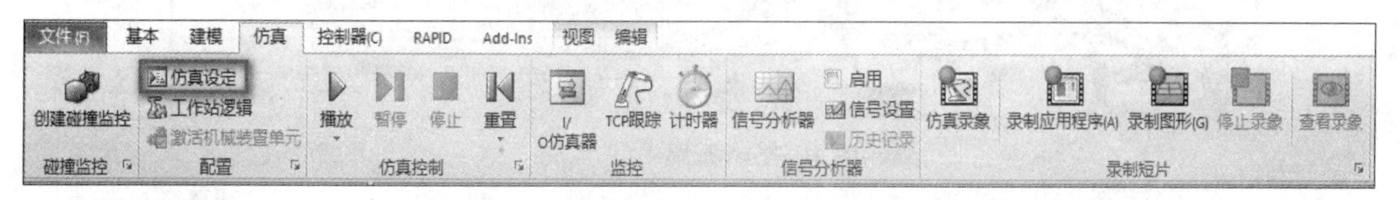

图 10-73　仿真设定

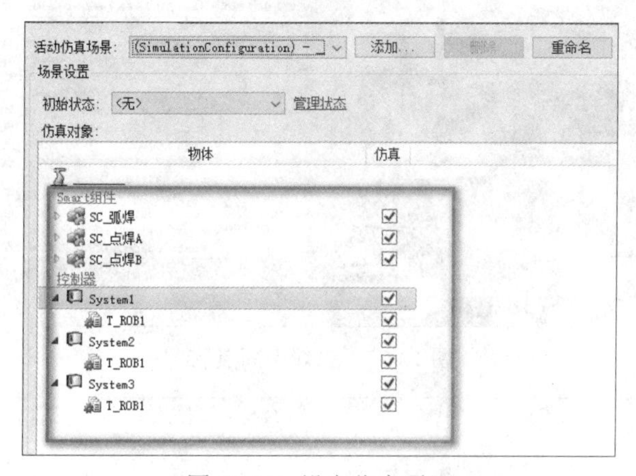

图 10-74　设定仿真项目

弧焊工作站中，本节以左侧车顶弧焊子程序 r_Weld1 为例示教焊接路径，右侧车顶弧焊子程序 r_Weld2 焊接路径示教同左侧车顶弧焊子程序 r_Weld1。主程序 main 调用完初始化程序后，调用左侧车顶弧焊子程序 r_Weld1，弧焊焊枪从 pHome 原点出发到 pWait 点后，开始弧焊作业，首先到达左侧车顶的弧焊焊接开始点 p1，如图 10-75 所示。左侧车顶弧焊中间点 p2～p8 如图 10-76～图 10-82 所示。

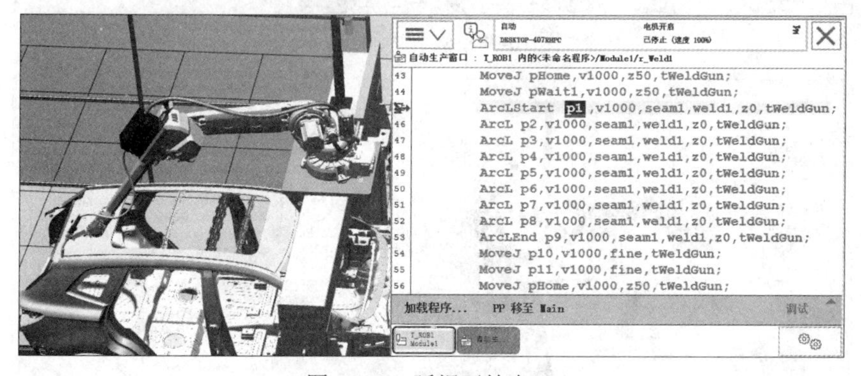

图 10-75　弧焊开始点 p1

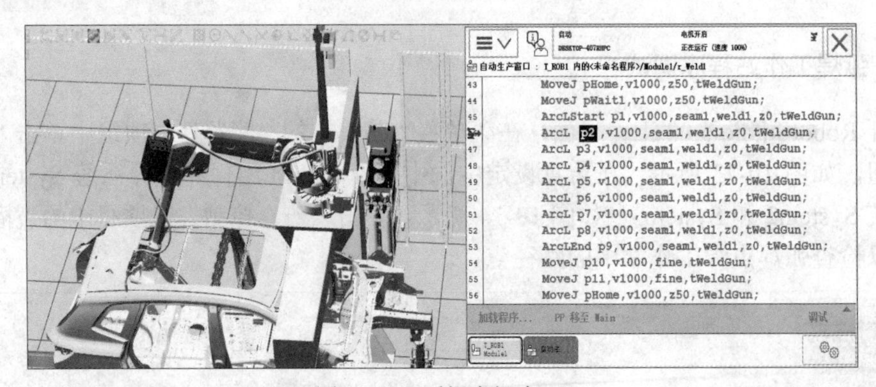

图 10-76 弧焊中间点 p2

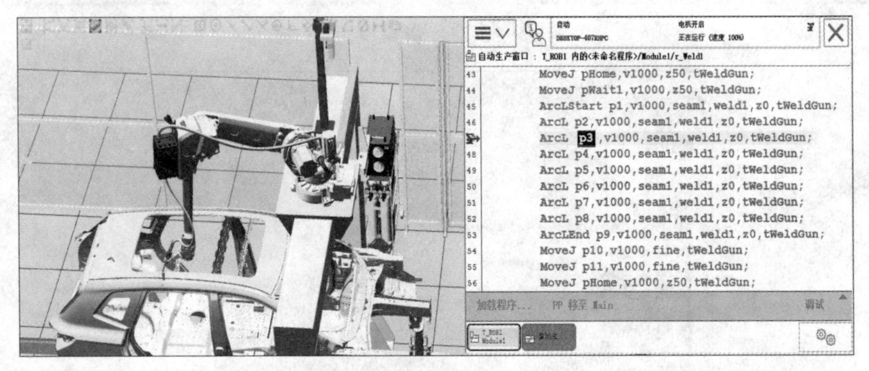

图 10-77 弧焊中间点 p3

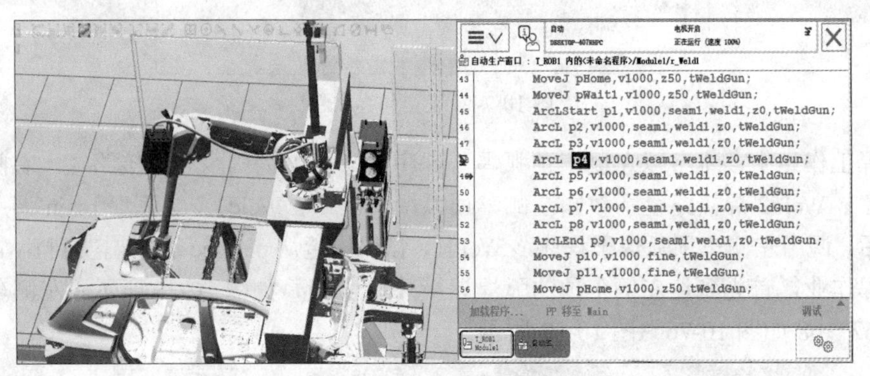

图 10-78 弧焊中间点 p4

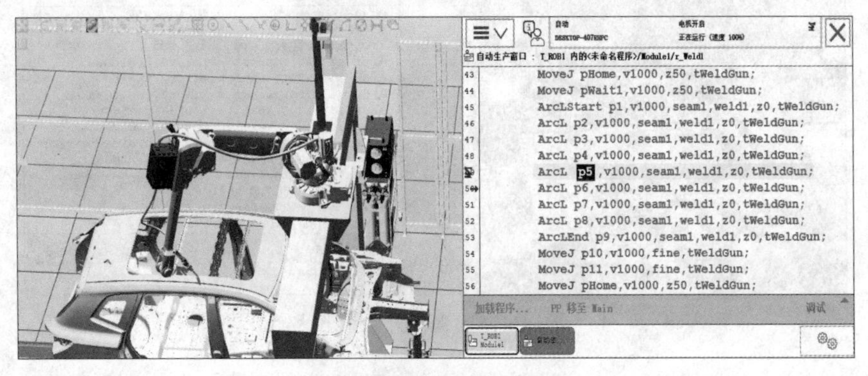

图 10-79 弧焊中间点 p5

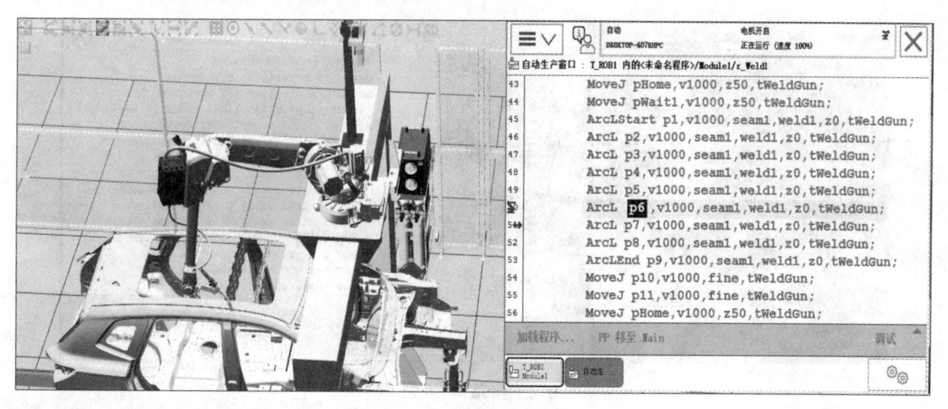

图 10-80　弧焊中间点 p6

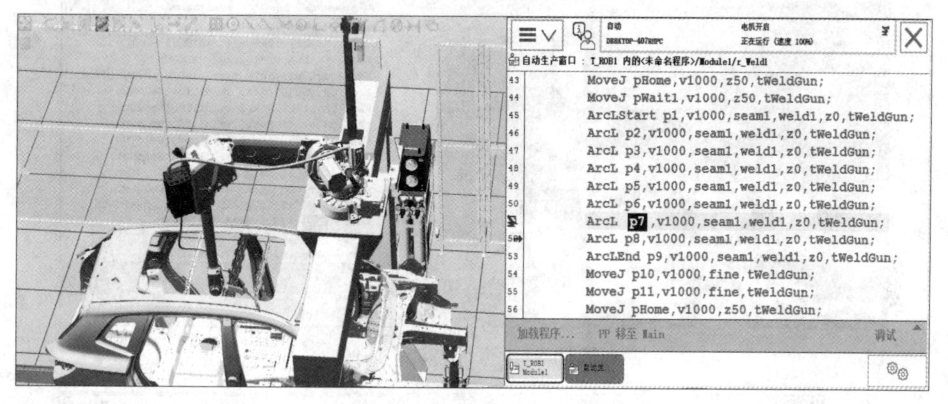

图 10-81　弧焊中间点 p7

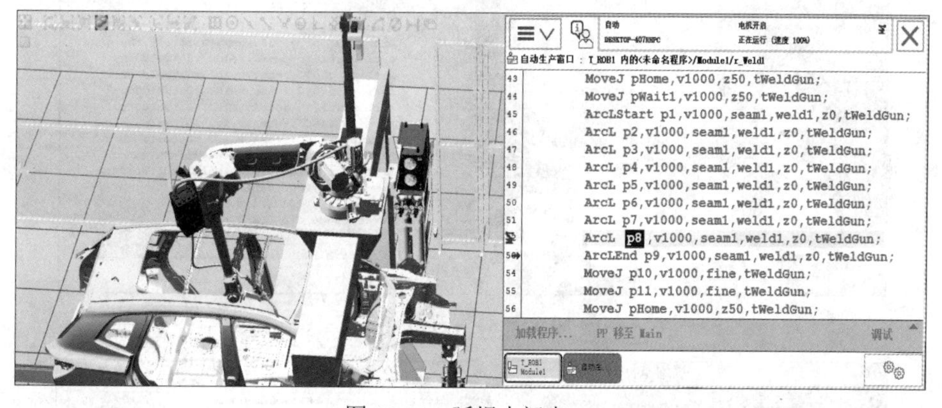

图 10-82　弧焊中间点 p8

左侧车顶的弧焊焊接结束点 p9，如图 10-83 所示。由于从 p1～p9 的弧焊焊接路径中，弧焊焊枪的姿态变换较大，为了避免与龙门架碰撞，需要设定两个弧焊过渡点，过渡点 p10 和过渡点 p11，如图 10-84 和图 10-85 所示。弧焊焊枪走完过渡点后，回到原点 pHome，如图 10-86 所示。

10.8.4　点焊工作站程序调试

点焊工作站中，本节以 System2 点焊工作站为例示教点焊焊接路径，System3 点焊工作

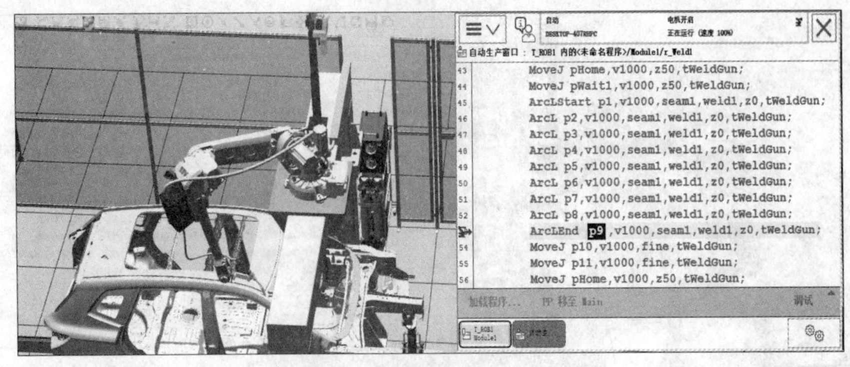

图 10-83 弧焊结束点 p9

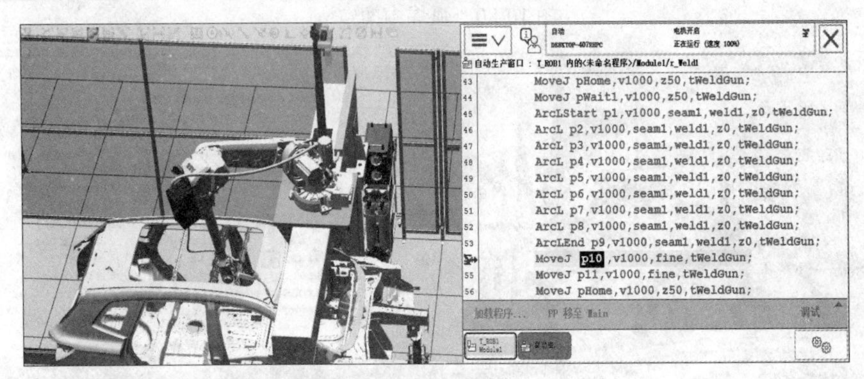

图 10-84 弧焊过渡点 p10

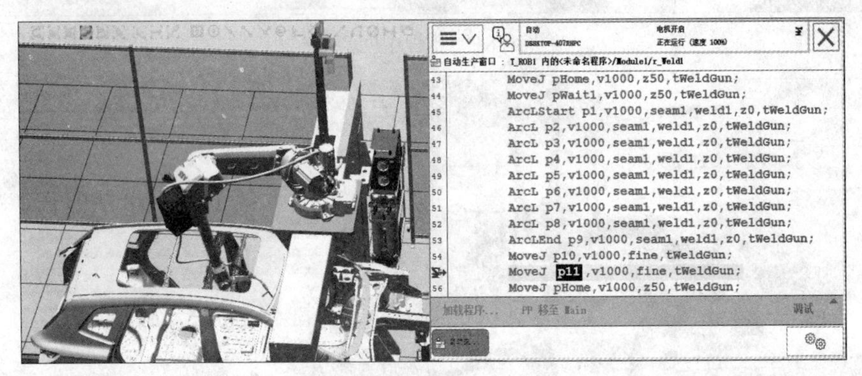

图 10-85 弧焊过渡点 p11

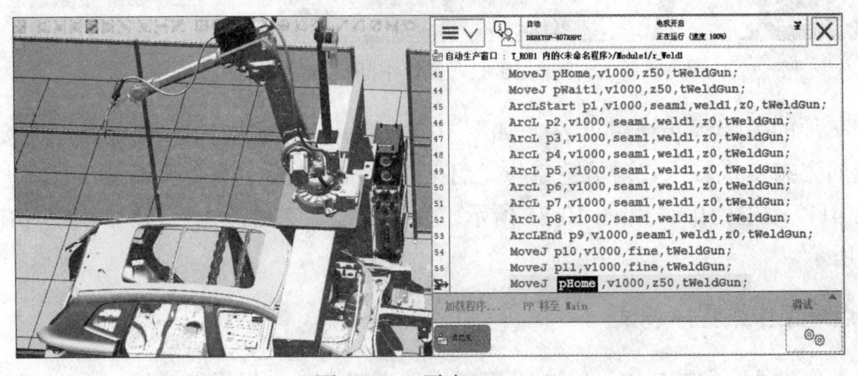

图 10-86 原点 pHome

站焊接路径示教同点焊工作站 System2。在主程序 main 中，将点焊焊钳复位，然后调用左侧后门车框点焊子程序 rSpot1，点焊焊钳从 pHome 原点出发，随后激活外轴，外轴带动点焊机器人运动到过渡点 p1，如图 10-87 所示。由于点焊焊钳是 C 型结构，避免和车身碰撞，在点焊之前还需要一个过渡点 p2，如图 10-88 所示。

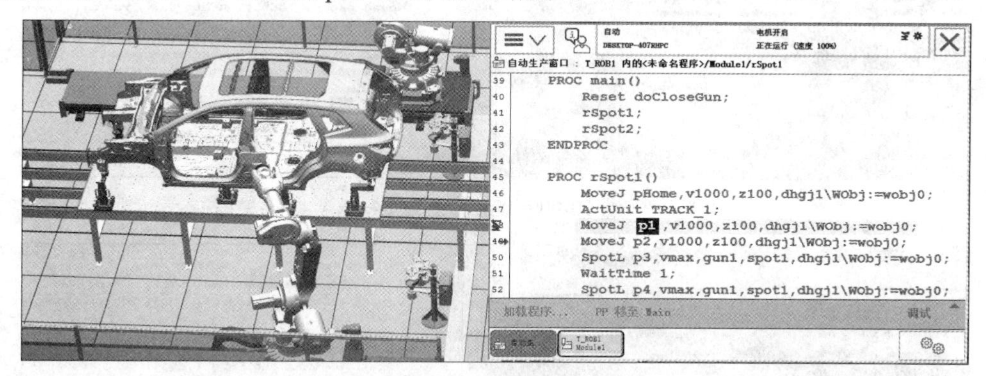

图 10-87　点焊过渡点 p1

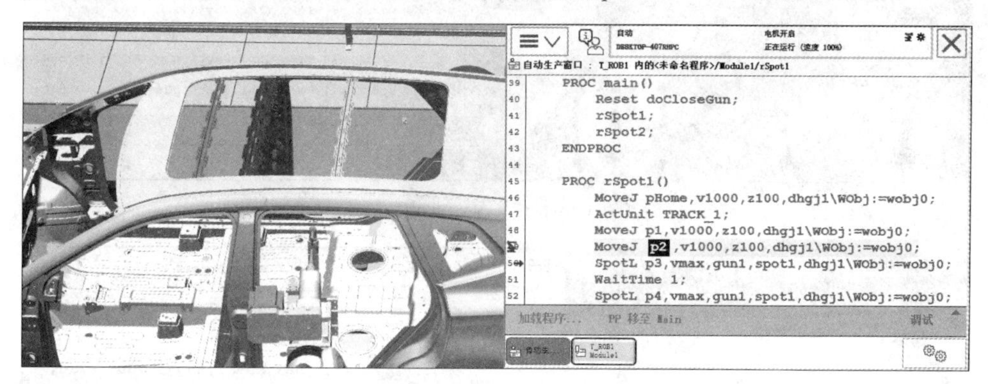

图 10-88　点焊过渡点 p2

左侧后门车框的点焊作业点 p3～p6 如图 10-89～图 10-92 所示。

由于左侧后门车框的点焊作业点 p6 位置是外凸的，不能直接线性移动到下一个点焊作业点，因此需要在下一个点焊作业点前添加两个点焊过渡点，可以避免点焊焊钳与车身碰撞。添加的点焊过渡点 p7 和 p8 如图 10-93 和图 10-94 所示。

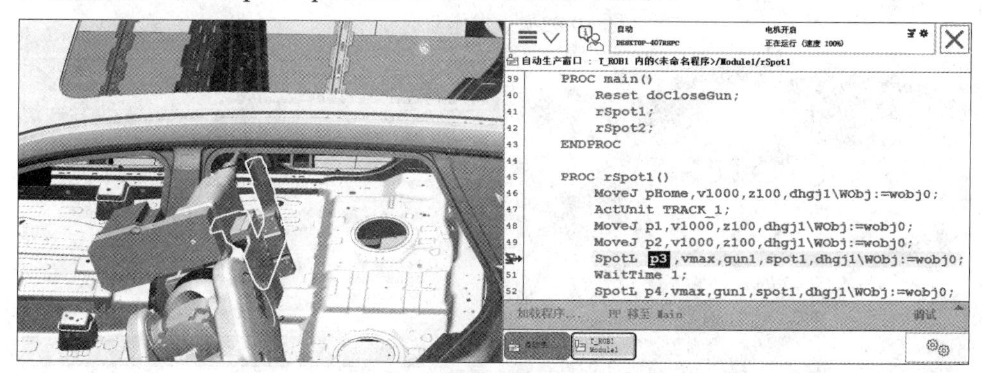

图 10-89　点焊作业点 p3

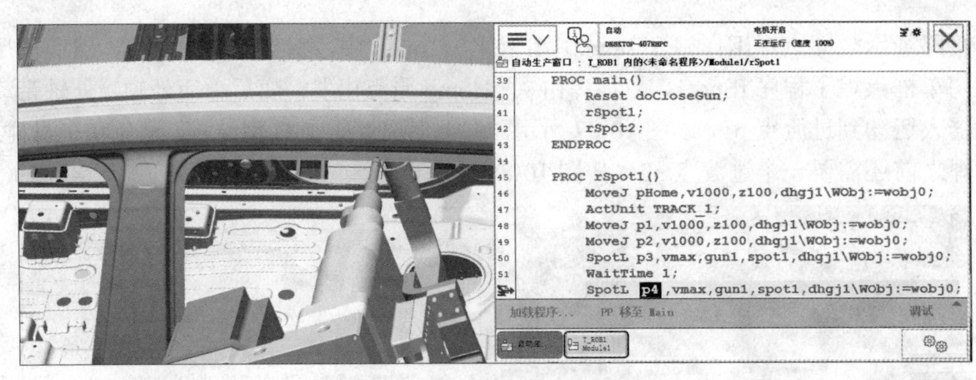

图 10-90 点焊作业点 p4

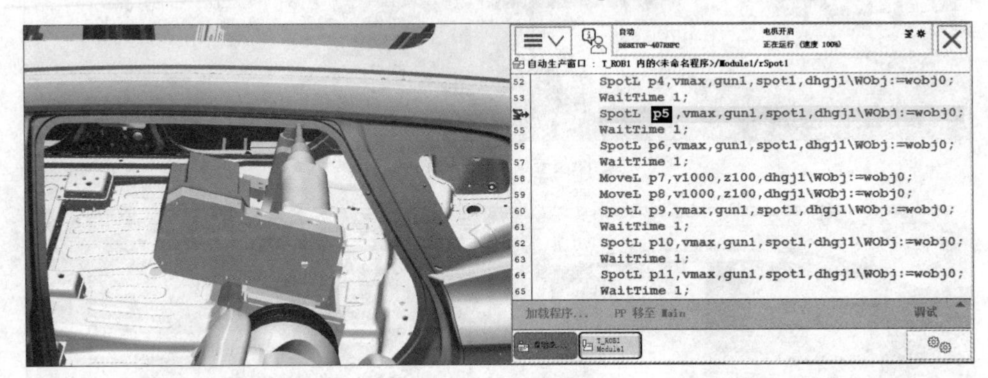

图 10-91 点焊作业点 p5

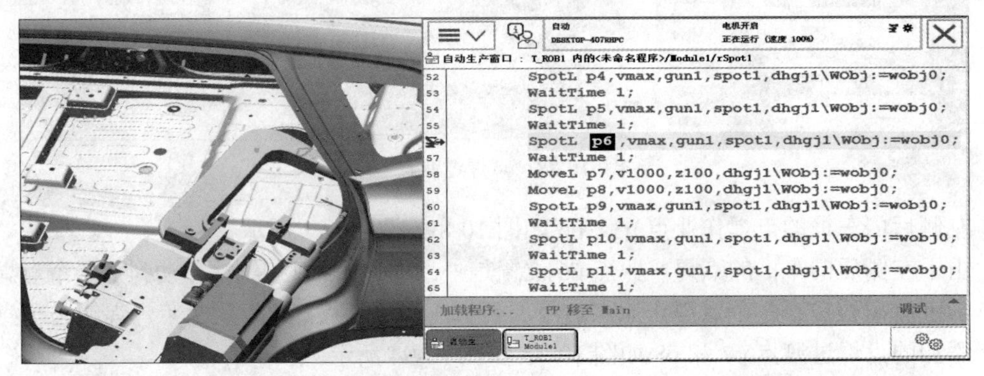

图 10-92 点焊作业点 p6

图 10-93 点焊过渡点 p7

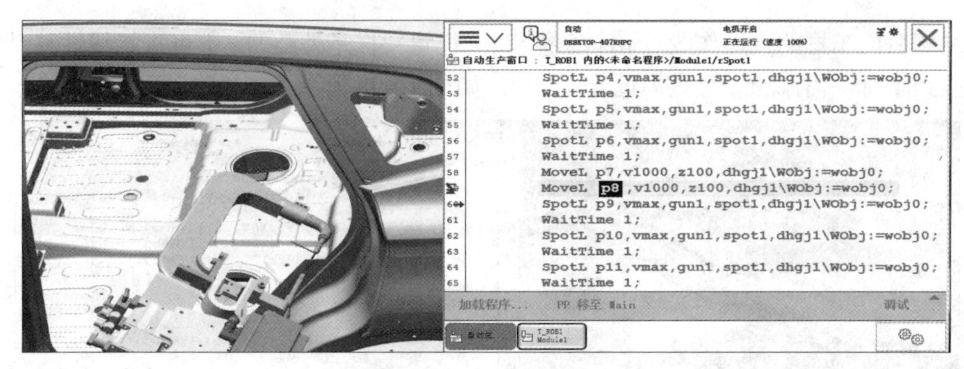

图 10-94 点焊过渡点 p8

左侧后门车框的点焊作业点 p9～p11 如图 10-95～图 10-97 所示。

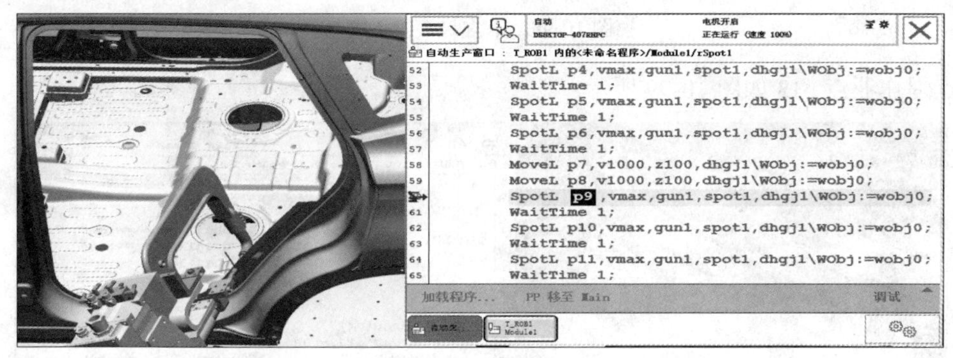

图 10-95 点焊作业点 p9

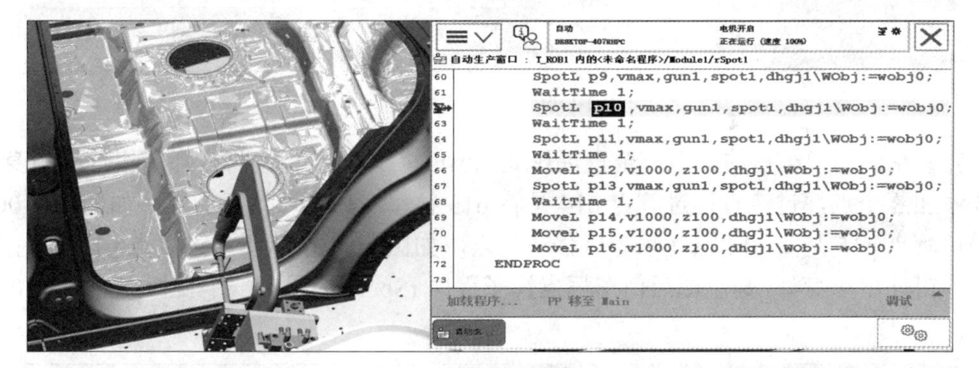

图 10-96 点焊作业点 p10

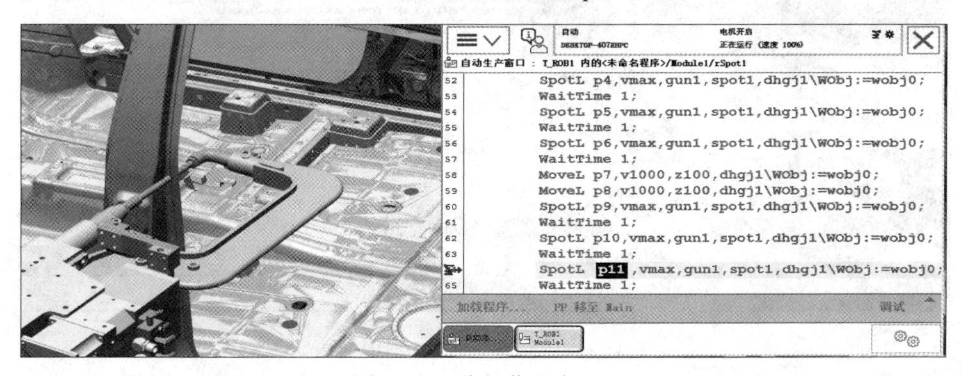

图 10-97 点焊作业点 p11

左侧后门车框的点焊作业点 p11 位置和 p6 位置一样是外凸的，不可直接线性移动，以免碰撞到车身，需添加一个点焊过渡点 p12，如图 10-98 所示。

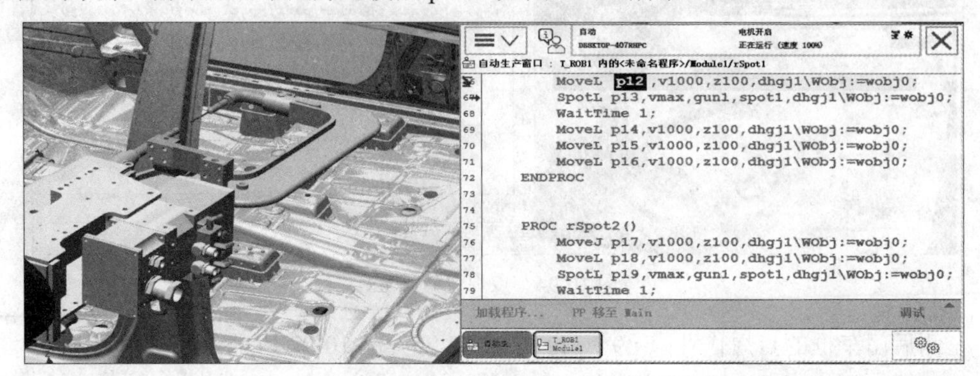

图 10-98　点焊过渡点 p12

点焊作业点 p13 如图 10-99 所示。

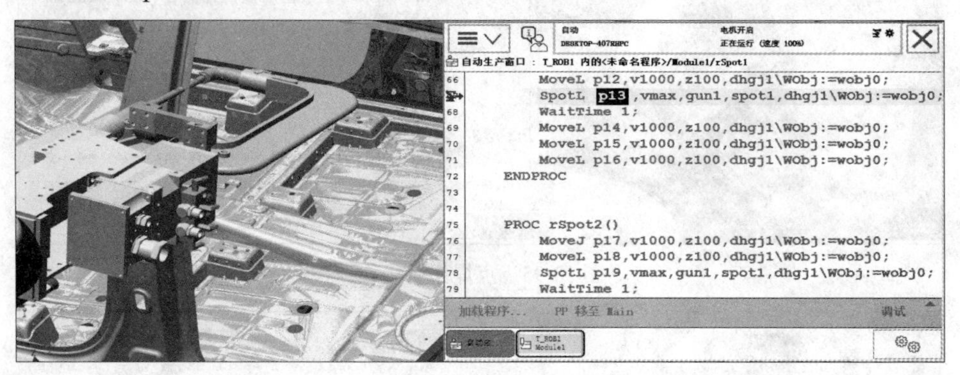

图 10-99　点焊作业点 p13

完成左侧后门车框的最后一个点焊作业点 p13 后，不能直接将点焊焊钳伸出车身外，需要添加 3 个点焊过渡点：过渡点 p14 是将 p13 往车身内部移动后的点，如图 10-100 所示；过渡点 p15 是将 p14 点往车身后移动的点，如图 10-101 所示；过渡点 p16 是完全将点焊焊钳伸出车身外，是左侧后门车框点焊子程序 rSpot1 的最后一个目标点，如图 10-102 所示。

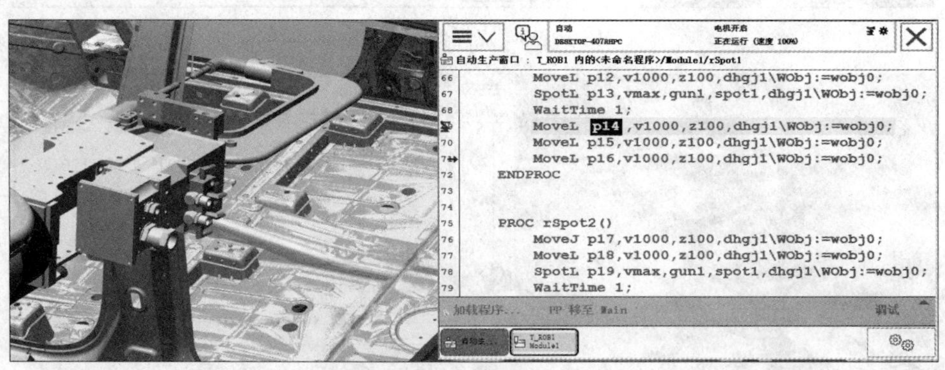

图 10-100　点焊过渡点 p14

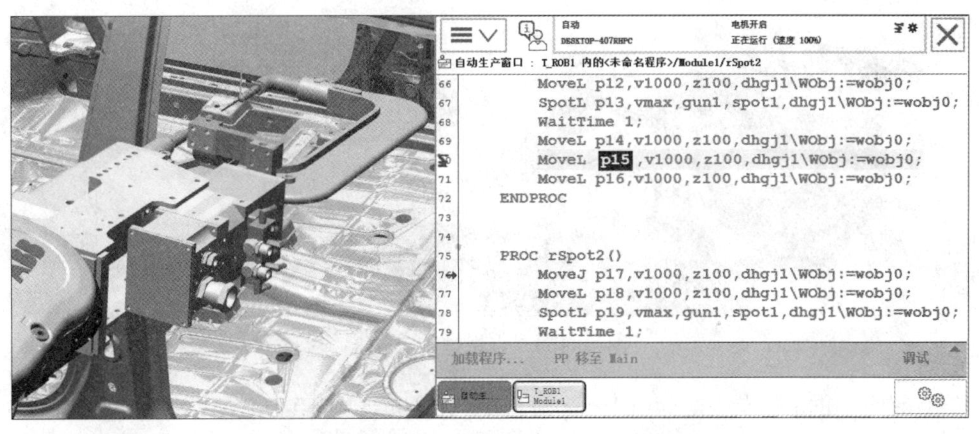

图 10-101　点焊过渡点 p15

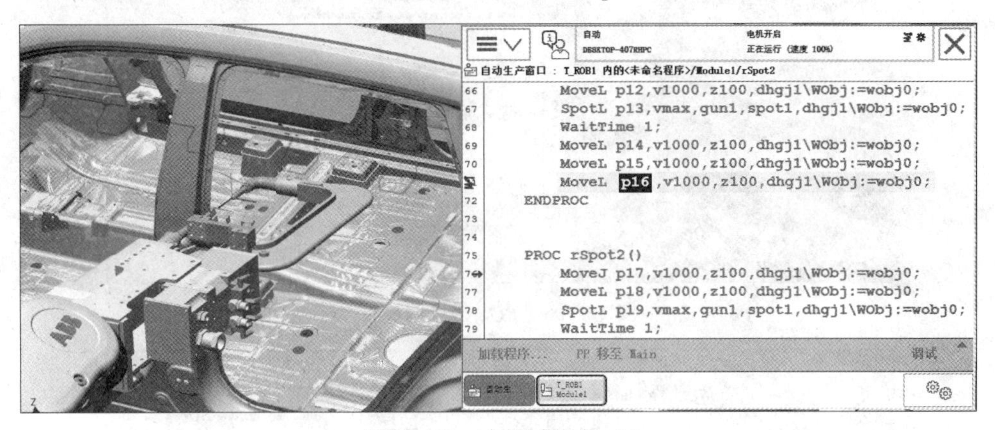

图 10-102　点焊过渡点 p16

完成左侧后门车框点焊子程序 rSpot1 后，主程序调用左侧前门车框点焊子程序 rSpot2，点焊焊钳从过渡点 p16 出发，到达 rSpot2 的第一个过渡点 p17。由于点焊焊钳在执行 rSpot1 例行程序时姿态变换较大，需要添加两个点焊过渡点还原点焊焊钳原姿态。添加的点焊过渡点 p17 和 p18 如图 10-103 和图 10-104 所示。

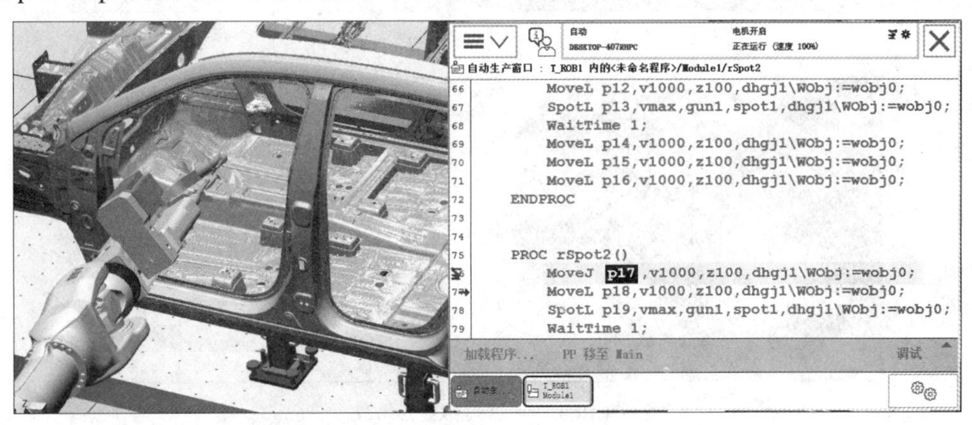

图 10-103　点焊过渡点 p17

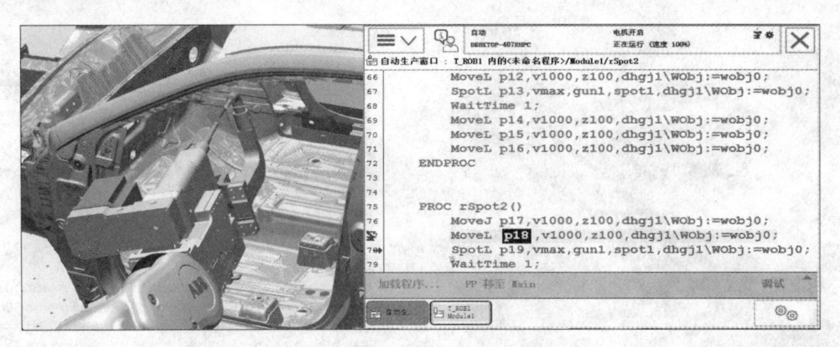

图 10-104　点焊过渡点 p18

左侧前门车框的点焊作业点 p19～p21 如图 10-105～图 10-107 所示。

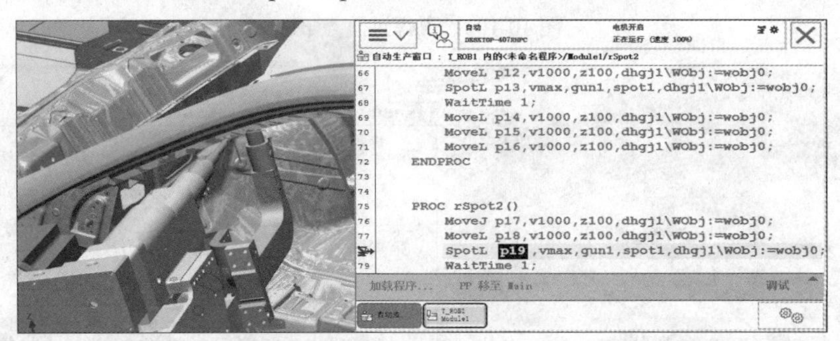

图 10-105　点焊作业点 p19

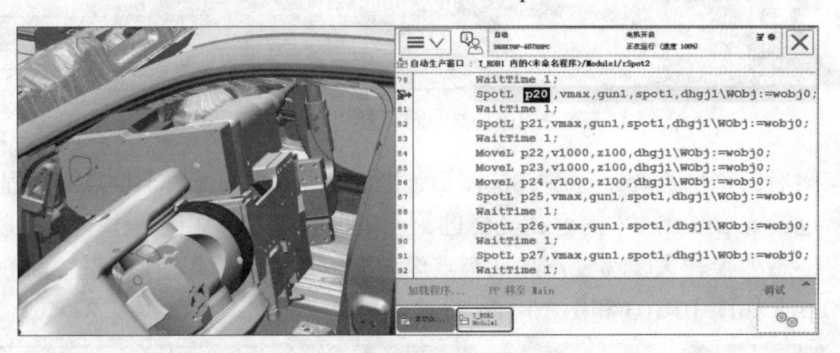

图 10-106　点焊作业点 p20

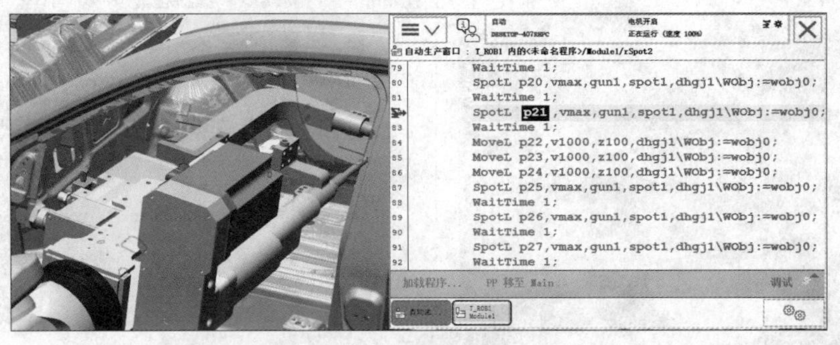

图 10-107　点焊作业点 p21

完成左侧前门车框的点焊作业点 p21 后，下一个点焊作业点 p25 的位置和 p21 位置不在同一个平面，直接移动会产生碰撞，需要添加 3 个点焊过渡点：过渡点 p22 是将 p21 往车身内部移动后的点，如图 10-108 所示；过渡点 p23 是将 p21 点往下移动的点，如图 10-109 所示；过渡点 p24 是接近点焊作业点 p25 的位置点，如图 10-110 所示。

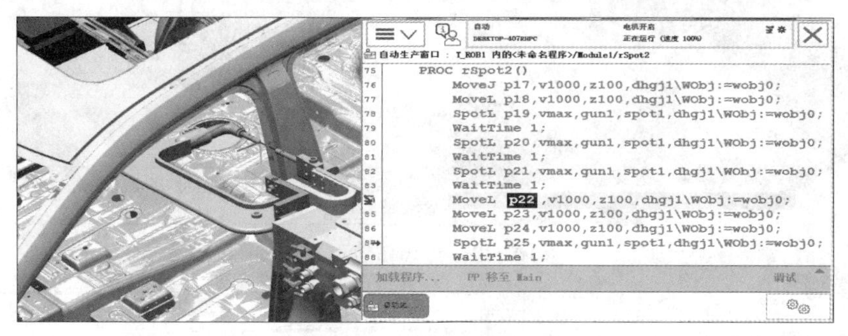

图 10-108　点焊过渡点 p22

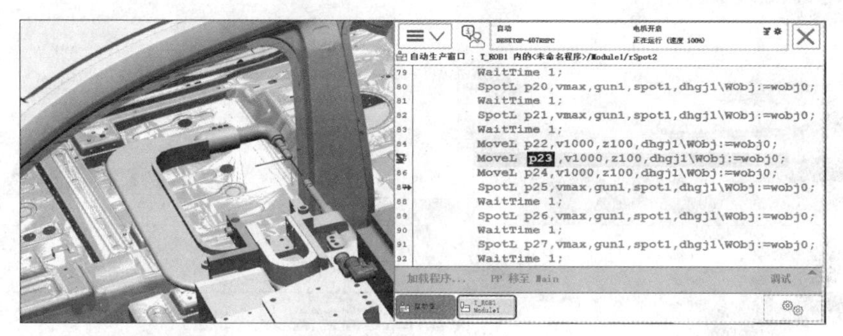

图 10-109　点焊过渡点 p23

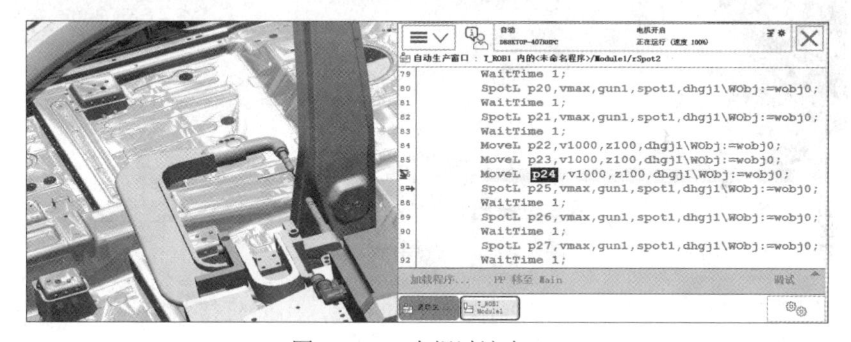

图 10-110　点焊过渡点 p24

左侧前门车框的点焊作业点 p25～p28 如图 10-111～图 10-114 所示。

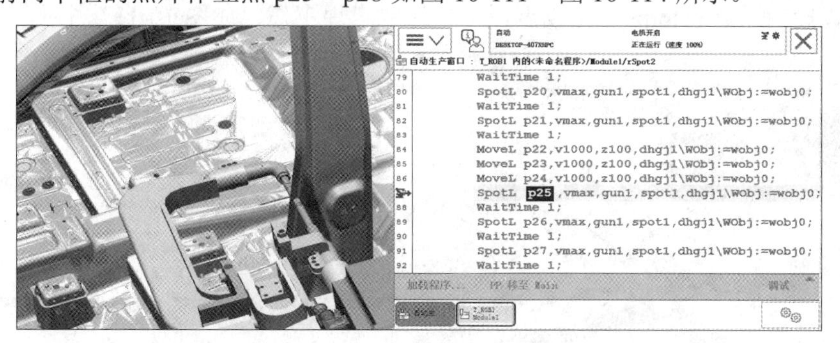

图 10-111　点焊作业点 p25

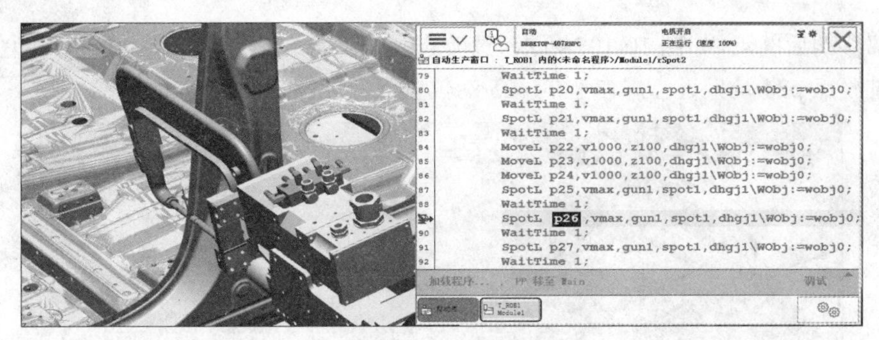

图 10-112　点焊作业点 p26

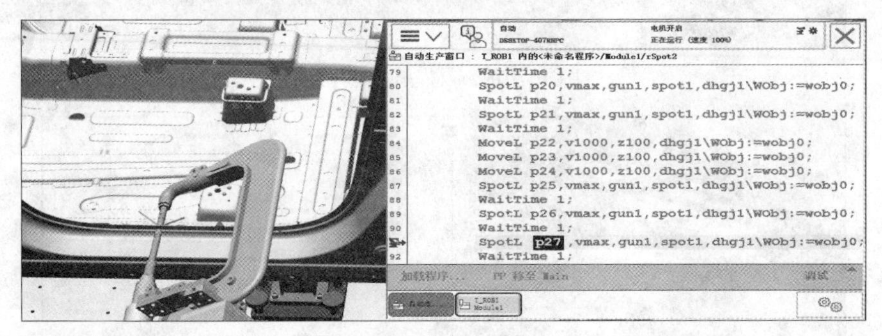

图 10-113　点焊作业点 p27

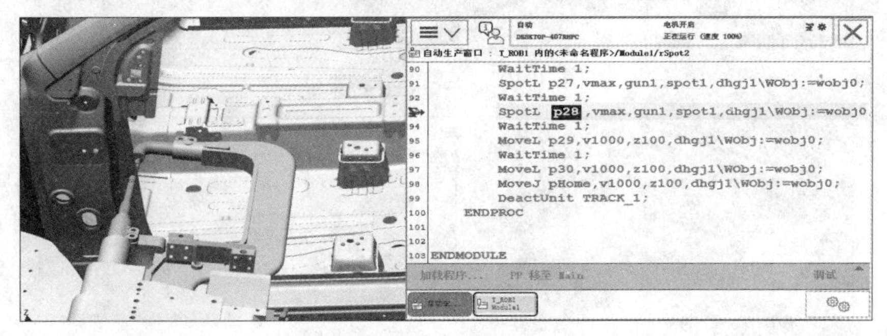

图 10-114　点焊作业点 p28

完成左侧前门车框的最后一个点焊作业点 p28 后，不能直接将点焊焊钳伸出车身外，需要添加两个点焊过渡点：过渡点 p29 是将 p28 往车身内部移动后的点，如图 10-115 所示；过渡点 p30 是将 p29 点往车身后移动的点，如图 10-116 所示。p30 的位置已经在车身外，因此可以直接回原点 pHome，完成点焊工作站的点焊工作，如图 10-117 所示。

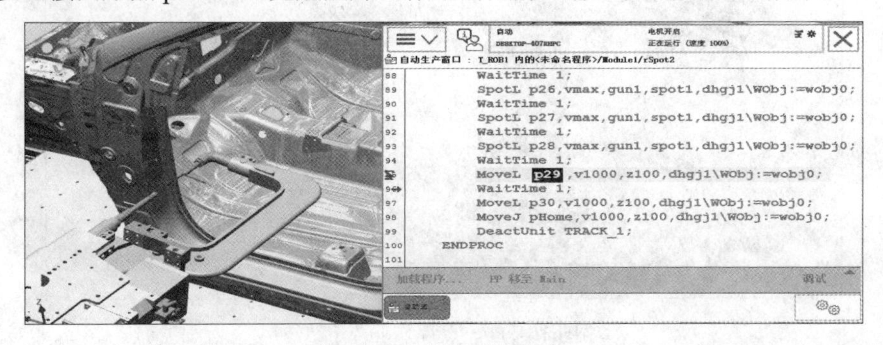

图 10-115　点焊过渡点 p29

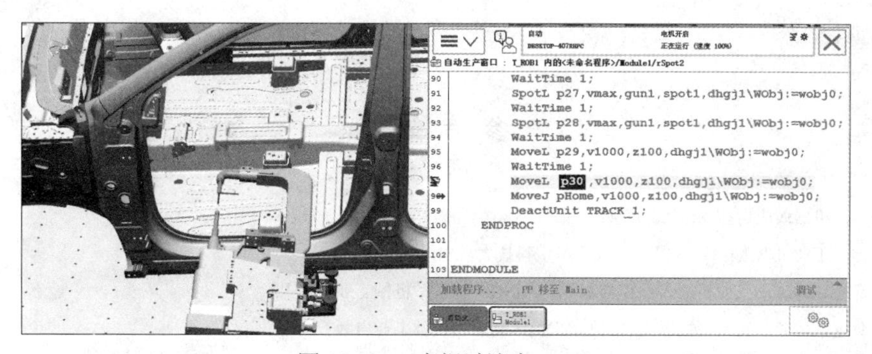

图 10-116　点焊过渡点 p30

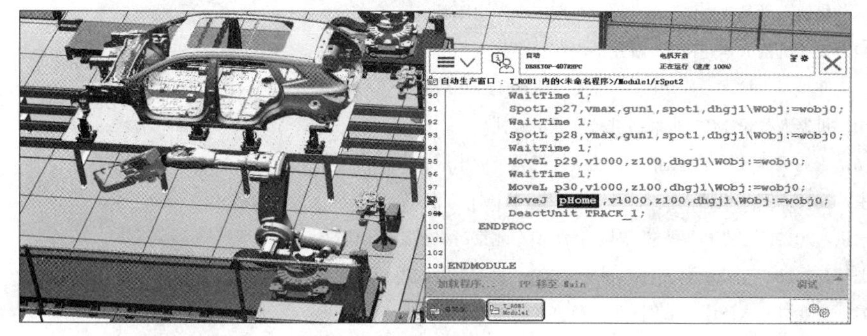

图 10-117　原点 pHome

习　　题

10-1　点焊工作站的组成有哪些？弧焊工作站的组成有哪些？

10-2　点焊焊钳有哪几类？有哪些应用？

10-3　简述弧焊与点焊的工作原理。

10-4　简述弧焊作业中的摆弧参数。

10-5　焊接机器人的分类有哪些？举例描述几种焊接机器人的特点。

参考文献

董春利，2014．机器人应用技术[M]．北京：机械工业出版社．

韩建海，2015．工业机器人[M]．3版．武汉：华中科技大学出版社．

何成平，董诗绘，2016．工业机器人操作与编程技术[M]．北京：机械工业出版社．

胡兴柳，司海飞，滕芳，2021．机器人技术基础[M]．北京：机械工业出版社．

黄俊杰，张元良，闫勇刚，2018．机器人技术基础[M]．武汉：华中科技大学出版社．

蒋志宏，2018．机器人学基础[M]．北京：北京理工大学出版社．

金凌芳，2017．工业机器人概论[M]．杭州：浙江科学技术出版社．

兰虎，2014．工业机器人技术及应用[M]．北京：机械工业出版社．

李云江，2010．机器人概论[M]．北京：机械工业出版社．

刘小波，2016．工业机器人技术基础[M]．北京：机械工业出版社．

罗霄，罗庆生，2018．工业机器人技术基础与应用分析[M]．北京：北京理工大学出版社．

佘明洪，余永洪，2017．工业机器人操作与编程[M]．北京：机械工业出版社．

王东署，朱训林，2016．工业机器人技术与应用[M]．北京：中国电力出版社．

吴振彪，1997．工业机器人[M]．武汉：华中科技大学出版社．

肖南峰，2010．工业机器人[M]．北京：机械工业出版社．

谢存禧，张铁，2005．机器人技术及其应用[M]．北京：机械工业出版社．

熊清平，黄楼林，2016．工业机器人技术[M]．北京：电子工业出版社．

熊有伦，1996．机器人技术基础[M]．武汉：华中理工大学出版社．

叶晖，管小清，2010．工业机器人实操与应用技巧[M]．北京：机械工业出版社．

叶晖，等，2013．工业机器人工程应用虚拟仿真教程[M]．北京：机械工业出版社．

张玫，邱钊鹏，诸刚，2010．机器人技术[M]．北京：机械工业出版社．

张玉希，2017．工业机器人入门[M]．北京：北京理工大学出版社．

CRAIG J J，2014．机器人学导论[M]．贠超，译．3版．北京：机械工业出版社．

NIKU S B，2006．机器人学导论——分析、控制及应用[M]．孙富春，译．北京：电子工业出版社．